计算机应用基础

主 编 宫纪明

副主编 李 振 徐 辉 方 伟

西北工业大学出版社

西安

图书在版编目(CIP)数据

计算机应用基础/宫纪明主编. —西安:西北工业大学出版社,2024.1
ISBN 978-7-5612-9128-3

Ⅰ.①计… Ⅱ.①宫… Ⅲ.①电子计算机 Ⅳ.
①TP3

中国国家版本馆 CIP 数据核字(2024)第 040565 号

JISUANJI YINGYONG JICHU
计 算 机 应 用 基 础
宫纪明　主编

责任编辑:王　静	策划编辑:李　萌
责任校对:孙　倩	装帧设计:李　飞

出版发行:西北工业大学出版社
通信地址:西安市友谊西路 127 号　　邮编:710072
电　　话:(029)88493844,88491757
网　　址:www.nwpup.com
印 刷 者:兴平市博闻印务有限公司
开　　本:787 mm×1 092 mm　　1/16
印　　张:19.5
字　　数:462 千字
版　　次:2024 年 1 月第 1 版　　2024 年 1 月第 1 次印刷
书　　号:ISBN 978-7-5612-9128-3
定　　价:56.80 元

如有印装问题请与出版社联系调换

前　言

本书是在《计算机应用基础》(中国铁道出版社,2014年)基础上编写而成的。该书在2013年被安徽省教育厅立项为"十二五"规划教材(项目编号：2013ghjc337),2020年成功立项为安徽省高等学校省级质量工程"一流教材"项目(项目编号:2020yljc119)。

本书是基于对近几年学生所学的计算机知识、具有的能力与在企事业单位工作过程中所需要的知识和技能的分析与总结,并结合教育部发布的《高等职业教育专科信息技术课程标准(2021年版)》及安徽省教育厅发布的《全国高等学校(安徽考区)计算机水平考试〈计算机应用基础〉教学(考试)大纲》组织编写的高等学校计算机公共基础教材。

本书编写的指导思想是基础知识的可应用性、技术的先进性、实用的技能性。针对在工作实际中要用到的基本知识和技能,本书采用Windows 10操作系统和Office 2016办公软件平台,注重软件功能与实际应用相结合,通过任务驱动的方式展开。实操任务取材源于实际工作中使用频率较高的软件功能,以便学生熟练掌握解决问题的实用技术,比如网络技术和安全技术能够帮助学生解决在使用计算机网络工作中遇到的无法联网、地址配置、设备故障、病毒检测与防护等最常见的问题。同时对计算机基础知识的选取和组织也遵循专业理论的形成规律和学习规律,深度适当,由浅入深,结合配套教学课件展示,图文并茂,便于领会,以提高学生计算机文化素养和应用能力。

本书共8章。第1章主要介绍计算机的概念、特点及应用,以及计算机系统的组成、工作过程和信息在计算机中的表示和存储。第2章主要介绍Windows 10操作系统的基本操作、文件(夹)的管理、控制面板系统设置以及附件中常用工具的使用。第 3 章主要介绍 Word 2016 的启动,以任务需求和实现来展开文字处理、表格处理、图文混排以及页面处理等功能应用。第 4 章展示电子表格的设计与制作、统计与计算以及数据管理和分析等操作。第 5 章展示 PowerPoint 2016 母版制作、幻灯片设计、超链接、动作与动画的设置及切换,以及项目的打包、放映和发布的全过程。第 6 章先介绍计算机网络的概念、功能、特点和体系结构,重点介绍局域网的特点、拓扑结构和系统组成以及 TCP/IP 和 Internet 提供的服务应用等。第 7 章介绍信息安全的概念、基本需求、相关法律法规,信息安全技术及应用。第 8 章介绍新一代信息技术,分别对物联网、云计算、人工智能、大数据、区块链和虚拟现实技术进行简要介绍,让学生了解新一代信息技术的概念、特征、发展、结构、关键技术和典型应用场景等,对新兴的信息技术有一个概要的认识。

  本书由宫纪明任主编,李振、徐辉、方伟任副主编,阮晓敏参与了编写工作。在编写本书过程中,阅读、参考和引用了有关专家、学者的最新研究成果,在此谨向他们表示诚挚的谢意。

  由于笔者水平有限,书中难免有不妥之处,敬请广大读者批评指正。

编　者
2023 年 9 月

目　录

第1章　计算机基础知识 1
1.1　了解计算机 1
1.2　认识计算机的系统组成 5
1.3　数制及信息在计算机中的表示 18
课后习题 26

第2章　Windows 10 操作系统 28
2.1　Windows 10 的基本操作 28
2.2　Windows 10 文件管理 39
2.3　Windows 10 磁盘管理 49
2.4　Windows 10 的系统设置和管理 51
课后习题 58

第3章　文字处理软件 Word 2016 61
3.1　Word 2016 简介 61
3.2　任务1：文档的基本编辑——制作会议通知 65
3.3　任务2：图片的插入与编辑——制作班报 82
3.4　任务3：表格的插入与编辑——制作课程表 96
3.5　任务4：样式与模板的创建使用——论文排版 108
3.6　任务5：多人协同编辑文档 117
课后习题 123

第4章　电子表格处理软件 Excel 2016 127
4.1　Excel 2016 简介 127
4.2　任务1：工作表和工作簿的操作 129
4.3　任务2：公式和函数的使用 157
4.4　任务3：图表分析展示数据 174
4.5　任务4：数据处理 181
课后习题 194

第 5 章 演示文稿处理软件 PowerPoint 2016 ··············· 197
5.1 PowerPoint 2016 简介 ··············· 197
5.2 任务 1:幻灯片制作 ··············· 199
5.3 任务 2:幻灯片动画设置 ··············· 215
5.4 任务 3:幻灯片的放映与导出 ··············· 222
课后习题 ··············· 228

第 6 章 计算机网络基础 ··············· 231
6.1 认识计算机网络 ··············· 231
6.2 计算机网络体系结构 ··············· 237
6.3 Internet 基础知识 ··············· 239
课后习题 ··············· 247

第 7 章 信息安全 ··············· 249
7.1 信息安全简介 ··············· 249
7.2 信息安全技术及应用 ··············· 255
课后习题 ··············· 268

第 8 章 新一代信息技术 ··············· 269
8.1 物联网技术 ··············· 269
8.2 云计算 ··············· 274
8.3 人工智能 ··············· 280
8.4 大数据 ··············· 285
8.5 区块链 ··············· 292
8.6 虚拟现实技术 ··············· 298
课后习题 ··············· 303

参考文献 ··············· 305

第1章 计算机基础知识

在当今的信息社会,计算机作为不可或缺的工具,已经在人们的生产、生活等各方面占据着举足轻重的地位。掌握信息技术的一般应用,已成为国民生产各行业对广大从业人员的基本素质要求之一。

1.1 了解计算机

电子计算机的诞生,使人类社会迈进了一个崭新的时代。它的出现使人类迅速进入了信息社会,彻底改变了人们的工作方式和生活方式,对人类的整个历史发展有着不可估量的影响。本章要求学生了解计算机的发展,掌握计算机的特点、常见分类及应用领域,并简单了解计算机未来的发展趋势。

1.1.1 计算机的产生与发展

1. 计算机的产生

计算机是能够存储程序,并按照程序的要求自动、高速地对大量数据进行处理的电子设备。计算机的产生源于人类对计算工具的不断研究,科学家们为计算机的发明做了大量的艰辛的研究工作,最具杰出贡献的是计算机科学的奠基人阿兰·图灵(Alan Turing,英国数学家,1912—1954)。他建立了计算机的理论模型,发展了可计算理论,奠定了人工智能的基础。应该说,计算机的产生是人类集体智慧的结晶。

1946年2月,第一台电子计算机 ENIAC(Electronic Numerical Integrator And Calculator,电子数字积分器与计算器)在美国宾夕法尼亚大学诞生,它是为计算炮弹弹道轨迹等许多复杂问题而设计的。它使用了1 500个继电器和18 800个电子管,占地170 m²,重达30多吨,功耗达150 kW,如图1-1所示。虽然 ENIAC 每秒钟只能完成5 000次加法运算,但已超过当时最快的计算工具300倍,它把科学家们从繁重的、机械的计算中解放出来。全世界一致公认,ENIAC

图1-1 第一台计算机 ENIAC

的问世开创了人类计算工具新纪元,标志着电子计算机时代的到来,具有划时代的意义。

ENIAC 有两大缺点,一是没有内存储器,二是要由人像搭积木一样,将大量运算部件搭配成各种解题布局,每算一题就要重搭一次,又费时又麻烦,有的题只要计算 1 s,准备工作却要花上几十分钟。1945 年 6 月,被人们誉为计算机之父的约翰·冯·诺依曼(John von Neumann,美籍匈牙利数学家,1903—1957)等人联合撰写了著名的计算机历史性文献《101 页报告》,其后又发表了关于电子计算机逻辑结构的论文,第一次提出了计算机内采用二进制数表示数据、存储程序和自动控制概念,为现代计算机的体系结构和工作原理奠定了基础,并设计了第一台存储程序计算机——EDVAC(Electronic Discrete Variable Automatic Computer,电子离散变量自动计算机),它于 1952 年 2 月投入运行,其运算速度比 ENIAC 快了数百倍。

2. 计算机发展史

从 ENIAC 诞生至今的近 80 年中,计算机技术发展日新月异,特别是电子元件的不断更新,使得计算机的运算速度越来越快、体积越来越小、质量越来越轻、价格越来越便宜。人们通常根据计算机所采用的电子元件将计算机的发展分为四代(见表 1-1)。

第一代:采用电子管做开关元件,使用机器语言。

第二代:主要元件采用晶体管分立元件,开始使用高级语言。

第三代:开始使用中、小规模集成电路代替晶体管分立元件,并开始使用操作系统。

第四代:开始使用大规模和超大规模集成电路(VLSI)并行处理。

表 1-1 电子计算机的发展史

发展阶段	起止时间	主要元器件	主存储器	特 点	主要应用
第一代	1946—1957 年	电子管	汞延迟线或磁鼓	体积庞大、功耗大、运算速度低、可靠性差、价格昂贵	科学计算
第二代	1958—1964 年	晶体管	磁芯	体积、功耗减小,运算速度提高,价格下降,出现了高级语言	数据处理、工程控制等
第三代	1965—1970 年	中小规模集成电路	半导体	体积、功耗进一步减小,可靠性及运算速度进一步提高,操作系统逐渐成熟,出现了多种应用软件	文字处理、自动控制等
第四代	1971 年至今	大规模、超大规模集成电路	集成度更高的半导体	性能大幅度提高,价格大幅度下降,编程语言和软件丰富多彩	渗入社会各个领域的应用

现代计算机采用的都是冯·诺依曼体系结构。我国计算机发展也很快,1958 年我国第一台电子管计算机 103 机诞生,速度 2 000 次/s;同年,第一台晶体管计算机试制成功;1959 年研制成功 104 机,速度 10 000 次/s 以上;1965 年,研制成功 320 机,速度达到 8 万次/s;1971 年研

制成功第一台集成电路计算机TQ16,速度十几万次每秒;1977年,研制成功第一批微型机DJS050系列、0520系列;1983年,"银河"巨型机在国防科技大学研制成功,速度1亿次/s;1992年,"银河Ⅱ"巨型机在国防科大研制成功,速度10亿次/s。在2008年11月17日公布的全球高性能计算机TOP 500强排行榜中,由中国科学院计算所国家智能计算机研究开发中心、曙光信息产业(北京)有限公司、上海超级计算中心联合研制,并由曙光公司定型制造的集群超级计算机——曙光5000A,以峰值速度230万亿次/s、Linpack(国际上流行的用于测试高性能计算机浮点计算性能的软件)值180万亿次/s的成绩再次跻身世界超级计算机前十,这一成绩让我国成为世界上第二个可以研发生产超百万亿次每秒超级计算机的国家。2013年5月,我国研制成功世界上首台5亿亿次(50PFlops)/s超级计算机——"天河二号",其双精度浮点运算峰值速度达到5.49亿亿次/s,Linpack的测试性能已达到3.39亿亿次/s。世界超级计算机TOP 500组织在德国莱比锡举行的"2013国际超级计算大会"上发布全球超级计算机500强排行榜,中国"天河二号"荣登榜首,成为全球最快超级计算机。2017年11月13日,全球最新超级计算机500强榜单公布,我国"神威太湖之光"以9.3亿亿次/s的浮点运算速度再次夺冠。

3. 计算机发展趋势

人类对科学技术的追求是永无止境的,未来的计算机将是半导体技术、超导技术、光学技术、微电子技术和电子仿生技术相互结合的产物。从体积和速度上看,它将向着巨型化、微型化和高速方向发展。从应用上看,它将向着系统化、网络化、智能化、多媒体化方向发展。作为微型计算机,它将会不断朝着高速、超小型、网络化、多媒体化、人性化方向发展。

(1)量子计算机。量子计算机(Quantum Computer)是一种全新的基于量子理论的计算机,遵循量子力学规律进行高速数学和逻辑运算、存储及处理量子信息的物理设备。当某个设备处理和计算的是量子信息,运行的是量子算法时,它就是量子计算机。量子计算机的概念源于对可逆计算机的研究。研究可逆计算机的目的是解决计算机中的能耗问题。量子计算机主要有运行速度较快、处置信息能力较强、应用范围较广等特点。量子计算机应用的是量子比特,可以同时处在多个状态,而不像传统计算机那样只能处于0或1的二进制状态。加拿大量

图1-2 全球第一款商用量子
计算机"D-Wave One"

子计算机公司D-Wave在2007年推出了全球首台量子计算机"Orion(猎户座)",它利用量子退火效应来实现量子计算。该公司此后在2011年发布了全球第一款具有128个量子位的商用型量子计算机"D-Wave One",如图1-2所示。

(2)神经网络计算机。人脑有140亿个神经元及10亿多个神经键,人脑总体运行速度相当于1 000万亿个次/s的计算机功能。神经网络计算机又称第六代计算机,具有模仿人的大脑判断能力、适应能力和能够并行处理多种数据的功能。用许多微处理机模仿人脑的

神经元结构,采用大量的并行分布式网络就构成了神经网络计算机。神经网络计算机的信息不是存在存储器中,而是存储在神经元之间的联络网中。若有节点断裂,计算机仍有重建数据的能力,此外,它还具有联想记忆、视觉和声音识别能力。神经网络计算机将会广泛应用于各领域。它能识别文字、符号、图形、语言以及声呐和雷达收到的信号,判读支票,对市场进行估计,分析新产品,进行医学诊断,控制智能机器人,实现汽车自动驾驶和飞行器的自动驾驶,发现、识别军事目标,进行智能决策和智能指挥等。

(3)生物计算机。生物计算机也称仿生计算机,主要原材料是生物工程技术产生的蛋白质分子,并以此作为生物芯片来替代半导体硅片,利用有机化合物存储数据。信息以波的形式传播,当波沿着蛋白质分子链传播时,会引起蛋白质分子链中单键、双键结构顺序的变化。运算速度要比当今最新一代计算机快 10 万倍,它具有很强的抗电磁干扰能力,并能彻底消除电路间的干扰。能量消耗仅相当于普通计算机的 10 亿分之一,且具有巨大的存储能力。生物计算机具有生物体的一些特点,如能发挥生物本身的调节机能,自动修复芯片上发生的故障。生物计算机具有生物活性,能够和人体的组织有机地结合起来,尤其是能够与大脑和神经系统相连。

(4)光计算机。光计算机是用光子代替半导体芯片中的电子,以光互联来代替导线制成数字计算机。与电的特性相比,光具有无法比拟的各种优点:光计算机是"光"导计算机,光在光介质中以许多个波长不同或波长相同而振动方向不同的光波传输。光计算机是"无"导线计算机,光在光介质中传输不存在寄生电阻、电容、电感问题,光器件又无接地电位差,因此光计算机的信息在传输中畸变或失真小,可在同一条狭窄的通道中传输数量大得难以置信的数据。光在传输和转换时,能量消耗却极低。光计算机的运算速度在理论上可达每秒千亿次以上,其信息处理速度比电子计算机要快数百万倍。

1.1.2 计算机的特点及分类

1. 计算机的主要特点

(1)运算速度快。现在的电子计算机运算速度可以达到上亿次每秒,甚至更高。常用的指标有:

1)主频:微处理器时钟的频率,频率越高,运算速度越快。如 Intel 酷睿 2 四核 Q6600 主频达 2 400 MHz。

2)存取周期:存储器进行一次完整的写操作和读操作所用的时间。微机中系统总线速度高达 800 MHz 的 DDR2 的读写速度约为 6 000 MB/s。

3)运算速度:每秒钟计算机能够执行的指令条数。

(2)计算精度高。由于计算机内部采用二进制数字进行运算,所以可以通过增加表示数字的设备和采用编程技巧,使数值计算的精度越来越高。例如对圆周率的计算,数学家经过长期艰苦的努力只算到小数点后 500 位,而使用计算机很快就算到了小数点后 200 万位。

(3)有逻辑判断能力。逻辑判断能力使得计算机具有智能特点。在 1997 年举行的人机国际象棋大战中,一台名为"深蓝"的超级计算机击败了国际象棋的世界冠军,轰动了世界。

(4)存储容量大。电子计算机可以将大量的信息存储在存储器中。例如,一张光盘就可以存储 650 MB 的内容。存储常用的计量单位有位(bit)、字节(Byte)。

1 Byte=8bit

1 KB=1 024 B(Byte)

1 MB=1 024 KB=1 048 576 B

1 GB=1 024 MB=1 048 576 KB=1 073 741 824 B

(5)程序控制下的自动操作。计算机与以前所有计算工具的本质区别在于它能够摆脱人的干预,自动、连续地进行各种操作。计算机从正式操作开始到输出结果,整个过程都是在程序控制下自动进行的。

2. 计算机的分类

通常根据计算机系统规模的大小和功能的强弱不同,计算机可分为巨型机、大型机、中型机、小型机和微型机等。而最常见的微型机,可分为台式机、便携机(笔记本、Netbook)、一体机和掌上电脑(PDA)等,如图 1-3 所示。

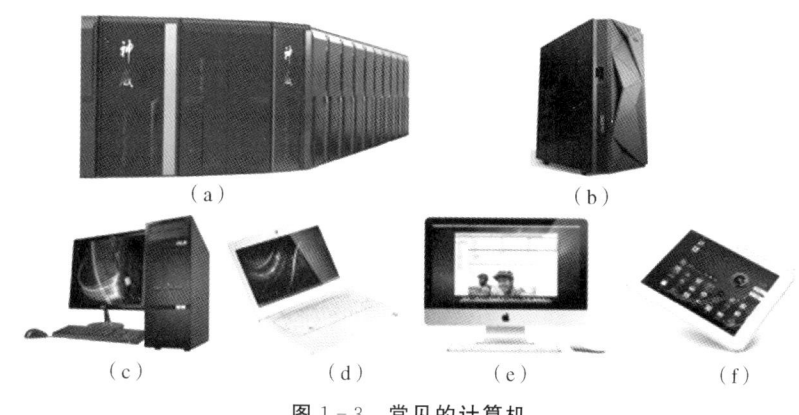

图 1-3 常见的计算机

(a)巨型机;(b)大型机;(c)台式机;(d)笔记本电脑;(e)一体机;(f)平板电脑

1989 年 11 月,美国电气电子工程师学会(IEEE)的一个委员会根据当时的发展趋势,提出将计算机划分为主机、小型机、个人计算机、巨型机、小巨型机和工作站 6 类。目前国内外书刊多数仍沿用这种分类方法。

1.2 认识计算机的系统组成

随着计算机的逐渐普及,使用计算机的人越来越多,但是很多人对计算机如何工作及其内部的硬件结构和软件系统并不了解。通过本章的学习,读者可以初步了解计算机的工作原理,并熟悉计算机的硬件构成和软件系统。

一个完整的计算机系统包括硬件系统和软件系统两大部分,如图 1-4 所示。硬件系统是组成计算机系统的各种物理设备的总称,是计算机系统的物质基础。软件系统是为了运行、管理和维护计算机而编写的各种程序、数据和相关文档的总称。通常将不装备任何软件的计算机称为"裸机"。计算机中的软件系统、硬件系统相辅相成,共同完成处理任务,二者缺一不可。

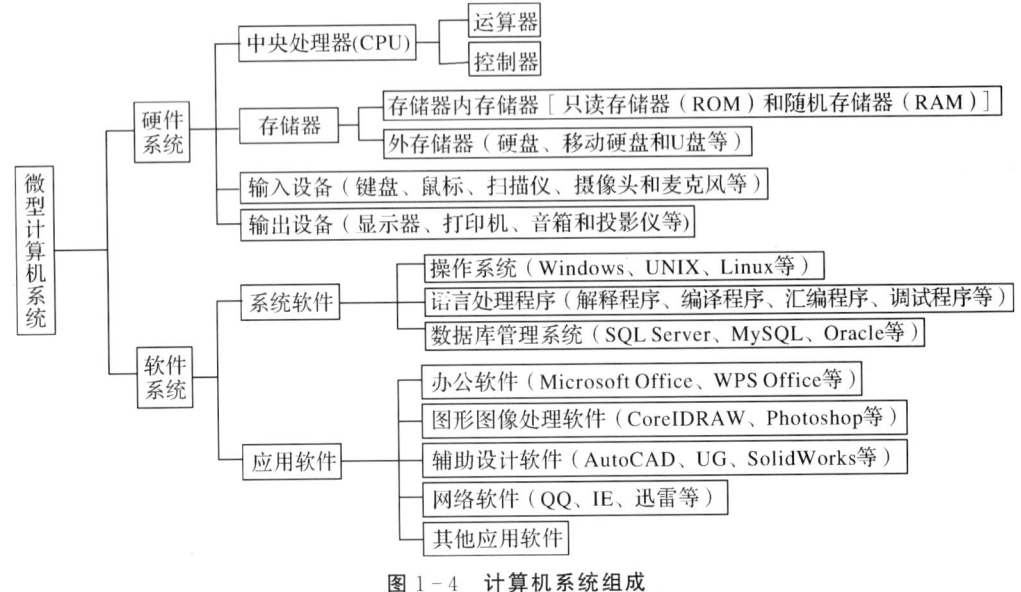

图 1-4 计算机系统组成

1.2.1 计算机硬件系统

1. 计算机硬件基本结构

计算机在短短的几十年中发生了翻天覆地的变化,其功能越来越强大,应用越来越广泛。但是,计算机的系统结构仍然属于约翰·冯·诺依曼在1946年提出的冯·诺依曼型范畴。计算机硬件系统结构主要由五大基本部件组成,它们是运算器、控制器、存储器、输入设备和输出设备,在结构上以运算器为中心。各部件的联系如图1-5所示。

计算机硬件五大基本部件的功能如下:

(1)运算器。运算器又称算术/逻辑单元(Arithmetic/Logic Unit,ALU)。它是计算机对数据进行加工处理的部件,主要执行算术运算和逻辑运算。算术运算为加、减、乘、除;逻辑运算为具有逻辑判断能力的 AND、OR、NOT 等。

(2)控制器。控制器是计算机的指挥控制中心。它负责按时间的先后顺序从存储器中取出指令,并对指令进行译码,根据指令的要求向其他部件发出相应的控制信号,保证各个部件协调一致地工作。

(3)存储器。存储器是计算机的记忆存储部件,用于存放程序指令和数据。存储器分为内存储器和外存储器。

(4)输入设备。输入设备负责把用户命令包括程序和数据输入到计算机,例如键盘、鼠标、扫描仪、手写笔等。其中键盘是最常用和最基本的输入设备,计算机中的信息如文字、符号、各种指令和数据,都可以通过键盘输入到计算机。

(5)输出设备。计算机的输出设备主要负责将计算机中的信息,例如各种运行状态、工作的结果、编辑的文件、程序、图形等,传送到外部媒介供用户查看或保存,如显示器、打印机等。

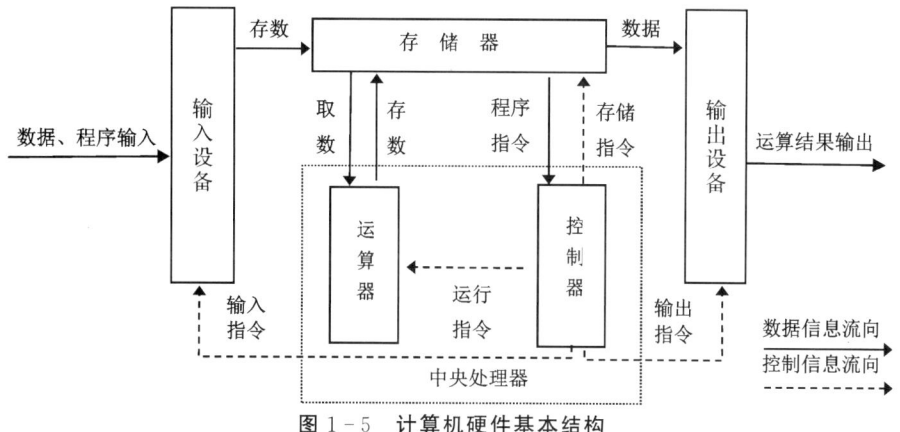

图1-5 计算机硬件基本结构

2. 微型计算机硬件系统

微型计算机(Microcomputer),又称微型机,是面向个人操作、使用最广泛的计算机。其硬件系统由主机和外部设备组成。其中,主机是对机箱和机箱内所有计算机配件的总称,这些配件包括主板、微处理器、存储器(内存和硬盘)、光驱和显卡等。外部设备由输入设备、输出设备和其他设备组成。

(1)主板。主板(简称母板),如图1-6所示,是微型机中最大的一个集成电路板,由微处理器模块、内存模块、基本输入/输出(I/O)接口、中断控制器、DMA控制器及系统总线组成。系统主板的性能主要由配合微处理器的芯片组决定,主要生产公司有Intel、ADM、VIA和SIS等,选择主板时要考虑它支持的最大内存容量、扩展槽的数量、支持最大系统外频以及可扩展性等因素。有些主板上还集成有显示卡、声卡和网卡(称为All in one主板)。

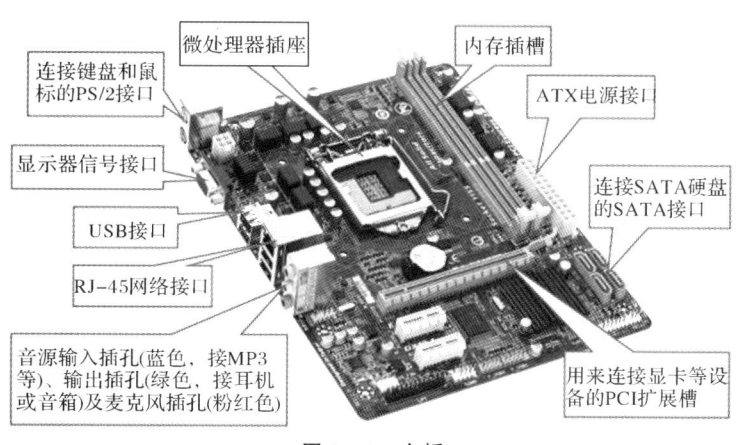

图1-6 主板

(2)微处理器。运算器、控制器和一组寄存器,合在一个芯片上称为CPU,其外形如图1-7所示。

微型机使用的第一块微处理器是由美国英特尔(Intel)公司制造的,目前Intel公司仍然是世

· 7 ·

界上最大的微处理器生产商,由于它的产品不断更新,所以推动了微型机的不断升级换代。

世界上微型机芯片微处理器的生产厂家还有 AMD、摩托罗拉公司和 IBM 等公司。我国也于 2002 年 9 月研发了"龙芯"(Godson)1 号 CPU,2005 年正式发布"龙芯"2 号 CPU。性能与 1GHz 的奔腾 4 差不多。

图 1-7　Intel CPU

(3)主存储器(内存)。微型机的程序和数据都是以二进制的代码形式存放在存储器中的,在执行程序和使用数据时必须先存放在内存的随机存储器(RAM)中。微型机中现在使用的内存条主要有双倍速率同步动态随机存储器(DDR)和较早期的动态随机存储器(SDRAM)。只读存储器(ROM)有可擦除可编程的 EPROM、E^2PROM 和 Flash Memory,E^2PROM 称为电可擦除的只读存储器,只要给定它所需的擦除电压,就可以重新更新信息;Flash Memory 也称为闪存,它具有 EEPROM 的特点,不同于一般 ROM 的是它的读取数据时间同动态随机存储器相近。

由于现在 CPU 的运行速度越来越快,所以 CPU 对 RAM 访问的速度也要求更高,若高速运行的 CPU 不能及时从动态 RAM 中读写数据,将会造成 CPU 需要等待,降低 CPU 的工作效率。为了解决这一矛盾,目前采用的缓冲存储器(Cache)技术是将容量较小的高速静态存储器放在 CPU 和动态存储器之间。静态存储器的访问速度比动态 RAM 快 10 倍以上,提高了 CPU 对 RAM 访问的速度。它又可分为两级 L1 Cache 和 L2 Cache,在 Intel 公司的 Pentium Ⅱ 及以后产品两级 Cache 都封装在 CPU 内。

现在内存条的容量有 512 MB、1 GB、2 GB 等,如图 1-8 所示。有些程序(如图像处理程序、三维动画程序)要求的内存比较大。内存条是插在主板上的,如果用户觉得内存不够用,可购买内存条插在内存插槽上进行扩充。

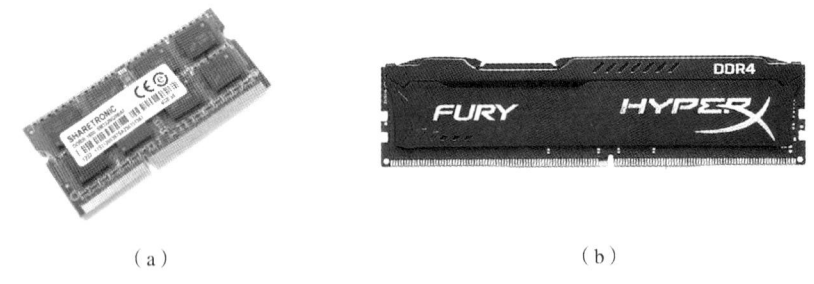

(a)　　　　　　　　　　　　(b)

图 1-8　内存条

(a)笔记本内存条；(b)台式机内存条

内存主要包括以下技术指标:

1)容量。容量这一指标直接制约系统的整体性能,一般有 512 MB、1 GB、2 GB 等。

2)存取时间。内存条芯片的存取时间决定了内存的速度,其单位是 ns(纳秒)。

3)奇偶校验位。内存条的奇偶校验位可以用于保证数据的正确读写。目前有无奇偶校验位一般均可正常工作。

4)接口类型。内存的接口一般包括 SIMM 类型接口和 DIMM 类型接口。

(4)I/O 总线和扩展槽。I/O 总线是外围设备访问内存和 CPU 的数据通道,它传送控制信号、地址信号和数据信号,它传输的速度和一次传送的数据量大小也是衡量微型机性能的重要指标。比较有代表性的 I/O 总线有两种。

1)ISA(工业标准体系结构):最大总线宽度是 16 位,最高时钟频率为 8 MHz。

2)PCI:最大总线宽度是 32 位或 64 位。

由于外围设备种类繁多,它们的工作速度和工作方式都不一样,与 CPU、内存有很大差异,所以一些外围设备是通过系统主板上的扩展槽(ISA、PCI 或 AGP 等)插入不同的外围设备,与 I/O 总线相连。微型机最基本的外设显示器一般都是使用接口卡(PCI 或 AGP 的显卡)插入系统主板的扩展槽,并由显示卡的接口电路与显示器的信号电缆相接,使显示器连接到主机。

目前有的系统主板集成以下几类直接连接外围设备的接口电路:

- FDC 接口是连接标准的软盘驱动器的接口;
- IDE 接口是连接并行接口硬盘驱动器的接口;
- SATA 接口是连接串行接口硬盘驱动器的接口;
- I/O 接口有 PS/2 键盘、鼠标接口,串行通信适配器接口 COM1 和 COM2,并行打印机适配器接口 LPT1 和 LPT2;
- USB(Universal Serial Bus,通用串行总线)接口,即插即用,可以接入不同的外设,如键盘、鼠标、数字相机、扫描仪等,它能与多个外设相互串接,树状结构最多接 127 个外设;
- IEEE1394 接口,目前使用这种接口的主要是数码相机和数码摄像机等数字视频设备。

(5)外存储器。外存储器用于存储暂时不用的程序和数据,外存储器有磁存储器、光存储器和 U 盘存储器。它的存储容量较大,访问时间相对内存要慢很多。

1)磁存储器。磁存储器是通过磁化磁存储介质表面的磁性材料而存储数据的。

硬盘一般是在铝合金圆盘上涂磁性材料作盘片。它的特点是把磁头、盘片和驱动器密封在一起。硬盘一般装在主机箱中,最忌读盘时移动。硬盘分固定式和移动式两种。

硬盘的性能参数除了考虑存储容量外,还有电动机的转速和内置的 Cache 的大小。目前硬盘的容量以 GB 为单位,一般的硬盘容量达到 160 GB 以上,有的达到几个 TB,转速有 5 400 r/min 和 7 200 r/min。图 1-9 所示为硬盘的外观。

(a)

(b)

图 1-9 SATA 接口硬盘和固态硬盘外观
(a)硬盘的外观;(b)固态硬盘外观

2)光存储器。光存储器常称为光盘,它利用光学方式读写数据。光盘用聚氯乙烯硬塑料制造,上面布满了小坑,叫作 Dent,没坑的地方叫 Pit,再镀上铝箔。激光头根据它们对光照的不同反应,来判断数据,Pit 是 0,Dent 是 1,如图 1-10 所示。光盘中央是定位孔,离孔最近的是导入区,其次是索引区,再往外是数据区,最外面是导出区。当把一张光盘放到光驱中时,光头位于导入区。得到读取数据的信号后,光头顺着螺旋到索引区,检索数据所在的位置,然后到数据区去取数据。

图 1-10 光盘驱动器与光盘

光学介质非常耐用,它们不受湿度、指印、灰尘或磁场的影响。光学介质上的数据可以保存 30 年,但是光学介质不像磁介质,它存储的数据可以容易地被改变。根据光盘的性能和用途不同,主要分为下面两种类型:

• CD-ROM。CD-ROM 是只读光盘,由厂家生产时用程序或数据刻制的母盘压制而成,使用时只能读取信息,不能修改和写入新信息。常用 CD-ROM 光盘尺寸为 13 cm(5.25 in,1 in=2.54 cm),容量为 650 MB。在微型机上配置光盘驱动器才可以读取 CD-ROM 光盘的信息。

光驱的速度是指光驱的数据传输速率,单位是 KB/s。最初的光盘驱动器速度为单倍速,其数据传输率为 150 KB/s,其后发展为 2 倍速(300 KB/s)、4 倍速(600 KB/s)、6 倍速(900 KB/s)、8 倍速(1.2 MB/s)……32 倍速(4.8 MB/s)等。

• DVD。DVD(Digital Video Disc,数字视盘)是新一代的 CD 产品,现在已广泛应用,它的盘片尺寸与 CD 相同,并且 DVD 驱动器兼容 CD,它的容量有4.7 GB、7.5 GB 和 17 GB 等多种。DVD 同 CD 相似,也有 DVD-ROM(只读光盘)、DVD-R(一次性写入光盘)和 DVD-RW(DVD-RAM,可重复写光盘)。DVD 驱动器数据传输速度的单倍速为 1 MB/s。

3)可移动存储设备。可移动存储设备包括 U 盘和移动硬盘等。其中,U 盘是一种小巧玲珑、易于携带的移动存储设备,其通过 USB 接口与计算机连接,如图 1-11(a)所示;移动硬盘由普通硬盘和硬盘盒组成。硬盘盒除了起到保护硬盘的作用外,更重要的作用是将硬盘的 SATA 接口转换成可以热插拔的 USB 或其他标准接口与计算机连接,从而实现移动存储,如图 1-11(b)所示。

(a)   (b)

图 1-11 可移动存储设备

(a) 移动硬盘;(b) U 盘存储器

(6)外部设备。

1)输入设备。常用的输入设备有键盘、鼠标、扫描仪、调制解调器、模/数(A/D)转换器等。

• 键盘:现多数是 104 键,有用于 Windows 中快速调出系统菜单的键。

• 鼠标:分机械鼠标、光学鼠标和光学机械鼠标三种。鼠标上面有两个或三个按键,使用时通过鼠标的移动把光标移至所需位置,然后通过按键把选择项输入。键盘和鼠标如图 1-12 所示。

扫描仪:可以输入图片和文章。

图 1-12 键盘和鼠标

2)输出设备。输出设备是计算机将运算结果传送给用户的设备。常用的输出设备有显示器、打印机、绘图仪、调制解调器、数/模(D/A)转换器等。

• 显示器:计算机必须有的基本输出设备。常用的有阴极射线(Cathode Ray Tube,CRT)显示器和液晶(LCD)显示器,如图 1-13 所示。在大尺寸显示时还可采用投影仪。

显示器分为彩显和单显两种。不同的显示器需要不同的显示卡(显示适配器)。显示卡上的存储器叫显存(VRAM),用于存储刷新屏幕所需的信息(图像),它的大小与速度关系到整个显示系统性能。

(a)　　　　　　　　　　　　(b)

图 1-13 显示器外观

(a)CRT 显示器;(b)LCD 显示器

LCD 显示器的主要技术指标如下:

可视面积:衡量显示器显示屏幕大小的技术指标,单位一般为 in、15 in、19 in、21 in 等。尺寸大小是指对角尺寸。

可视角度:液晶显示器的可视角度左右对称,而上下则不一定对称。如可视角度为左右 80°,表示在始于屏幕法线 80°的位置时可以清晰地看见屏幕图像。一般来说,现在开发的各种广视角技术能把液晶显示器的可视角度增加到 160°,甚至更多。

点距:点距就等于可视宽度/水平像素(或者可视高度/垂直像素)。举例来说,一般

14 in LCD 的可视面积为 285.7 mm×214.3 mm,它的最大分辨率为 1 024×768,则其点距为 285.7 mm/1 024=0.279 mm(或者 214.3 mm/768= 0.279 mm)。

色彩度:我们知道,自然界的任何一种色彩都是由红、绿、蓝三种基本色组成的。LCD 面板上是由 1 024×768 个像素点组成显像的,每个独立的像素色彩是由红、绿、蓝(R、G、B)三种基本色来控制的。大部分厂商生产出来的液晶显示器,每个基本色(R、G、B)达到 6 位,即 64 种表现度,那么每个独立的像素就有 64×64×64=262 144 种色彩。也有不少厂商使用了所谓的 FRC(Frame Rate Control)技术,以仿真的方式来表现出全彩的画面,也就是每个基本色(R、G、B)能达到 8 位,即 256 种表现度,那么每个独立的像素就有高达 256×256×256=16 777 216 种色彩了。

对比值:对比值是定义最大亮度值(全白)除以最小亮度值(全黑)的比值。CRT 显示器的对比值通常高达 500∶1,以致在 CRT 显示器上呈现真正全黑的画面是很容易的。但对 LCD 来说就不是很容易了,由冷阴极射线管所构成的背光源很难去做快速的开关动作,因此背光源始终处于点亮的状态。为了要得到全黑画面,液晶模块必须完全把由背光源而来的光完全阻挡,但在物理特性上,这些元件并无法完全达到这样的要求,总是会有一些漏光发生。一般来说,人眼可以接受的对比值约为 250∶1。

亮度值:液晶显示器的最大亮度,通常由冷阴极射线管(背光源)来决定,亮度值一般都在 200~250 cd/m^2 之间。液晶显示器的亮度略低,会觉得屏幕发暗。虽然技术上可以使显示标准达到更高亮度,但是这并不代表亮度值越高越好,因为太高亮度的显示器有可能使观看者眼睛受伤。

响应时间:响应时间是指液晶显示器各像素点对输入信号反应的速度,此值当然是越小越好。如果响应时间太长,就有可能使液晶显示器在显示动态图像时,有尾影拖曳的感觉。一般的液晶显示器的响应时间在 20~30 ms 之间。

显示器常用的显示标准有:彩色图形适配器(Color Graphic Adapter,CGA)显示标准适用于低分辨率的彩显和字符显示;增强型图形适配器(Enhanced Graphics Adapter,EGA)显示标准适用于中分辨率的彩显;视频图形阵列(Video Graphics Array,VGA)显示标准适用于高分辨率的彩显。

• 打印机:重要的输出设备,它分为针式打印机、喷墨打印机和激光打印机 3 大类,每类又有单色(黑色)和彩色两种。如果需要将电脑处理的文字、图形图像和数据输出到纸上,则必须选用打印机。激光打印机的输出效果最好,但它的价格也最昂贵,并且使用时消耗品墨粉的价格也比较贵。针式打印机的输出效果较差,尤其是输出图形图像方面更明显,其消耗品色带比较便宜。现在使用最多的是喷墨打印机,它输出效果可以满足一般需要,但是消耗品墨盒较针式打印机的色带要贵得多。打印机的接口使用 USB 接口或并行接口。

国内市场一般能见到的喷墨打印机有 Canon(佳能)、Epson(爱普生)、HP(惠普)和联想等几种品牌,它们各有所长。各种打印机如图 1-14 所示。

激光打印机是 20 世纪 60 年代末 Xerox 公司发明的,采用的是电子照相(Electro photography)技术。该技术利用激光束扫描光鼓,通过控制激光束的开与关使带有静电的硒鼓表面静电消失与保留,保留静电的部分吸附墨粉,然后用高压静电把吸附的墨粉转印到纸上,再对纸张加热将墨粉固定在纸张上形成打印结果。

图 1-14　针式打印机、激光打印机与喷墨打印机

· 音效系统：微型机声音输入和输出的硬件，它主要包括声卡、扬声器和麦克风。由于现在电脑都应具有多媒体功能，所以声卡已成为电脑的基本配置。不同的声卡功能也有很大差别。电脑配置声卡后，配上扬声器可以将声音播放出来，再配上麦克风还可以进行录音或传送语音。

电脑上网的主要部件有调制解调器（Modem）和网络适配器（网卡）。使用调制解调器可以通过电话线路上因特网，它有外置式、内置式和 PC 卡几种，目前家庭普遍采用是通过电话线路的 ADSL 上因特网。网卡用于计算机间进行通信和局域网联网，现在使用最多的是 10～100 MB 自适应的网卡。网卡一般是 PCI 总线，插入 PCI 扩展槽。

· 扫描仪：电脑的输入设备，使用它可以将纸、照片和胶片上的文字和图形输入到电脑中再做进一步处理。它的主要性能指标是扫描分辨率、数据传输速率和扫描尺寸，扫描尺寸一般有 A4 和 A3 两种。数据传输速率同采用的接口有关，目前多数采用 USB 接口。扫描仪分辨率又分光学分辨率和最大分辨率，主要考虑光学分辨率。目前常见的有 300 DPI（Dot Per Inch）、600 DPI 和 1 200 DPI 等，它的分辨率越高扫描得到的图形效果越好，但价格也越贵。

· 视频摄像头：电脑的输入设备，用于拍摄数字视频。使用它在打网络电话时不仅可以使对方听到声音还可以看到动态图像。它的价格已很低，一般采用 USB 接口。

· 数码相机和数码摄像机：可以作为电脑的输入设备。数码相机拍摄的数码照片保存在存储卡上，可以输出到电脑中进行加工处理和输出。数码相机的价格下降很快。数码摄像机拍摄的数码视频可以保存在数码录像带或硬盘上，也可以输入到电脑中方便地加工处理和输出。

计算机硬件作为计算机技术发展的一个重要部分同样也是日新月异，欲了解最新微型计算机硬件信息可通过互联网查询了解。

1.2.2　计算机的软件系统

计算机系统的功能实现是建立在硬件技术和软件技术综合基础之上的。没有装入软件的机器称为"裸机"，它是无法工作的。软件是指为运行、维护、管理、应用计算机所编制的"看不见""摸不着"的程序和运行时需要的数据及其有关文档资料。

软件按功能可分为两大类：一类是支持程序人员方便地使用和管理计算机的系统软件；另一类是程序设计人员利用计算机及其所提供的各种系统软件编制的解决各种实际问题的

应用软件。

1. 系统软件

系统软件的主要功能是对整个计算机系统进行调度、管理、监视和服务，还可以为用户使用机器提供方便，扩大机器功能，提高使用效率。系统软件一般由厂家提供给用户，常用的系统软件有操作系统、语言处理程序和工具软件等。

(1)操作系统。操作系统的作用是管理和控制计算机系统中所有硬件、软件资源，合理地组织计算机工作流程，并为用户提供一个良好的环境和接口。

操作系统是用户与计算机硬件系统之间的接口，同时操作系统也是计算机系统资源的管理者，用户无须了解许多有关硬件与系统软件的细节就能方便地使用计算机。

1)用户与计算机硬件系统之间的接口。从用户的角度来看，操作系统作为用户与计算机硬件系统之间的接口，即操作系统处于用户与计算机硬件系统之间，用户通过操作系统来使用计算机系统。任何程序只有通过操作系统获得所需资源后才能运行。开机时首先调入内存的是操作系统，由操作系统去控制和管理在系统中运行的所有程序。所有的应用软件都要在操作系统的支持下进行开发和运行。用户一般可以通过操作系统提供的两种方式来使用计算机。一种是操作命令方式，由操作系统提供了一组控制操作命令，用户通过命令、菜单或图形用户界面(GUI)，启动程序和管理存储数据；另一种是系统调用方式，操作系统提供了一组系统功能调用，用户在应用程序中通过调用相应的系统功能来操纵计算机。

2)管理计算机系统的资源。计算机系统中的硬件和软件资源可为4类：处理器、存储器、输入/输出设备以及以文件形式存放在外存储器中的数据和程序。操作系统的主要功能就是有效地管理这些资源。

- 处理机管理：对处理机分配调度、分配实施和资源回收；
- 存储器管理：记录存储空间的分配情况、进行存储空间的分配与回收；
- 设备管理：对输入/输出设备的合理分配、按用户要求控制设备工作，实现真正I/O操作；
- 文件管理：对文件的存储器空间进行组织、分配，负责文件的存取、检索和保护。

3)操作系统的分类。操作系统通常可分为4大类：

- 批处理操作系统：批处理操作系统运用批处理技术来管理计算机，使计算机可以同时装入多道程序，在管理控制程序的控制下顺序执行，提高资源利用率和系统吞吐量。
- 分时(操作)系统：分时系统是指在一台主机上连接多个用户终端，同时允许多个用户共享主机中的资源，每个用户都可通过自己的终端以交互方式使用计算机。
- 实时(操作)系统：实时系统是系统能即时响应外部事件的请求，保证对实时信息的处理速度比其进入系统的速度快。实时系统往往具有一定的专用性，与前两个系统相比资源利用率较低。
- 网络操作系统：在20世纪90年代推出的网络操作系统主要作用是负责网络管理、网络通信、网络资源等。

4)常见的操作系统。UNIX 家族及类 UNIX 系统有 BSD、Sun Solaris、Linux 等;微软公司的 DOS、Windows 等;其他商业化操作系统有 Netware、TSX32;作为业余爱好的操作系统有 AmigaOS 模拟器、SkyOS 等;x86 平台的嵌入式操作系统,如 VxWorks,LynxOS,eCos 等。

• UNIX 是一种通用的分时交互式操作系统。从软件结构来看,UNIX 操作系统分为两大部分:一是 UNIX 系统内核,二是外层部分。UNIX 系统核心共有 40 多个文件,约 100 00 行源代码,构成进程管理、文件管理、存储管理、设备管理、系统测试等系统主体。UNIX 外层有各种语言处理程序,还包括各种实用程序,如方便用户的计时、检索文件、通信、编辑文件、管理等实用程序。外层程序可以不断地完善,因此它有较强的生命力。

UNIX 提供的 Shell 不仅具有命令语言的特点,还具有程序设计语言的特点,它为用户提供了从低到高、从简单到复杂的 3 个层次的使用方式:简单命令、复合命令和 Shell 过程,为具有一定计算机使用经验的用户构成了一个应用 UNIX 系统的良好环境。

• DOS 操作系统是磁盘操作系统(Disk Operating System)。自 1981 年以来,DOS 作为 PC 上使用的主流操作系统流行了十余年,拥有大量的用户与应用程序。有许多用面向过程语言编写的应用程序仍需在 DOS 平台上运行,所以 DOS 平台仍可以发挥作用。

在 Windows 10 中可以仿真 MSDOS 操作环境,利用 Windows 10 的 MSDOS 仿真功能,可在 Windows 10 中执行大部分的 DOS 应用程序。

目前移动互联发展迅猛,出现了很多移动设备上广泛使用的操作系统,例如 Android(安卓)系统和 Apple(苹果)公司的 iOS 移动操作系统。

• 苹果 iOS 是由苹果公司开发的移动操作系统。苹果公司最早于 2007 年 1 月 9 日的 Macworld 大会上公布这个系统,最初是设计给 iPhone 使用的,后来陆续套用到 iPod touch、iPad 以及 Apple TV 等产品上。iOS 与苹果的 Mac OS X 操作系统一样,它也是以 Darwin 为基础的,因此同样属于类 UNIX 的商业操作系统。原本这个系统名为 iPhone OS,因为 iPad,iPhone,iPod Touch 都使用 iPhone OS,所以 2010 年苹果全球开发者大会上宣布改名为 iOS(iOS 为美国 Cisco 公司网络设备操作系统注册商标,苹果改名已获得 Cisco 公司授权)。iOS 7 简单易用的界面、令人惊叹的功能和深入核心的安全性,令其成为 iPhone、iPad 和 iPod touch 的强大基础。它有漂亮的外观,更可高效地工作,甚至连最简单的任务,执行起来也更引人入胜。iOS 7 能将 Apple 硬件蕴含的技术发挥到极致。

Android 是一种基于 Linux 的自由及开放源代码的操作系统,主要用于移动设备,如智能手机和平板电脑,由谷歌公司和开放手机联盟领导及开发。它尚未有统一中文名称,中国大陆地区较多人使用"安卓"。Android 操作系统最初由 Andy Rubin 开发,主要支持手机。2005 年 8 月由谷歌公司收购注资。2007 年 11 月,谷歌公司与 84 家硬件制造商、软件开发商及电信营运商组建开放手机联盟共同研发改良 Android 系统。随后谷歌公司以 Apache 开源许可证的授权方式,发布了 Android 的源代码。第一部 Android 智能手机发布于 2008 年 10 月。Android 逐渐扩展到平板电脑及其他领域上,如电视、数码相机、游戏机等。2011 年第一季度,Android 在全球的市场份额首次超过塞班系统,跃居全球第一。2013 年的第四季度,Android 平台手机的全球市场份额已经达到 78.1%。2013 年 9 月 24 日谷歌公司开发的操作系统 Android 迎来了 5 岁生日,全球采用这款系统的设备数量已经达到 10 亿台。2011 年 1 月,谷歌公司称每日的 Android 设备新用户数量达到了 30 万部,到 2011 年 7 月,这个数字增长到 55 万部,而 Android 系统设备的用户总数达到了 1.35 亿户,Android 系统已经成为智能手机领域占有量最高的系统。

(2)语言处理程序。计算机语言(通常也称程序设计语言)就是实现人与计算机交流的语言。控制计算机需要使用计算机能够接受的语言。

自计算机诞生以来,设计与实现了数百种不同的程序设计语言,其中一部分得到比较广泛的应用,很大一部分被新设计的语言所取代,随着计算机的发展而不断推陈出新。

1)机器语言(Machine Language)。机器语言(又称第 1 代语言)是计算机的 CPU 能直接识别和执行的语言。每当设计一台计算机,同时也设计出一种该计算机可以执行的语言——机器语言。机器语言就是机器指令的集合,而机器指令就是用二进制代码表示的。用机器语言编写的程序叫作"手编程序"。早期的计算机程序大都用机器语言编写。手编程序的优点是可以直接驱使硬件工作且效率高。它的主要缺点是:必须与具体的机型密切相关,程序的通用性差,枯燥烦琐,容易出错且难以修改,很难与他人交流,使推广受到限制。

2)汇编语言(Assemble Language)。汇编语言(又称符号语言或第 2 代语言)是用约定的英语符号(助记符)来表示微型机的各种基本操作和各个参与操作的操作数。用汇编语言编写的程序称为"汇编语言源程序",它不能直接使机器识别,必须用一套相应的语言处理程序将它翻译为机器语言后,才能使计算机接受并执行。这种语言处理程序称为"汇编程序",翻译出的机器语言程序称为"目标程序",翻译的过程称为"汇编"。其特点是容易记忆、便于阅读和书写,克服了机器语言的缺点,但仍与机型有关。

3)高级语言(High Programming Language)。高级语言(又称第 3 代语言)是一种易学、易懂和易书写的语言,是同自然语言和数学语言比较接近的计算机程序设计语言。同样,用高级语言编制的程序称为"源程序",也不能直接在计算机上运行,必须将其翻译成机器语言程序才能为计算机所理解并执行。

每一种高级语言都有自己的语言处理程序,起着"翻译"的作用,将高级语言编写的程序翻译成机器语言程序,根据翻译的方式不同,其翻译过程有编译和解释两种方式。

编译:将用高级语言编写的源程序整个翻译成目标程序,然后将目标程序交给计算机运行,编译过程由计算机执行编译程序自动完成,如 C 语言、Pascal 语言和 Fortran 语言等。

解释:对用高级语言编写的源程序逐句进行分析,边解释、边执行并立即得到运行结果。解释过程由计算机执行解释程序自动完成,但不产生目标程序,如 BASIC 语言。

高级语言的特点容易被人们掌握,用来描述一个解题过程或某一问题的处理过程十分方便、灵活。由于它独立于机器,因此具有一定的通用性。

常用的高级语言有 10 多种,如:BASIC(BASIC、True BASIC、Quick BASIC、Visual BASIC)、Fortran、Delphi(可视化 Pascal)、Cobol、C、C++、Visual C++、Ada 语言等。

由于计算机网络和多媒体技术的发展,出现了被称为第 4 代的程序设计语言,如 Java、

FrontPage 语言——网络和多媒体程序设计语言等。

(3)实用程序。实用程序是面向计算机维护的软件,主要包括错误诊断、程序检查、自动纠错、测试程序和软硬件的调试程序等。

(4)数据库管理系统(Database Management System,DBMS)。数据库管理系统作为一种通用软件,它基于某种数据模型(数据库中数据的组织模式),目前主要的数据模型有层次型、关系型、网络型。当今关系型数据库管理系统最为流行,诸如 Dbase、FoxBASE、FoxPro、Access、Oracle、Sybase、Informix 等。

数据库管理系统对数据进行存储、分析、综合、排序、归并、检索、传递等操作。用户也可根据自己对数据分析、处理的特殊要求编制程序。数据库管理系统提供与多种高级语言联通的接口。用户在用高级语言编制程序中可调用数据库的数据,也可用数据库管理系统提供的各类命令编制程序。

2. 应用软件

应用软件是由计算机用户在各自的业务领域中开发和使用的解决各种实际问题的程序。应用软件的种类繁多、名目不一,常用的应用软件有下列几种。

(1)字处理软件。字处理软件的主要功能是对各类文件进行编辑、排版、存储、传送、打印等,字处理软件被称为电子秘书,能方便地处理文件、通知、信函、表格等,在办公自动化方面起到了重要的作用。

目前常用的字处理软件有 Word、WPS 等,它们除了字处理功能外,都具备简单的表格处理功能。

(2)表处理软件。表处理软件能对文字和数据的表格进行编辑、计算、存储、打印等,并具有数据分析、统计、制图等功能。

常用的表处理软件有 Excel 等。

(3)计算机辅助设计软件。

• 计算机辅助设计(Computer Aided Design,CAD):利用计算机的计算及逻辑判断功能进行各种工程和产品的设计。设计中的许多繁重工作,如计算、画图、数据的存储和处理等均可交给计算机完成。

• 计算机辅助测试(Computer Aided Testing,CAT):利用计算机作为工具进行测试的过程。

• 计算机辅助制造(Computer Aided Manufacturing,CAM):利用计算机通过各种数据控制机床和设备,自动完成产品的加工、装配、检测和包装等生产过程。

• 计算机辅助教学(Computer Assisted Instruction,CAI):让学习者利用计算机学习知识。计算机内有预先安排好的学习计划、内容、习题等。学生与计算机通过人机对话,了解学习内容,完成习题作业。计算机对完成学习情况进行评判。

(4)计算机病毒与病毒查杀软件。计算机病毒属于应用程序,它是针对计算机硬件系统、操作系统及文件等计算机资源,进行非法占有和破坏。病毒查杀软件也属于应用程序,它是以在计算机查找、清除和警戒计算机病毒为目的的。

应用软件的种类很多,还有图形图像处理软件以及保护计算机安全的软件等。随着计算机应用的普及,计算机涉及的范围越来越广,应用软件的种类也越来越多。

3. 软件的版权与使用许可

计算机程序和软件作为人类知识的一部分,同样受到著作权法和国际的保护,未经授权擅自复制或传播,可能受到民事及刑事的制裁。

软件一般分为如下5种形式:

(1)演示软件(Demos),是指商业发行的软件,为了让用户先了解软件的功能而发布的一个版本,主要介绍软件可以实现的功能和软件的特性。如果用户喜欢这个软件,可以去购买正式版本。

(2)免费软件(Freeware),是指免费提供给公众使用的软件。它具备以下特征:版权受保护,可为发行而复制,此时发行不能以盈利为目的;允许和鼓励修改软件;允许反向工程,不必经明确许可;允许和鼓励开发衍生软件,但这一衍生软件也必须是免费的。有些免费软件甚至提供源代码,如著名的免费软件库"the Free Software Foundation"。

(3)共享软件(Shareware),这类软件在软件市场占有重要地位,它允许用户将软件传播给其他用户。它允许用户使用一段时间,只要用户需要这些软件,交纳一定的注册费后就可获得软件的使用权,通常还会得到一本手册和附加软件。

(4)公用软件(Public Domain Software),是指那些版权已经被放弃、不受版权保护、可以进行任何目的的复制、修改并允许在该软件基础上开发衍生软件且可复制和销售的软件。

(5)商业软件(Business Software),是指那些受版权保护、允许预防原版软件意外损坏而进行存档复制、不允许进行修改、未经版权人允许不得进行反向工程和在该软件基础上开发衍生软件的一类软件。对商品化软件而言,用户获得的只是软件目标代码的所有权及使用权,并没有得到归属权,通常也不包含源程序。商家软件的版权人一般在协议中声明不得反向工程,但国际上基本已认可用户在合法取得软件之后,为了满足某种特殊需要,用户自己通过反向工程来实现非商业用途的目的。通过反向工程获取技术秘密仍被禁止,开发类似的新软件属于不正当竞争。

1.3 数制及信息在计算机中的表示

在计算机内部,无论是存储过程、处理过程、传输过程,还是用户数据、各种指令,使用的全都是由0、1组成的进制数,因此了解二进制数的概念、运算,数制转换及二进制编码对于用好计算机是十分重要的。本节要求掌握常用数制及其转换规则和二进制数的算术、逻辑运算,了解数值、西文字符和汉字的编码规则。

计算机中处理的数据可分为数值数据和非数值数据两大类。非数值数据包括西文字母、标点符号、汉字、图形、声音和视频等。无论什么类型的数据,在计算机内都使用二进制表示和处理。数值型数据可以转换为二进制;对于非数值型数据,则采用二进制编码的形式。

1.3.1 了解数制及其转换

1. 进位计数制思想

进位计数制是数的表示及运算的规则。日常生活中,我们会遇到数的不同进制,如最常用的十进制、24 h 一天的二十四进制、7 天一个星期的七进制、2 只筷子一双的二进制,而计算机中存放的只能是二进制信息,为了书写、表示和转换的方便,计算机相关书籍中常常使用八进制和十六进制。

进位计数制具有以下几个要素:

(1)数码与基数:一种计数制所含数字符号的个数。如十进制数有 0,1,2,…,9 十个数码,它的基数就为十。二进制数有 0,1 两个数码,则它的基数就为二。

(2)进位规则:按计数制的基数进位。如十进制数是逢十进一,二进制数是逢二进一。

(3)位权:计数制中每一固定位置所对应的单位值(基数的幂)。十进制数的位权为 10 的幂,二进制数的位权为 2 的幂。

任何进制数都可以表示成按权展开的形式,如:

十进制数 $(366.25)_{10}=3\times10^2+6\times10^1+6\times10^0+2\times10^{-1}+5\times10^{-2}$

二进制数 $(10011.1)_2=1\times2^4+0\times2^3+0\times2^2+1\times2^1+1\times2^0+1\times2^{-1}$

由此可看出,进位计数制中,同一个数码处于不同的位置,由于位权不同,所表示的值也是不同的。表 1-2 为四种进位计数制的特点,表 1-3 为四种进位计数制的对应关系。

表 1-2 四种进位计数制的特点

有关要素	进位制			
	十进制	二进制	八进制	十六进制
基数(R)	10	2	8	16
数码	0,1,…,9	0,1	0,1,…,7	0,1,…,9,A,B,…,F
进位规则	逢十进一	逢二进一	逢八进一	逢十六进一
位权	10 的幂	2 的幂	8 的幂	16 的幂
书写表示	$(N)_{10}$ 或 $(N)_D$	$(N)_2$ 或 $(N)_B$	$(N)_8$ 或 $(N)_O$	$(N)_{16}$ 或 $(N)_H$

表 1-3 四种进位计数制的对应关系

十进制数	二进制数	八进制数	十六进制数	十进制数	二进制数	八进制数	十六进制数
0	000	0	0	8	1000	10	8
1	001	1	1	9	1001	11	9
2	010	2	2	10	1010	12	A
3	011	3	3	11	1011	13	B
4	100	4	4	12	1100	14	C
5	101	5	5	13	1101	15	D
6	110	6	6	14	1110	16	E
7	111	7	7	15	1111	17	F

2. 不同进制数间的转换

(1) 二进制数、八进制数和十六进制数转换成十进制数。

转换规则：按权展开，相加之和。

【例1-1】 将二进制数 101101.1101 转换成十进制数。

$$(101101.1101)_2 = 1\times2^5+0\times2^4+1\times2^3+1\times2^2+0\times2^1+1\times2^0+1\times2^{-1}$$
$$+1\times2^{-2}+0\times2^{-3}+1\times2^{-4}$$
$$=32+0+8+4+0+1+0.5+0.25+0+0.0625$$
$$=(45.8125)_{10}$$

【例1-2】 将八进制数 4375.2 转换成十进制数。

$$(4375.2)_8 = 4\times8^3+3\times8^2+7\times8^1+5\times8^0+2\times8^{-1}$$
$$=2048+192+56+5+0.25$$
$$=(2301.25)_{10}$$

【例1-3】 将十六进制数 1AD5.C 转换成十进制数。

$$(1AD5.C)_{16} = 1\times16^3+10\times16^2+13\times16^1+5\times16^0+12\times16^{-1}$$
$$=4096+2560+208+5+0.75$$
$$=(6869.75)_{10}$$

(2) 十进制数转换成二进制数、八进制数或十六进制数。十进制数转换成其他进制数时，因为整数部分和小数部分转换规则不一样，所以整数部分和小数部分要分开进行转换。

整数部分转换规则：除以基数取余数，且余数按从下到上的顺序排列；

小数部分转换规则：乘以基数取整数，且整数按从上到下的顺序排列。

【例1-4】 将十进制数 60.25 转换成二进制数。

转换结果为 $(60.25)_{10} = (111100.01)_2$。

【例1-5】 将十进制数 139 分别转换成八进制数、十六进制数。

转换结果为 $(139)_{10}=(213)_8=(8B)_{16}$。

(3)二进制数、八进制数、十六进制数之间的相互转换。

1)二进制数与八进制数相互转换。二进制数转换成八进制数的转换规则:从小数点开始分别向左右两边将二进制数的整数部分和小数部分每三位为一组。最后一组不足三位时,整数部分在左边补零,小数部分在右边补零。再将每组三位二进制数转换成八进制数即可。

八进制数转换成二进制数的转换规则:将八进制数的每位数码转换成三位二进制数。不足三位时,整数部分和小数部分均在左边补零。

【例 1-6】 将二进制数 10111001101001.1 转换成八进制数;将八制数 7125.3 转换成二进制数。

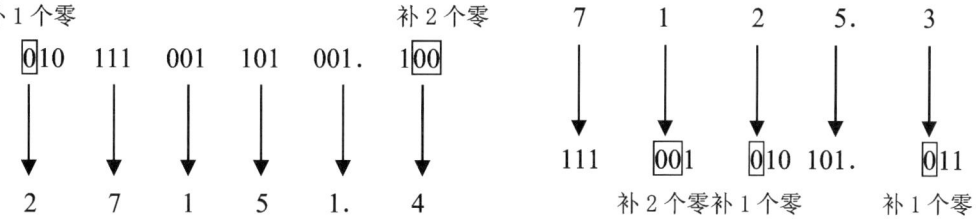

转换结果为 $(10111001101001.1)_2=(27151.4)_8$ $(7125.3)_8=(111001010101.011)_2$

2)二进制数与十六进制数相互转换。二进制数转换成十六进制数的转换规则:从小数点开始分别向左右两边将二进制数的整数部分和小数部分每四位为一组。最后一组不足四位时,整数部分在左边补零,小数部分在右边补零。再将每组四位二进制数转换成十六进制数即可。

十六进制数转换成二进制数的转换规则:将十六进制数的每位数码转换成四位二进制数。不足四位时,整数部分和小数部分均在左边补零。

【例 1-7】 将二进制数 101111101101101.01 转换成十六进制数;将十六制数 3AF.2 转换成二进制数。

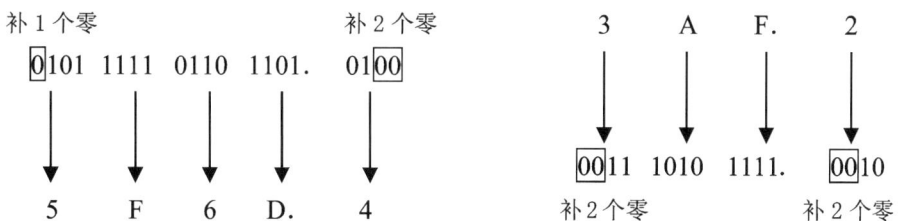

转换结果为 $(101111101101101.01)_2=(5F6D.4)_{16}$ $(3AF.2)_{16}=(1110101111.0010)_2$

3)八进制数与十六进制数的相互转换。转换规则:先将八进制数(或十六进制数)转换成二进制数,再将二进制数转换成十六进制数(或八进制数)。

【例 1-8】 将八进制数 110703 转换成十六进制数;将十六进制数 91C3 转换成八进制数。

$(110703)_8=(1001000111000011)_2=(91C3)_{16}$

$(91C3)_{16}=(1001000111000011)_2=(110703)_8$

1.3.2 计算机中的信息表示

1. 计算机中的数据

在计算机领域中,数据是指能被计算机接受并处理的各种符号的集合,分为数值数据与非数值数据两种。数值数据就是数学上的实数,非数值数据是指文字、标点、符号、图形、图像、声音等。不论是什么数据,在计算机内部都是用二进制编码来表示的,原因有以下几方面:

(1)物理器件所致。电子元件通常具有两种稳定状态,如开关的闭合、电子线路有电无电等,正好对应二进制数的两种数码1、0。

(2)运算规则简单。十进制有十个数码,加法法则和乘法法则分别是55个,而二进制只有两个数码,其加法法则和乘法法则分别仅有3个。

(3)能实施逻辑运算。二进制数码1、0正好可以表示逻辑数据"真"与"假"。

计算机中所有数据都是以字节的形式存放的。在计算机中常用的数据单位有"位"(bit),也就是二进制中每一位上的数字0或1,"位"是计算机中表示信息的最小单位。8位二进制称为"字节"(Byte),"字节"是计算机中存储信息的基本单位。此外,还有KB(千字节)、MB(兆字节)、GB(吉字节)、TB(太字节)等单位。它们之间的换算关系如下:

1 B = 8 位

1 KB = 1 024 B = 2^{10} B

1 MB = 1 024 KB = 2^{20} B

1 GB = 1 024 MB = 2^{30} B

1 TB = 1 024 GB = 2^{40} B

1 PB = 1 024 TB = 2^{50} B

2. 数值数据的表示

实数有正负之分,那么在计算机中正负号如何表示呢?我们规定正号用0表示,负号用1表示。一个数对应的一组二进制编码的最高位为符号位,其余为数值部分。以一个数占8位(一个字节)为例,如图1-15所示。

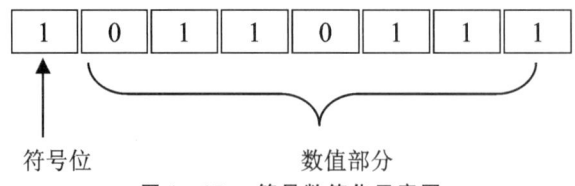

图1-15 符号数值化示意图

符号被数值化后的实数,称为机器数。图1-15中表示的机器数是10110111,所对应的实数为$(-0110111)_2$。

实数通常有小数点,那么在计算机中小数点是如何处理呢?我们先来看一下纯小数,所谓纯小数是指整数部分为零、小数点右边的第一个数不为零的实数。纯小数中的小数点位置是固定的,如图1-16所示。

符号位	数值部分

. ←小数点位置

图 1-16 纯小数的表示

任何二进制表示的实数都可以化成纯小数和 2 的幂的乘积,这种表示法称为科学记数法。如二进制数 $-0.00010111 = -0.10111 \times 2^{-3}$,其中 -3 称为阶码,-0.10111 称为尾数。这样一来,只要把阶码和尾数分开表示即可,如图 1-17 所示。

阶码符号位	阶码数值部分	尾数符号位	尾数数值部分

图 1-17 一般实数的表示

计算机中,机器数的符号位和数值同时参与运算。为了减小运算实现难度,机器数的编码采用了原码、反码、补码三种表示。如+3 的机器数是 00000011,该数的原码、反码、补码即为该数的机器数本身。而-8 的机器数是 10001000,则该数的原码是 10001000,反码是 11110111(原码符号位不变,其余各位取反),补码是 11111000(反码加 1)。求两个符号相反数的和,如果用原码,和数的符号需要单独考虑,同时还需要考虑这两个数谁的绝对值大,再用绝对值大的减绝对值小的,运算过程很麻烦。如果用补码,符号位不需要单独考虑,只要把符号位看成是数值参与运算即可,得出的结果当然也是和数的补码。可以看出,用补码运算比用原码运算要方便得多。

例如,用补码求 3+(-8)的和。

```
    00000011        +3 的补码
  + 11111000        -8 的补码
    ────────
    11111011   ◄──  和数-5 的补码
```

3. 非数值数据的表示

这里只讨论西文字符和中文字符的编码,图形、图像、声音的编码已超出本书范围,有兴趣的读者可以自学《多媒体技术》中的有关内容。非数值数据在计算机内部的二进制代码都是人为规定的,当然了,这些编码都有特定的规则。

(1)英文字符编码。英文字符编码最常用的是美国信息交换标准码(American Standard Code for Information Interchange,ASCII 码)。ASCII 码是由美国国家标准委员会制定的一种包括数字、字母、通用符号和控制符号在内的字符编码集。它是一种 8 位二进制编码,是目前计算机中使用最普遍的字符编码集,具体编码见表 1-4。

表 1-4 标准 ASCII 码字符集

$b_3 b_2 b_1 b_0$	$b_7 b_6 b_5 b_4$							
	0000	0001	0010	0011	0100	0101	0110	0111
0000	NUL	DLE	SP	0	@	P	`	p
0001	SOH	DC1	!	1	A	Q	a	q
0010	STX	DC2	"	2	B	R	b	r

续 表

$b_3 b_2 b_1 b_0$	$b_7 b_6 b_5 b_4$							
	0000	0001	0010	0011	0100	0101	0110	0111
0011	ETX	DC3	#	3	C	S	c	s
0100	EOT	DC4	$	4	D	T	d	t
0101	ENQ	NAK	%	5	E	U	e	u
0110	ACK	SYN	&	6	F	V	f	v
0111	BEL	ETB	'	7	G	W	g	w
1000	BS	CAN	(	8	H	X	h	x
1001	HT	EM	)	9	I	Y	i	y
1010	LF	SUB	*	:	J	Z	j	z
1011	VT	ESC	+	;	K	[	k	{
1100	FF	FS	,	<	L	\	l	|
1101	CR	GS	-	=	M	]	m	}
1110	SO	RS	.	>	N	^	n	~
1111	SI	US	/	?	O	_	o	DEL

表中只有128个英文字符,包括34个控制符号(00H～20H和7FH)、94个普通字符(21H～7EH)。普通字符可以在屏幕上显示出来,肉眼可以看得见,因此普通字符又叫可见字符。控制符号是对系统进行控制的,不可能在屏幕上显示,因此控制符号又叫不可见字符,比如控制字符"BEL"是使扬声器发出"嘟"的一声,只能听到而看不见。94个普通字符包括32个常用标点符号和数字符号、26个英文大写字母、26个英文小写字母。数字符号、大写字母、小写字母依次顺序排列,易于记忆。表中每一个字符都对应一个唯一的8位二进制编码。若要确定某符号的ASCII码,先在表中查此符号所在列最上面的高四位编码($b_7 b_6 b_5 b_4$),再查此符号所在行最左边的低四位编码($b_3 b_2 b_1 b_0$),由高到低连在一起即为该字符的ASCII码。如字母"a"的ASCII码是$(01100001)_2$,标点符号"!"的ASCII码是$(00100001)_2$,控制字符"BEL"的ASCII码是$(00000111)_2$。

(2)中文字符编码。为了方便计算机处理汉字,就需要对汉字进行编码,汉字是象形文字,种类繁杂数量多,不像西文字符少而简单,输入、处理、输出只需一种编码,而汉字处理过程却需要多种编码且还要进行一系列的编码转换。这些编码有汉字信息交换码、汉字机内码、汉字输入码、汉字字形码及汉字地址码等。计算机处理汉字的流程如图1-18所示。

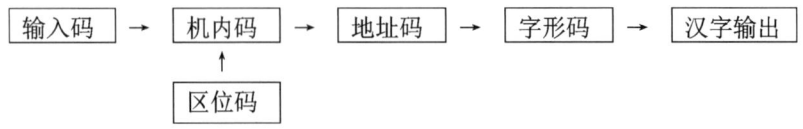

图1-18 汉字信息处理流程

1)汉字区位码(国标码)。《信息交换用汉字编码字符集 基本集》(GB/T 2312—1980)中,共收集了6 763个常用汉字和682个常用符号(包括英文字母、希腊字母、罗马数字、日文平假名、日文片假名、拉丁字母、俄文字母、汉语拼音字母、数字和中文标点等)。这些汉字和符号分为87区,每区有10行、10列共100位,每个位上放一个符号或一个汉字或空着,每个区里都有一些位是空的,空出这些位的目的是方便以后添加汉字或符号。每个区有编号,分别是01,02,…,87。每个位也有编号,位号由行号和列号组成,行号从上往下分别是0,1,…,9,列号从左往右分别是0,1,…,9。根据使用频率将汉字分为两部分,使用频率极高的3 755个汉字称为一级汉字(按拼音排序,这里的拼音顺序是a,b,c,d,…),使用频率较高的3 008个汉字称为二级汉字(按新华字典上的部首排序)。常用符号位于01区~15区,一级汉字位于16区~55区,二级汉字位于56区~87区。

经过上面的处理,每个汉字和符号的位置可用它所在的区号和位号唯一确定。一个汉字或符号的区位码是由它所在区号与位号组成的,如"啊"位于16区01位,其区位码是1601。再如"a"位于03区65位,其区位码是0365。

GB2312—1980中的英文字母和标点符号称为全角字符,而ASCII码字符集中的英文字母和标点符号称为半角字符,一个全角字符显示或打印出来时占两个半角字符的位置。

2)汉字机内码。汉字机内码是指汉字在计算机内部的二进制编码,可以将汉字的区号和位号分别加160后,转换成二进制数得到。一个汉字的机内码占2个字节,这2个字节的最高位都是1,因此在计算机内部汉字与ASCII码字符就能区分开来。

例如,汉字"啊"的机内码与区位码的关系:

区位码:　　16　　　　01
　　　　　+160　　　+160
　　　　　―――――　―――――
　　　　　176　　　　161

机内码:10110000　10100001　(由上一行两个十进制数转换成二进制数得到)

3)汉字输入码。汉字输入码是指在某种汉字输入法下所按下键的组合,输入码也叫外码。例如"学院"一词,在智能ABC输入法下的外码是"xuey""xyuan"或"xy",在五笔字型输入法下是"ipbp",在万能五笔输入法下是"ipbp"或"xueyuan"。同一个汉字在不同的输入法下,外码是不一样的。

目前,汉字输入码很多,主要分为音码、形码、音形码。音码是以汉语拼音为基础,只要会读就可以输入,缺点是会写不会读时无法输入,如全拼输入法。形码是以汉字形状为基础的,只要会写就可以输入,缺点是会读不会写时无法输入,如五笔字型输入法。音形码则兼顾到上面两种方法的优点,发音不准只记得偏旁部首就可以输入,如智能ABC输入法。不论采用何种输入码,在计算机内部都必须转换为机内码进行存储和处理,这个工作由汉字代码转换程序依靠事先编制好的输入码对照表完成转换。

为使汉字输入方法能达到一个更快、更方便的层次,目前已经出现写字板手写输入、麦克风语音输入及扫描输入。

4)汉字字形码。汉字字形码是存储在字库中一种用点阵或轮廓(也叫矢量方式)表示字形的代码,主要用于汉字的输出。字库是以文件的形式存储在磁盘上,字库中的汉字字形码与机内码一一对应。汉字输出时,由内码查到对应的字形代码,然后显示或打印输出。

点阵字形就是把汉字排成黑白点阵来描述汉字。通常用二进制数"1"表示汉字笔画所到的黑点,用二进制数"0"表示没有笔画处的白点。常用的点阵有简易型16×16、普通型

24×24、提高型 32×32 或更高。点阵规模越大,字形质量越高,存储容量越大。一个 16×16 点阵的汉字字形要占 16×16 位/(8 位)=32 B,24×24 点阵要占 24×24 位/(8 位)=72 B,32×32 点阵要占 128 B。

轮廓字形是采用数学计算的方式来描述汉字的轮廓曲线,字形精度高,可产生高质量的汉字输出。图 1-19 和图 1-20 分别是点阵字形与轮廓字形示意图。

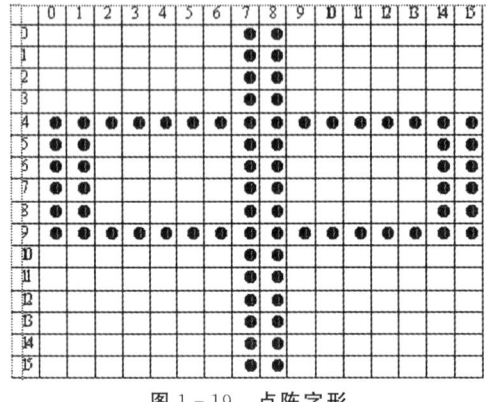
图 1-19　点阵字形

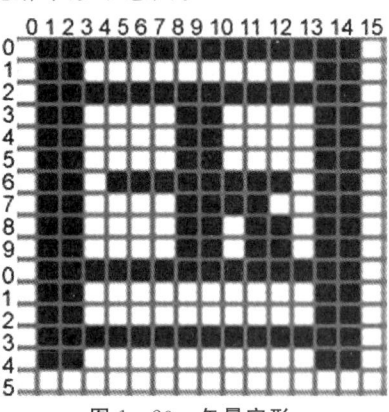
图 1-20　矢量字形

5)汉字地址码。每个汉字在字库中的逻辑地址称为地址码。汉字字形码在字库中按一定的顺序排列。输出汉字时,根据汉字机内码与地址码的对应关系算出地址码,再通过地址码在字库中取出相应字形码,最后在输出设备上形成可见的汉字。

课 后 习 题

一、单项选择题

1. 1946 年诞生的世界上第一台电子计算机是( )。
   A. UNIVAC-I　　　B. EDVAC　　　C. ENIAC　　　D. IBM
2. 第二代计算机的划分时间是( )。
   A. 1946—1957 年　　　　　　　B. 1958—1964 年
   C. 1965—1970 年　　　　　　　D. 1971 年至今
3. 计算机的硬件系统主要包括运算器、控制器、存储器、输出设备和( )。
   A. 键盘　　　B. 鼠标　　　C. 输入设备　　　D. 显示器
4. 计算机的操作系统是( )。
   A. 计算机中使用最广的应用软件　　B. 计算机系统软件的核心
   C. 微机的专用软件　　　　　　　　D. 微机的通用软件
5. 下列叙述中,错误的是( )。
   A. 内存储器一般由 ROM、RAM 和高速缓存(Cache)组成
   B. RAM 中存储的数据一旦断电就全部丢失
   C. CPU 不可以直接存取硬盘中的数据

D. 存储在 ROM 中的数据断电后也不会丢失

6. 能直接与 CPU 交换信息的存储器是(　　)。
　A. 硬盘存储器　　　B. 光盘驱动器　　　C. 内存储器　　　D. 软盘存储器

7. 下列设备组中,全部属于外部设备的一组是(　　)。
　A. 打印机、移动硬盘、鼠标　　　　　　B. CPU、键盘、显示器
　C. SRAM 内存条、光盘驱动器、扫描仪　　D. U 盘、内存储器、硬盘

8. 下列国产操作系统中,主要用于移动端的是(　　)。
　A. 银河麒麟　　　B. 红旗 Linux　　　C. 中兴新支点　　　D. 鸿蒙 Harmony OS

9. 在关于数制的转换中,下列叙述正确的是(　　)。
　A. 采用不同的数制表示同一个数时,基数(R)越大,则使用的位数越少
　B. 采用不同的数制表示同一个数时,基数(R)越大,则使用的位数越多
　C. 不同数制采用的数码是各不相同的,没有一个数码是一样的
　D. 进位计数制中每个数码的数值取决于数码本身

10. 十六进制数 E8 转换成二进制数等于(　　)。
　A. 11101000　　　B. 11101100　　　C. 10101000　　　D. 11001000

11. 十进制数 55 转换成二进制数等于(　　)。
　A. 111111　　　B. 110111　　　C. 111001　　　D. 111011

12. 与二进制数 101101 等值的十六进制数是(　　)。
　A. 2D　　　B. 2C　　　C. 1D　　　D. B4

13. 二进制数 111+1 等于(　　)。
　A. 10000　　　B. 100　　　C. 1111　　　D. 1000

14. 下列各种进制的数中最小的数是(　　)。
　A. 40D　　　B. 2BH　　　C. 44O　　　D. 101001B

15. 在 24×24 点阵字库中,存储一个汉字的字模信息需要用的字节数是(　　)。
　A. 24　　　B. 72　　　C. 32　　　D. 48

二、填空题

1. 中央处理器(CPU)由＿＿＿＿和＿＿＿＿两部分组成。
2. 某台计算机安装的是 64 位操作系统,其中的"64 位"是指＿＿＿＿。
3. 一个完整的计算机系统由＿＿＿＿和＿＿＿＿两部分组成。
4. 计算机的主机主要是指＿＿＿＿和＿＿＿＿。
5. 在计算机中,用高级语言编写的源程序必须转换为＿＿＿＿语言才能被 CPU 执行。

三、问答题

1. 计算机主要特点是什么?
2. 计算机系统软件主要有哪些?
3. 操作系统的主要作用是什么?

第 2 章 Windows 10 操作系统

操作系统是用于控制和管理计算机系统中的所有软件、硬件资源,合理组织计算机工作流程,方便用户充分而高效地使用计算机的一组程序集合。它是计算机系统的核心控制软件,是所有计算机都必须配置的基本系统软件。于是,操作系统 Windows 就成为计算机与使用者之间交换信息的桥梁,成为人机交流过程中不可缺少的工具。

2.1 Windows 10 的基本操作

2015 年 7 月 29 日发布的 Windows 10 是微软最新发布的 Windows 版本,Windows 10 大幅减少了开发阶段。Windows 10 自 2014 年 10 月 1 日开始公测,经历了 Technical Preview(技术预览版)以及 Insider Preview(内测者预览版),下一代 Windows 将以 Update 形式出现。Windows 10 共发布 7 个发行版本,分别面向不同用户和设备。2015 年 7 月 29 日 12 点起,Windows 10 推送全面开启,Windows 7、Windows 8.1 用户可以通过系统升级到 Windows 10。本节主要介绍 Windows 10 的启动与关闭、Windows 10 系统桌面和窗口操作。

2.1.1 Windows 10 的启动与关闭

1. 启动 Windows 10

在计算机上成功安装 Windows 10 操作系统后(以家庭版为例),可以激活 Windows 10 家庭版,创建用户账户并重新设置在安装过程中用户输入的所有设置,按下计算机开关按钮即可自动启动。Windows 10 采用传统的登录方式,大致过程如下:

(1)按下计算机电源开关按钮,计算机进行设备自检,通过自检后开始系统引导,启动 Windows 10 家庭版。

(2)Windows 10 启动后进入等待提示界面,等待用户登录。

(3)单击用户图标,如果没有设置系统管理员密码,可以直接登录系统;如果设置密码,输入该账户的登录密码,按"Enter"键或者单击密码框的右端箭头按钮。Windows 10 可使用两种登录账户,分别是本地账户和 Microsoft 账户。Windows 10 还新增了生物识别用户的功能,刷脸或指纹登录系统比输入密码更加方便。

密码验证通过后,进入 Windows 10 系统桌面,如图 2-1 所示,计算机启动完成。

图 2-1　Windows 10 的系统桌面

2. 退出 Windows 10,关闭计算机

当不再使用计算机时,可以将计算机关闭,在关闭计算机前,应先关闭所有的应用程序,以免造成数据丢失。

退出系统的步骤:单击"开始"按钮▐▐,选择"电源"命令⏻,在弹出菜单中选择"关机",系统将退出 Windows 10,安全地关闭计算机,许多计算机都能自动关闭电源。其界面如图 2-2 所示。

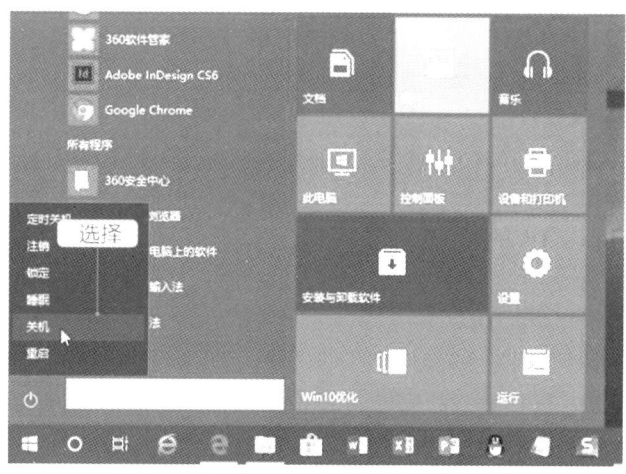

图 2-2　"开始"按钮中的"电源"子菜单

2.1.2　认识 Windows 10 桌面

桌面是 Windows 操作系统的工作平台。桌面上一般显示一些常用的或重要的文件夹和工具。初次启动 Windows 10 后,桌面上非常简洁,其界面如图 2-3 所示。"计算机""用户的文件""控制面板""网络"等图标位于"开始"菜单中。用户可以"个性化"设置桌面,将最

常用的其他图标也显示在桌面上。

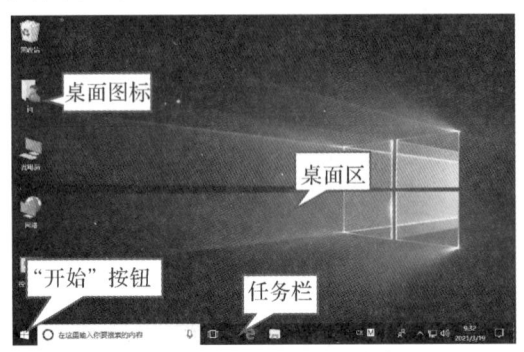

图2-3　Windows 10 系统桌面

1. 桌面图标

图标是由代表某一程序、文件夹、文档、磁盘驱动器等的图形和对应的名称组成的。图标和窗口是程序在桌面的两种状态，它们之间可以相互转化，我们称这些图标为"对象"，这些对象被打开后就成为窗口。双击图标可启动或打开它所代表的项目（如应用程序、文件、文件夹等）。

2. "开始"菜单

左下角的"开始"菜单是运行 Windows 10 应用程序的入口，这是执行程序最常用的方式。使用菜单可执行以下操作，包括启动程序，打开文件夹，搜索文件、文件夹和程序，调整计算机设置，获取 Windows 操作系统的帮助信息，关闭计算机，切换、注销或锁定用户等。菜单如图2-4所示。

图2-4　"开始"菜单及电源按钮菜单

单击"开始"按钮，展开"开始"菜单和"开始"屏幕。"开始"菜单由应用程序列表组成，比较适合 PC 桌面环境鼠标操作；"开始"屏幕由磁贴组成，比较适合触屏操作。微软有意统一桌面端和移动端的操作系统，以减少用户的学习成本。

第 2 章　Windows 10 操作系统

在桌面环境中,左侧的"开始"菜单区从上到下依次是用户账户、常用应用程序列表及系统功能区;右侧是 Metro 风格"开始"屏幕区。其中,用户账户显示登录的当前用户账户名称,可以是本地账户,也可以是 Microsoft 账户。单击用户账户可以锁定、注销、更改账户设置。常用应用程序列表列出了最近常用的一部分程序列表和刚安装的程序,单击可快速启动相应的程序,应用程序是按数字(0~9)、字母(A~Z)、拼音(拼音 A~拼音 Z)的顺序升序排列的。如果要跳转到某应用程序,单击对应的字母即可。例如打开"写字板"应用程序,操作步骤:

(1)单击"开始"按钮,选择"Windows 附件"文件夹单击,显示出附件中的应用程序。
(2)找到"写字板"的图标,单击打开应用程序窗口,如图 2-5 所示。
(3)要退出该应用程序,请单击其窗口右上角的"关闭"按钮。

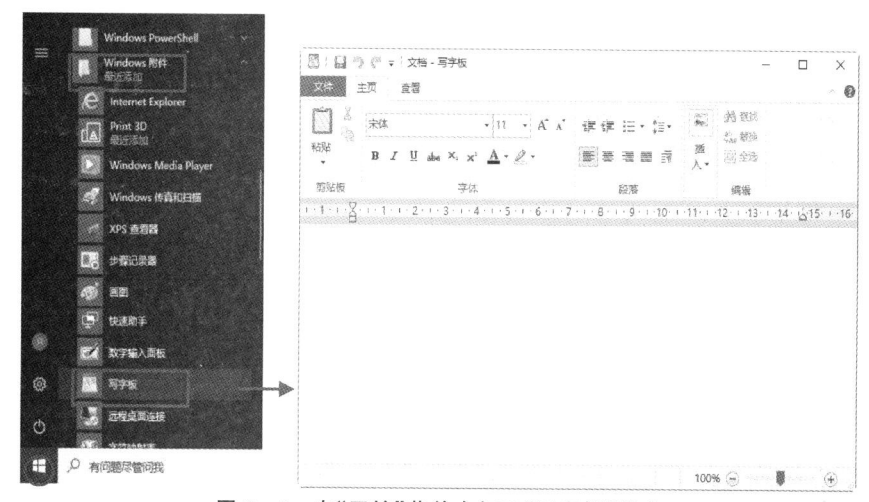

图 2-5　在"开始"菜单中打开"写字板"程序

3.任务栏

任务栏是位于屏幕底部的水平长条。与桌面不同的是,桌面可以被打开的窗口覆盖,而任务栏几乎始终可见。任务栏主要构成部分如图 2-6 所示。

图 2-6　任务栏

(1)任务图标。任务图标是 Windows 10 任务栏上的功能按钮。用户每执行一项任务,系统都会在任务栏中间的区域放置一个与该任务相关的图标。单击不同图标,可在各个任务之间切换。它是多任务和多桌面的入口,单击该按钮,可以预览当前计算机所有正在运行的任务程序,如图 2-7 所示。这样不仅可以快速地在打开的多个软件、应用、文件之间切换,而且可以在任务视图中新建桌面,将不同的任务程序"分配"到不同的"虚拟"桌面中,从而实现多个桌面下的多任务并行处理操作。

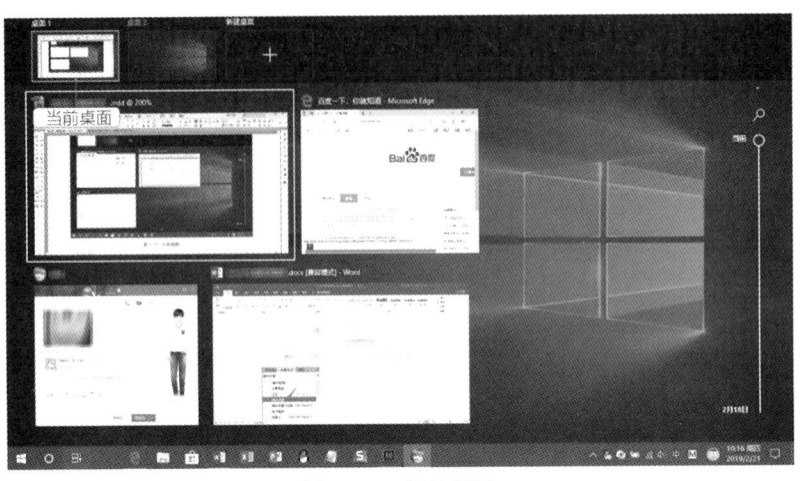

图 2-7　任务视图

1）移动鼠标指针到该缩略图窗口，单击关闭图标，可将其中的一个或多个任务关闭。

2）单击对应的缩略图任务窗口，使该任务变成当前活动状态。

3）单击"新建桌面"按钮，可以创建一个或多个新的桌面。当存在多个桌面时，可以将其中一个桌面中的任务程序转移到其他桌面中，方法是：用鼠标拖动相应桌面上显示的任务缩略图到另一个桌面上的任务缩略图中。

（2）锁定的图标。锁定的图标可以将一些常用程序的启动图标锁定到任务栏中，成为快速启动图标，单击图标即可打开相应的程序，如 Edge 浏览器、文件资源管理器、Office 应用程序等，这样任务栏也可以像桌面一样，可以放置多个快捷方式图标。

1）把程序锁定到任务栏。可以把经常使用的程序固定到任务栏以方便用户使用。选定要固定的程序，只需用鼠标在任务栏上右击该程序图标，在弹出跳转列表的快捷菜单中选择"固定到任务栏"菜单命令即可，如图 2-8 所示。

2）从任务栏取消固定。将固定在任务栏中的程序从任务栏取消，则用鼠标右击该图标，从跳转列表的快捷菜单中选择"从任务栏取消固定"菜单命令即可，如图 2-9 所示。

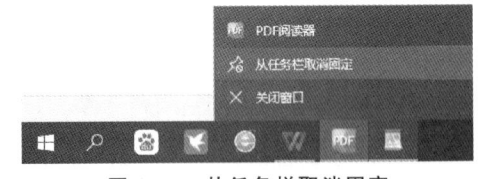

图 2-8　固定到任务栏　　　　　图 2-9　从任务栏取消固定

（3）通知区。通知区显示了当前时间、声音调节、后台运行的应用程序等图标。单击、双击或右击通知区中的图标可分别执行不同的操作。

1）时钟：右击"任务栏"最右端的时钟，在弹出的快捷菜单中选择"调整时间/日期（A）"命令，弹出窗口，用户可以在该窗口中设置日期、时间和时区，还可以更改时间。

2）输入法按钮：单击"任务栏"上的输入法按钮，出现输入法菜单，用户可以从中选择一种输入法，这是切换输入法最简便的方法，选定的输入法左边会有一个"√"符号。

操作:按住"Ctrl"键不放再按一次空格键,即按"Ctrl+空格"键进行中文、英文输入法切换;按住"Ctrl"键不放再按一次"Shift"键,即按"Ctrl+ Shift"键进行各种输入法切换。

2.1.3 窗口及其基本操作

"窗口"是指 Windows 屏幕上的一个矩形工作区域。每个应用程序或文档都有属于自己的窗口。窗口可以被打开和关闭、放大和缩小,并可以随意移动到桌面指定的地方。窗口操作是 Windows 最基本的操作之一,图 2-10 是窗口打开范例图("写字板"应用程序窗口)。

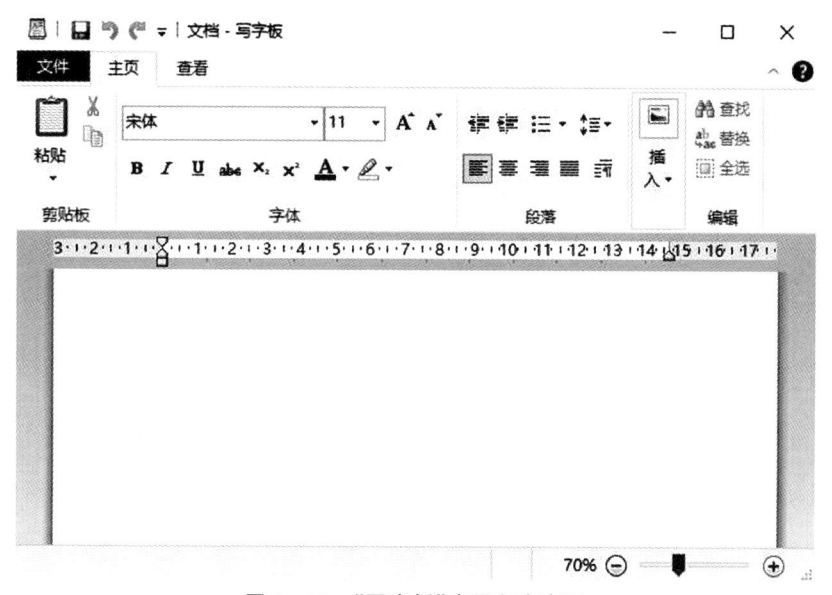

图 2-10 "写字板"应用程序窗口

各种窗口可分为应用程序窗口、文档窗口和对话框窗口等。同时打开的几个窗口有"前台"和"后台"窗口之分。用户当前正在操作的窗口,称为活动窗口或前台窗口,其他窗口则称为非活动窗口或后台窗口。

1. 窗口的组成

Windows 10 窗口的组成元素都是类似的,对于一个具体的窗口来讲,并不一定包含所有的构成元素,但其基本元素是相同的。大部分窗口的组成元素包括标题栏、菜单栏、工具栏、工作区和状态栏等,如图 2-11 所示。

(1)标题栏:位于窗口顶部第一行,用于显示应用程序或文档的名称。如果标题栏呈高亮显示,则表示该窗口为活动窗口。

(2)菜单栏:位于标题栏下方,其中包含该应用程序所提供的各类操作命令。菜单栏的每一个选项称为菜单项。单击菜单项,系统将弹出一个包含若干命令项的下拉菜单。

(3)工具栏:在一些应用程序窗口中,还包含由多个工具按钮构成的工具栏,位于菜单栏的下方,是为了加快操作而设置的,单击工具按钮进行操作比进行菜单命令的选择更为方便快捷。每个按钮代表一个命令(大多是菜单栏中菜单已经提供的某些常用命令)。

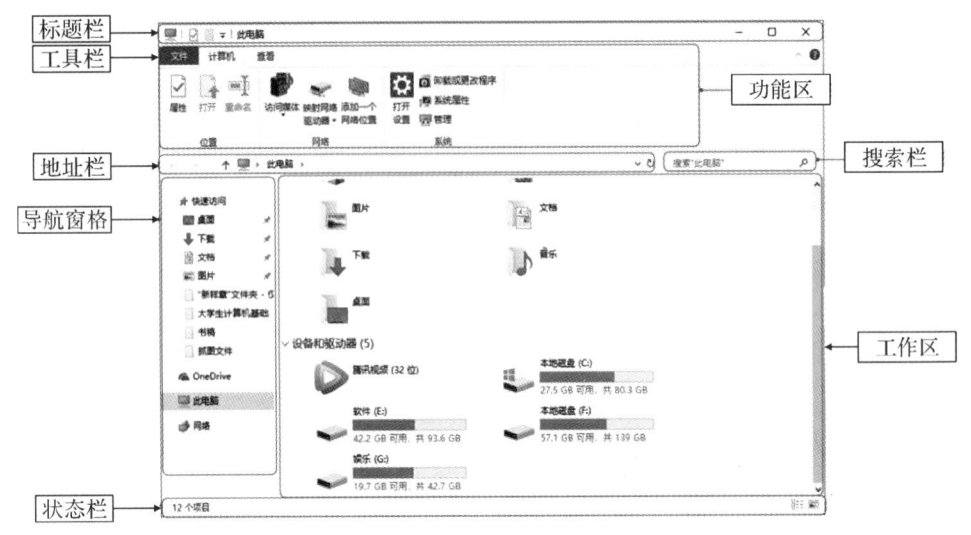

图 2-11 窗口的组成

(4)状态栏:位于窗口最后一行,用于显示当前窗口的一些状态信息。

(5)工作区:一般用于显示和处理工作对象的相关信息。

2. 窗口的基本操作

打开窗口有多种方式。一般从"开始"菜单中单击对应的命令后,就会弹出相应的程序窗口。

(1)活动窗口与非活动窗口。当桌面上打开了多个窗口时,在同一时刻只能使用一个窗口,当前正在使用的窗口称为活动窗口,其他窗口为非活动窗口。

使用鼠标左键单击对应窗口的标题栏或任务栏上对应的程序按钮,该窗口立刻成为活动窗口。

(2)排列窗口。窗口一般重叠显示,可以看到每个窗口的标题栏,方便窗口之间的切换。有时需要看到多个窗口的内容时,可以横向或纵向平铺窗口,操作方法是:

右键单击任务栏空白处,弹出"任务栏"快捷菜单,如图 2-12 所示,然后从中可以选择对应的菜单项,设置窗口的排列方式。

1)层叠窗口:将所有打开的窗口层叠排列,活动窗口位于最前面,其他的窗口只露出标题。

2)堆叠显示窗口:将所有窗口横向排列,彼此不覆盖。当内容无法全部显示时,在窗口中会自动出现滚动条。使用鼠标单击窗口部分可以使之成为活动窗口。

3)并排显示窗口:和横向平铺类似,只是将所有窗口纵向排列。

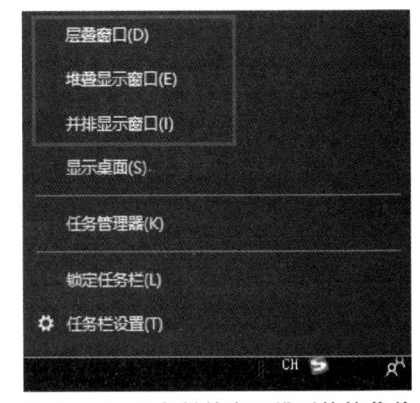

图 2-12 任务栏的窗口排列快捷菜单

4)显示桌面:将所有打开的窗口最小化。

（3）窗口打开的方式。在 Windows 10 中，双击"此电脑"图标打开资源管理器窗口，在"此电脑"窗口中打开某一文件夹（包括硬盘驱动器或软盘驱动器、CD-ROM 等）的方式有多窗口方式和单窗口方式两种。

1）多窗口方式：即无论用户打开"此电脑"中的哪一个文件夹，系统都会另外打开一个窗口，然后在新打开的窗口中显示用户选择的文件夹中的内容。

2）单窗口方式：即无论用户打开"计算机"中的多少个文件夹，都会在同一个窗口中显示打开的内容。系统的默认设置是单窗口显示。

如果用户使用多窗口方式同时打开了多个窗口，有其方便之处，但过多的窗口，会使桌面显得凌乱不堪，从而影响工作速度。比起使用多个窗口，单窗口中显示有占用桌面空间少的优点。但是，通过单一的窗口浏览文件夹中的对象，也有不便之处，尤其当用户从一个磁盘中的文件夹向另一个磁盘中的文件夹拷贝文件时，则不如多窗口的拖放功能使用起来方便。因此，在 Windows 10 中用户可以根据实际情况自己选择打开窗口的方式。

（4）更改窗口打开的方式。单窗口和多窗口的切换很简单。一般系统的默认设置是单窗口显示，下面简要地介绍由单窗口方式切换到多窗口方式的设置步骤：

1）在"计算机"窗口中，使用鼠标单击"工具"→"文件夹选项"，打开"文件夹选项"对话框。

2）对于"文件夹的浏览方式"来说，系统的默认设置是"在同一窗口中打开每个文件夹"，移动鼠标选择"在不同窗口中打开不同的文件夹"单选项，然后单击"确定"按钮关闭对话框。

（5）使用滚动条。当前窗口中，有时由于内容太多，不能显示全部内容，需要使用滚动条来帮助阅读，滚动条可以是水平（紧靠窗口的底边）或垂直的（紧靠窗口的右边）。

所有的滚动条都有滚动块，在其两头都有箭头按钮，有一些程序的滚动条还有附加的按钮。垂直滚动条的长度代表了用户所查看的文本的总长度，滚动块代表了用户正在看的部分，水平滚动条的长度代表了用户所查看的文本的总宽度。

要查看文本的其他部分，单击滚动条一端的箭头或沿着滚动条拖动滚动块。使用滚动条的方法有以下几种：

1）逐行滚动：单击垂直滚动条上的箭头按钮，窗口内容将逐行移动。

2）逐列滚动：单击水平滚动条上的箭头按钮，窗口内容将逐列移动。

3）逐页滚动：对于多页的窗口，单击滚动条上滑块以外的空白区域，窗口内容将逐页移动。

4）随意滚动：移动鼠标指针到滚动条滑块上，按下左键拖动到需要位置，松开鼠标即可。

（6）最大化、最小化和恢复按钮。在 Windows 10 中，大多数应用程序窗口的大小是可以改变的。当用户需要同时使用多个窗口时，可以把每个窗口调整得小一点，使这些窗口都能在屏幕上看到，免去从一个窗口切换到另一个窗口的麻烦。而当用户只需在一个窗口中工作时，可以把窗口调整得大一些，使窗口中显示更多的内容。

可以使用窗口中的"最大化""最小化"和"还原"按钮来调整窗口大小，也可以使用控制菜单来完成。

1）最大化窗口。单击窗口右上角的"最大化"按钮，会使窗口充满整个屏幕。也可以单击窗口的系统菜单按钮，从菜单中选择"最大化"命令。在一个窗口最大化之后，它的最大化按钮就被"恢复"按钮代替,这个按钮可将窗口恢复到窗口最大化之前的大小。

如果当前窗口是最小化的,而用户想把它最大化,可以右键单击任务栏上该窗口的图标,并从出现的菜单中选择"最大化"命令。

2)最小化窗口。每一个正在运行的程序都会在任务栏上显示一个按钮,即应用程序按钮。最小化窗口,就是使窗口在屏幕上消失,只剩下任务栏上的一个按钮,但程序仍在运行,只是转入后台工作而已。当需要再次在屏幕上打开最小化的窗口时,只单击任务栏中代表该程序的图标即可。

3)最小化所有窗口。有时需要对所有的窗口进行最小化操作,逐个的窗口进行最小化操作显然很麻烦,可以一次最小化所有的窗口。操作是:右键单击任务栏的空白处,然后在出现的快捷菜单中选择"最小化所有窗口"命令,使屏幕上的所有窗口最小化。

在任务栏单击"显示桌面"图标,就可以最小化所有的窗口。

4)恢复窗口。对于最大化后的窗口,单击窗口右上角的"还原"按钮,会使窗口恢复到原来的大小。

对于最小化的窗口,单击任务栏上相应的程序按钮,这个窗口又重新恢复在屏幕上。

对于以上操作,除了使用对应按钮和"系统菜单"来完成外,还可以使用键盘命令来实现相应的操作,此处不再赘述。

(7)改变窗口的边框尺寸。如果一个窗口被最大化或最小化了,那么就不能改变它的大小和形状,最大化的窗口总是占据整个屏幕,而最小化窗口只是显示在任务栏上。有时只使用最大化、最小化和还原按钮来调整窗口的大小不能满足用户的需要,还可以使用鼠标随意地改变窗口的大小。

1)改变水平方向的宽度。要改变窗口水平方向的宽度,可以将鼠标移动到窗口左边或右边边缘上,当鼠标变成水平双箭头形状后,按下左键拖动到适当位置,释放左键即可。

2)改变垂直方向的高度。要改变窗口垂直方向的高度,可以将鼠标移动到窗口上边或下边边缘上,当鼠标变成垂直双箭头形状后,按下左键拖动到适当位置,释放左键即可。

3)同时改变水平与垂直方向的大小。要同时改变窗口的水平与垂直方向的大小,可以将鼠标移到窗口边缘四角的任一角上,当鼠标变成斜线双箭头形状后,按下左键拖动到适当位置,释放左键即可。

从上面的操作可以看出,其实用鼠标拖动窗口的四个边或四个角都可以改变窗口的大小。在操作的过程中,对应鼠标移动的地方会出现窗口的虚线框,表示窗口改变后的大小。

(8)移动窗口。当用户打开多个窗口时,前面的窗口会把后面的窗口给挡住,就像一叠报纸,只能看到最上面的那一张。要想查看下面的窗口,应该移动当前窗口。

如果窗口被最大化了,那么就不能改变它的位置。当一个程序的窗口处于还原状态时,才可以改变它的位置,最大化或最小化的窗口是不能被改变位置的。

操作方法:将鼠标指针定位到窗口的标题栏上,按住左键拖动窗口,出现窗口的虚线轮廓表示窗口的新位置,到目的位置后,松开鼠标左键即可。

(9)关闭窗口。要想退出程序,只要关闭相应的窗口即可。常用的有以下 4 种方式。

1)"关闭"按钮。单击窗口右上角的"关闭"按钮。

2)"系统控制"菜单。单击窗口左上角的小图标打开"系统控制"菜单,单击"关闭"命令。

3)"文件"菜单。单击"文件"→"关闭"命令。

4)使用键盘。按"Ctrl+F4"关闭窗口,按"Alt+F4"就关闭当前窗口并退出程序。

如果窗口处于最小化状态,则不用恢复就可以关闭它。右键单击该窗口在任务栏上的按钮,从出现的快捷菜单上选择"关闭"命令就可以了。

3. 对话框及其基本操作

对话框是 Windows 与用户进行信息交换的重要手段,用于命令执行时进行人机对话。为了获得用户信息,Windows 会打开对话框向用户提问,用户可以通过回答问题来完成对话。一般当某个菜单命令后有省略号(…)时,就表示 Windows 执行此菜单命令将会弹出一个对话框。Windows 的对话框外观与窗口的外观相似,但对话框没有工具栏和菜单栏,没有最大化和最小化按钮,即通常不能改变其大小。各种对话框因其功能与作用不同,其形状、内容与复杂程度也各不相同。

对话框是一种特殊窗口,它的顶部是标题栏,用来说明对话框的名称,内部是用户的工作区。与窗口的移动方法类似,可以按住鼠标左键拖动标题栏来移动对话框,但它又与窗口有所不同,对话框的大小不能改变。

尽管对话框的外观有所不同,但是组成对话框的元素是基本相同的,如图 2-13 所示,打开的"文件夹选项"对话框。对话框中通常有命令按钮、列表框、复选框、单选按钮、输入框和选项卡等,可以使用鼠标在各个部分之间定位或切换,也可以使用"Tab"键选择。

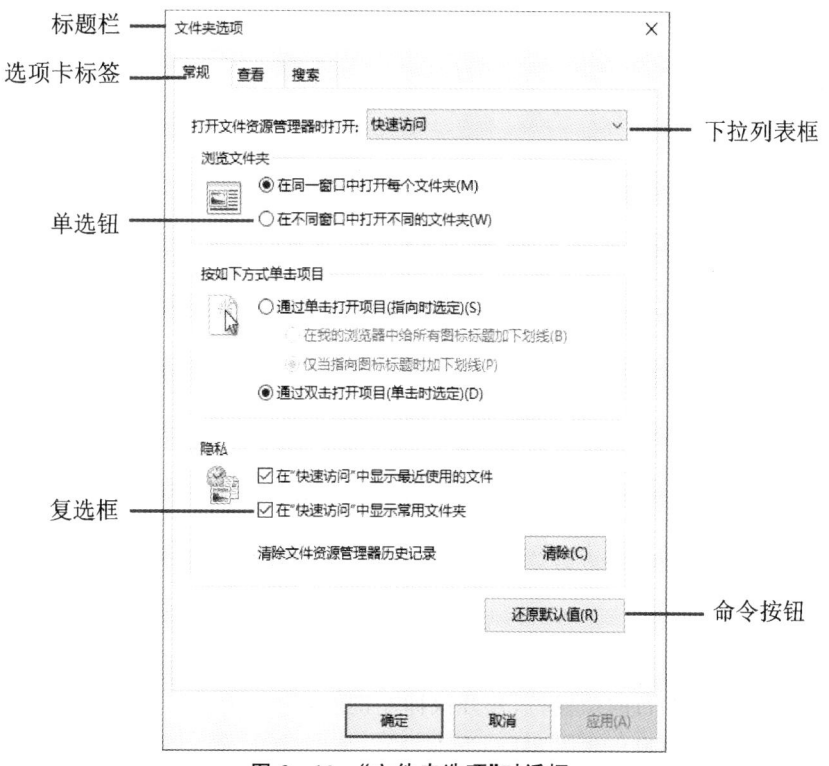

图 2-13 "文件夹选项"对话框

(1)命令按钮。命令按钮在对话框中用来执行或者取消某一动作,如确定、取消、关闭、浏览、高级等。使用鼠标单击所需要的命令按钮即可执行相应的操作。每一个对话框都有一个默认的命令按钮,它带有一个黑框,按下回车键与单击该按钮效果相同。当选中一个命令按钮时,可以按下回车键执行该命令。

注意:命令按钮上如果有省略号,表示单击此按钮时还会打开另外一个对话框;如果命令按钮呈浅灰色显示,表明此命令当前不可以执行。

(2)列表框。列表框是一个包含了选项列表的框,其中总有一个选项被选中。如果列表太长,框内不能列出全部的选项时,则列表框的右边会自动出现一个滚动条。

单击就可以从列表中选中选项。当一个列表框被选中,就能使用向上或向下的光标键来选取选项。某些列表框包括一个文本框,显示在列表框之上,用户可以在文本框中输入一个项目,或者在列表框中选择一个项目。一般情况下,只选择其中的一项,使用鼠标单击列表中的选项即可;但有个别的列表框需要选择多项,可以先按下"Ctrl"或"Shift"键,再单击鼠标左键即可选定多个项。

注意:列表框中的内容用户无权修改,只能进行选定。

还有一类比较特殊的列表框是下拉列表框,它只占据一行,显示了当前的选择项,它右边有一个下三角形的按钮,用鼠标单击此按钮就会弹出列表选项,从中间选择需要的选项后,下拉列表自动消失。也可以使用键盘进行选择:当一个下拉列表框被选中时,按向下的光标键,通常会打开列表选项,可以重复按向下的光标键,直到所需的选项高亮度显示为止,然后按下回车键。

(3)复选框。在对话框中一组选项前面有小方框的称为复选框,它们是一组互不影响的选项,可以从中选择一项或多项,也可以不做选择。

使用鼠标单击要选择的一项,使其前面的小方框内出现对号"√",表明该项被选中,如果复选框是空的表示未被选定。

复选框是一个开关选择框,使用鼠标单击可以在选中与取消之间切换。当一个复选框被选中时,可按空格键来选中或取消。

(4)单选按钮。在对话框中一组选项前面有小圆圈的称为单选按钮,它们是互相排斥的选项,只能而且必须从中选择一项。如果按钮的小圆圈内包含一个点,就表示它被选中了,在一个时刻只能有一个按钮被选中。要在一组单选按钮中选取一个按钮,只要单击它即可。

(5)编辑框。编辑框是用户可以输入信息的一个方框。可以输入字符或数字等。用鼠标单击文本框编辑文本,即可以改变编辑框的内容,选定编辑框中的全部文本,输入新的内容,就可以替换全部的文本。

有些编辑框只接受输入数字,这时可以单击向上向下的小箭头来增加和减少编辑框中的数字。一般编辑框中会出现系统默认的信息,如果用户需要,可以保留使用。

(6)选项卡。对话框中如果有很多参数需要设置时,一个窗口放不下,所以将所有功能相关的参数设置放在一张卡片上,即选项卡。"选项卡"标签排列在对话框的顶部,在一个对话框中可以有多个选项卡,也可以没有选项卡。单击对应的选项卡标签就会打开对应的参数设置窗口,此时选项卡标签为凸起状态,称为当前选项卡。

2.2 Windows 10 文件管理

在计算机系统中,文件是最小的数据组织单元。文件中可以存放文本、图像及数值数据等信息。而硬盘则是存储文件的大容量存储设备,其中可以存储很多的文件。熟悉了 Windows 10 的桌面、窗口和对话框等之后,用户可以把自己的照片、音乐和学习资料等放到计算机中并进行分类整理,以方便日后浏览与查找。本节主要掌握文件和文件概念、熟悉文件和文件夹的创建以及文件的复制、删除、移动等管理。

2.2.1 Windows 10 文件系统

文件是具有名字的相关的一组信息的集合。为了便于管理文件,可以把文件组织到目录和子目录中去,目录被认为是文件夹,而子目录则被认为是文件夹的文件夹(或子文件夹)。Windows 10 通过文件名来对文件进行各种操作。

(1)文件的特性。

1)在同一磁盘的同一目录区域内不能有名称相同的文件,即文件具有唯一性。

2)文件中可存放字母、数字、图片、声音和视频等各种信息。

3)文件可以从一张磁盘复制到另一张磁盘,或者从一台计算机上复制到另外一台计算机上,即文件具有可携带性。

4)文件并非固定不变的。文件可以缩小、扩大,可以修改、减小或增加,甚至可以完全删除,即文件具有可修改性。

文件在软盘或硬盘中有其固定的位置。文件的位置是很重要的,在一些情况下,需要给出路径以告诉程序或用户文件的位置。路径由存储文件的驱动器、文件夹或子文件夹组成。路径是计算机或网络中描述文件位置的一条通路。

(2)Windows 文件的命名。Windows 允许文件名长达 255 个字符(包括空格)。Windows 文件的命名规定如下:

1)在文件或文件夹的名字中,最多可使用 255 个字符(包括空格)。

2)可使用多间隔的扩展名。如果需要,可创建一个与此类似的文件名:cgr. liufen. BMP。

3)文件名中除去开头以外的任何地方都可以有空格,但不可以有下列符号:\\ / : * ?″ < > | 。

4)Windows 允许用户指定名字的大小写格式,但不能利用大小写区别文件。例如:LiuFen. cgr 和 LIUFEN. CGR 是同一个文件。

当用户查找和排列文件时,可以使用通配符"*"和"?"。这两种通配符是有区别的:"?"

代表文件名中的任意一个字符;"＊"则可以代表文件名中任意的一串字符。

(3)文件的图标和类型。

1)文件的图标。在 Windows 中,不同类型的文件具有不同的图标,熟悉这些图标对于识别文件的类型,建立文件和它的应用程序之间的关联是很有帮助的。

2)Windows 的主要文件类型:

程序文件(.exe 或.com);

批处理文件(.bat);

文本文件(.txt);

图片文件(.bmp 或.jpg 或.gif);

声音文件(.mp3 或.wav);

视频文件(.mpeg 或.dat 或.avi 或.mov);

网页文件(.htm 或.Html);

备件文件(.bak);

数据文件(.dbf 或.Mdb)。

(4)文件夹、路径。

1)文件夹:按照文件的类别和内容,分别把它们存放在一起,存放这些同类信息的地方,叫文件夹(也可以称为目录)。文件夹代表文件的目录,是用来存放文件或其他文件夹的,方便管理文件。磁盘中的文件夹及子文件夹呈树形结构组织,一个文件夹可以包括另一个文件夹,前者称为父文件夹,后者称为子文件夹;子文件夹还可有它的下一级子文件夹,通常叫作下一级子文件,一级一级的文件形成树形结构。

文件夹的命名规则与文件的命名规则是一致的,但给文件夹命名时,通常不加扩展名。

2)文件路径:在对文件进行操作时,除了要知道文件名外,还需要指出文件所在的盘符和文件夹,即文件在计算机中的位置,称为文件路径。

例如,E:\素材与实例\任务一\工作计划.docx 就是一个文件路径。它指的是一个 Word 文件"工作计划"存储在 E 磁盘下的"素材与实例"文件夹中的"任务一"子文件夹中。若要打开这个文件,按照文件路径一级一级找到此文件即可。

如果想要查看和复制当前的文件路径,只需单击窗口地址栏的空白处,让地址栏以传统方式显示文件路径,再复制文件路径即可。图 2-14 所示为文件夹的路径构成。

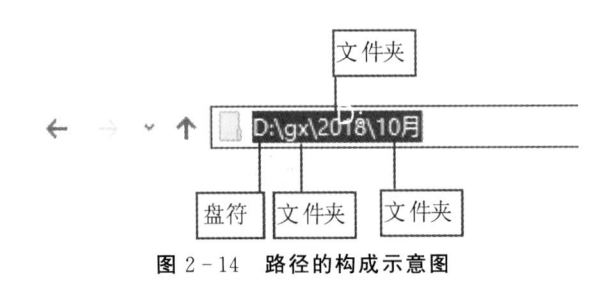

图 2-14 路径的构成示意图

说明：文件路径包括相对路径和绝对路径两种。相对路径是以"."（表示当前文件夹）、".."（表示上级文件夹）或文件夹名称（表示当前文件夹中的子文件名）开头；绝对路径是指文件或目录在硬盘上存放的绝对位置。

2.2.2 认识文件资源管理器

在 Windows 10 中，文件资源管理器是管理计算机中文件、文件夹等资源的最重要工具，用户可以用它查看本台计算机中的所有资源，特别是它提供的树形文件系统结构，使用户能更清楚、更直观地认识计算机中的文件和文件夹。另外，在文件资源管理器中还可以对文件和文件夹进行各种操作，如打开、复制和移动等。

在"开始"按钮上按鼠标右键，选择"文件资源管理器"，单击打开；也可直接双击桌面上"此电脑"图标打开，如图 2-15 所示。文件资源管理器窗口显示硬盘、有可移动存储的设备和其他的内容，也可以搜索和打开文件及文件夹、卸载或更改程序、查看属性、设置组织形式，并且访问控制面板中的选项以修改计算机设置。

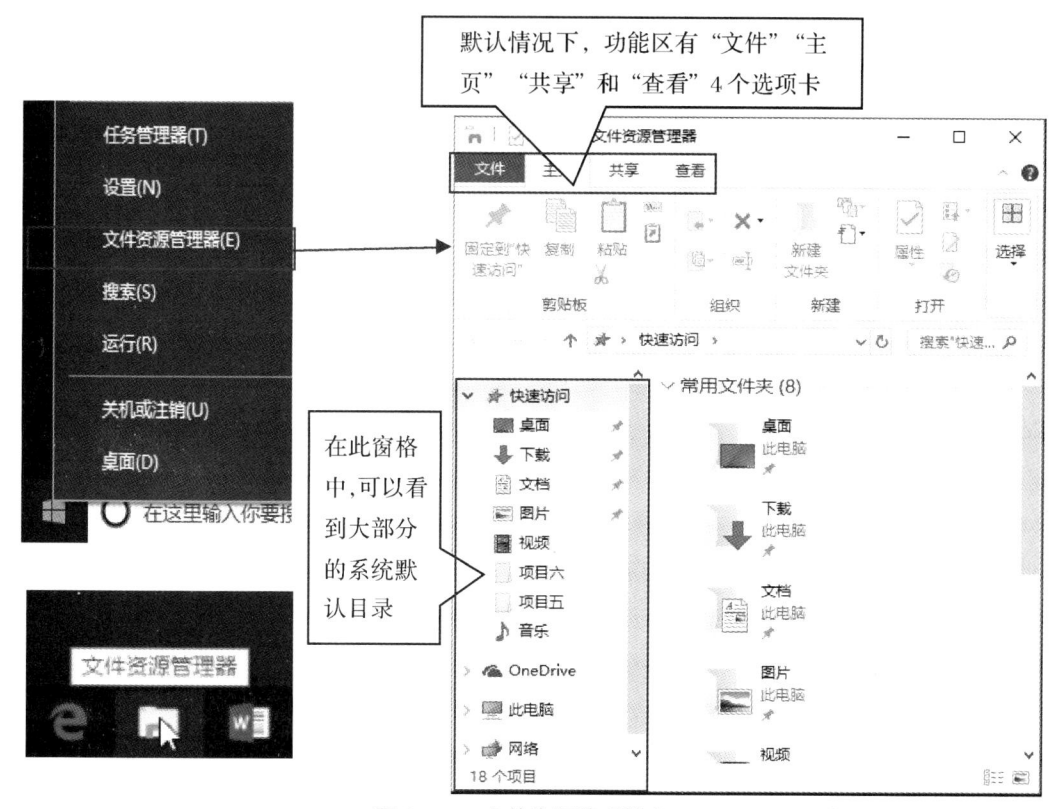

图 2-15 文件资源管理器窗口

（1）地址栏。Windows 10 地址栏采用了"按钮"形式，方便目录的跳转，可以轻松实现同级目录的快速切换，如图 2-16 所示。

用户可以选择 C:磁盘上文件夹或文件进行浏览或复制、删除、移动、设置属性、打开编辑等操作。也可进入下一级目录或返回操作或回到上一级目录,非常方便。

如果需要路径的文本,直接单击地址栏按钮后面的空白处即可获得选择文件的聚堆路径。

图 2-16 直接进行目录跳转切换

(2)工具栏。即地址栏上方选项卡(工具栏),选项卡的工具栏会根据窗口的不同而有所变化,但"查看"按钮不会变,如图 2-17 所示。

"查看"选项卡中选项可以改变图标的显示方式,在"布局"中有 8 个按钮可以设置图标的 8 种显示方式。

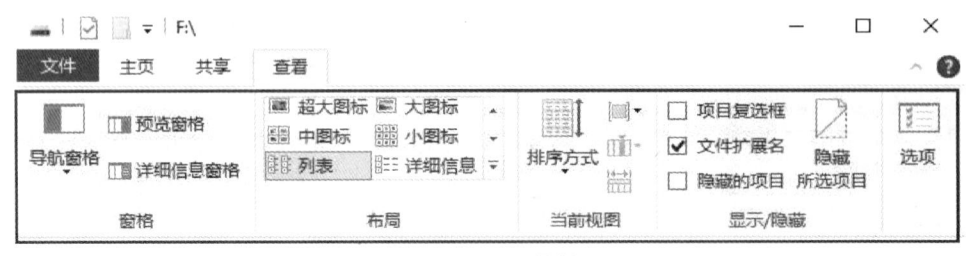

图 2-17 工具栏

(3)搜索栏。随着硬盘技术的发展,硬盘的容量不断增大,用户文件也不断增加。Windows 10 增加了对文件的搜索功能,搜索栏中用于查找文件或文件夹。搜索栏位于地址栏的同一行上右边,用户可以直接在其中输入关键字,非常方便。

搜索时可以结合通配符(＊、?)进行模糊搜索,比如,要在 D 盘中搜索图片类型的文件,可以输入".jpg",如图 2-18 所示,直接将搜索到该位置中所有的.jpg 文件列出显示。

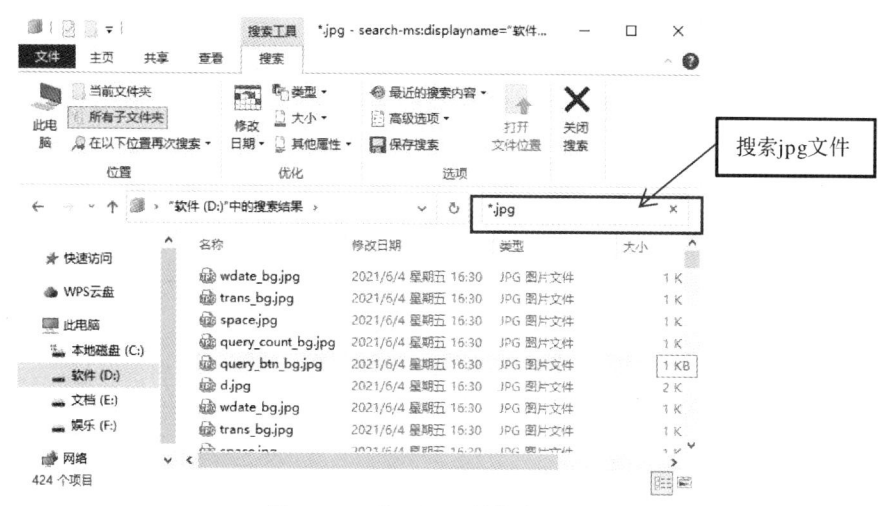

图 2-18 使用通配符搜索 jpg 文件

2.2.3 文件和文件夹操作

1. 选择文件或文件夹

对文件或文件夹操作之前,首先要选定它。一次可以选定一个文件或文件夹,也可以选择多个文件或文件夹。

(1)一个文件或文件夹的选定。选定一个文件或文件夹只需将鼠标移到要选定的文件名或文件夹名上单击鼠标左键,文件或文件夹选定后呈反显。或者按 Tab 键将光标移到窗口工作区中,用相应的键选定文件或文件夹。

(2)多个文件或文件夹的同时选定。有时,同时对多个文件操作会大大提高效率。例如,要同时将多个文件复制或移动到另一个文件夹下,就需要同时选定多个文件。

1)同时选定多个连续排列的文件或文件夹:用鼠标单击要选定的第一个文件或文件夹,按"Shift"键,同时单击要选定的最后一个文件或文件夹。

2)同时选定多个非连续排列的文件或文件夹:只需按"Ctrl"键不放,同时单击每一个要选择的文件或文件夹。

3)选定全部文件或文件夹:当要选择全部文件或文件夹时,可单击"编辑"菜单中的"全部选定"命令(或按"Ctrl+A"),就可选定全部文件或文件夹。

(3)取消选定。当选错文件或文件夹时,可以取消选定。可以取消一个或全部选定的项目。

1)取消选定的一个文件或文件夹:如果要取消一个文件或文件夹的选定,只需按"Ctrl"

键不放,同时单击要取消的项目。

2)取消全部选定的文件或文件夹:在窗口的空白处单击鼠标左键,即可取消全部选定的项目。

2.创建文件或文件夹

当用户使用程序和保存数据时,会创建一些文件。这些文件存储在硬盘、网络驱动器或U盘等存储介质中。为了更好地组织文件,用户可以分门别类地将文件存储在文件夹中。用户可以在磁盘或文件夹中创建新的文件或文件夹,一般可使用下列方法:

(1)选择"文件"菜单中的"新建"命令。

(2)单击工具栏上"新建"按钮。

例如:在当前位置新建文件夹。

1)选择新文件夹要出现的位置为当前操作位置,比如选择桌面为当前位置。

2)右击桌面空白区域,在弹出的快捷菜单中选择"新建"→"文件夹"选项,如图2-19所示。

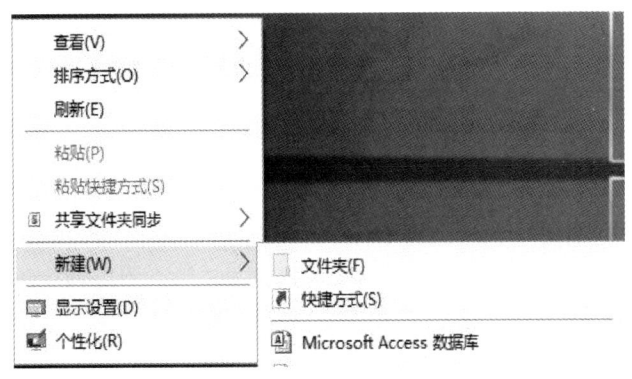

图2-19 新建文件夹菜单

3)在桌面上立即出现一个以"新建文件夹"临时命名的文件夹,将临时名称改为所需名称后按"Enter"键,或单击桌面空白区域确定即可,如图2-20所示。

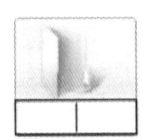

图2-20 新建文件夹命名过程

新建文件:例如在D盘上新建文本文档。

1)打开"此电脑"窗口,再打开用来存放新文件的磁盘驱动器,如打开磁盘D。

2)在窗口"主页"选项卡"新建"组中单击"新建项目"下拉按钮,在展开的下拉列表中选择"文本文档"选项,即可新建一个文本文件。然后输入文件名称,如"公司简介",在窗口空白处单击,或按"Enter"键确认,如图2-21所示。

第 2 章 Windows 10 操作系统

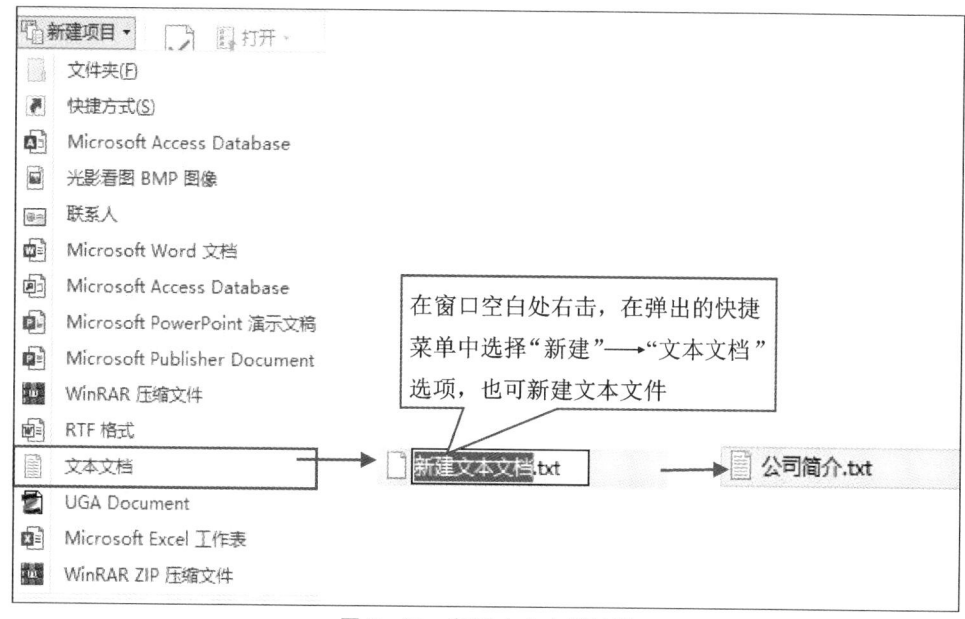

图 2-21 新建文本文档过程

3. 文件或文件夹的重命名

文件和文件夹都有名称,计算机是根据文件名对文件进行存取的。文件名由两部分组成:主文件名或扩展名,中间由小圆点隔开。扩展名用来标示文件的类型,同类型的文件具有相同的扩展名。exe、com 是可执行的程序文件,bat 是可执行的批处理文件,doc 是 Word 文件,bmp 是位图文件,wps 是 WPS 文件。类型相同的文件,图标相同。修改文件名只能修改主文件名,不能修改扩展名,否则 Windows 或相关程序就不认识了。

如果用户对已存的文件和文件夹的名字不满意,可以修改它们的名字,即重新命名(或更改)。操作过程如下。

(1)选定要重命名的文件或文件夹。

(2)在选定的文件或文件夹上单击右键,在弹出的快捷菜单中单击"重命名"命令选项。

(3)输入所要更改的文件或文件夹名后,按"Enter"键,如图 2-22 所示。

提示:用户如果更改的文件或文件夹名有重复,则系统会弹出提示对话框,提醒用户无法更换新的文件或新的文件夹。

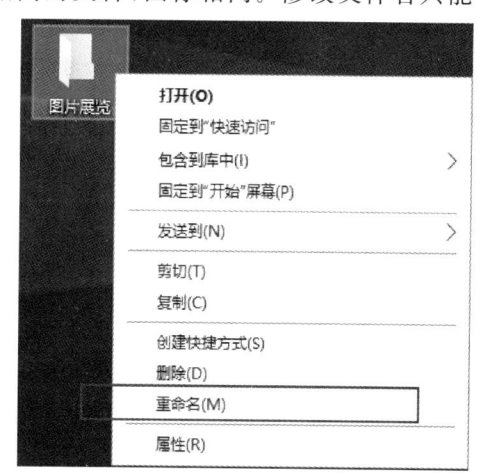

图 2-22 文件或文件夹重命名

4. 文件或文件夹的复制与移动

在资源管理器中,文件的复制和移动相当简单。复制是指将所选文件或文件夹移动到指定位置的同时,在原来的位置保留被移动的文件或文件夹。而移动是指将所选文件或文件夹移动到指定位置,在原来的位置不保留被移动的文件或文件夹。

(1)选中需要复制的单个或多个文件或文件夹,如选中桌面上的"旅游图片"文件夹,然后右击选中的文件夹,在弹出的快捷菜单中选择"复制"选项,或在选中文件或文件夹后按"Ctrl+C"组合键。

(2)打开想要复制到的目标磁盘驱动器或文件夹窗口,如磁盘 D,再右击窗口的空白区域,在弹出的快捷菜单中选择"粘贴"选项,如图 2-23 所示,或按"Ctrl+V"组合键完成"粘贴"。

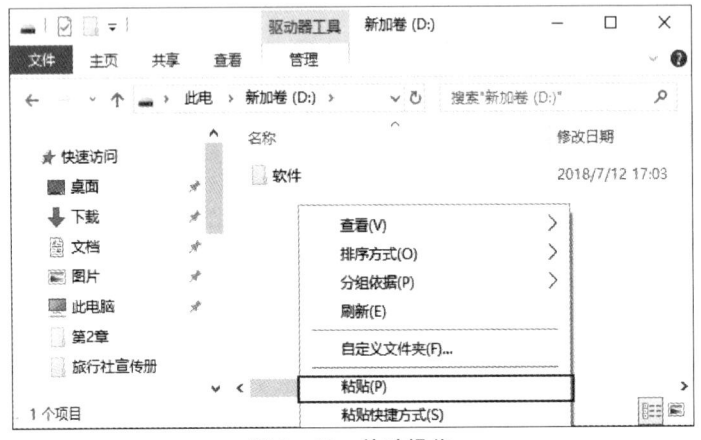

图 2-23 粘贴操作

如果希望移动文件或文件夹,只需在进行上述步骤(1)时,在右击文件或文件夹弹出的快捷菜单中选择"剪切"选项,或按"Ctrl+X"组合键,然后执行步骤(2),实现"粘贴"操作即可。

说明:移动和复制文件或文件夹可以使用鼠标拖动实现。移动时,在选择的文件图标上按住左键不放,把图标拖入目标的文件夹中即可。选择要复制的对象,按下"Ctrl"不放,将对象图标拖到目标文件夹就行。

5.使用"发送到"命令

使用"发送到"命令也可以复制文件或文件夹。我们常常需要将文件或文件夹从硬盘复制到 U 盘作为备份,下面使用"发送到"命令来实现,方法如下:

(1)在 U 盘驱动器的 USB 接口中插入 U 盘。

(2)打开"文件资源管理器"窗口,双击"文件资源管理器"左窗格中含有待复制的文件或文件夹。

(3)在"文件资源管理器"窗口的右窗格中选择要复制的文件或文件夹,然后单击鼠标右键,弹出一个快捷菜单,从快捷菜单中选择"发送到"命令(亦可单击"文件"菜单中的"发送到"命令),显示"发送到"子菜单,如图 2-24 所示。

(4)在"发送到"菜单中单击"可移动磁盘"选项,即可开始复制。

说明:使用"发送到"命令还可以创建应用程序或文件的快捷方式,如在桌面上创建常用的文字处理程序,找到磁盘上的应用程序文件,按鼠标右键选择发送到桌面快捷方式,桌面出现该程序的快捷图标,可方便直接使用了。

第 2 章　Windows 10 操作系统

注意：删除文件快捷图标并没有删除程序或文件。

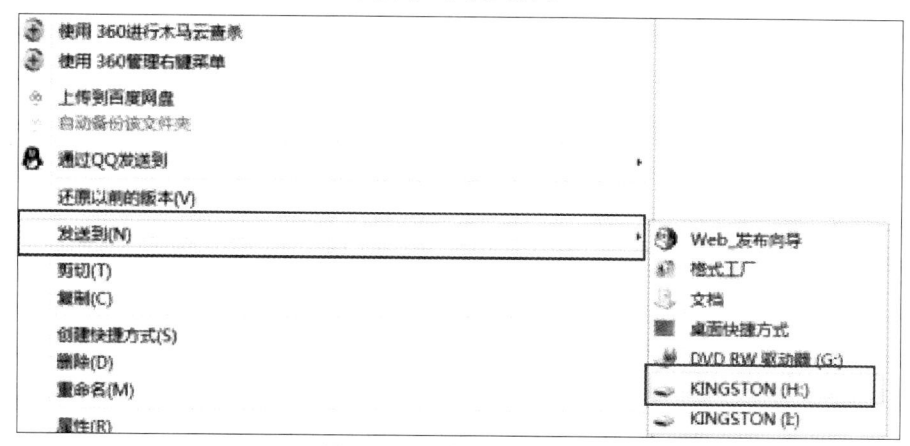

图 2-24　"发送到"子菜单

6. 删除文件

选择要删除的文件或文件夹，在其图标上右击鼠标从快捷菜单中选择"删除"，单击就可以删除文件或文件夹。

删除后文件或文件夹实际上并未真正删除，只是暂放到回收站中（是种逻辑性的删除）。

7. 文件或文件夹的属性操作

文件或文件夹的属性有以下三种：只读、隐藏、存档。设置文件或文件夹的属性，可有效地保护文件或文件夹，以避免意外的更改或删除。

操作方法如下：选择对象，右击，在弹出的快捷菜单中选择"属性"命令，打开如图 2-25 所示的属性对话框，在"常规"选项卡中可对其属性进行修改。

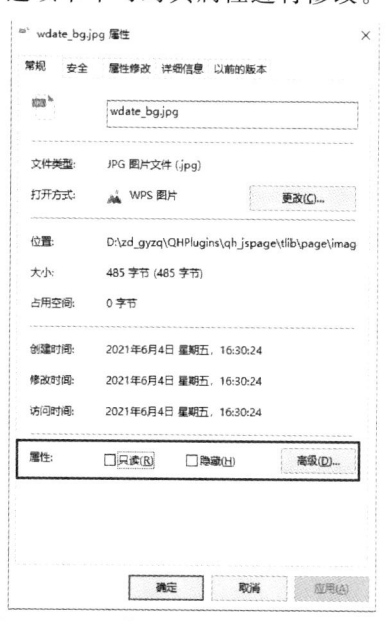

图 2-25　文件属性对话框"常规"选项卡

1)只读:若设为此属性,则不能更改和意外删除。

2)隐藏:隐藏后如果不改变其相关设置,在系统默认方式下将不能查看和使用此文件或文件夹。

2.2.4 回收站和剪贴板的使用

1.回收站的使用

"回收站"用来存放用户删除的文件,可以简单地恢复它们,并将它们放回到系统中原来的位置。除非清空"回收站",否则其中的内容只是加上删除标记,并未真正从磁盘上删除。

删除操作分为逻辑删除和物理删除两种。逻辑删除是将被删除对象移送到"回收站",必要时可以恢复。物理删除是将被删除对象从磁盘文件系统中彻底清除,且不可恢复。软盘中的文件删除后不能移送"回收站",属物理删除。

(1)逻辑删除。选择对象后,单击"文件"→"删除"命令,在"确认文件删除"对话框中单击"是"按钮。可通过执行工具栏或快捷菜单中的"删除"命令来进行逻辑删除操作。也可用编辑菜单中的撤销删除命令,撤销最后一次删除操作。

(2)物理删除。在桌面上双击打开"回收站"后,使用"文件"→"清空回收站"命令或点击左边窗格中的"清空回收站"可将文件彻底删除。

注意:在上述逻辑删除操作过程中,如果按"Shift"键,则为物理删除。也可选中要删除的对象后直接按"Shift+Delete"键,直接物理删除。

(3)删除恢复。双击打开"回收站"窗口,选中要恢复的对象后,使用"文件"→"还原"命令或点击左边窗格的"还原此项目",也可使用右键快捷菜单中的"还原"命令,将回收站中已作逻辑删除的文件或文件夹恢复到删除前的位置。

2.剪贴板的使用

在 Windows 10 中,剪贴板主要用于在不同文件与文件夹之间交换信息。对剪贴板的基本操作主要有以下三种:

(1)剪切:将选定的信息移动到剪贴板中。

(2)复制:将选定的信息复制到剪贴板中。

(3)粘贴:将剪贴板中的信息插入到指定的位置。

大部分 Windows 10 应用程序中都有以上三个操作命令,一般放在"编辑"菜单中。利用剪贴板,就可以很方便地在文档内部、各文档之间、各应用程序之间复制或移动信息。

3.屏幕复制

在实际应用中,用户可能需要将整个屏幕或者当前活动窗口中的信息编辑到某个文件中,也可以利用剪贴板来实现,分以下两种情况:

(1)在进行 Windows 10 操作的过程中,任何时候按"PrScr"印屏幕键,就将当前整个屏幕信息复制到剪贴板中。

(2)在进行 Windows 10 操作过程中,任何时候同时按"Alt"与"PrScr"键,就将当前活动窗口中的信息复制到了剪贴板中。

一旦将屏幕或活动窗口信息复制到了剪贴板后,就可以将剪贴板中的这些信息粘贴到其他文件中。

2.3 Windows 10 磁盘管理

Windows 操作系统版本不断更新,伴随而来的是操作系统的"臃肿"和运行的缓慢,如何才能让系统更快地运行,优化计算机系统可以实现这个目标。系统优化包括定期清理磁盘、定期整理磁盘碎片和使用系统优化软件对系统进行优化。

使用磁盘清理程序可以帮助用户释放硬盘空间,删除系统临时文件、Internet 临时文件,安全删除不需要的文件,减少它们占用的系统资源,以提高系统性能。

Windows 10 系统为用户提供了磁盘清理工具。使用这个工具可以删除临时文件,释放磁盘上的可用空间。本节主要掌握磁盘格式化、磁盘清理和磁盘碎片整理。

2.3.1 磁盘格式化

在对磁盘进行分区后,第一件事就是对磁盘进行格式化。对新出厂的硬盘格式化,如同在一张白纸上打好格子,以备今后写字存储信息。对已经使用过的磁盘格式化,相当于把写好的信息全部抹掉,重新打好格子,这样磁盘上的所有信息和过去遗留的错误也会被抹光,结果是相当于回到了新盘的状态。格式化磁盘有两种方法:

(1)通过"资源管理器"窗口。在"资源管理器"窗口中选择需要格式化的磁盘,单击鼠标右键,在弹出的快捷菜单中选择"格式化"命令,打开格式化对话框,进行格式化设置后单击"开始"按钮即可,如图 2-26 所示。

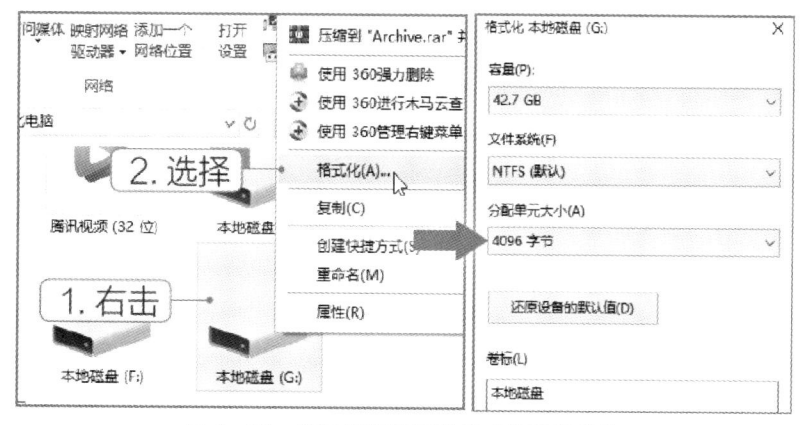

图 2-26 通过资源管理器格式化磁盘操作

(2)通过"磁盘管理"工具。打开"磁盘管理"窗口,在要格式化的磁盘上单击鼠标右键,在弹出的快捷菜单中选择"格式化"命令,或选择"操作"→"所有任务"→"格式化"命令,打开"格式化"对话框,在对话框中设置格式化限制和参数,然后单击"确定"按钮,完成格式化操作,如图 2-27 所示。

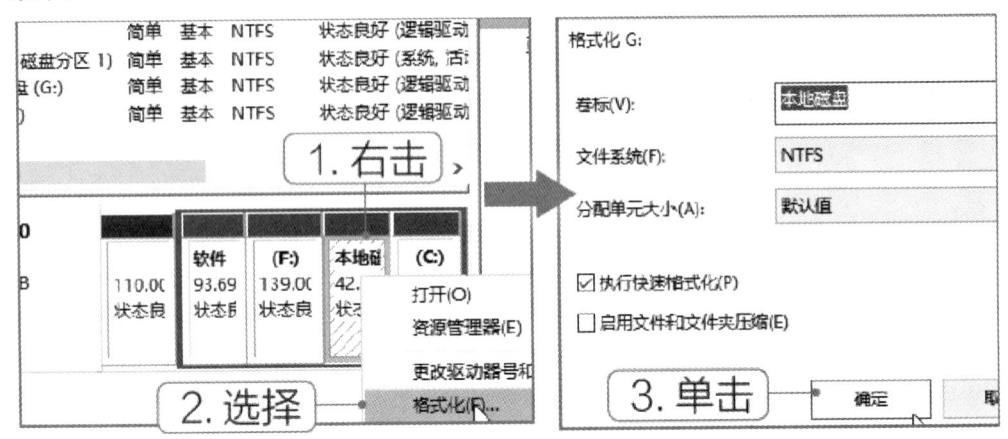

图 2-27 通过磁盘管理工具格式化磁盘

提示:如果磁盘经常出现不正常的情况,强烈建议取消选择"快速格式化"复选框,虽然格式化过程会消耗较多的时间,但是对以后正常使用磁盘非常有益。

单击"开始"按钮将开始格式化,弹出警告提示,给出最后的放弃机会,单击"确定"按钮将真正开始格式化。格式化完后会弹出格式化完毕信息,此处不再赘述。

2.3.2 磁盘清理

用户在使用计算机进行读写与安装操作时,会留下大量的临时文件和没用的文件,不仅占用磁盘空间,还会降低系统的处理速度,因此需要定期进行磁盘清理,以释放磁盘空间。

(1)选择"开始"→"所有程序"→"Windows 管理工具"→"磁盘管理"命令,打开"磁盘清理:驱动器选择"对话框。

(2)在对话框中选择需要进行清理的 C 盘,单击"确定"按钮,系统计算可以释放的空间后打开"磁盘清理"对话框,在对话框中"要删除的文件"列表框中单击选中"已下载的程序文件"和"Internet 临时文件"复选框,然后单击"确定"按钮,如图 2-28 所示。

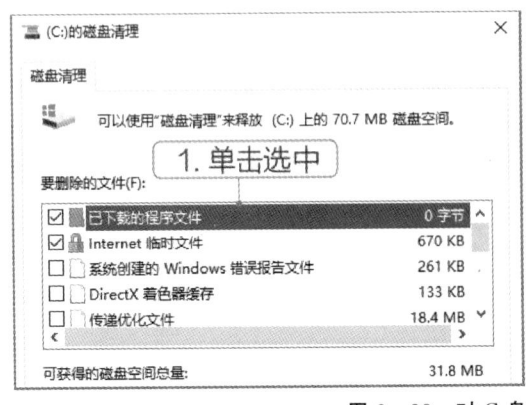

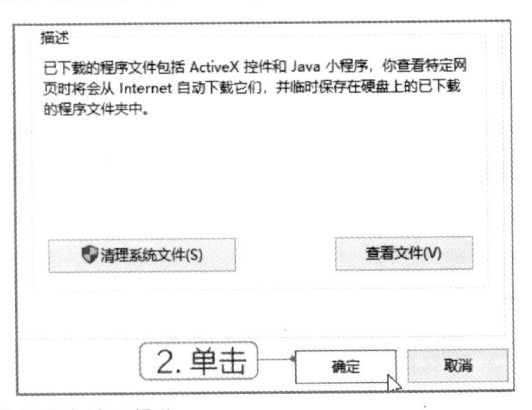

图 2-28 对 C 盘进行磁盘清理操作

2.3.3 磁盘碎片整理

使用"碎片整理和优化驱动器"重新整理硬盘上的文件和使用空间可达到提高程序运行速度的目的。"文件碎片"表示一个文件存放到磁盘上不连续的区域。当文件碎片很多时,从硬盘存取文件的速度将会变慢。

磁盘整理操作步骤如下:

(1)选择"开始"→"所有程序"→"Windows 管理工具"→"碎片整理和优化驱动器"命令,打开"优化驱动器"对话框,如图 2-29 所示。

(2)选择要整理的 C 盘,单击"分析"按钮开始对所选的磁盘进行分析。

(3)分析结束后,单击"优化"按钮,开始对所选的磁盘进行碎片整理,在"优化驱动器"对话框中,还可以同时选择多个磁盘进行分析和优化。

图 2-29 磁盘碎片整理和优化

提示:在进行磁盘碎片整理优化时,应先对磁盘进行分析,碎片百分比较高时进行碎片整理比较有效,也可直接进行磁盘碎片整理。

2.4 Windows 10 的系统设置和管理

在电脑使用一段时间后,用户决定为自己的计算机设置一个与众不同的工作环境,以符合自己的工作习惯和爱好。同时,他还准备为方便其他人使用自己的计算机而开设一个专门的账户,并为自己的管理员账户设置密码,防止其他人使用。本节将学习桌面主题和背景、用户账户的设置方法,以及输入法的使用和设置方法。

2.4.1 认识控制面板

Windows 10 允许用户根据自己的使用习惯定制工作环境,以及管理计算机中的软硬件资源。控制面板是进行这些操作的门户,利用它可以设置屏幕显示效果,修改系统日期和时间,添加和删除程序,查看系统软硬件信息和优化系统,以及配置网络等。

"控制面板"是一种提供对 Windows 的外观设置、硬件和软件的安装和配置等功能和行为方式的工具。单击"开始"按钮,从"开始"菜单中"Windows 系统"命令下单击"控制面板",即可打开"控制面板"。图 2-30 所示的"控制面板"窗口默认显示为"类别"视图。在这种视图方式下,图标项目均采用超级链接的方式,单击图标即可打开该选项;将鼠标置于图标上时,将弹出文字说明框显示该图标的功能。

图 2-30 控制面板的类别视图窗口

单击查看方式后的下箭头按钮,即可将控制面板窗口切换为大图标或小图标的显示效果。单击"查看方式"后面的下拉列表框,可选择"大图标"或"小图标"视图,如图 2-31 所示。

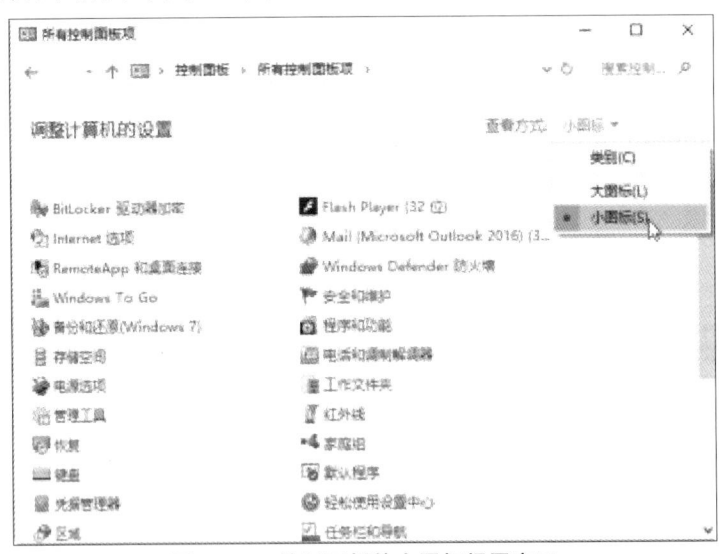

图 2-31 控制面板的小图标视图窗口

说明:在"控制面板"默认类别视图的窗口中项目共分为 8 个大部分:系统和安全、用户账户、网络和 Internet、外观和个性化、硬件和声音、时钟区域、程序、轻松使用。在每个大项

第2章 Windows 10 操作系统

目中又包括若干个的设置选项。这些选项涵盖了对 Windows 系统进行设置的各个方面。

2.4.2 个性化设置

个性化分类中主要包括背景、主题、锁屏界面、窗口颜色以及"开始"菜单、任务栏等设置选项,其中部分设置选项也会连接至控制面板。

1. 背景

背景是指桌面所采用的图案(墙纸)。打开"背景"选项卡,如图 2-32 所示,在此选项卡中可以设置桌面墙纸的效果,也可以使用自定义桌面功能定制桌面显示图标的类型和图标效果。用户还可以使用活动桌面,在桌面上显示 Web 内容。设置桌面的操作如下:在"图片位置"列表框中选择一种图标作为桌面的背景,也可单击"浏览"按钮,从本地计算机或其他地方选择需要的图片。

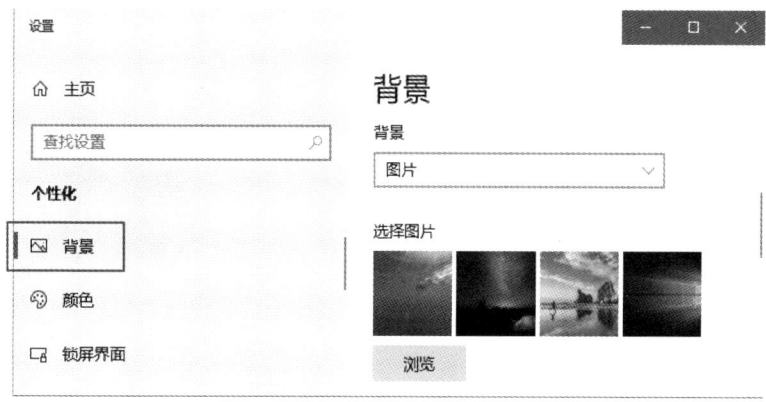

图 2-32 "背景"选项卡

2. 主题

主题是指 Windows 的视觉外观,包括桌面壁纸、屏保、鼠标指针、系统声音、时间、图标、窗口、对话框等外观内容。在右侧窗格中,除主题设置外,还有高级声音设置、桌面图标设置和鼠标指针设置,如图 2-33 所示。

单击"在Micrososft Store 中获取更多主题"链接,在打开的Microsoft Windows 主题页面中可下载更多主题

图 2-33 "主题"选项卡

说明：其他"个性化"选项卡设置，如单击"颜色"，在"Windows 颜色"色卡选择喜欢的颜色即可。在该对话框中可以设置 Windows 10 系统窗口边框、"开始"菜单和任务栏的颜色。

3. 设置屏幕保护程序

在"个性化"对话框中单击"锁屏界面"，可以设置屏幕保护程序。屏幕保护程序是用户暂时不使用计算机时屏蔽用户计算机的屏幕，有利于保护计算机的屏幕和节约用电，而且还可以防止他人查看用户屏幕上的数据。

打开"锁屏界面"对话框，如图 2-34 所示。在"背景"下拉列表框中可以选择用于锁屏的图片，或者通过"浏览"选择图片。

单击"屏幕保护程序设置"选项，打开对话框，如图 2-35 所示。"屏幕超时设置"：在指定时间内没有输入操作动作时，系统将自动启动屏幕保护程序。"在恢复时显示登录屏幕"：若选中本选项，当结束屏幕保护程序而返回桌面时，系统会要求输入密码。"更改电源设置"：通过设置，在指定时间内如果没有输入操作时，可由系统自动关闭显示器。

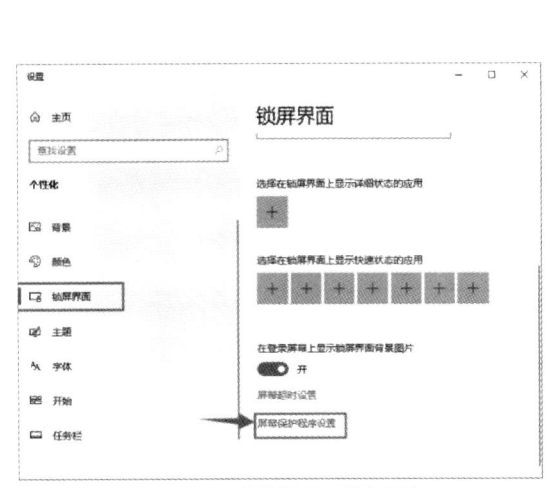

图 2-34 "锁屏界面"选项卡　　　　图 2-35 屏幕保护设置

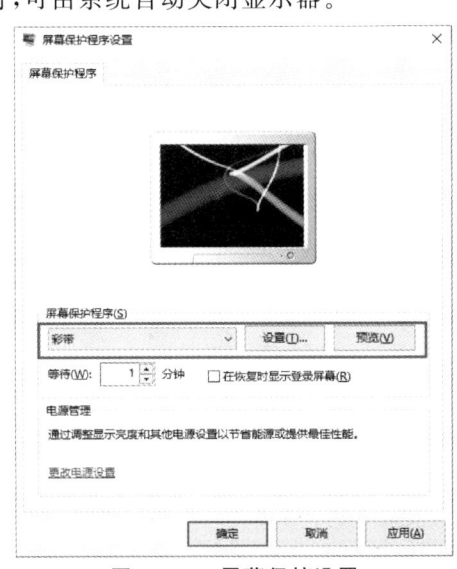

2.4.3 添加或删除程序

1. 安装程序

为了增加计算机的功能，用户会安装各种各样的应用程序。目前大部分软件都是智能化的，很多免费的通用软件，只要能上网，就可以直接在网络上下载或在线安装。另外一些需要正版化的软件，只需要将安装光盘放到光驱中，安装程序即可自动地进行安装，用户按照安装向导的提示一步步操作即可。

对于不能自动安装的软件，可以通过"控制面板"中的"程序和功能"来安装。

2. 删除程序

在计算机中安装过多的应用程序不仅会占用大量磁盘空间，还会影响系统的运行速度，因此对于不再需要的应用程序，应将其卸载。卸载应用程序的方法有如下两种。

方法一：使用"开始"菜单。大多数应用程序会自带卸载程序，安装好应用程序后，一般可在"开始"菜单中找到该程序，卸载应用程序时，只需在"开始"菜单中单击相应的卸载程序，然后按照卸载向导中的提示进行操作即可。

方法二：使用"应用和功能"选项。有些应用程序的卸载程序不在"开始"菜单中，如Office 2016、Photoshop等，此时可使用Windows 10提供的"应用和功能"进行卸载。为此，可右击"开始"按钮，在弹出的快捷菜单中选择"设置"选项，在打开的"设置"窗口中选择"应用和功能"选项，在显示的设置界面中单击要卸载的应用程序，然后单击"卸载"按钮，如图2-36所示。根据打开的卸载向导中的提示进行操作，完成应用程序的卸载。

图2-36 "应用和功能"界面卸载程序

注意：不能采取一般文件的简单删除方式来删除应用程序（如直接将应用程序所在的文件夹删除），因为这些应用程序在安装时，有些DLL文件安装在Windows目录中，很可能会删除某些其他程序需要的DLL文件，导致破坏其他依赖这些DLL文件的程序。

2.4.4 用户和密码管理

Windows 10中允许设定多个用户共同使用一台计算机，而每个用户可以拥有独立的个性化的环境设置——账户，即每个用户在同一台计算机上可以有不同的桌面、收藏夹、"开始"菜单等。每个用户还可以具有不同的对资源的访问方式。Windows 10中用户分为管理员和受限制账户两种类型。

管理员的账户（用户名和密码）是在安装Windows 10过程中创建的。管理员是一种超级用户，具有操作这台计算机的所有权限，比如创建或删除用户账户；可以为计算机上其他用户账户设置账户密码；可以更改其他人的账户名、图片、密码和账户类型等。

受限制账户（也称为一般用户），是由管理员创建的用户。一般用户在网络、计算机使用及系统设置方面有限制。这类用户可以访问已经安装在计算机上的程序，但不能更改大多数计算机设置和删除重要文件，不能安装软件或硬件，可以更改其账户的图片，可以创建、更改或删除其密码，但不能更改其账户名或账户类型。

在"控制面板"中选择"用户账户"，出现"用户账户"窗口，如图2-31所示。可从中选择一项任务实现对"用户账户"的管理和设置。

账户分类选项主要包含有关账户方面的设置选项，在账户分类中可以设置启用或停用Microsoft账户，还可以管理其他账户。

1. 设置新用户账户

(1)打开"控制面板"窗口,选择"用户账户"选项,在打开的窗口中再次选择"用户账户"选项。点击打开"用户账户"窗口,选择"管理其他账户"选项,如图 2-37 所示。

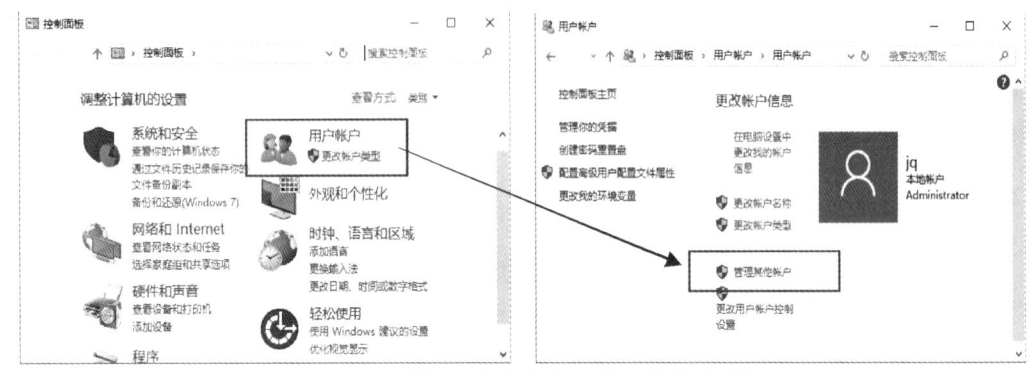

图 2-37 选择用户账户选项"管理其他账户"

(2)在打开的"管理账户"窗口中选择"在电脑设置中添加新用户"选项,接下来的创建过程如图 2-38 所示。

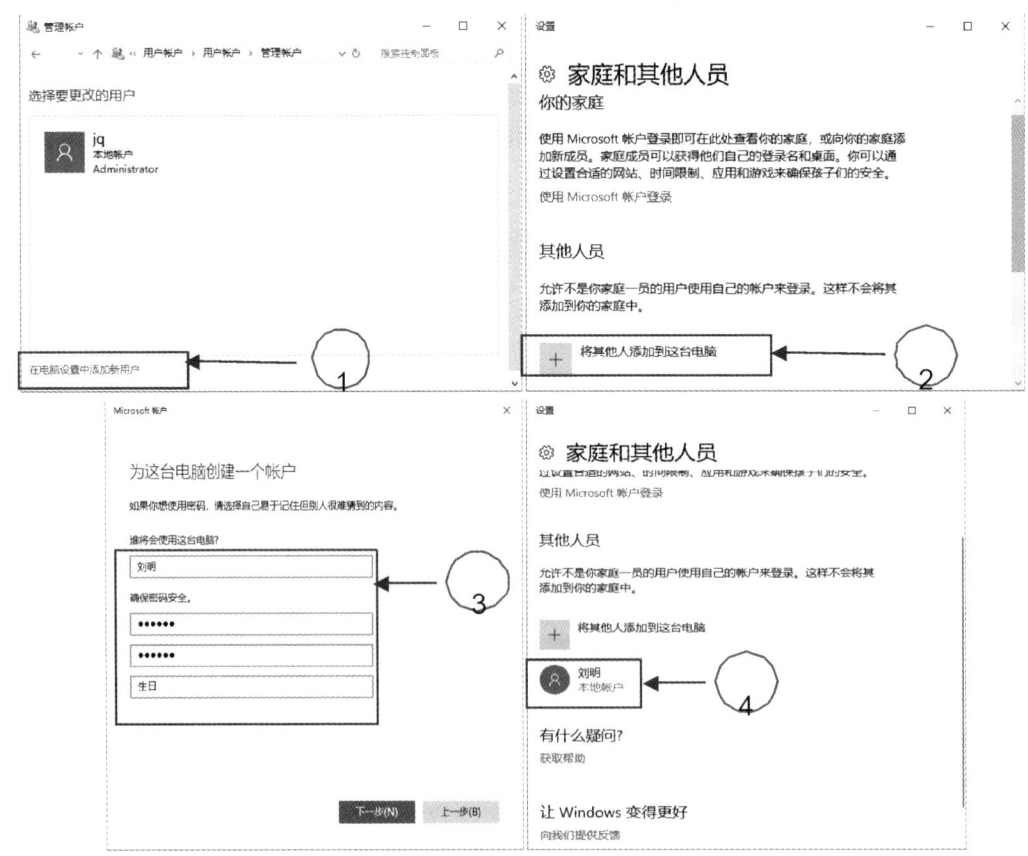

图 2-38 创建新用户账户过程

(3)在打开的"家庭和其他人员"界面中选择"将其他人添加到这台电脑"选项。

第2章　Windows 10 操作系统

(4)打开"此人将如何登录"界面,这里选择"我没有这个人的登录信息"选项。

(5)打开"让我们来创建你的账户"界面,选择"添加一个没有 Microsoft 账户的用户"选项。

(6)打开"为这台电脑创建一个账户"界面,输入新用户的账户名、密码和提示语,然后单击"下一步"按钮。

(7)返回"家庭和其他人员"界面,即可看到新添加的用户账户显示在"其他人员"区域。这样就为系统创建了一个带密码的新用户账户。

2．登录新用户账户

(1)如果要切换到新创建的用户账户,可在"任务栏"的右键菜单中选择"任务管理器"选项。

(2)打开"任务管理器"窗口,在"用户"选项卡的"用户"列表中选择当前用户,再单击"断开连接"按钮,如图 2-39 所示。

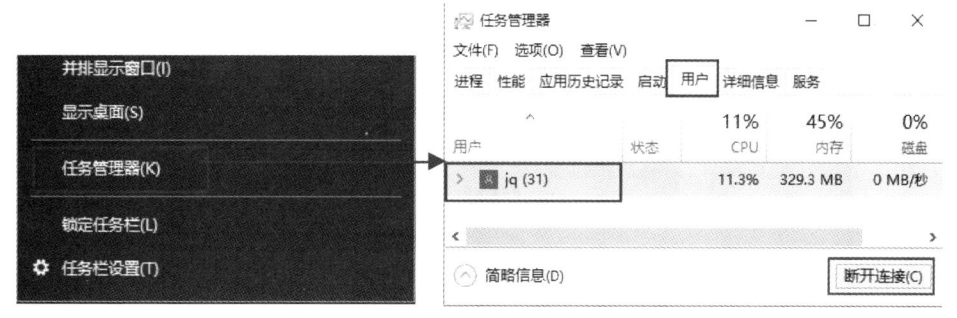

图 2-39　选择当前连接用户断开连接

(3)在打开的提示对话框中单击"断开用户连接"按钮,如图 2-40 所示。

(4)进入系统登录界面,从中选择要切换到的新用户账户,输入相应的密码,按"Enter"键,即可登录该账户,如图 2-41 所示。

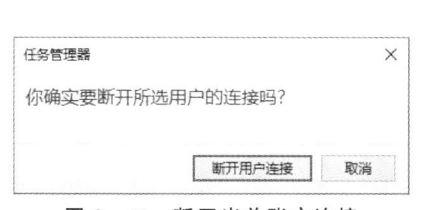

图 2-40　断开当前账户连接　　　　图 2-41　账户登录界面

3．为用户账户设置密码

如果用户账户还未设置密码,可单击"开始"菜单中的"设置"图标,打开"设置"窗口,在其中选择"账户"选项,在打开的界面左侧窗格中选择"登录选项"选项,在右侧窗格的"密码"区中单击"添加"按钮,然后在打开的"创建密码"对话框中设置用户账户密码即可,如图

2-42所示。

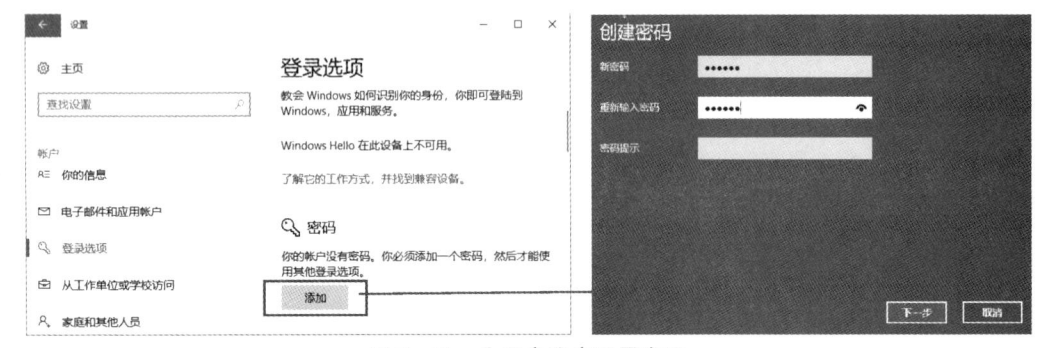

图 2-42　为用户账户设置密码

4. 删除用户账户

在"家庭和其他人员"界面中单击要删除的用户账户,然后单击"删除"按钮,再在打开的"要删除账户和数据吗?"对话框中单击"删除账户和数据"按钮,即可将该用户账户删除,如图 2-43 所示。

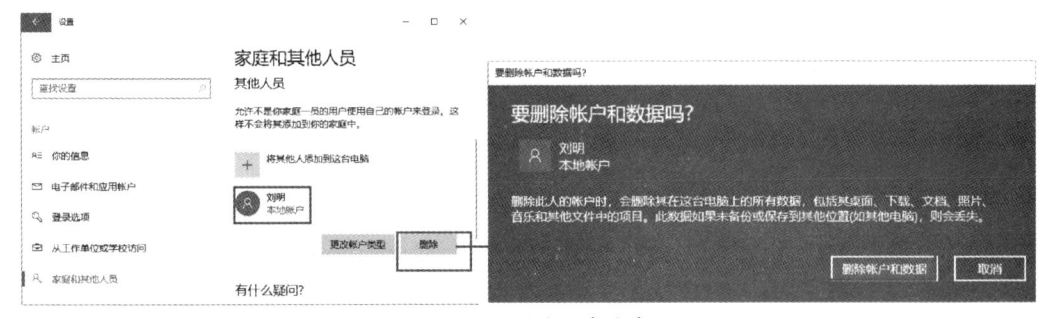

图 2-43　删除用户账户

课　后　习　题

一、单项选择题

1. 在 Windows 10 系统中的"文件资源管理器"中不可进行的操作有(　　)。

　A. 关闭计算机　　　　　　　　　　B. 格式化 U 盘

　C. 创建新文件夹　　　　　　　　　D. 对文件重命名

2. 应用程序图标放在 Windows 10 的(　　),只需用鼠标单击一次即可启动。

　A. 桌面　　　　B. 指示器区　　　　C. 任务档区　　　　D. 快速启动区

3. 在使用 Windows 10 的过程中,不使用鼠标的情况下,可以打开"开始"菜单的操作是(　　)。

　A. 按"Shift+Tab"键　　　　　　　B. 按"Ctrl+Shift"键

　C. 按"Ctrl+Esc"键　　　　　　　　D. 按空格键

第 2 章　Windows 10 操作系统

4. Windows 10 支持硬盘碎片整理,硬盘碎片整理的作用是(　　)。

　　A. 增大磁盘空间　　　　　　　　　　B. 提高磁盘的存取速度

　　C. 去掉不常用的磁盘空间　　　　　　D. 没有任何作用

5. 在 Windows 10 中,选定文件或文件夹后,不将文件或文件夹放到"回收站"中,而直接删除的操作(　　)。

　　A. 按"Delete"键　　　　　　　　　　B. 删除的文件必须先放到"回收站"

　　C. 按"Shift+Delete"键　　　　　　　D. 按"Alt+ Delete"键

6. 在 Windows 10 的"文件资源管理器"窗口中,如果想一次选定多个分散的文件或文件夹,正确的操作是(　　)。

　　A. 按住"Ctrl"键,用鼠标右键逐个选取　　B. 按住"Ctrl"键,用鼠标左键逐个选取

　　C. 按住"Shift"键,用鼠标右键逐个选取　　D. 按住"Shift"键,用鼠标左键逐个选取

7. 在 Windows 10 中,有两个对系统资源进行管理的程序组,它们是资源管理器和(　　)。

　　A. 回收站　　　　B. 剪贴板　　　　C. 计算机　　　　D. 我的文档

8. Windows 10 中的"剪贴板"是(　　)。

　　A. 硬盘中的一块区域　　　　　　　　B. 软盘中的一块区域

　　C. 高速缓存中的一块区域　　　　　　D. 内存中的一块区域

9. 在 Windows 10 文件资源管理器中,选定当前文件夹下的所有文件和子文件夹的快捷键是(　　)。

　　A. "Ctrl+V"　　　B. "Ctrl+C"　　　C. "Ctrl+A"　　　D. "Ctrl+X"

10. 在 Windows 10 中,"任务栏"的作用是(　　)。

　　A. 显示系统的所有功能　　　　　　　B. 只显示当前活动窗口名

　　C. 只显示正在后台工作的窗口名　　　D. 实现窗口之间的切换

11. 集成在 Windows 10 的电子邮件软件是(　　)。

　　A. Sendmail　　　　　　　　　　　　B. Outlook Express

　　C. Foxmail　　　　　　　　　　　　D. E-mail

12. 关于 Windows 10 的"记事本"程序,下列说法正确的是(　　)。

A. 同一篇文章中只能采用一种字体

B. 同一篇文章中可以采用多种字体,但字体大小固定

C. 同一篇文章中可以采用多种字体,字体大小也可以有多种

D. 存盘文件的扩展名,缺省为 DOC

13. 在 Windows 10 系统中,"回收站"是(　　)。

　　A. 硬盘上的一块区域　　　　　　　　B. 软盘上的一块区域

　　C. 内存中的一块区域　　　　　　　　D. Cache 中的一块区域

14. 要将 Windows 10 整个桌面的内容存入剪帖板中,可按(　　)键。

　　A. "Ctrl+P"　　　B. "Alt+P"　　　C. "PrtSc"　　　D. "Alt+PrtSc"

15. 在 Windows 10 系统中,用鼠标右键点击某个文件夹并选择右键菜单中的"属性",不能查看到(　　)。

A. 文件夹下有多少文件　　　　　　B. 文件夹下所有文件的大小的总和

C. 文件夹下有多少个子文件夹　　　D. 文件夹创建者的名称

二、多项选择题

1. 关于 Windows 10 操作系统论述正确的有(　　)。

A. Windows 10 操作系统不依赖于 DOS

B. Windows 10 是图形界面的操作系统

C. Windows 10 是单用户操作系统

D. Windows 10 是一个多任务的操作系统

2. Windows 10 资源管理器操作中,为了便于查看文件和文件夹,可对文件和文件夹按照(　　)排列。

A. 名称　　　　B. 类型　　　　C. 大小　　　　D. 日期

3. 在 Windows 10 的任务栏中包括(　　)。

A. 输入法指示器　　B. 系统时间　　C. 快捷图标　　D. 快速启动按钮

4. 在 Windows 10 中,对文件的管理和操作可以在(　　)中完成。

A. 桌面　　　　　　　　　　　　　B. 文件资源管理器

C. 计算机　　　　　　　　　　　　D. 文件夹窗口

5. Windows 10 可完成的磁盘操作有(　　)。

A. 磁盘格式化　　B. 硬盘复制　　C. 磁盘清理　　D. 整理碎片

三、操作题

1. 管理文件和文件夹,具体要求如下。

(1)在计算机 D 盘中新建 FENG、WARM 和 SEED 3 个文件夹,再在 FENG 文件夹中新建 WANG 子文件夹,在该子文件夹中新建一个 JIM.txt 文件。

(2)将 WANG 子文件夹中的 JIM.txt 文件复制到 WARM 文件夹中。

(3)将 WARM 文件夹中的 JIM.txt 文件删除。

(4)显示或隐藏 WANG 子文件夹中的 JIM.txt 文件扩展名。

(5)将 WANG 子文件夹中的 JIM.txt 文件改名为 JIM.html。

2. 任务栏操作:

(1)将任务栏移动到桌面的上部,再移回到下部。

(2)隐藏任务栏,再撤销隐藏操作。

(3)调整任务栏的大小。

3. 从网上下载搜狗拼音输入法的安装程序,然后安装到计算机中。

第 3 章　文字处理软件 Word 2016

Word 2016 是微软（Microsoft）公司推出的文字编辑处理软件，是 Microsoft Office 2016 套件中的一个组件，可以方便地对文字、图形、图像和数据进行处理，是最常用的一种文档处理软件。它既能够用于制作各种简单的办公商务和个人文档，又能满足专业人员制作版式复杂的文档。本章将通过五个任务详细介绍 Word 2016 的使用方法。

3.1　Word 2016 简介

使用 Word 2016，用户可以直接开始编写简单的信函、报告和备忘录。此外，它也支持处理更为复杂的文档，例如专业报告、学术论文或商业计划。用户可以通过插入图片、图表和表格来增强文档的表现力，并用页眉、页脚和目录来优化文档的结构。

Word 2016 提供了强大的编辑和格式化工具，可以满足用户对文本外观的各种需求。用户可以选择不同的字体、颜色和大小，调整段落的对齐和缩进，并应用标记和编号，以创建清晰的列表。此外，该软件还提供拼写检查、语法检查和自动校正等功能，以确保文档的准确性和专业性。

Word 2016 还支持团队的实时协作和共享功能。多个用户可以同时编辑同一文档，进行实时的更改和评论，提高团队协作效率。

Word 2016 是一款功能强大、易于使用的文档处理软件，适用于个人、学生、教育机构和商业组织。它提供了丰富的工具和选项，帮助用户轻松创建、编辑和共享精美的文档。

3.1.1　Word 2016 的启动与退出

1. 启动 Word 2016

启动 Word，是指将 Word.exe 调入内存，同时进入 Word 应用程序及文档窗口进行文档操作。启动 Word 2016 的一般方法有：

（1）单击 Windows 10 任务栏最左侧的"开始"按钮，在弹出的"开始"菜单中单击"Word 2016"图标，启动 Word 2016 后会自动进入"新建文档"界面，如图 3-1 所示。

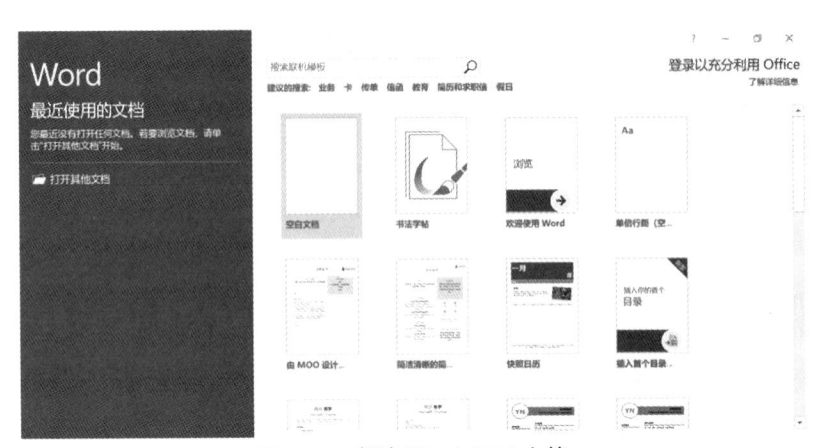

图 3-1 新建 Word 2016 文档

（2）双击桌面 ![W] Word 2016 快捷方式图标启动。

（3）双击磁盘上存储的扩展名为".doc"或者".docx"文档，Windows 10 会自动调用 Word 2016 打开文档。

（4）通过路径 C:\Program Files\Microsoft Office\Office16\WINWORD.exe 直接访问 Word 2016 应用程序。

2. 退出 Word 2016

退出 Word 2016 的一般方法有：

（1）单击 Word 2016 窗口标题栏右侧的"关闭"按钮（或者使用"Alt+F4"组合键）。

（2）在"文件"选项卡中选择"关闭"命令，可以关闭当前正在编辑的文档，但不退出 Word 2016 程序（或者使用 Ctrl+W 组合键）。

3.1.2　Word 2016 的工作界面

启动 Word 2016 后，打开文档窗口，窗口界面如图 3-2 所示。

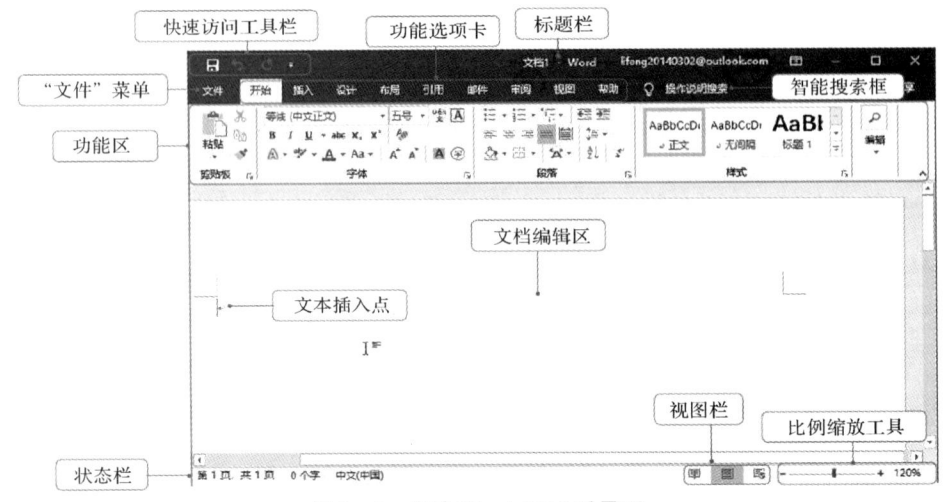

图 3-2　启动 Word 2016 后界面

1. 标题栏

Word 2016 的标题栏位于窗口顶端,从左到右分布着快速访问工具栏(左端)、文件名(居中)、窗口操作按钮(最小化、还原/最大化、关闭)。

(1)快速访问工具栏放置了保存、撤销、重复等常用的命令,在 Word 2016 的选项中可以自行添加或删除命令按钮。

(2)文件名部分显示当前文档的名称,在 Word 2016 中新建的文档默认的文件名是"文档1.docx"。

2. 选项卡与功能区

Word 2016 的选项卡和功能区提供丰富的编辑和格式化选项,以便在文档中创建、编辑和格式化文本。单击不同的选项卡可以切换不同的命令集合。标题栏右侧"功能区显示选项"按钮还可以设置选项卡的"自动隐藏功能区/显示选项卡/显示选项卡和命令"。"文件"选项卡打开的窗口又称为"Backstage 视图",这是在保存、打开和打印等环节中加入的"后台视图"(Backstage View)功能,如图 3-3 所示。

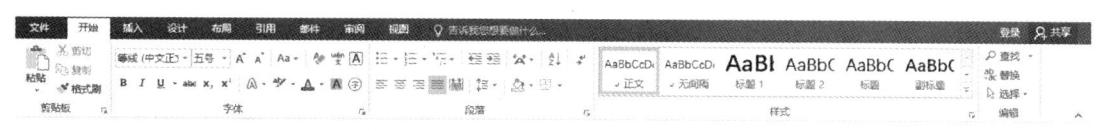

图 3-3 Word 2016 选项卡与功能区

3. 文本编辑区

文本编辑区是窗口的主要工作区,用来显示和编辑文档的内容,如图 3-4 所示。

通过熟悉和灵活运用文本编辑区的功能,可以轻松地创建、修改和格式化文档内容,使其具有专业和一致的外观。

Word 2016 的标尺包含水平标尺和垂直标尺,通过标尺可以设置页边距、制表位、缩进等。通过"视图"选项卡中"显示"组中的"标尺"可以显示或隐藏标尺。

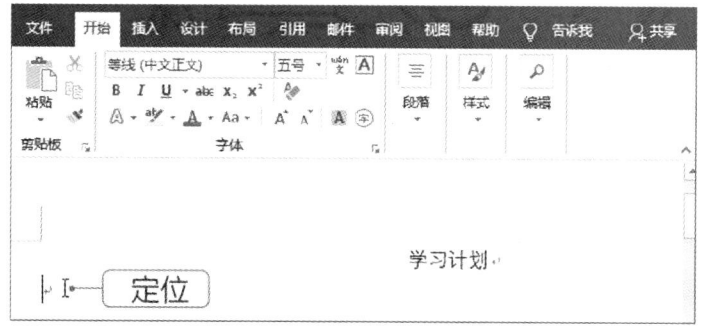

图 3-4 Word 2016 编辑区域

4. 导航窗格

通过导航窗格可以迅速地转到 Word 文档中的页面或标题。打开导航窗格,可以通过快捷键"Ctrl+F"查找,或选择"视图"选项卡并选择"导航窗格",如图3-5所示。

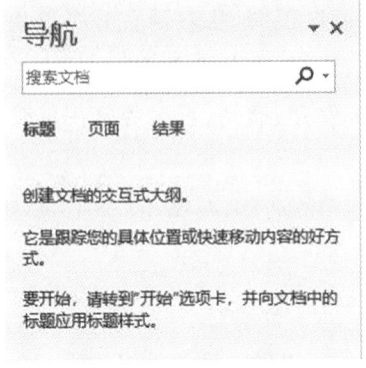

图3-5 "导航"窗格

5. 滚动条

Word 2016窗口的文本编辑区包含水平滚动条和垂直滚动条,如图3-6所示。在窗口无法完整地显示文档页面的时候,拖动滚动条可以快速浏览文档。当需要大幅度地调整显示的页面时,可以拖动滚动条的滑块;当需要小范围精确的滚动时,可以单击滚动条两端的箭头▲ ▼ ◀ ▶。

图3-6 水平滚动条

6. 状态栏

状态栏位于窗口的最底部,通过查看状态栏,可以获得当前文档和编辑器状态的实时信息,并进行快速操作和调整,更好地控制和管理文档编辑过程,如页数和字数统计、显示方式和缩放级别、编辑模式和跟踪等。

7. 视图方式

Word 2016提供了五种不同的视图方式供用户使用,切换视图的方法是在"视图"选项卡中选择相应的视图,或者在状态栏的右下角切换三种常见的视图。

(1)阅读视图。阅读视图是阅读文档的最佳方式,包括一些专为阅读而设计的工具,在此视图下不能进行文字的编辑操作。

(2)页面视图。页面视图是Word中默认的视图方式,基于"所见即所得"的原则,显示的效果与文档打印后的效果相同。在进行文本录入和编辑、排版时通常采用该视图,如图3-7所示。

图3-7 "视图"选项卡中视图方式

(3)Web版式视图。Web版式视图是一种特殊的编辑和查看模式,旨在优化文档在

Web 浏览器中的显示和交互体验。该视图下不能显示页眉和页脚。

(4)大纲视图。大纲视图用于创建、显示和修改文档的大纲结构。

(5)草稿视图。这是一种让用户专注于文字编辑的视图方式,在草稿视图中不显示页眉和页脚、图片、分栏等,也不能显示垂直标尺,占用系统内存也是最小状态。

3.2 任务1:文档的基本编辑——制作会议通知

3.2.1 任务描述

小梅毕业后入职某互联网企业从事文员的工作,这是她第一天上班,接到主管布置的任务,起草一份会议通知分发到企业的各部门。小梅首先通过互联网了解到会议通知撰写方法,同时参照公司之前的会议通知的格式,使用 Word 2016 软件录入、编辑、排版和打印。通知撰写要点以及编辑排版效果,如图 3-8 所示。

关于召开 2024 年安全生产会议的通知

公司各部门:

  为了加强公司的安全管理工作,确保员工的生命安全和财产安全,定于 2024 年 1 月 5 日上午 10 点在 B 座 101 会议室召开公司安全生产会议。会议议程包括对公司安全管理工作的总结与评估、存在的问题与挑战、安全工作的重点任务等内容。我们将共同探讨并制定更加有效的安全管理措施和应对策略,以确保公司的安全稳定。

  一、会议时间:2024 年 1 月 5 日上午 10:00

  二、会议地点:B 座 101 会议室

  三、参会人员:各部门主要负责人

  四、会议联系人:小梅

  请参会人员准备好相关数据和报告,以便能够全面、深入地讨论和评估公司的安全工作情况。准时参加,不得迟到早退,不得缺席。

  特此通知。

行政部
2024 年 1 月 4 日

图 3-8 会议通知编辑排版效果

3.2.2 任务分析

该任务涉及 Word 2016 软件的基本操作,应做好以下工作:
(1)启动 Word 2016 软件,新建空白文档。
(2)录入"会议通知"的文本,并进行文本的修改、校对。

(3)对文档内容进行字符格式和段落格式的设置。

(4)对文档进行页面排版、打印。

3.2.3 预备知识

1. 文档基本操作

(1)创建新文档。启动 Word 2016 的同时会自动创建一个默认名称为"文档1.docx"的新文档。在此之后用户希望新建文档可以使用以下方法：

方法一：使用组合键"Ctrl+N"可以快速创建一个新的空白文档。

方法二：单击"文件"选项卡，在"Backstage 视图"中选择"新建"组中的"空白文档"命令，如图 3-9 所示。

图 3-9 新建空白文档

(2)录入文档内容。

1)定位插入点。在 Word 2016 使用即点即输功能，闪动的黑色竖线光标称为"插入点"，键盘录入的文字会出现在插入点光标的位置，在文档任意的可编辑区域双击鼠标可以将插入点光标移动到该位置，实现文字的录入。

2)录入文档内容。文字录入时会自动换行，只有到段落结束时才使用"Enter"键插入一个段落标记，进入下一个段落。段落标记 XX 的作用是标记一个段落，打印时不会随文字输出。录入过程中出现错误，可以使用"Backspace"键删除插入点左侧的字，使用"Delete"键可以删除插入点右侧的字。

3)切换输入法。在进行中文/英文录入的过程中，需要进行输入法的切换，在 Windows 10 之后的操作系统中，通过键盘的"Shift"可以快速地切换"中文/英文"，在更早的 Windows 操作系统中是使用"Ctrl+Space"切换"中文/英文"，使用"Ctrl+Shift"在多个输入法之间切换。

如果计算机安装了多个中文输入法，还可以通过使用鼠标单击任务栏右侧"语言栏"，在输入法列表中选择。中英文标点符号对照表见表 3-1。

表 3-1　常见中英文标点符号键盘对照

中文标点	按键	中文标点	按键
、	\	，	,
。	.		
《	<	》	>
【	[	】	]
￥	$	……	^

4)符号和特殊字符的录入。单击"插入"选项卡"符号"组中的"符号"按钮,选择"其他符号"打开"符号"对话框,进行符号和特殊字符的录入,如图 3-10 所示。在"特殊字符"选项卡中包含常见的特殊字符。在"符号"选项卡中通过选择字体可以切换不同的符号集。例如选择"Wingdings"字体可以插入"📖"符号。

5)插入"日期和时间"。定位插入点后,选择"插入"选项卡中的"文本"组,单击"日期和时间"按钮可以打开"日期和时间"对话框,如图 3-11 所示。在对话框中可以选择一种日期和时间的格式,在当前插入点的位置插入日期和时间。选中对话框右下角的"自动更新"复选框,可以在每一次打开文档时更新为当前系统的日期和时间。

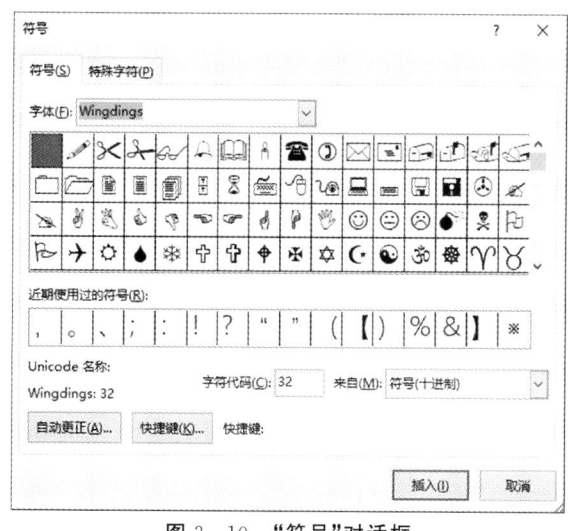

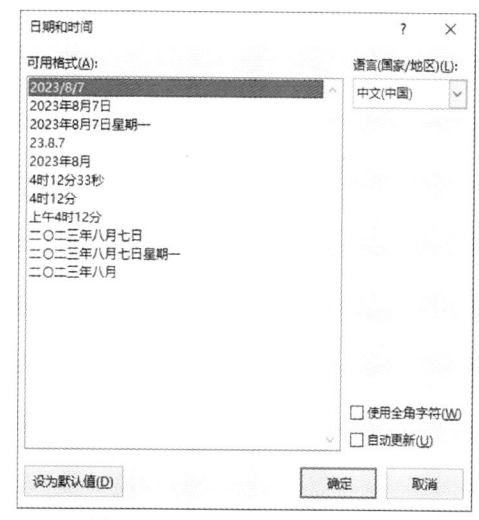

图 3-10　"符号"对话框　　　　图 3-11　"日期和时间"对话框

(3)保存文档。单击快速访问工具栏的"保存"按钮,或者选择"文件"选项卡中的"保存""另存为"命令,如图 3-12 所示。或者按"Ctrl+S"组合键均可以实现文档的保存。

1)保存新建的文档。第一次保存新建的文档时会打开"另存为"对话框,如图 3-13 所示。在对话框中输入保存的文件名和选择文件的存储位置,单击"保存"按钮就可以实现文档的保存。Word 2016 文档保存时默认的文件扩展名是".DOCX"。如果对已经存储过的文件进行修改编辑之后,再次单击"保存"命令,则不会再出现"另存为"对话框,而是按照打开时文档的位置和文件名覆盖保存。

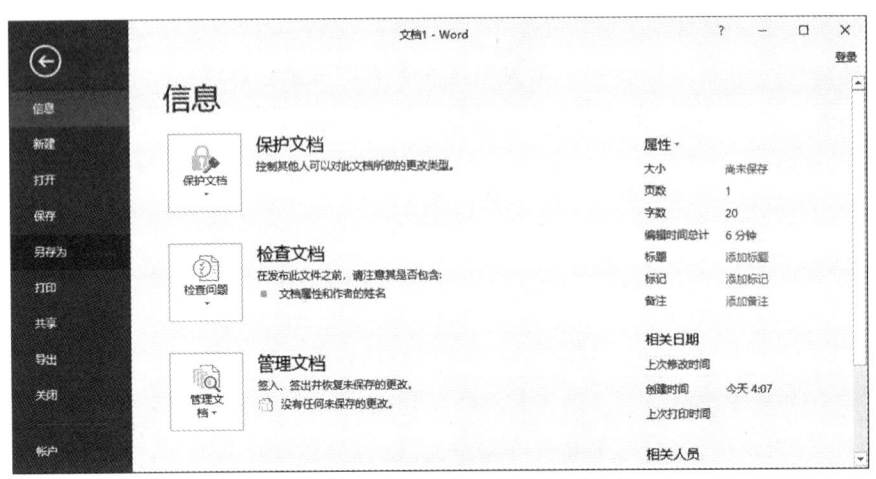

图 3-12　"文件"选项卡中"保存"命令

2) 另存文件。如果用户希望将文件用另外的文件名、另外的位置或者其他的文件类型保存，可以通过"文件"选项卡中的"另存为"命令，修改之后保存为文档的另一个副本。

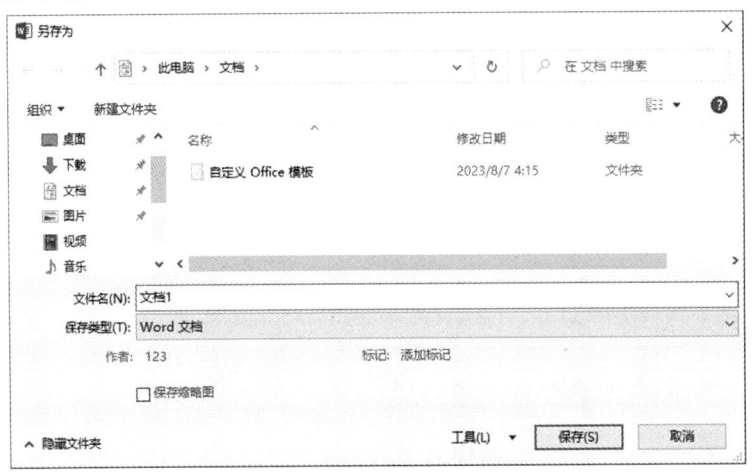

图 3-13　"另存为"对话框

3) 自动保存。为减少因意外的断电、计算机死机等原因造成的信息丢失，Word 2016 还提供了"自动保存"的功能，可以按照设定的时间间隔，系统自动保存文档，默认情况下时间间隔是 10 min。用户可以通过"文件"选项卡中的"选项"按钮打开"Word 选项"对话框，选择"保存"选项卡，在"保存自动恢复信息时间间隔"中调整自动保存间隔时间，如图 3-14 所示。

图 3-14　设置自动保存间隔时间

4)加密保存。为了确保文档的安全,Word 提供了加密保存功能。通过加密保存,可以为文档设置密码,只有掌握正确密码的人才能打开和查看文档,有效保护文档的机密性。

选择"文件"选项卡中的"信息"命令,如图 3-15 所示。单击"保护文档"按钮,在列表中选择"用密码进行加密"命令,打开"加密文档"对话框,在对话框中填写密码并确认密码。

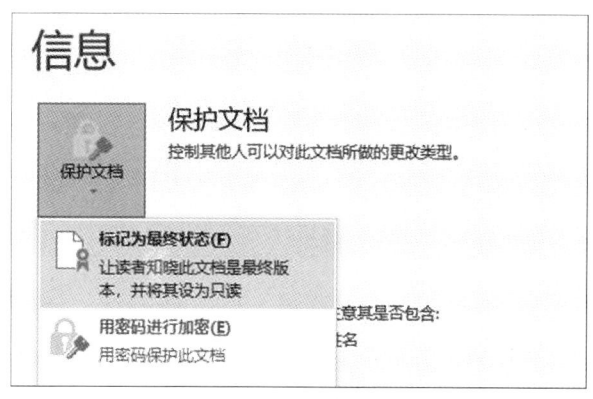

图 3-15　设置保护文档密码

(4)打开文档。打开以前保存的文件,会在程序中重新加载该文件,供用户查看、修改或打印。

打开文件常用以下四种方法:

方法一:直接双击该文件图标。

方法二:选择"文件"选项卡的"打开"命令。

方法三:单击"快速访问工具栏"中的"打开"按钮。

方法四:使用组合键"Ctrl+O"。

使用上述方法二、三、四中的任意一种,均会打开"打开"对话框,在对话框中选择文档所在的位置,在文件列表中选择要打开的文件,单击"打开"按钮即可。

若要打开最近使用过的文件,只需单击"文件"选项卡,在"最近"列表中选择。

2.文档的编辑

(1)选取文本内容。对文本进行操作首先要做的工作是选取文本,"先选定,后操作"是 Windows 操作系统的基本原则。通常可以使用鼠标和键盘进行文本选取的操作。

方法一:使用鼠标和键盘选取文本,见表 3-2。

表 3-2　使用鼠标选取文本

要选取的内容	鼠标操作
任意字符	拖动要选取的字符
大块文本	单击文本块的起始处,然后按住"Shift"键,单击文本块的结束处
字/词	双击要选定的字/词
一个句子	按住"Ctrl"键,单击该句子

续表

要选取的内容	鼠标操作
一行文字	将鼠标移至该行左侧选中区,当鼠标指针变为"⌐"时单击
多行文字	在字符左侧的选中区中拖动鼠标
一个段落	将鼠标移至该行左侧选中区,当鼠标指针变为"⌐"时双击;或在该段落内三击
多个段落	在左侧的选中区中拖动鼠标
整篇文档	将鼠标移至该行左侧选中区,当指针变为"⌐"时三击
矩形文本区域	按住"Alt"键,再拖动鼠标

方法二:使用键盘选取文本,见表 3-3。

表 3-3 使用键盘选取文本

选取的内容	键盘组合键	选取的内容	键盘组合键
右侧一个字符	Shift+→	从当前字符至段首	Ctrl+Shift+↑
左侧一个字符	Shift+←	从当前字符至段尾	Ctrl+Shift+↓
向上选取一行	Shift+↑	从当前字符至文档起始处	Ctrl+Shift+Home
向下选取一行	Shift+↓	从当前字符至文档结束处	Ctrl+Shift+End
从当前字符至行首	Shift+Home	扩展选择	F8
从当前字符至行尾	Shift+End	缩减选择	Shift+F8
整篇文档	Ctrl+A		

(2) 插入/改写文本状态。Word 2016 中,用户可以在文档编辑的过程中随时使用"Insert"键,轻松地在插入和改写之间进行切换,以便更好地满足文档编辑的需求。Word 2016 默认情况下是插入状态,键盘录入文本时插入点后面的文本会自动后移,改写状态下键盘录入文本时插入点后面的文本会被新录入的文本替换,其余的文本保持原位置不变。

(3) 删除文本。删除文本通常使用键盘进行操作,定位插入点后,使用"Delete"键可以向右、"Backspace"键向左逐个字符删除文本。如果需要删除的文本较多,往往先选取需要删除的文本,按删除键即可。

(4) 复制和移动文本。复制和移动文本是 Word 文档编辑的重要操作,常见的操作方法包括:

方法一:鼠标操作。在使用鼠标选取需要复制或移动的文本后,单击"开始"选项卡中的"剪贴板"组"复制"或"剪切"按钮,然后定位目标"插入点"的位置,单击该组中的"粘贴"按钮。

"粘贴"按钮包含两部分,上半部分图标是按钮本身,点击后可以快速执行粘贴。下半部分是下拉式菜单,在菜单中包含"保留源格式"(复制的源区域格式会带到新位置)、"合并格式"(复制的源区域格式会被新位置的格式代替)、"只保留文本"(只粘贴无格式文本)。

方法二:鼠标拖曳法。在使用鼠标选取需要复制或者移动的文本后,将鼠标移动到被选取的文本上,鼠标指针从默认的插入点指针"I"变成普通鼠标指针" "时,拖曳文本到目标位置。默认情况下这种拖曳实现文本的移动,拖曳时按下"Ctrl"键可以完成复制。如果使用鼠标右键拖曳文本,在目标位置释放鼠标时会弹出快捷菜单,提示选择复制或者移动。

方法三:键盘操作。在使用鼠标选取需要复制或移动的文本后,按组合键"Ctrl+C"复制或者"Ctrl+X"剪切,定位目标位置后,按组合键"Ctrl+V"粘贴。

(5)查找与替换文本。Word 2016 的查找与替换功能是一个强大的工具,能够帮助用户快速查找和替换文档中的特定文本内容。它提供了丰富的选项和高级功能,以满足用户对文本定位和替换的不同需求。对于撰写、编辑和修订文档的用户来说,这个功能是提高工作效率和准确性的有力助手。

1)快速查找文本。单击"开始"选项卡中的"编辑"组"查找"按钮,Word 2016 会在窗口左侧打开"导航"窗格,在文本框中输入需要查找的文本,Word 2016 会将文档中查找到的所有相同文本字符突出显示。

2)使用"查找与替换"对话框查找文本。如果需要进行更高级的查找,可以通过打开"查找和替换"对话框进行查找。单击"开始"选项卡的"编辑"组中的"替换"按钮,打开"替换"对话框,切换到"查找"标签。在"查找内容"文本框中输入需要查找的文本后,单击"查找下一处"就可以进行文本内容的逐项查找,所有匹配文本查找完成后,会弹出"已完成对文档的搜索"的提示对话框,如果查找的文本并不存在,将会弹出"未找到结果"的提示对话框,查找完成后单击"取消"按钮就可以退出该对话框。

3)替换文本。Word 2016 中的替换功能可以帮助用户轻松地进行文本替换操作,提高工作效率和准确性。单击"开始"选项卡的"编辑"组中的"替换"按钮,打开"替换"对话框,在"查找内容"文本框输入需要替换的文本,在"替换为"文本框输入替换的文本,单击"替换"按钮可以从当前插入点向后逐个替换,点击"全部替换"按钮可以将"选区"(若存在)或整个文档符合条件文本全部替换。

4)高级替换。Word 2016 还提供了复杂情况下的高级替换功能,极大地提高了工作效率。在"替换"选项卡中单击"更多"按钮,会打开搜索选项的界面。分别切换到"查找内容"或"替换为"对话框,再使用"搜索选项"可以设置查找或替换的格式、查找或替换的特殊格式字符。

例如,有时候用户从网页复制的文本,包含了大量的"空格",逐个删除非常困难,可以先将鼠标定位在"替换"对话框的"查找内容"文本框中,然后点击"特殊格式"按钮,在弹出的菜单中选择"空白区域",该文本框会自动键入表示空格字符的"^w",保持"替换为"文本框为空,选择"全部替换"命令,这样文档中的所有空格都被删除,如图 3-16 所示。

图 3-16 "查找和替换"对话框

（6）撤销与重复。Word 2016 提供了一种简便的方式来修复错误、恢复操作和控制文档的变化。在编辑文档时出现错误的操作，可以撤销之前的操作，如果撤销得过多，可以恢复到之后的操作。

1）撤销。单击快速访问工具栏的"撤销"按钮可以撤销之前的操作，多次单击该按钮可以逐次地撤销之前的多次操作，通常使用组合键"Ctrl+Z"快速地执行"撤销"命令。

2）重复。单击快速访问工具栏的"重复"按钮可以恢复"撤销"之后的操作，多次单击该按钮可以逐次地恢复被"撤销"的多次操作，通常使用组合键"Ctrl+Y"快速地执行"重复"命令。

3.字符格式设置

字符格式的设置包含字体、字号、字符间距等的设置。

方法一：在"字体"选项组中快速设置字体和字号。在"开始"选项卡"字体"组中包含常用的与字体相关的选项，其中包含字体、字号、字体颜色、下画线、更改大小写、字符底纹、字符边框等按钮或列表框，如图 3-17 所示。

"字体"下拉列表框提供了 Windows 中安装的所有字体的列表，在其中选择字体即可。

"字号"下拉列表中提供了常见的中西文字号用以表示字符的大小，其中数字的字号表示西文字符的磅值。

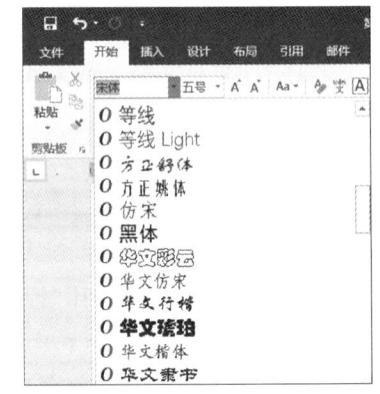

图 3-17 "字体"下拉框

方法二：使用"字体"对话框。使用"字体"对话框可以进行更复杂的设置，单击"字体"组右下角的"对话框启动器"按钮，打开"字体"对话框，或者在选定文本之后使用鼠标右键菜单选择"字体"，也可以打开"字体"对话框。最方便的当然是使用组合键"Ctrl+D"快速打开"字体"对话框。

第3章 文字处理软件 Word 2016

"字体"对话框包含"字体"和"高级"两个选项卡,如图3-18和图3-19所示。

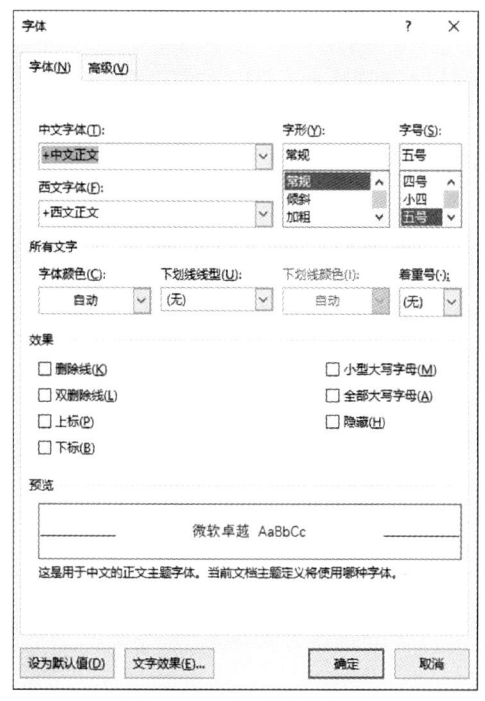

图3-18 "字体"选项卡　　　　　　图3-19 高级选项卡

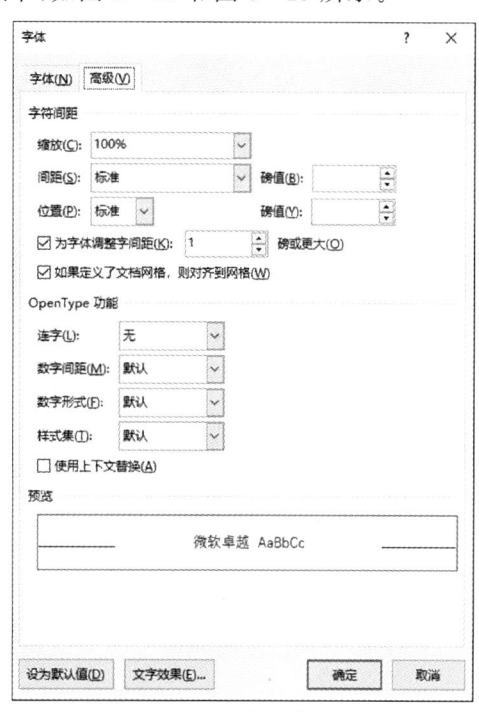

常见的设置效果见表3-4。

表3-4 字体参数设置效果

选项	设置参数	设置后
加　粗		青春是用来**奋斗**的
倾　斜		青春是用来*奋斗*的
下画线		青春是用来奋斗的
着重号		青春是用来奋斗的
删除线		青春是用来奋斗的
双删除线		青春是用来奋斗的
上　标		M²
下　标		M₂
缩　放	200%	青春是用来 奋斗 的
间　距	加宽3磅	青 春 是 用 来 奋 斗 的
位　置	提升4磅	青春是用来奋斗的

方法三:使用"格式刷"。使用"格式刷"可以快速地将字符格式复制到其他文本上。首

先将插入点定位在需要复制格式的文本上,单击"开始"选项卡的"剪贴板"组中的"格式刷"按钮(格式刷),鼠标指针形状会带上小刷子,将鼠标在需要粘贴格式的文本上拖曳即可。

单击"格式刷"按钮可以使用一次,用完鼠标功能恢复。双击"格式刷"可以连续使用多次,用完需再次单击"格式刷"按钮或按"Esc"键退出。

方法四:特殊字符格式设置。通过"开始"选项卡"字体"组中的"拼音指南""带圈字符"可以实现特殊的字符格式设置,如图 3-20 所示。

拼音指南　　带圈字符

图 3-20　特殊字符格式

通过"开始"选项卡"段落"组中的"中文版式"列表中的"纵横混排""合并字符""双行合一""调整宽度""字符缩放"可以实现如图 3-21 所示中文排版中特殊文字效。

合并字符　[双行合一]　调整宽度　字符缩放

图 3-21　中文版式字符格式

4.段落格式设置

Word 中自然段结束时通过键入"Enter"键输入一个段落标记↵。段落格式是指控制段落外观的格式设置,通常包括缩进、对齐、行间距、段落间距等。对段落进行格式设置时可不用选定段落的所有文本,而是将插入点定位在段落中即可。如果对多个段落进行格式设置,快捷的方法是通过文本选定区选取多个段落。

(1)对齐方式。通过"开始"选项卡"段落"组中的左对齐、居中、右对齐、两端对齐、分散对齐按钮可以控制段落的对齐方式。打开"段落"对话框进行对齐方式设置也是常见的操作方法,在段落中用鼠标右键打开"段落"对话框,在"缩进和间距"选项卡中进行设置。

(2)缩进。缩进用于控制段落中的文本相对左、右页边距位置的距离。段落的缩进方式包括左缩进、悬挂缩进、首行缩进和右缩进。

1)使用标尺控制缩进。水平标尺位于页面视图工作区顶端,标尺上包含左缩进、悬挂缩进、首行缩进、右缩进的滑标,通过拖曳滑标可以控制相对的缩进。左右缩进控制段落左右与页边距位置的距离,首行缩进控制段落的第一行左侧与左页边距位置的距离,悬挂缩进控制段落除第一行以外的行左侧与左页边距位置的距离,如图 3-22 所示。

图 3-22　中文版式字符格式

2)使用"段落"对话框控制缩进。右键单击段落任意位置,在快捷菜单中选择"段落",打开"段落"对话框,在"缩进和间距"选项卡中找到"缩进"组,"左侧"和"右侧"控制"左缩进"和"右缩进",在"特殊"格式下拉列表中可以选择"首行缩进"和"悬挂缩进",并在右侧"缩进值"文本框中设置相应的缩进值,如图 3-23 所示。

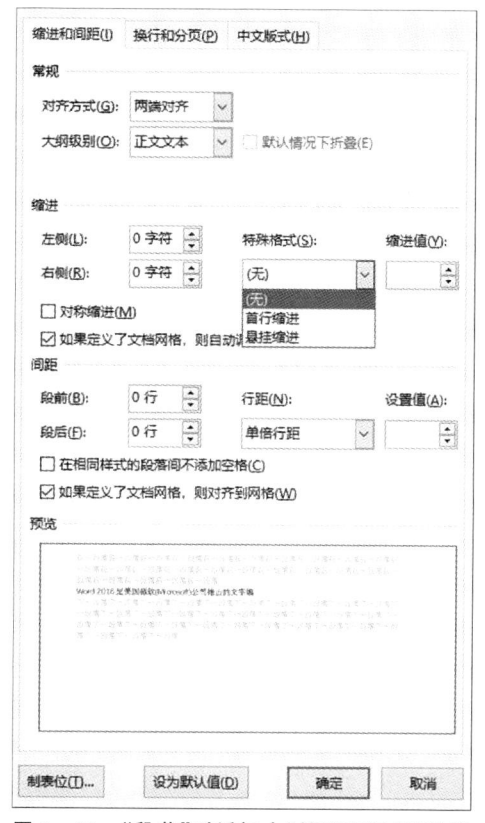

第3章 文字处理软件 Word 2016

图 3-23 "段落"对话框中"缩进和间距"设置

3)使用"段落"组。在"开始"选项卡"段落"组中包含"减少缩进量"和"增加缩进量"按钮，用户可以通过按钮快速地设置左缩进。

(3)间距设置。

1)段落间距。通过"段落"对话框"间距"组中的"段前"和"段后"设置当前段落距前后段落之间的距离，单位是"行"，如图3-24所示。

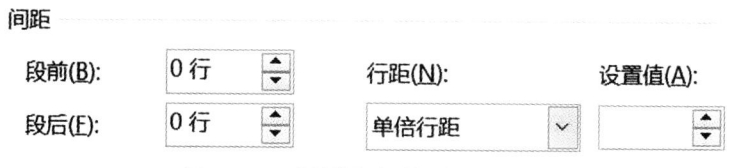

图 3-24 "段落"对话框中间距设置

2)行距。通过"段落"对话框"间距"组中的"行距"设置当前段落内行与行之间的距离，选项包括"单倍行距""1.5倍行距""2倍行距""最小值""固定值""多倍行距"。

(4)首字下沉。首字下沉是出版行业中常见的排版方式，文章的第一行第一个字被放大并占据多行，以突出文章的起点。选定段落后，单击"插入"选项卡"文本"组中的"首字下沉"命令，在弹出的列表中选择下沉效果，本段落采用的是下沉2行的效果，如图3-25、图3-26所示。"悬挂"与"下沉"不同在于，"悬挂"后首字下方不再放置文本。

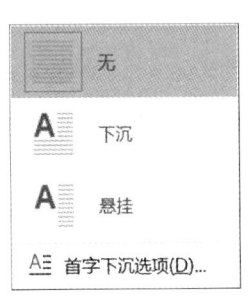

图 3-25 首字下沉列表　　图 3-26 首字下沉选项设置

(5)边框和底纹。Word中针对文字、段落、页面可以分别设置边框和底纹。选定需要设置边框的段落后,单击"设计"选项卡"页面背景"组中的"页面边框"按钮打开"边框和底纹"对话框,切换到"边框"选项卡,如图3-27所示。在左侧的"设置"列表中选择边框的类型,还可以分别在"样式""颜色""宽度"中进行自定义,设置过程中要注意观察"预览"。"应用于"列表框中包含"段落"和"文字"两个选项,选择"段落"设置的是段落边框,如图3-28所示。选择"文字"设置的是文本边框,如图3-29所示。点击右下角"选项"按钮,打开"边框和底纹选项"对话框,在对话框中可以设置边框"距正文间距",默认值是1磅。

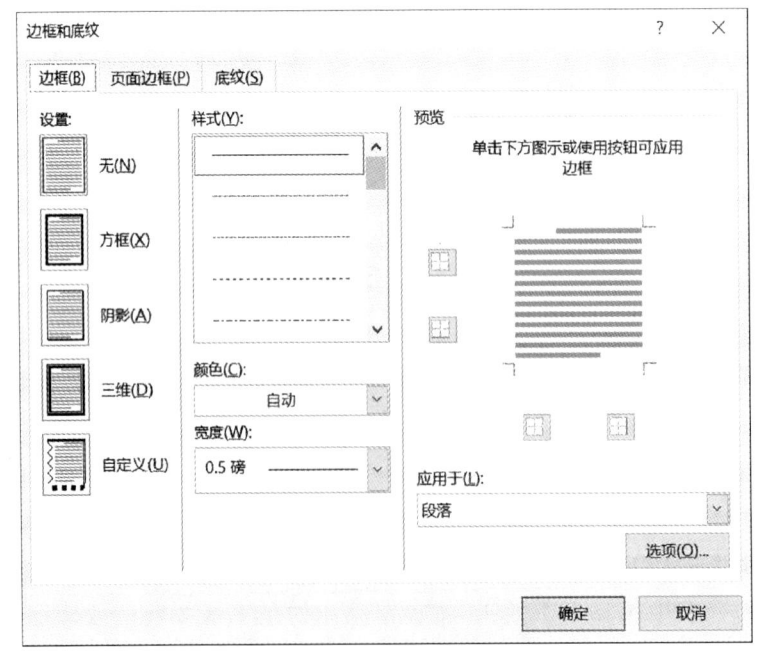

图 3-27 "边框和底纹"对话框

第3章 文字处理软件 Word 2016

段落边框 段落边框 段落边框 段落边框 段落边框 段落边框 段落边框 段落边框 段落边框 段落边框 段落边框 段落边框 段落边框 段落边框 段落边框 段落边框 段落边框。

图 3-28 段落边框与底纹效果

文字边框 文字边框 文字边框 文字边框 文字边框 文字边框 文字边框 文字边框 文字边框 文字边框 文字边框 文字边框 文字边框 文字边框 文字边框 文字边框 文字边框。

图 3-29 文字边框与底纹效果

(6)项目符号和编号。项目符号和编号能够让文章结构清晰,富有层次,便于阅读理解。

Word 中能够自动根据录入的文本创建项目编号,当段落的开始是"1.""一、""A."等符合项目编号格式的文本,当段落结束按回车键时,Word 会自动识别为项目编号,同时下一个段落自动按顺序编号。如果这时不需要自动项目编号,按"退格键"即可退出自动项目编号。

对已有段落设置项目编号,可以先选定段落,单击"开始"选项卡"段落"组中的"编号"按钮,快速设置项目编号。单击"编号"按钮后侧的☑打开"编号库"菜单,选择其他的编号样式或"定义新编号格式",如图 3-30 所示。

项目符号不同于项目编号使用连续的数字或字母,而使用的相同的符号。选定段落后,单击"开始"选项卡"段落"组中的"项目符号"按钮,快速设置项目符号。单击"项目符号"按钮后侧的☑打开"项目符号库"菜单,选择其他的符号样式或"定义新项目符号",如图 3-31 所示。

图 3-30 项目编号对话框设置

图 3-31 项目符号设置

(7)分栏。分栏也是出版印刷领域常见的排版方式,它只能在文本段落中使用,无法对表格、图片、文本框等使用分栏。选定段落后,单击"布局"选项卡"页面设置"组中的"栏"按钮,在打开的列表中选择"一栏""两栏""三栏""偏左""偏右"可以快速分栏。分两栏的效果如图 3-32 所示。

更详细的分栏设置可以打开列表中的"更多栏"命令,打开"栏"对话框,如图 3-33 所示。在对话框中选择"栏数"、各栏"宽度和间距""分隔线",在"应用于"列表中选定"所选文字"或"整篇文档"即可。

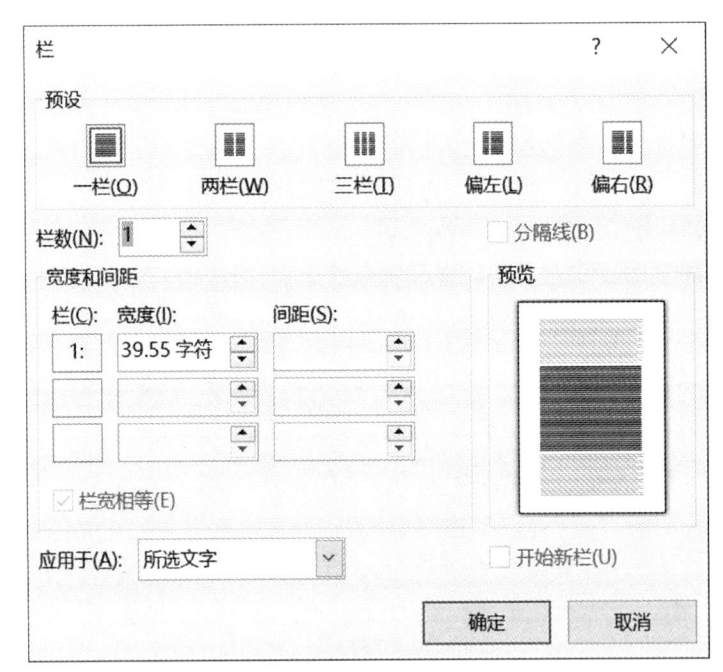

图 3-32 段落分为两栏效果

图 3-33 分栏设置对话框

(8)页面格式。文档的页面格式主要包括页眉和页脚、纸张大小、纸张方向和页边距等。

1)页眉和页脚。在实际的文档排版中,正文顶部的空白区域一般会放置一些与文档相关的信息,比如标题、作者、时间、企业 LOGO 等,正文底部的空白区域一般会放置页码等信息,这两个区域分别是页眉和页脚。页眉、页脚中放置的信息会在本节的所有页面出现。

• 添加页眉。单击"插入"选项卡"页眉和页脚"组中的"页眉"按钮,在打开的下拉列表"内置"中选择一种系统内置的页眉样式为文档快速添加页眉。也可以在列表的底部选择"编辑页眉"后进入页眉的编辑状态,这时可以在页眉的插入点录入文本、插入图片等对象,编辑完成之后单击"页眉和页脚"选项卡"关闭"组中的"关闭页眉和页脚"命令退出页眉页脚编辑状态,返回正文编辑。添加"页眉和页脚"后可以双击页眉或页脚区域快速进入"页眉和页脚"编辑状态,双击正文区域快速退出"页眉和页脚"编辑状态。

• 删除页眉。当不再需要页眉的时候,可以删除页眉,单击"插入"选项卡"页眉和页脚"组中的"页眉"按钮,在打开的下拉式列表中选择"删除页眉"命令。

2)添加页码。页码是用来标识文档每一页的编号,通常放置在页面底部。单击"插入"选项卡"页眉和页脚"组中的"页码"按钮,在打开的下拉列表中包括"页面顶端""页面底端""页边距""当前位置"供选择,还可以选择"设置页码格式"进行更详细的页码设置,"删除页码"可以删除页面中的页码。

3.2.4 任务实现

1. 新建空白文档

双击桌面 Word 2016 图标,打开程序,软件启动后会自动显示"新建"页面,单击"空白文档"后程序会自动新建一个名为"文档1"的空白文档。

2. 录入"会议通知"文本内容

在文本编辑区中使用键盘录入会议通知的文本内容。

在文本录入的过程中,只有段落的结尾才需要按"Enter"键回车,并产生一个"段落标记"↵,段落内的文本会自动换行显示,遇到文字录入错误可以按"Backspace"键删除。文本录入完成进行校对时发现录入错误的文本可以定位插入点在该文字旁边,按"Backspace"键向左删除,按"Delete"键向右删除。

3. 保存文档

文档处理的过程中,应及时进行保存。用鼠标左键单击快速访问工具栏"保存"按钮(🖫),第一次保存时会打开"保存此文件"对话框,选择"更多选项"命令切换到"另存为"的Backstage视图,单击"浏览"按钮,弹出"另存为"对话框,在对话框中修改文档的保存位置,在"文件名"文本框中录入"会议通知","保存类型"使用默认的"Word 文档(*.docx)",单击"保存"按钮。

4. 设置字符格式

"会议通知"的标题设置为宋体、三号、加粗、居中、字符间距加宽1.5磅,正文内容设置为仿宋、四号。

(1)选取标题"关于召开2024年安全生产会议的通知"文本,在"开始"选项卡"字体"组中选择"字体"列表中的"宋体",选择"字号"列表中的"三号",单击"加粗"按钮(**B**),单击"字体"组右下角的"对话框启动器"(⌐)按钮打开"字体"对话框,切换到"高级"选项卡,设置"字符间距"中"间距"为"加宽"、磅值为"1.5磅"后,单击"确定"按钮。

(2)选取正文所有文本,在"开始"选项卡"字体"组中选择字体列表中的"仿宋",选择"字号"列表中的"四号"后,单击"确定"按钮。

• 79 •

5.设置段落格式

(1)设置标题文本段前、段后间距为1行,"公司各部门:"文本左对齐,正文两端对齐,落款和日期靠右对齐,正文1.5倍行距,首行缩进2字符。

将插入点定位在标题中,单击"段落"组"对话框启动器"打开"段落"对话框,在"缩进和间距"中设置段前、段后间距为1行。选取"公司各部门:"文本单击"字体"组"居中"按钮,选取落款"行政部2024年1月4日"文本单击"字体"组"右对齐"按钮,插入点定位在"行政部"段落中,向左拖曳标尺上"右缩进"(△)滑标,使该文本与日期相对居中。选取正文所有文本单击"字体"组"两端对齐"按钮,单击"段落"组"对话框启动器"打开"段落"对话框,在"缩进"中单击"特殊"列表框,在列表中选择"首行"后系统自动在后面填入"2字符",在"缩进和间距"中设置"行距"为"1.5倍行距",单击"确定"即可。

(2)为正文部分内容设置项目编号"一、二、三、"。

选取正文中"会议时间、会议地点、参会人员、会议联系人"段落,单击"开始"选项卡"段落"组"编号"后打开"编号"库,在其中选择"一、二、三、"样式的编号。

6.设置页面格式

设置文档页面格式为:纸张大小A4,纸张方向纵向,页边距上3 cm、下2.5 cm、左2.5 cm、右2.5 cm、页眉1.5 cm、页脚1.75 cm。

单击"布局"选项卡"页面设置"组中的"纸张大小"按钮,在打开的列表中选择"A4(21 cm×29.7 cm)"。

单击"布局"选项卡"页面设置"组中的"页边距"按钮,如图3-34所示。在打开的列表中选择"自定义边距",设置纸张方向为"纵向",页边距上3 cm、下2.5 cm、左2.5 cm、右2.5 cm,如图3-35所示。切换到"版式"选项卡设置页眉、页脚"距边界"页眉1.5 cm、页脚1.75 cm,如图3-36所示。

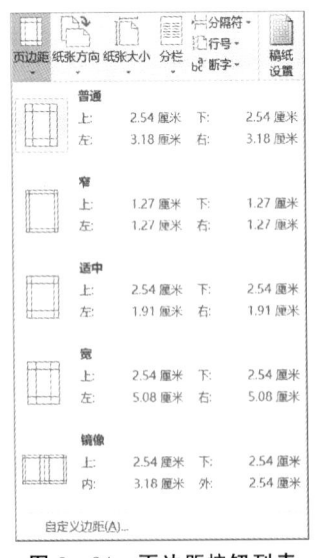

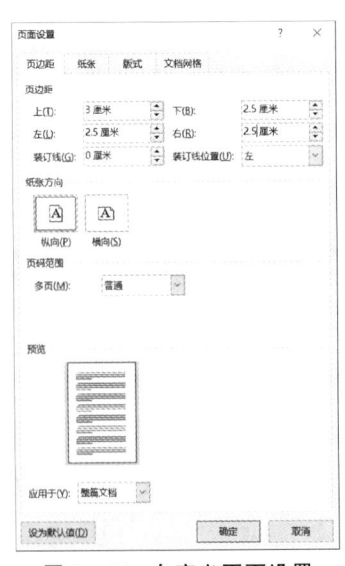

图3-34 页边距按钮列表　　图3-35 自定义页面设置　　图3-36 页边距版式设置

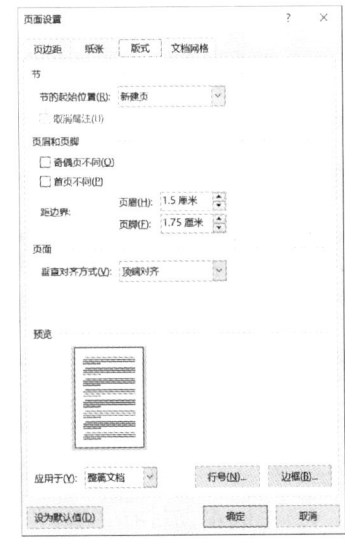

7. 打印

打印"会议通知"文档。

单击"文件"选项卡中的"打印"命令后系统显示打印 Backstage 视图,界面右侧是打印预览,界面左侧的打印设置中,选择打印机、份数 1 份,单击"打印"按钮,如图 3-37 所示,完成本次任务。

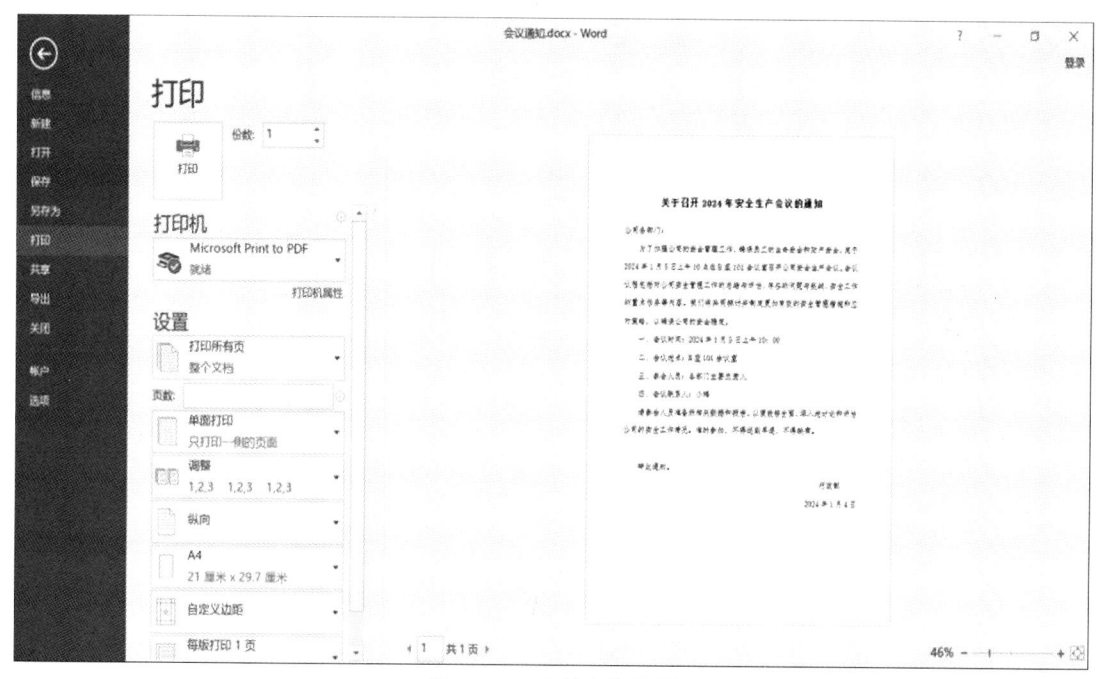

图 3-37 文档打印设置

3.2.5 能力拓展

打开素材文件夹中"计算机病毒知识.docx"文件进行排版编辑。

基本要求:

(1)将标题"计算机病毒知识之一"设置为"方正舒体,二号字,加粗,浅蓝"。

(2)第一段开头"计"首字下沉 3 个字符。

(3)将第二段两行文字设置背景色为红色"浅色下斜线"。

(4)将一、二标题文字设置加粗,所有文字为"宋体、4 号字大小、黑色"。

(5)将一、计算机病毒的定义和分类中第一段落加边框:浅蓝色、0.75 宽、双波浪线。

(6)将一、计算机病毒的定义和分类中的类型加项目编号 1.、2.、3.、…。

(7)将二、计算机病毒的传播途径段落下的几种途径加上项目符号"📖"

(8)页面的页眉插入"计算机病毒知识"宋体、5 号字。

排版效果如图 3-38 所示。

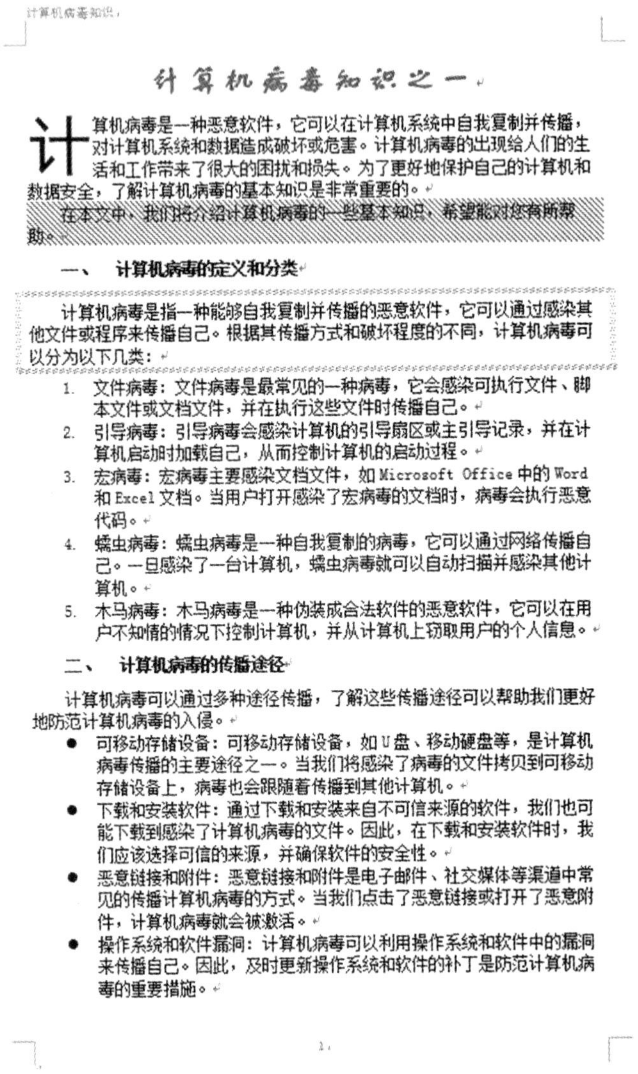

计算机病毒知识

计算机病毒知识之一

计算机病毒是一种恶意软件，它可以在计算机系统中自我复制并传播，对计算机系统和数据造成破坏或危害。计算机病毒的出现给人们的生活和工作带来了很大的困扰和损失。为了更好地保护自己的计算机和数据安全，了解计算机病毒的基本知识是非常重要的。

在本文中，我们将介绍计算机病毒的一些基本知识，希望能对您有所帮助。

一、 计算机病毒的定义和分类

计算机病毒是指一种能够自我复制并传播的恶意软件，它可以通过感染其他文件或程序来传播自己。根据其传播方式和破坏程度的不同，计算机病毒可以分为以下几类：

1. 文件病毒：文件病毒是最常见的一种病毒，它会感染可执行文件、脚本文件或文档文件，并在执行这些文件时传播自己。
2. 引导病毒：引导病毒会感染计算机的引导扇区或主引导记录，并在计算机启动时加载自己，从而控制计算机的启动过程。
3. 宏病毒：宏病毒主要感染文档文件，如 Microsoft Office 中的 Word 和 Excel 文档。当用户打开感染了宏病毒的文档时，病毒会执行恶意代码。
4. 蠕虫病毒：蠕虫病毒是一种自我复制的病毒，它可以通过网络传播自己。一旦感染了一台计算机，蠕虫病毒就可以自动扫描并感染其他计算机。
5. 木马病毒：木马病毒是一种伪装成合法软件的恶意软件，它可以在用户不知情的情况下控制计算机，并从计算机上窃取用户的个人信息。

二、 计算机病毒的传播途径

计算机病毒可以通过多种途径传播，了解这些传播途径可以帮助我们更好地防范计算机病毒的入侵。

- 可移动存储设备：可移动存储设备，如 U 盘、移动硬盘等，是计算机病毒传播的主要途径之一。当我们将感染了病毒的文件拷贝到可移动存储设备上，病毒也会跟随着传播到其他计算机。
- 下载和安装软件：通过下载和安装来自不可信来源的软件，我们也可能下载到感染了计算机病毒的文件。因此，在下载和安装软件时，我们应该选择可信的来源，并确保软件的安全性。
- 恶意链接和附件：恶意链接和附件是电子邮件、社交媒体等渠道中常见的传播计算机病毒的方式。当我们点击了恶意链接或打开了恶意附件，计算机病毒就会被激活。
- 操作系统和软件漏洞：计算机病毒可以利用操作系统和软件中的漏洞来传播自己。因此，及时更新操作系统和软件的补丁是防范计算机病毒的重要措施。

1

图 3-38　文档排版效果

3.3　任务 2：图片插入与编辑——制作班报

3.3.1　任务描述

雷锋精神是中华民族传统美德的集中体现，代表了无私奉献、助人为乐的价值观。为了弘扬雷锋精神，培养学生的社会责任感和文明素养，我们班级决定以“弘扬雷锋精神，争做文明学生”为主题，开展一系列活动。小梅在班级担任宣传委员，这次负责准备一期以此为主题的班报。

制作班报应该注意版面设计，整洁、清晰，文字和图片布局合理，易于阅读，丰富的内容和图文搭配可以增加视觉效果。小梅运用了所学的 Word 2016 中文本框和图文混排巧妙规划了班报的版面,将一个主题两个版块的内容合理地搭配成了一份班报。效果如图3-39所示。

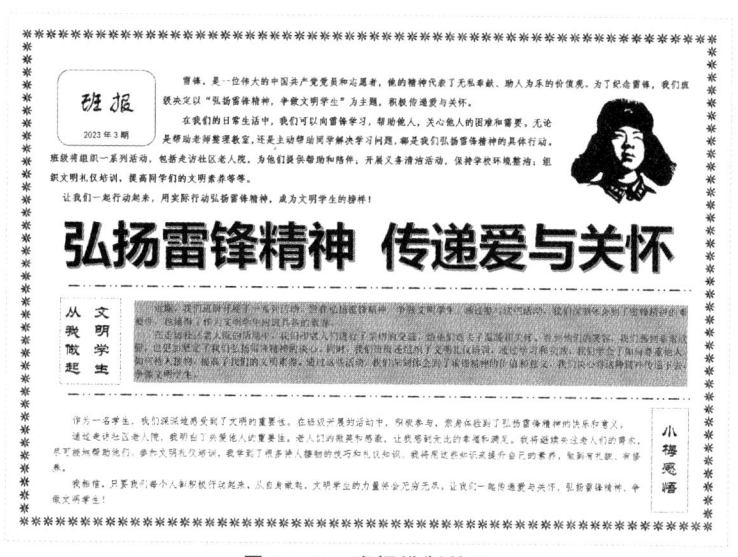

图 3-39　班报排版效果

3.3.2　任务分析

要制作班报,首先要进行版面规划,包括页面的大小、布局、图文混排等。确定页面的大小需要考虑很多的因素,常见的办公打印机都能打印 A4 幅面黑白的纸张,更大的纸张如A3、A2 以及彩色文档,可能需要前往专业的文印店打印。确定页面大小时,需要充分考虑这些因素。之后就要确定页面的布局,横向还是纵向,如果纸张比较大还要进行页面的分割,Word 中通过分栏、文本框、表格等都能够进行版面的分割,以便更好地呈现内容。为了让班报更富有趣味性,可以插入图片、艺术字和剪贴画来进行图文混排,使页面更加生动活泼,吸引同学们阅读。这些元素的巧妙运用可以使班报更加富有趣味性。

根据以上分析内容,小梅同学拟定了以下操作步骤:
(1)确定班报的页面大小 A4。
(2)录入班报的文案。
(3)通过文本框进行整体布局。
(4)调整文本的格式。

3.3.3　预备知识

在 Word 中,图文混排是一种常用的排版技术,可以将文字和图片有机地结合在一起,使文档更加生动和吸引人。以下是一些使用 Word 进行图文混排的方法:
(1)插入图片。在 Word 中,用户可以使用"插入"选项卡中的"图片"功能来插入图片。选择适当的位置,然后从计算机中选择用户想要插入的图片文件。用户还可以调整图片的大小和位置,以便与文本相配合。

(2)使用艺术字。Word 提供了各种艺术字体和样式,可以使用户的文本更加有吸引力。在"插入"选项卡中,选择"艺术字"功能,然后选择适合用户需求的字体和样式。输入想要的文本后,可以调整字体的大小、颜色和位置。

(3)文本框。使用文本框可以将文字和图片放置在一个独立的容器中,使其与其他内容分隔开来。在"插入"选项卡中,选择"文本框"功能,然后选择适当的样式和大小。用户可以在文本框中输入文字,并在需要时添加图片。

(4)表格。表格是一种有效的方式,可以在文档中实现图文混排。用户可以使用 Word 中的"插入"选项卡中的"表格"功能创建表格,并在表格中放置文字和图片。通过调整表格的大小和边界,用户可以自由地组织图文的布局。

通过上述方法,可以在 Word 中实现图文混排,使文档更加生动有趣。无论是制作班报、报告还是其他文档,这些技巧都可以更好地呈现内容,吸引读者的注意力。

1. 图片

(1)插入图片。在 Word 2016 中可以插入外部存储器存储的图片文件、通过搜索引擎搜索互联网联机图片。

定位插入点在文档中需要放置图片的位置,单击"插入"选项卡"插图"组中的"图片"按钮,在打开的对话框中浏览到图片文件存储的磁盘位置,选择图片后单击"插入"按钮,图片被插入到文档中,并且是选定状态。在图片对象被选定时软件会自动显示"图片工具/格式"选项卡,关于图片的处理功能均集中在此。

(2)图片的剪裁。Word 2016 能够实现基本的图片处理功能,包括图片色彩的调整、图片边框样式、排列、图片大小等。对导入文档中的图片,切除画面中不需要的部分可以使用剪裁功能。选取图片后单击"图片工具/格式"选项卡"大小"组中的"剪裁"按钮,图片四边和顶角周围会出现剪裁边框,拖曳剪裁边框可以控制图片剪裁的范围,完成后鼠标在文档任意位置单击,灰色区域被剪裁,如图 3-40 所示。

图 3-40　图片剪裁示意图

2. 绘制图形

Word 支持丰富的图形,用户既可以使用 Word 内置的基本形状,也可以使用自由绘制的功能。

单击"插入"选项卡"插图"组中的"形状"按钮打开形状库,如图 3-41 所示,形状库包含丰富的形状,选择一种形状后,鼠标指针变成"✚"后在文档中拖曳即可绘制对应图形。绘制图形时按下键盘"Shift"键可以锁定宽高比,这是绘制圆和正方形时必须掌握的技巧。绘制形状时选择"曲线"形状(⌒)还可以自由绘制。

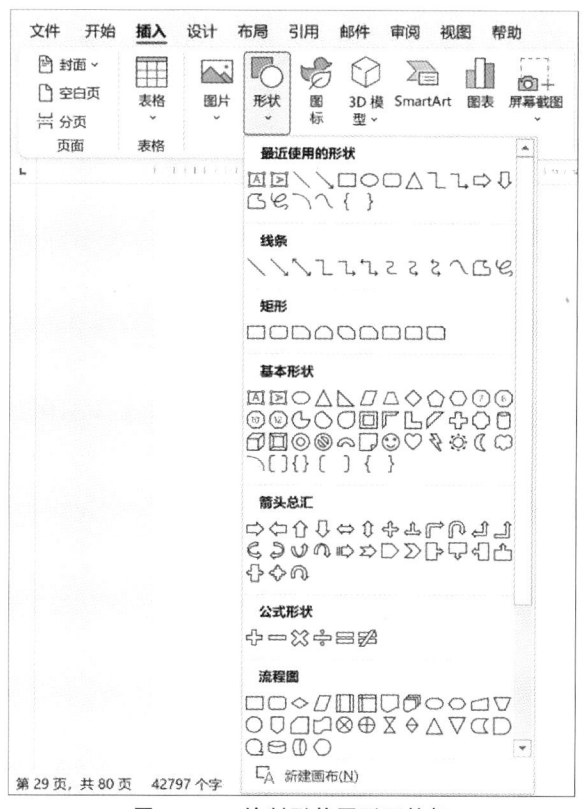

图 3-41 绘制形状图形下拉框

Word 中绘制的形状可以添加文字。用鼠标右键单击绘制的形状,在弹出的菜单中选择"添加文字"命令,这时形状中会出现插入点"I",录入文本后还可以选取该文本进行格式的设置。

3. 屏幕截图

Word 2016 支持屏幕截图的功能,并可将截图插入文档中。

在定位插入点后,单击"插入"选项卡"插图"组中的"屏幕截图"按钮,在打开的列表中包含"可用的视窗"和"屏幕剪辑",如图 3-42 所示。"可用的视窗"列出了当前计算机中打开的窗口程序,点击后将程序窗口的截图插入文档;"屏幕剪辑"将隐藏 Word 窗口,通过拖曳实现截取屏幕部分区域的功能。

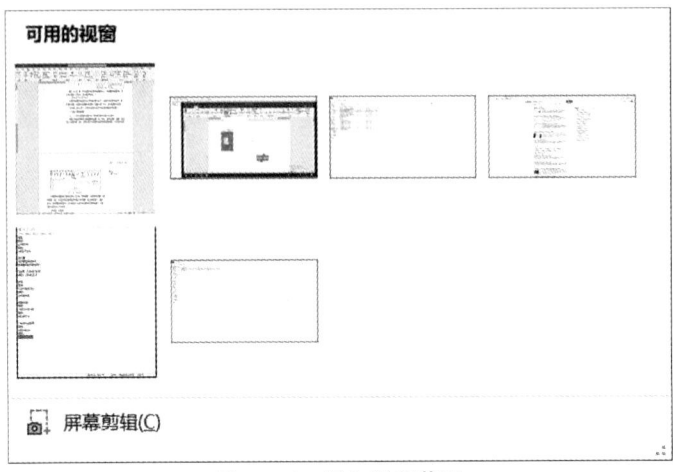

图 3-42　插入屏幕截图

4. 文本框

文本框可以在文档中创建和组织各种文本和图像，它是一个可移动和可调整大小的矩形区域，用户可以在其中添加文本、图像，将其放置在文档的任何位置，并且自定义文本框的外观和风格。

(1) 插入文本框。单击"插入"选项卡"文本"组中的"文本框"按钮，如图 3-43 所示。在打开的列表中包含软件内置的文本框样式，也可以自行绘制文本框，选择"绘制文本框"命令，鼠标指针变成"✚"后在文档中拖曳即可绘制文本框，绘制完成后即可进行文字的录入或图片、图形的插入。

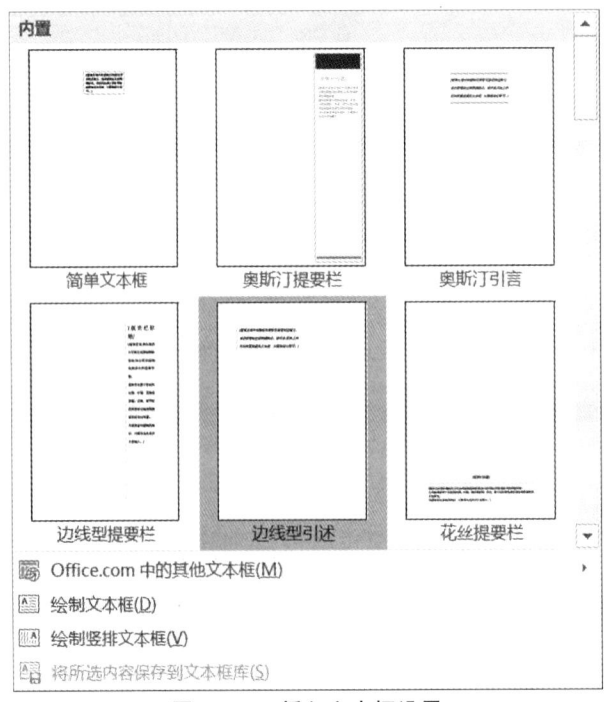

图 3-43　插入文本框设置

(2)添加文本到文本框。在先选定文本,在执行"绘制文本框"命令时,会将当前选定的文本添加到绘制的文本框中。

(3)文本框外观格式。当前插入点定位在文本框中,软件会自动显示"绘图工具/格式"选项卡,如图 3-44 所示。关于文本框的处理功能均集中在此,可以为文本框设置大小、边框、填充、阴影、艺术字样式、排列等。

图 3-44　文本框格式设置

5.艺术字

艺术字是一种图形化的文本,将普通的文本赋予视觉吸引力,达到普通文本不能拥有的独特的艺术和装饰效果。

先选定文本后,单击"插入"选项卡"文本"组中的"艺术字"命令中的一种艺术字样式,如图 3-45 所示,将当前选定的文本创建为艺术字。也可以定位插入点后选择艺术字样式,在艺术字文本框中输入文字,如图 3-46 所示。

需要注意的是,艺术字具有普通文本的基本属性,可以进行字符格式、段落格式的设置,但艺术字的本质是图形,不支持 Word 中的大纲视图、拼写检查等。

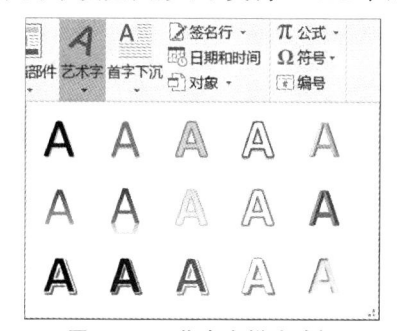

图 3-45　艺术字样式选择　　　　图 3-46　插入艺术字体

6.插入公式

利用 Word 2016 中的公式功能可以在文档中插入数学和科学公式。无论是数学方程、化学式还是物理公式,都可以使用公式功能轻松地创建和编辑。

定位插入点后,选择"插入"选项卡"符号"组中的"公式",如图 3-47 所示。在打开的列表中可以选择内置的多种公式,也可以选择"插入新公式"自行编辑公式,这时软件会打开"公式工具/设计"选项卡,关于公式的处理功能均集中在此。

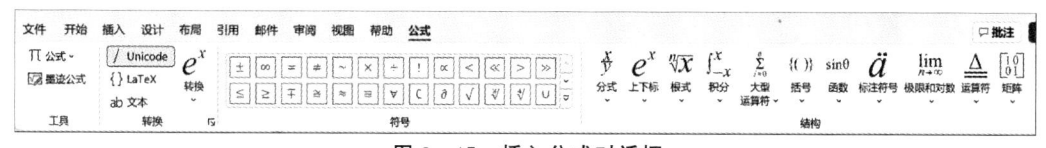

图 3-47　插入公式对话框

例:输入公式 $\int \frac{\mathrm{d}x}{\sqrt{1-x^2}} = \arcsin x + c$。

(1)单击"插入"选项卡的"符号"组中的"公式"按钮,在编辑区中出现一个公式输入框 在此处键入公式。。

(2)在"公式"选项卡的"结构"组中,单击"积分"模板 $\int_{-x}^{x}$,在弹出的列表框中,选择"积分"模板 $\int\square$,输入框中出现 $\int\square$ 。

(3)单击输入框中的插槽(虚线小方框),在"结构"组中,选择"分式"模板 $\frac{x}{y}$ 中的"分式(竖式)"模板 $\frac{\square}{\square}$ 。输入框中出现分数线,在分子、分母中分别出现插槽。

(4)在分子插槽中,输入"dx"。

(5)在分母插槽中选择"根式"模板 $\sqrt[x]{x}$ 中的"平方根"模板 $\sqrt{\square}$,输入框中出现根号,根号中出现插槽,在插槽中输入"1-",然后选择"上下标"模板 e^x 中的"上标"模板 $\square^\square$,在底数的插槽中输入"x",在上标插槽中输入"2"。

(6)在分数线后单击鼠标左键(或按键盘上的 → 键),使插入点与分数线对齐,如 $\int\frac{dx}{\sqrt{1-x^2}}$,然后继续输入"$=\arcsin x+c$"。

7. 图形对象格式

(1)形状样式。选定文本框、形状等图形对象,在"绘图工具/格式"选项卡"样式"组中,如图3-48所示,可以设置图形对象使用内置的样式或者预设,也可以使用形状填充、形状轮廓、形状效果进一步调整对象的外观格式。单击"形状样式"组的右下角"对话框启动器"按钮,界面右侧会打开"设置形状格式"任务窗格,如图3-49所示。可进一步进行"填充与线条""效果""布局属性"设置。

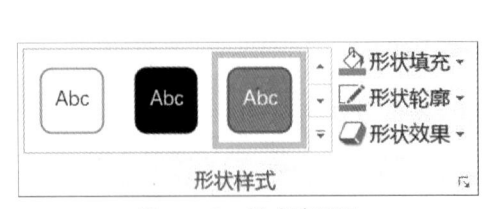

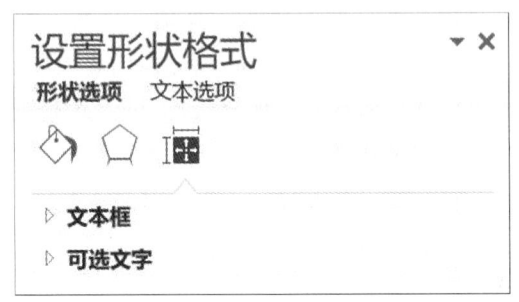

图3-48 样式选项组　　　　图3-49 设置形状格式窗体

(2)大小和旋转。图形对象的大小和旋转可以通过鼠标进行控制,选定图形对象后,拖曳图形对象的四边四角可以直接控制大小,如图3-50所示。按下"Shift"键拖曳四角的调整手柄可以在改变大小的同时锁定图形对象的纵横比。拖曳旋转控制点可以改变图形对象旋转的角度。如果要进行更精确的大小和旋转的控制,可以通过"绘图工具/格式"选项卡,如图3-51所示。也可以在"大小"组的右下角"对话框启动器"打开的"布局"对话框进行,如图3-52所示。

图3-50 图形大小旋转状态

图3-51 图形格式选项卡

图3-52 "布局"对话框中的"大小"选项卡

（3）文字环绕。文字和图形对象的混合排版是文档排版的重要内容,文字环绕将文字围绕在图片或其他对象的周围,创建出精美的文档和布局。Word中插入的图片默认情况下是"嵌入型",这时图片占据了文本的位置,"四周型""紧密型""穿越型""上下型"也属于"嵌入型",图形对象嵌入在文本中,与文本使用相同的段落格式。而"浮于文字下方"和"浮于文字上方"两种环绕方式可以让图形对象脱离文本,以单独的层独立于文本上方或者下方,可以被鼠标带到文档的任意位置。

选型图形对象后,单击"绘图工具/格式"选项卡"排列"组中的"环绕文字"按钮打开列表,在列表中选择环绕方式,如图3-53所示。也可以选择"其他布局选项",在对话框中设置,如图3-54所示。

图3-53 环绕文字列表

图3-54 布局中设置文字环绕

(4)多个图形对象的处理。文档中出现多个图形对象时,可以对图形对象的相对位置、图形对象的关系进行处理,包括"组合""叠放次序""对齐"。进行上述处理首先需要选定多个图形对象,按下"Ctrl"或"Shift"键可以同时选中多个图形对象,也可以通过"绘图工具/格式"选项卡"排列"组中的选择窗格选定多个对象。

1)对齐。在选定多个图形对象的情况下,选择"绘图工具/格式"选项卡"排列"组中的"对齐"按钮,在列表中选择对齐方式,如图3-55所示。

2)叠放次序。在选定一个或者多个图形对象的情况下,选择"上移一层""下移一层"可以改变该层在文档中的叠放次序,如图3-56所示。

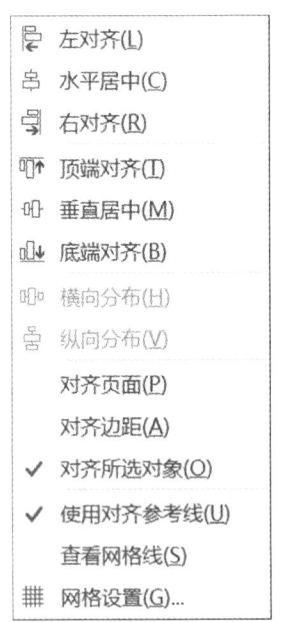

图3-55 图形对齐设置

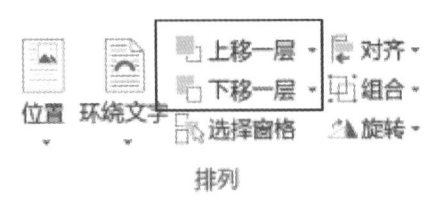

图3-56 图形叠层次序设置

3)组合。Word 2016中并不能进行布尔运算,在后续PowerPoint中我们将学习图形对象的布尔运算。但是Word中可以实现图形对象的组合,使多个图形对象组合成一个对象。

在选定多个图形对象的情况下,选择"组合"命令即可,取消组合时选择"取消组合"命令。

8. 主题

Word 2016 中,主题是一种预定义的文档设计样式,它可以帮助用户快速创建具有统一外观和布局的文档。Word 2016 提供了多种主题供选择,每个主题都包含了一套特定的字体、颜色和样式。通过应用主题,可以一键更改整个文档的外观,包括标题、段落、表格、图片等元素的样式。

使用主题非常简单,只需在 Word 2016 的"设计"选项卡"文档格式"组中选择一个主题即可。还可以根据需要调整主题的颜色、字体和样式,以满足特定的设计要求。

主题的使用不仅能够提高文档的外观质量,还可以节省时间和精力,无须为每个文档逐个设置样式,只需选择适合的主题,即可快速创建出专业且具有一致性的文档。

9. 页面背景

页面背景可以为文档添加自定义的背景图像或颜色,以增强文档的视觉效果,使文档更加吸引人。

(1)页面颜色。页面颜色指文档页面背景的色彩,可以是纯色背景,也可以设置渐变、图案、纹理、外部图片作为文档背景。

单击"设计"选项卡"页面背景"中的"页面颜色",如图 3-57 所示。在其中选择所需的色彩,或者选择"填充效果"命令打开"填充效果"对话框,在此对话框中可以设置"渐变""图案""纹理""图片"作为文档的页面背景,如图 3-58、图 3-59 所示。

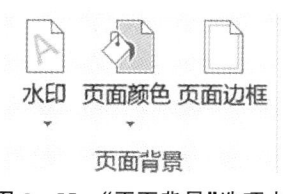

图 3-57　"页面背景"选项卡

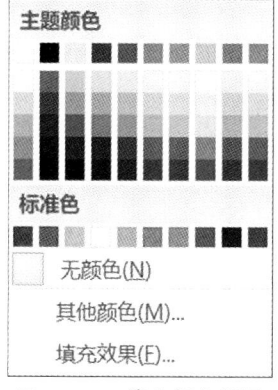

图 3-58　填充颜色设置

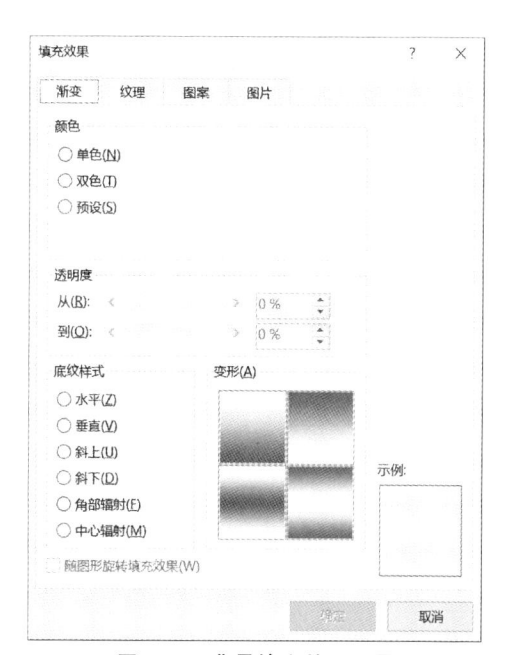

图 3-59　背景填充效果设置

（2）水印。Word 2016 中的水印即在文档的背景中添加一种透明的文本或图像，以增强文档的视觉效果和版权保护，可以选择在整个文档或部分页面上添加水印。单击"设计"选项卡右侧的"水印"，弹出下拉列表，水印可以是自定义的文本，如"草稿""机密"等，也可以自定义水印，如图 3-60 所示。水印还可以是预定义的图像，如公司的标志或背景图案。

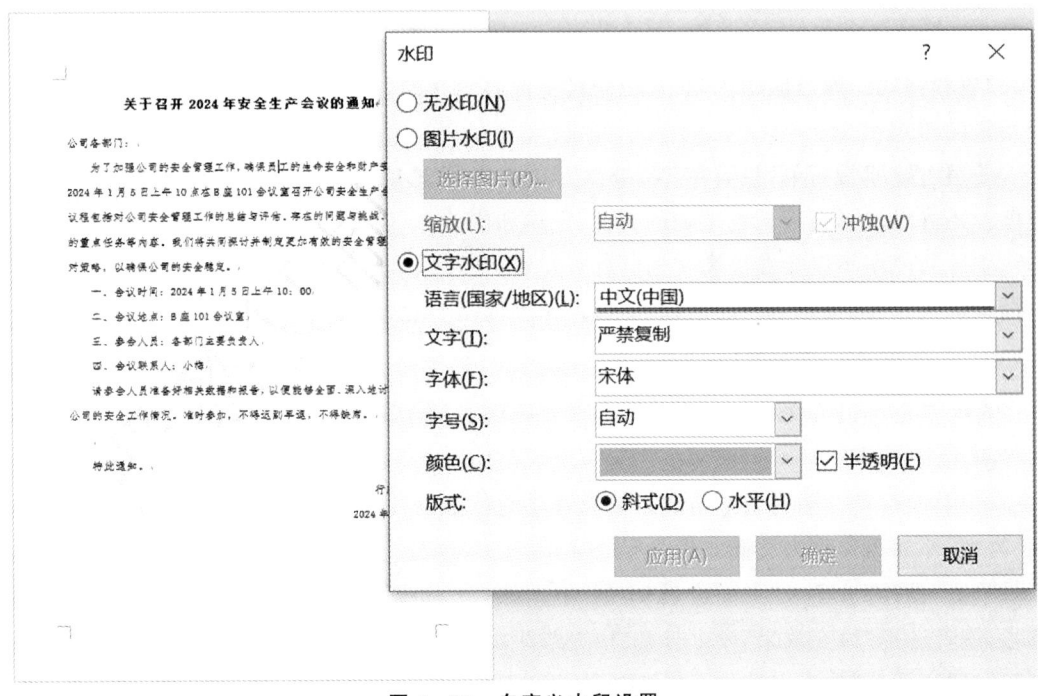

图 3-60　自定义水印设置

3.3.4　任务实现

1. 创建"班报"文档

新建空白文档，保存为"班报.docx"。

2. 修改布局

打开"布局"选项卡"页面设置"组，修改纸张大小为"A3"，修改纸张方向为"横向"，修改页边距为"窄"，如图 3-61 所示。

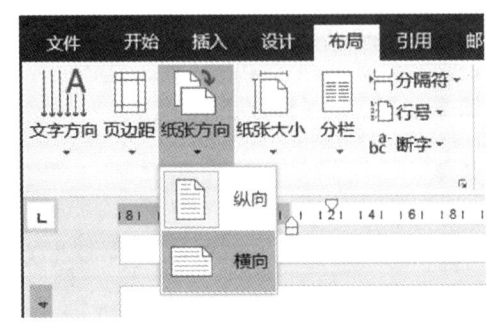

图 3-61　纸张大小设置

3.添加页面边框

单击"设计"选项卡"页面边框"按钮,打开"边框和底纹"对话框,如图 3-62 所示。在"页面边框"选项卡中设置页面边框为如图所示的"艺术型",宽度保持为默认值"20 磅",应用于"整篇文档"。

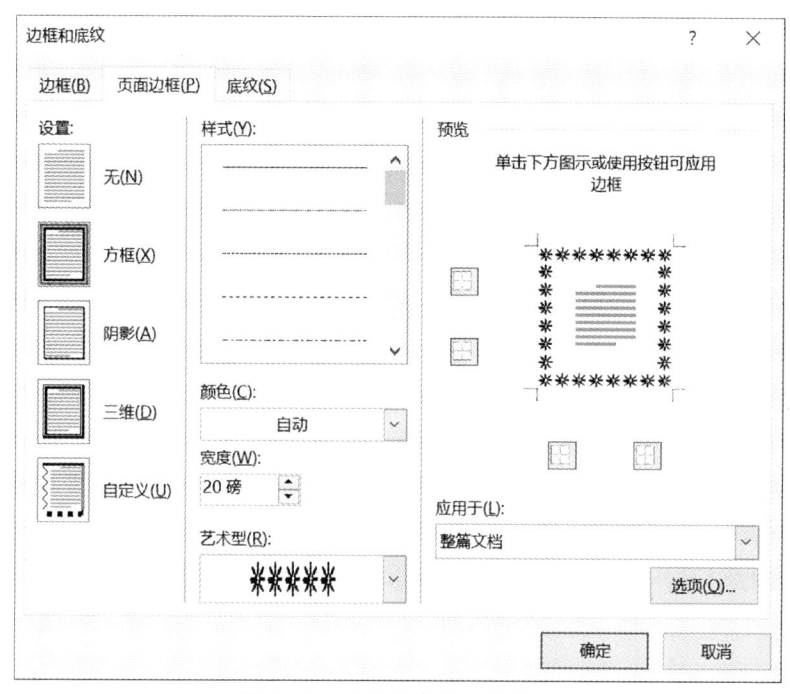

图 3-62　页面边框和底纹设置

4.制作报头

绘制"圆角矩形"形状,在形状中录入文本"班报 2023 年 3 期",在文本中按回车键分成两段,居中对齐,设置"班报"文本为"方正舒体"、字号"48",设置"2023 年 3 期"文本为"黑体"、字号"四号",段落间距为"最小值",如图 3-63 所示。

图 3-63　班报报头设计

5.制作标题版块

(1)标题艺术字。由于小梅规划本期班报采用黑白打印,所以文档中不需要彩色元素,但使用艺术字效果能够突出班报主题"弘扬雷锋精神 传递爱与关怀"。单击"插入"选项卡"文本"组中的"艺术字"命令,选择"填充-黑色,文本 1,轮廓-背景 1,清晰阴影-背景 1"。设置艺术字字体"黑体",字号"80 磅",拖曳艺术字对象到文档中央位置,如图 3-64 所示。

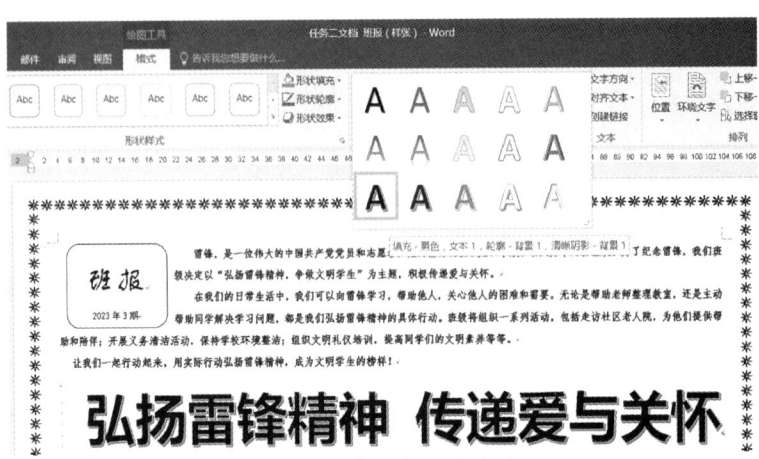

图 3-64 插入标题艺术字

(2)主题文案和配图。主题文案将和报头、配图进行图文混排。在文档中录入主题文案,单击"插入"选项卡"插图"组中的"图片"按钮,插入网上下载的雷锋同志头像图片,如图 3-65 所示。选定报头图形对象,单击"绘图工具/格式"选项卡"排列"组中的"环绕文字"按钮,在列表中选择"四周型",拖曳调整图形对象到文案左上方。选定图片对象,单击"图片工具/格式"选项卡"排列"组中的"环绕文字"按钮,在列表中选择"紧密型",拖曳调整图片对象位置到文案右下方,再次调整图片大小。

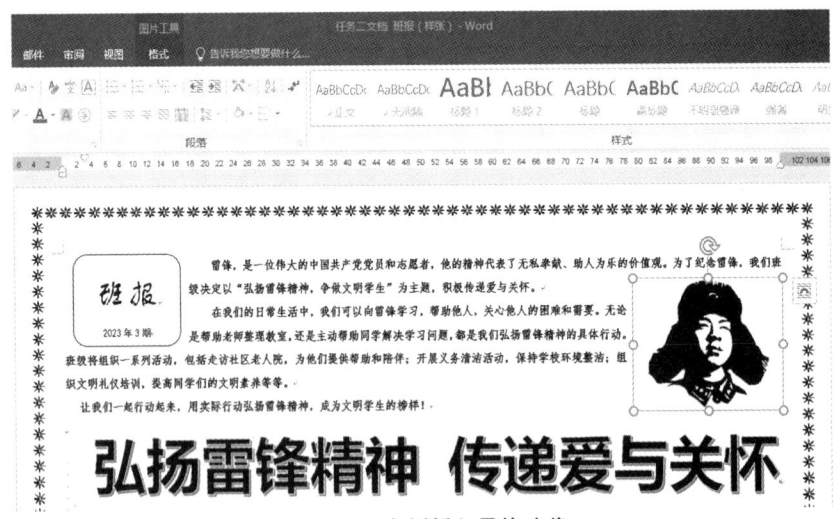

图 3-65 左侧插入雷锋头像

6. 分割线

分割线用于版块之间的视觉分割。单击"插入"选项卡"插图"组中的"形状"按钮,选择"直线"后,按下"Shift"键在文档中横向拖曳绘制一条直线。选定直线后,单击"绘图工具/格式"选项卡"形状样式"组中的"形状轮廓"按钮,设置直线粗细为"2.25 磅",虚线为"长画线-点-点",如图 3-66 所示。

图 3-66 插入分割线效果

7. 制作内容版块

(1) 小标题文本框。绘制竖排文本框并在其中录入文本"文明学生从我做起",字体"华文隶书"、字号"28磅"、垂直居中。

将当前插入点定位在文本框中,单击"绘图工具/格式"选项卡"形状样式"组中的"形状轮廓"按钮,在列表中选择"画线-点"虚线样式,粗细"0.5磅"。

(2) 内容文本框。绘制文本框并在其中录入内容文本,字体"宋体"、字号"三号",选定文本框中所有文本,单击"开始"选项卡"段落"组右下角的"对话框启动器"按钮,打开"段落"对话框,设置首行缩进"2字符"、行距为固定值"21磅",单击"确定"。

选定文本框中所有文本,单击"设计"选项卡"页面背景"组中的"页面边框"按钮,切换到"底纹"选项卡,设置底纹图案样式为"浅色下斜线",应用于"段落"。切换到"边框"选项卡,在左侧设置中选择"无",取消文本框边框。

效果如图3-67所示。

图3-67 小标题文本框与文字文本框效果

8. 制作感悟版块

复制小标题文本框,拖曳到下方的右侧,更改小标题文字内容为"小梅感悟",调整文本框大小。

绘制文本框并在其中录入感悟文本,字体"仿宋"、字号"三号",首行缩进"2字符"、行距为固定值"25磅",单击"确定"。最终效果如图3-68所示。

图3-68 最后排版效果

3.3.5 能力拓展

打开任务二文件夹的能力拓展子文件夹下"香农定理(素材).docx"文档,使用 Word 2016 中提供的公式编辑器,输入数学公式;使用"插入"选项卡的"形状"按钮,绘制数学图形;巧用图文混排功能排出所需的版面效果,如图 3-69 所示。

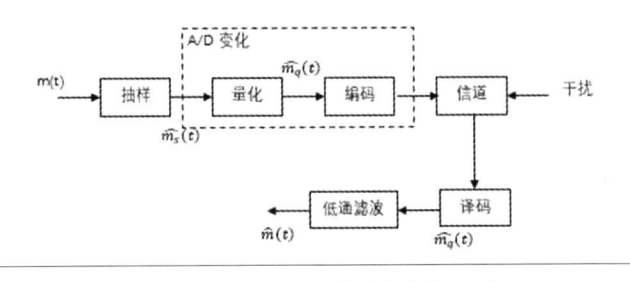

图 3-69 "香农定理"文档排版效果

3.4 任务3:表格的插入与编辑——制作课程表

3.4.1 任务描述

小张是班级的学习委员,为了确保同学们能够清楚了解本学期的课程安排,更好地安排学习和生活,根据开课情况,他决定制作一张课程表张贴在教室。

3.4.2 任务分析

课程表能够清晰地展示每天的课程安排,下面使用 Word 软件制作课程表。通过清晰的排版、设置合适的字体颜色,能让课程表更加美观大方。

(1)按照课程分布情况规划表格的行列数,通过合并和拆分让表格结构更加合理,斜线表头用于标识或突出特定的信息或分组,让表格更容易理解。

(2)在单元格中录入文本。

(3)设置文字格式和段落格式。

(4)设置表格外观格式。

3.4.3 预备知识

Word 2016 中的表格为用户提供了方便快捷的数据组织和展示工具,可以用于多种场景,如制作课程表、数据统计、项目计划等。

1. 创建表格

表格是一种以行和列形式排列的结构,行与列交叉的位置称为单元格。单元格中可以插入各种对象,如文本、符号、图形和图片等。

在文档中定位插入点后,单击"插入"选项卡"表格"组中的"表格"按钮,在打开的列表中移动鼠标选择所需的行列数,单击鼠标,如图 3-70 所示。

创建表格时如果需要进行更详细的设定,可以在单击"表格"按钮打开的列表中选择"插入表格"命令,在打开的对话框中根据需要设定"列数""行数""列宽",如图 3-71 所示。

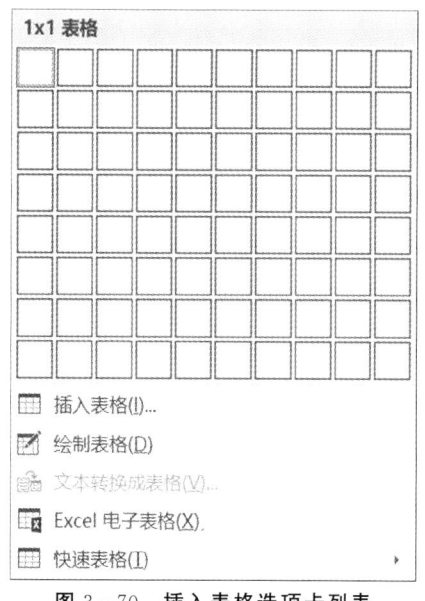

图 3-70 插入表格选项卡列表　　图 3-71 "插入表格"对话框

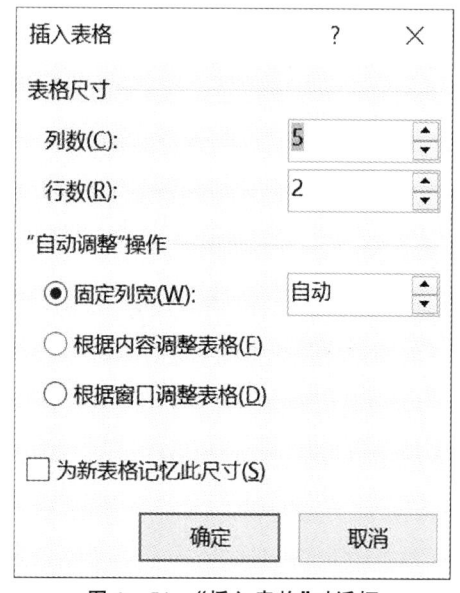

2. 选取单元格

对表格进行处理时,依然遵循"先选定,后操作",这里的选定操作包括选定单元格、选定行、选定列及选定表格。

(1)选定单元格。选定单个单元格,将插入点定位在单元格中即可,也可以移动鼠标到单元格最左侧,当鼠标指针变为↗时单击选定,如图 3-72 所示。

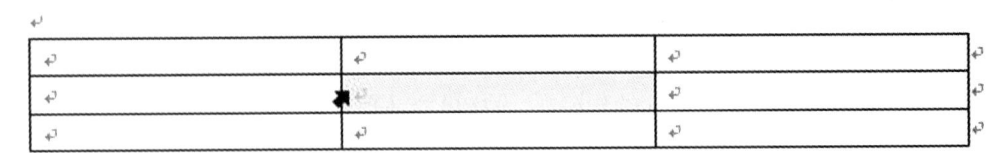

图 3-72 选择单元格效果

(2)选定多个不连续的单元格,首先移动鼠标到第一个单元格内最左侧,当鼠标指针变为↗时单击定第一个单元格,按下"Ctrl"键不要松开,用鼠标移动到其他单元格最左侧时单击,如图 3-73 所示。

图 3-73 选择连续的水平单元格效果

(3)选定多个连续的单元格,使用鼠标在表格的单元格中拖曳。选定整行,可以在左侧文本选定区当鼠标指针变为↗时单击鼠标。如果选定整列,将鼠标移动到列顶部单元格上方内边缘,当鼠标指针变为↓时单击鼠标,如图 3-74 所示。

图 3-74 选择一列或多列

(4)选定表格,将鼠标移动到表格区域内时,表格的左上角出现十字箭头方框形状的选择控制点,用鼠标单击该选择控制点,可以选定整个表格,如图 3-75 所示。

图 3-75 选择整个表格

3. 行高和列宽

(1)使用鼠标可以方便地调整表格的行高和列宽,当移动鼠标到表格框线时,出现调整列宽控制点,拖曳该控制点可以调整表格的宽、高,如图 3-76 所示。

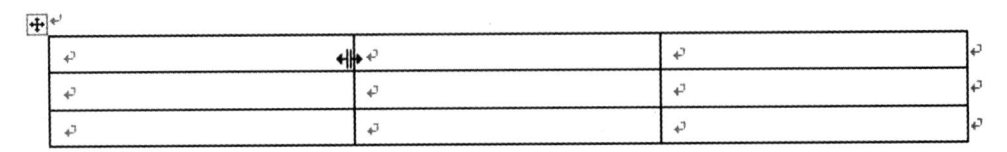

图 3-76 调整列宽、行高

(2)通过标尺也可以调整表格的行高和列宽,当插入点在表格中时,表格上会出现行、列分隔线,拖曳该分隔线可以调整表格行高和列宽,如图 3-77 所示。

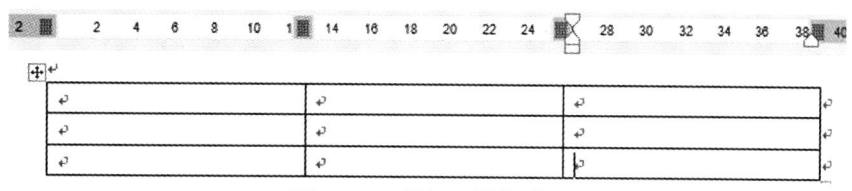

图 3-77　用标尺调整列宽

(3)精确调整行高和列宽。选定行、列、单元格或表格后,切换到"表格工具/布局"选项卡"单元格大小"组,该组中各功能按钮均能够进行行高、列宽的调整。高度和宽度可以数值化精准调整,分布行可以在所选行之间平均分布高度,分布列可以在所选列之间平均分布宽度。自动调整可以根据内容或窗口自动调整表格行高和列宽,如图 3-78 所示。

图 3-78　表格行高、列宽精确设置

4. 表格编辑

(1)插入/删除表格行列。

1)插入行和列。定位插入点后,切换到"表格工具/布局"选项卡"行和列"组,在其中可以选择"在上方插入""在下方插入"来插入表格行,选择"在左侧插入""在右侧插入"来插入表格列,如图 3-79 所示。当插入点在表格最右下角单元格中时,按键盘"Tab"键可以快速在表格最下方插入新的一行。

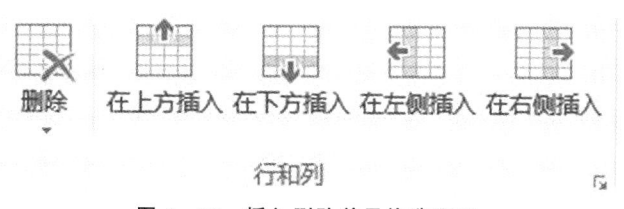

图 3-79　插入删除单元格选项组

2)删除行和列。单击"表格工具/布局"选项卡"行和列"组"删除"按钮,可以打开删除表格行、列、单元格命令,如图 3-80 所示。选择"删除行"可以删除当前插入点所在行、选择"删除列"可以删除当前插入点所在列。选择"删除单元格"会打开"删除单元格"对话框,根据需要删除单个或多个被选定的单元格,如图 3-81 所示。

删除整个表格时,只需要将插入点定位在表格中,选择"删除表格"命令即可。日常使用时,经常也使用"剪切"命令删除表格,方法是:单击表格左上方十字箭头方框形状的选择控制点选定表格后,选择"开始"选项卡"剪贴板"组中的"剪切"命令或"Ctrl+X"组合键。

需要注意的是,选定表格后,按下键盘"Delete"并不能够删除表格,而是删除单元格中的内容,表格依然存在。

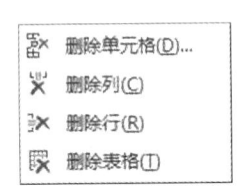

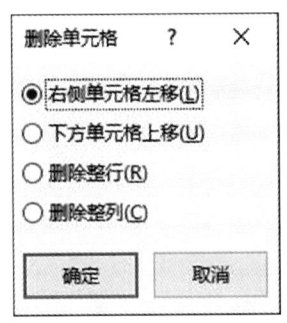

图 3-80　删除命令列表　　　　图 3-81　"删除单元格"对话框

（2）合并和拆分。选取两个以上连续的、构成矩形的单元格区域后，单击"表格工具/布局"选项卡"合并"组中的"合并单元格"按钮，如图 3-82 所示，可以将多个单元格合并为一个单元格。

选取单个或两个以上连续的、构成矩形的单元格区域后，单击"拆分单元格"按钮，打开"拆分单元格"对话框，设置需要拆分的"行数"和"列数"后确定，如图 3-83 所示。

合并单元格也可以使用"表格工具/布局"选项卡"绘图"组中的"橡皮擦"，按下"橡皮擦"按钮后移动鼠标到表格的边框线上单击可以擦除该框线，实现单元格合并。按下"绘制表格"按钮后移动鼠标到相应位置拖曳鼠标可以绘制表格框线，实现单元格拆分。

（3）绘制斜线表头。插入点定位在需要绘制斜线表头的单元格中，选择"表格工具/设计"选项卡"边框"组中的"边框"按钮，在列表中选择"斜下框线"或"斜上框线"，如图 3-84 所示。

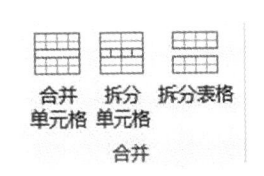

图 3-82　合并单元格选项卡

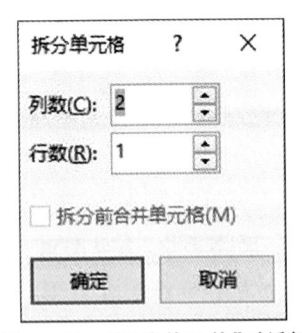

图 3-83　"拆分单元格"对话框　　　　图 3-84　绘制表头斜线

在图 3-84 打开的列表中选择"边框和底纹"，打开"边框和底纹"对话框，切换到"边框"

选项卡,在右侧预览区域的底部有 ▨ ▨ 两个按钮,应用于"单元格",单击"确定"即可添加斜线表头。还有一种方法是使用"表格工具/布局"选项卡"绘图"组中的"绘制表格",可以自行拖曳鼠标绘制斜线。

5．表格格式

表格格式包括表格中字体、字号、对齐、边框和底纹等。

(1)字体、字号和对齐。表格中字体、字号和水平对齐的设置与普通文本相同,选定需要设置的单元格后,在"开始"选项卡"字体""段落"组进行设置,如图3-85所示。

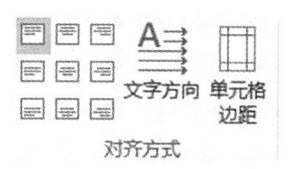

图3-85　表格中文字对齐方式设置

表格更全面的对齐方式设置可以打开"表格工具/布局"选项卡"对齐方式"组,其中包含了更多的设置选项。

(2)边框和底纹。

1)快捷设置边框和底纹。选定单元格或表格后,切换到"开始"选项卡"段落"组,其中最后两个按钮分别是"底纹"和"边框",可以快捷设置边框和底纹,如图3-86所示。

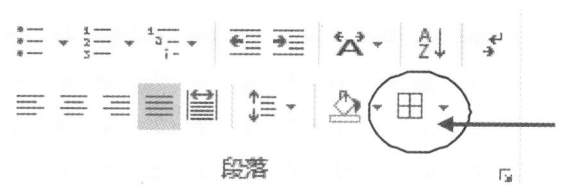

图3-86　"段落"选项组中边框设置按钮

2)使用表格样式。"表格工具/设计"选项卡"表格样式"组中包含多种内置的表格样式,在选定表格后,在列表中选择即可。该组中最右侧还包含"底纹"按钮,如图3-87所示。

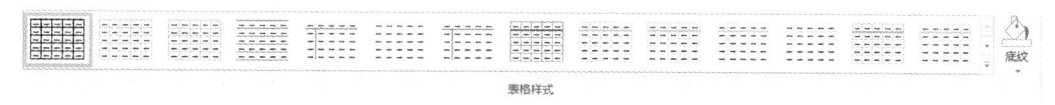

图3-87　表格工具中右侧底纹按钮

3)绘制边框。"表格工具/设计"选项卡"边框"组中包含一组绘制表格边框的工具,在设置边框的样式、笔颜色、笔样式、笔画粗细后,在需要设置样式的表格边框上面拖曳鼠标即可应用该样式,如图3-88所示。

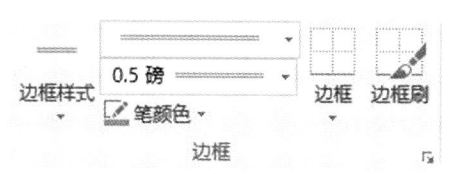

图3-88　边框样式设置

4)使用对话框。单击"表格工具/设计"选项卡"边框"组中的"边框"按钮,在列表中选择"边框和底纹",打开"边框和底纹"对话框,如图3-89所示。切换到"边框"选项卡进行表格边框设置,切换到"底纹"选项卡进行表格底纹设置。需要注意的是,右下角"应用于"中,根据需要可以选择"表格"或"单元格"。

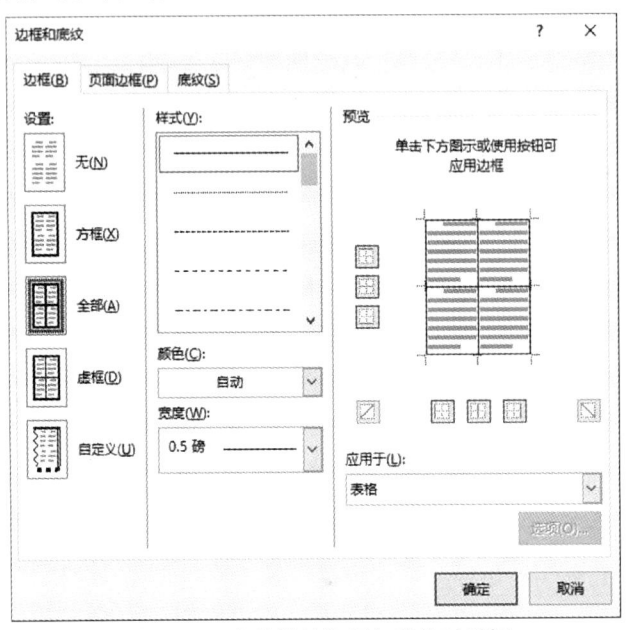

图3-89 表格设计边框与底纹对话框

(3)表格环绕。表格的环绕方式设置不同于图形对象,基本的环绕方式设置通过单击"表格工具/布局"选项卡"表"组中的"属性"按钮,打开"表格属性"对话框,如图3-90所示。对话框中只有"无"和"环绕",更复杂的表格位置需要通过"表格定位"对话框进行设置,如图3-91所示。

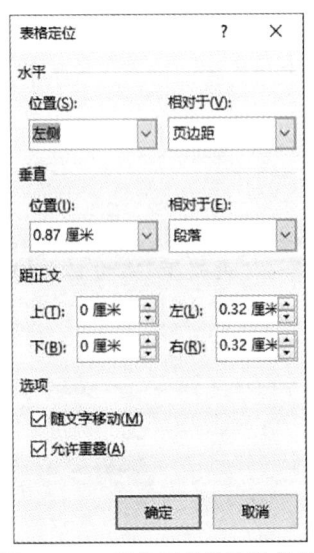

图3-90 表格环绕设置　　**图3-91 表格属性的定位设置**

3.4.4 任务实现

1. 制作表格

(1)插入表格。新建空白文档,选择"布局"选项卡"页面设置"组中的"纸张方向"命令,在列表中选择"横向"。单击"插入"选项卡"表格"组中的"表格"按钮,在列表中选择"插入表格"命令,打开"插入表格"对话框,在对话框中设置列数"7"、行数"8",如图 3-92、图 3-93 所示。

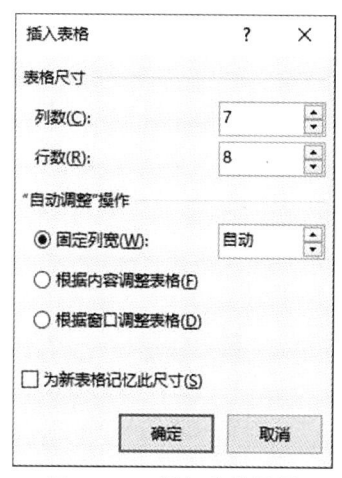

图 3-92 插入表格设置

图 3-93 插入表格的效果

(2)合并单元格。选取第一行六个单元格,单击"布局"选项卡"合并"组中的"合并单元格"按钮,依次将其他几个区域的单元格合并,如图 3-94 所示。

图 3-94 合并表格中单元格

(3)绘制斜线表头。将插入点定位在表头单元格,单击"表格工具/设计"选项卡"边框"组中的"边框"按钮,在打开的列表中选择"斜下框线"命令,为表格绘制斜线表头,如图 3-95 所示。

图 3-95　表格表头斜线设置

2. 录入文本内容

斜线表头单元格设置行高为"1.5 cm",选择"表格工具/布局"选项卡"单元格大小"组,将"高度"设置为 1.5 cm。在斜线表头单元格录入"时间",并在文字前敲回车键将文本设置到单元格左下角,在右上方空白区域双击鼠标建立插入点,录入"星期",微小的位置调整可以通过空格键控制。依次在单元格中录入文本内容,先从左上方单元格开始录入,一个单元格文本内容录入完成后按"Tab"键切换到下一个单元格,如图 3-96 所示。

课程表						
星期 时间	节次	一	二	三	四	五
上午	1-2节	C语言程序设计	高等数学	大学英语	信息技术基础	Python
	3-4节	大学英语	C语言程序设计	色彩与构图	思想道德与法治	数据库设计与应用
下午	5-6节	劳动教育	软件测试	思想道德与法治	高等数学	软件测试
	7-8节	体育	体育	信息技术基础	色彩与构图	劳动教育
晚间	9-10节	Python	数据库设计与应用	晚自习	晚自习	休息
	11-12节	晚自习	晚自习	晚自习	晚自习	休息

图 3-96　表格中输入内容

3. 设置文本格式和对齐

选定"课程表"文本所在单元格,通过"开始"选项卡"字体"组设置"课程表"文字字体为"黑体"、字号"二号"、字符间距"加宽 3 磅"、居中。选定表格其他单元格,设置字体为"华文中宋"、字号为"小四"。

选定除斜线表头外所有的单元格,单击"表格工具/布局"选项卡"对齐方式"组中的"水平居中"按钮,设置单元格水平和垂直均居中,如图 3-97 所示。

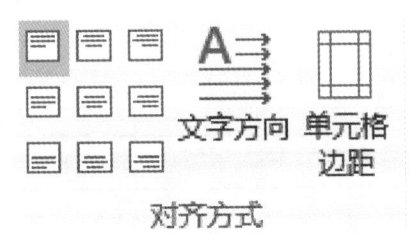

图 3-97　设置表格水平和垂直居中

4. 调整列宽

使用鼠标拖曳表格框线,适当调整第一列和第二列的宽度为 2.5 cm 左右。使用鼠标拖曳选择第三列到最后一列的所有单元格,单击"表格工具/布局"选项卡"单元格大小"组中的"分布列"按钮,让其他单元格在所选列之间平均分布宽度,如图 3-98 所示。

第 3 章 文字处理软件 Word 2016

课 程 表						
星期 时间	节次	一	二	三	四	五
上午	1-2节	C语言程序设计	高等数学	大学英语	信息技术基础	Python
	3-4节	大学英语	C语言程序设计	色彩与构图	思想道德与法治	数据库设计与应用
下午	5-6节	劳动教育	软件测试	思想道德与法治	高等数学	软件测试
	7-8节	体育	体育	信息技术基础	色彩与构图	劳动教育
晚间	9-10节	Python	数据库设计与应用	晚自习	晚自习	休息
	11-12节	晚自习	晚自习	晚自习	晚自习	休息

图 3-98 调整表格列宽平均分布

5. 表格边框

(1) 设置表格标题无框线。选定"课程表"文字所在单元格,单击"开始"选项卡"段落"组中"边框"按钮右侧的三角形,打开边框列表,在列表中选择"无框线"。这样该单元格默认会不显示左、右、上框线。该操作也可以在"表格工具/设计"选项卡"边框"组"边框"按钮下进行。

(2) 设置表格外边框。选定表格除标题外所有单元格,单击"表格工具/设计"选项卡"边框"组中的"边框"按钮,在弹出的列表中选择"边框和底纹"命令,打开"边框和底纹"对话框。选择样式"双线"、颜色"标准色 蓝色"、宽度"1.5磅"、在右侧预览区域的外部框线上单击,如图 3-99 所示。

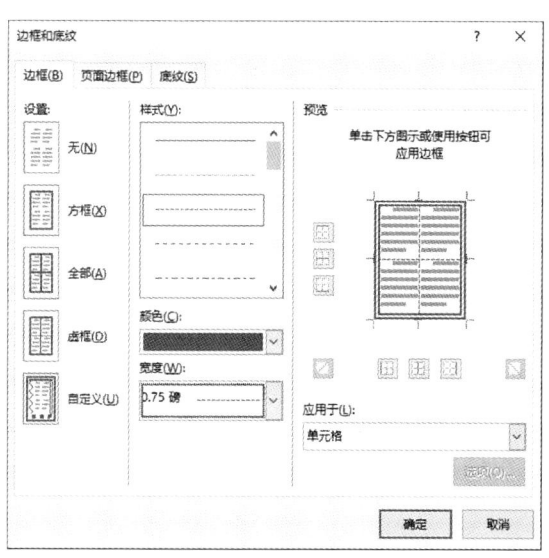

图 3-99 设置表格边框

重新设置任意虚线、"标准色 蓝色"、宽度"0.75磅",在右侧预览区域的内部框线上点击,应用于"单元格",单击"确定"即可。再次打开"边框和底纹"对话框,设置任意虚线、"标

准色 蓝色"、宽度"0.75磅",在右侧预览区域的"斜下框线"上单击,应用于"单元格",设置斜线表头边框,单击"确定"即可,如图3-100所示。

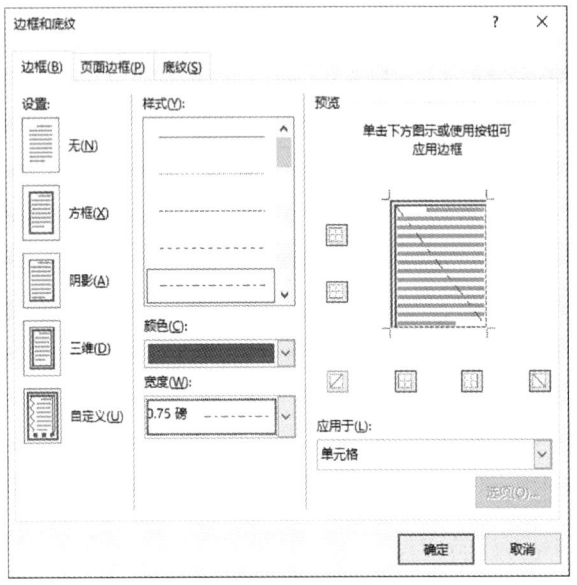

图3-100 设置表格内线条

6.表格底纹

选定需要设置的单元格区域后,如选择"上午、下午、晚间"三个单元格,单击"表格工具/设计"选项卡"表格样式"组"底纹"按钮,在列表中为选择的单元格填充相应的金色,个性4,淡色60%颜色,如图3-101所示。

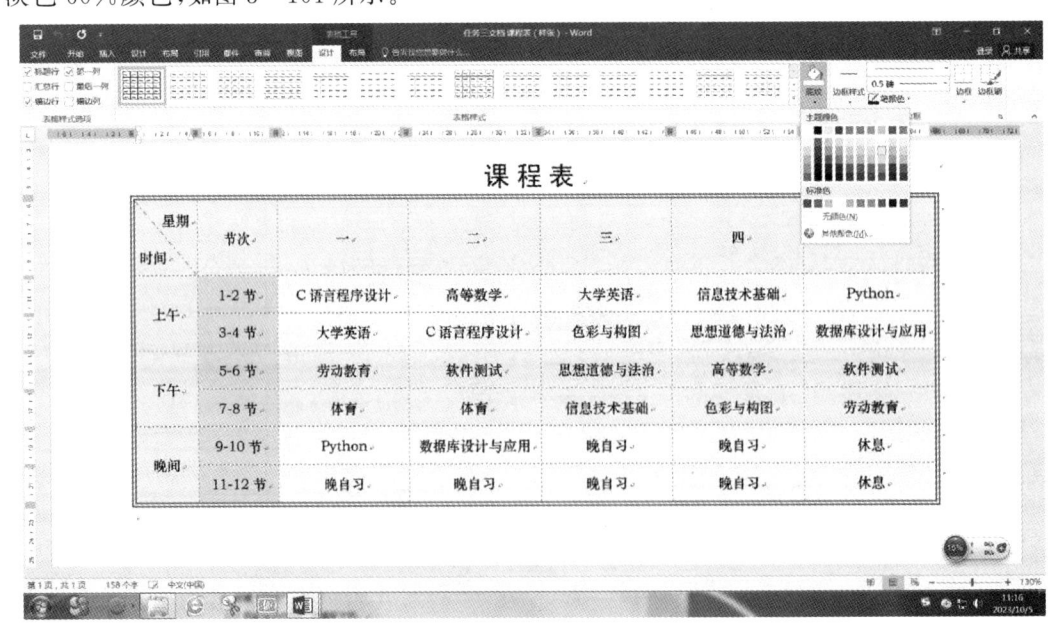

图3-101 表格底纹设置

继续选择不同单元格区域,为不同区域填充不同的纯色底纹。

7. 页面设置

设置表格在页面中垂直居中。单击"布局"选项卡"页面设置"组右下角的"对话框启动器"按钮,打开"页面设置"对话框,切换到"版式"选项卡,修改"页面"组"垂直对齐方式"为"居中"。

3.4.5 能力拓展

参照图 3-102,制作"个人简历"。

个人简历

姓　名		性　别		出生日期			
户口所在地		婚　否		身　高		照　片	
身份证号码							
毕业院校							
专　业							
计算机水平							
爱　好							
家庭住址							
	学习经历			工作经历			

家庭状况	姓　名	年　龄	关　系	工作状况	联系电话

应聘者申明	1. 本人曾有不良记录:□有　□无
	2. 本人曾有无慢性病、传染病等病史:□有　□无
	3. 上述登记内容如有不符合实际情况的,同意作"辞退"处理:□同意 □不同意

对该职位理解	

填表日期:　　　年　　月　　日

图 3-102　个人简历制作

(1)标题文字字体"黑体"、字号"二号"、水平垂直居中对齐、段后间距 0.5 行。表格其他单元格文本字体"宋体"、字号"小四号"、水平"分散对齐"、垂直"居中"。

(2)表格默认单元格边距左"0.4 cm"、右"0.4 cm"。

(3)合并单元格,根据需要将"贴照片""毕业院校""住址""电子邮件"单元格分别合并。

(4)表格外边框设置为单实线、黑色、1.5 磅,内边框为单实线、黑色、0.5 磅。

(5)页面排版设置页面垂直对齐方式为居中。

3.5 任务 4:样式与模板的创建使用——论文排版

3.5.1 任务描述

陈红是某大学的大三学生,临近毕业,他按照指导老师提出的毕业设计任务书的要求,在老师的指导下,前期完成了论文内容的撰写任务。下一步,他将按照教务处公布的"毕业论文格式要求",使用 Word 2016 对论文进行编辑排版。毕业论文不仅文档长,而且格式多,处理起来比普通文档要复杂得多,例如,为章节和正文快速设置相应的格式、自动生成目录等、为奇偶页添加不同的页眉等,这些都是陈红平时处理文档未遇到过的问题。在自己的坚持学习下,他顺利地完成了毕业论文的排版工作,论文排版前 5 页效果如图 3-103 所示。

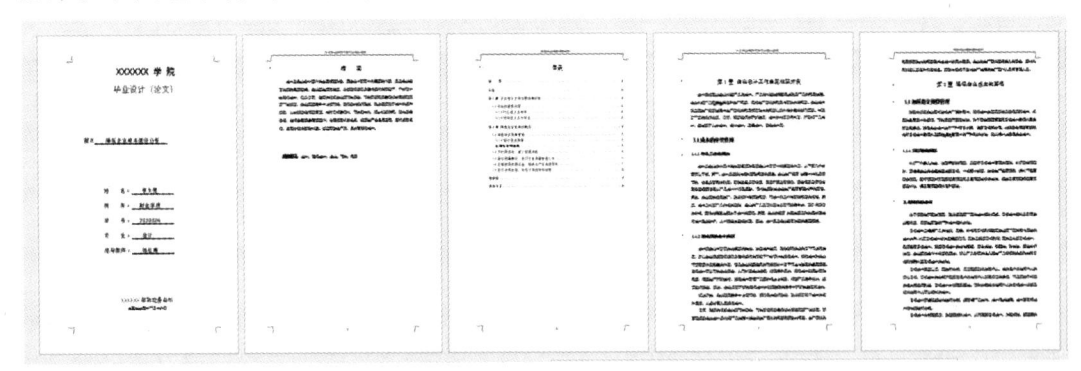

图 3-103 毕业论文前 5 页

3.5.2 任务分析

陈红同学按照老师的指导,通过利用样式快速设置相应的格式,利用具有大纲级别的标题自动生成目录,利用域灵活地插入页眉和页脚等方法,对毕业论文进行了有效的编辑排版。具体操作步骤如下:

(1)设置论文基本格式。

(2)设置页眉、页脚与页码。

(3)利用样式实现快速排版。

(4)为图表创建题注并交叉引用。

(5)自动生成论文目录。

3.5.3 预备知识

1. 文档属性

文档属性包含了一个文件的详细信息,例如描述性的标题、主题、作者、类别、关键词、文件长度、创建日期、最后修改日期、统计信息等。

2. 分页符

当文档编辑的过程中需要另起一页时,可以使用插入分页符来达到分页的目的。

将光标置于需要分页的位置;在"布局"选项卡的"页面设置"组中,单击"分隔符"按钮,选择"分页符",则光标后的内容布局到了一个新页面中。分页符前后页面设置的属性及参数均保持一致。

3. 分节符

建立新文档时,Word 2016 将整篇文档视为一节,此时整篇文档只能采用统一的页面格式。为了在同一文档中设置不同的页面格式,例如不同的页眉和页脚、不同的页码、不同的页边距、不同的页面边框、不同的分栏等,就必须将文档划分为若干节。节可小至一个段落,也可大至整篇文档。节用分节符标识,在普通视图中分节符是一条水平虚线。

4. 在大纲视图中草拟文档结构

大纲特指著作、讲稿等的内容要点。现实生活中,当写较长的文档时,一般先确定文档的结构和大纲,然后再根据大纲收集素材,编写文稿。这种工作方式反映在 Word 中就是:先在大纲视图中草拟大纲,然后切换到页面视图编辑文档的其他内容。

5. 利用样式进行排版

所谓样式是一组格式的集合,可以使用 Word 的内置样式或者自定义样式。排版时,直接套用样式就可以了。

使用样式最大的优点在于可以统一修改。假如现在要求把文档中多处不连续已套用同一样式的文字格式进行修改,只需要修改样式,那么整篇文档内所有套用这个样式的内容都会自动修改。

(1)了解内置样式及应用样式设置格式。内置样式是系统自带的一组格式设置。利用内置样式,可以帮助用户快速排版。

先选定要应用样式的内容,单击"开始"选项卡的"样式"组中的"其他"按钮,在展开的样式库中选择所需的样式;或者单击"样式"组的"对话框启动器"按钮,打开"样式"任务窗格,如图 3-104 所示,在窗格中选择样式来设置字符和段落格式。

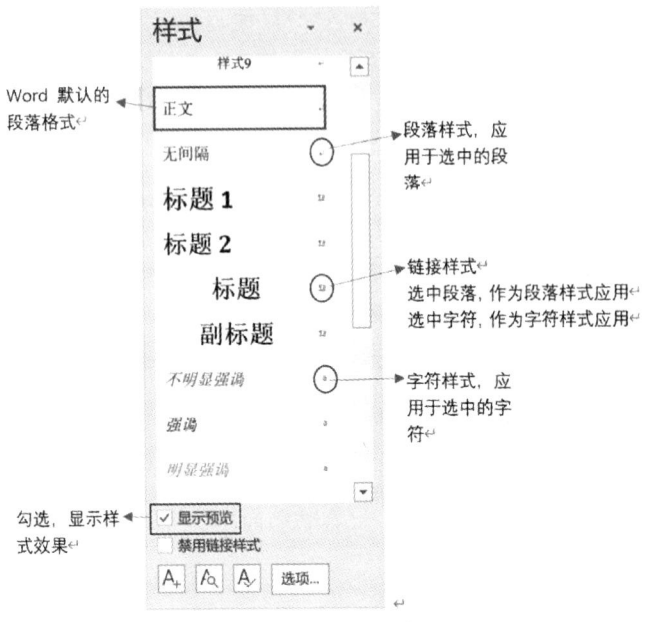

图 3-104　"样式"窗格

（2）自定义样式。可以自己创建新的样式并给新样式命名。创建后，可以像使用内置样式那样使用新样式设置文档格式。

可以通过"样式"窗格创建新样式。需要注意的是：新建样式后，会自动将新建样式套用到当前位置。因此，建议将光标定位在空白行或者准备要套用该样式的行，然后再新建样式。

自定义样式操作步骤如下：

1）单击"开始"选项卡"样式"组的"对话框启动器"按钮。

2）打开"样式"任务窗格，在窗格中单击左下角的"新建样式"按钮，弹出"根据格式化创建新样式"对话框，如图 3-105 所示。

3）在弹出的对话框中输入新样式名称。选择样式类型，样式类型不同，样式应用的范围也不同。其中常用的是字符类型和段落类型，字符类型的样式用于设置文字格式。段落类型的样式用于设置整个段落的格式。

4）如果要创建的新样式与文档中现有的某个样式比较接近，则可以从"样式基准"下拉列表中选择该样式，然后在此现有样式的格式基础上稍加修改即可创建新样式。"后续段落样式"也列出了当前文档中所有样式。它的作用是设定将来在套用了这个自定义样式的段落后，按住"Enter"键转至

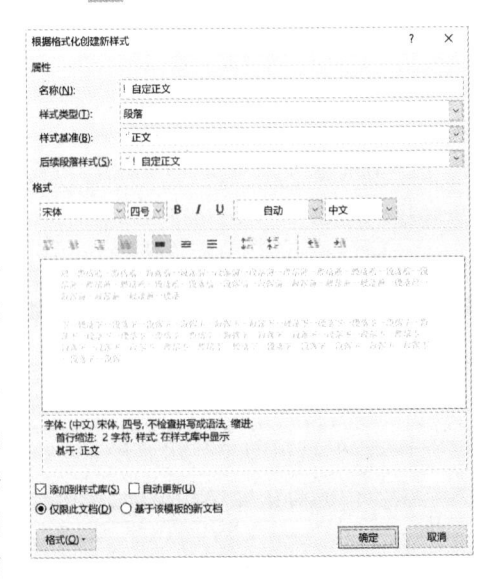

图 3-105　"根据格式化创建新样式"对话框

下一段落时,下一段落自动套用的样式。

5)设置新样式的格式。例如,字体、字号、段落格式设置等,更多详细设置应单击对话框左下角的"格式"按钮,从弹出的菜单中选择格式类型,在随后打开的对话框中详细设置。除字体和段落格式外,还可设置边框、编号、文字效果等格式。

6)设置完成后,单击"确定"按钮,新定义的样式会出现在样式库中以备调用。

6. 制作目录

目录是长文档的重要组成部分,用户通过目录能很容易地了解文档的结构,并能快速定位要查找的内容。目录通常由两部分组成:左侧的目录标题和右侧标题所对应的页码。

由于目录是基于样式创建的,故在自动生成目录前需要将作为目录的章节标题应用样式(如"标题1""标题2"),一般情况下应用 Word 内置的标题样式即可。

单击"引用"选项卡"目录"组中的"目录"按钮,选择"自定义目录"命令,弹出"目录"对话框,在对话框中设置目录中的标题显示级别,默认显示3级标题。

当文档中的内容发生改变后,可以选择"目录"组中的"更新目录"命令更新目录。

7. 插入脚注和尾注

脚注和尾注属于注释性文本。脚注一般位于每一页的底端,对文档中的文本作注释、批注或其他参考说明;尾注一般位于文档末尾,用于说明资料所引用的文献。

将插入点移到要插入脚注、尾注的地方;单击"引用"选项卡的"脚注"组中的"插入脚注"或"插入尾注"按钮,光标跳转至注释区域,输入注释文本,输入完毕后,单击文档任意位置即可。

单击"引用"选项卡的"脚注"组中的"对话框启动器"按钮,打开"脚注和尾注"对话框,可对脚注或尾注的位置、格式及应用范围等进行设置。

8. 插入题注并在文中引用

题注是一种可以为文档中的图表、表格、公式或其他对象添加的编号标签,如果在文档的编辑过程中对题注执行了添加、删除或移动操作,则可以一次性更新所有题注编号,而不需要再单独进行调整。

(1)插入题注。选择需要添加题注的对象,单击"引用"选项卡"题注"选项组中的"插入题注"按钮,打开"题注"对话框,在"标签"下拉列表中,根据添加题注的不同对象选择不同的标签类型。

单击"编号"按钮,打开"题注编号"对话框,在"格式"下拉列表中可以重新设置题注编号的格式。如果选中"包含章节号"复选框,则可以在题注前自动增加标题序号。

(2)交叉引用题注。在编辑文档过程中,经常需要引用已插入的题注,如"参见第1章""如图1-2所示"等。在文档中引用题注,首先将光标定位于需要引用题注的位置,单击"引用"选项卡"题注"选项组中的"交叉引用"按钮,打开"交叉引用"对话框,在该对话框中选择引用类型,设定引用内容,指定所引用的具体题注。

交叉引用是作为域插入到文档中的,当文档中的某个题注发生变化后,只需进行一下打印预览,文档中的其他题注序号及引用内容就会随之自动更新。

9.模板

模板是一个预设了固定格式的文档。使用模板,我们可以省时、方便、快捷地建立具有一定专业水准的文档。

单击"文件"选项卡中的"新建"命令,可以看到 Word 提供了许多模板,一种是本机中的模板,包括已安装的和用户自定义的模板;另一种是联机模板,需要在"搜索联机模板"框中输入要搜索的模板类型,到 Office.com 中去获取。

如果 Word 提供的模板无法满足实际需要,也可以自定义模板,让其他用户依据这个模板进行规范化写作。自定义模板可以由模板生成,也可以由文档生成。

自定义模板的方法如下:

(1)新建文档,设置好样式,包括章节、有样式的表格、文字、图片等提示性内容格式;或打开现有文档,删除内容,只留下一些提示性信息。

(2)单击"文件"选项卡的"另存为"命令,选择"浏览",弹出"另存为"对话框,选择保存位置为模板文件夹"C:\Users\用户名\Documents\自定义 office 模板","文件类型"为"Word 模板(*.dotx)"。

说明:保存路径中的"用户名"是用户的登录名。

(3)最后单击"保存"按钮。

在"文件"选项卡下单击"新建"命令,选择"个人"选项,就可以看到用户自己定义的模板。

10.在长文档中插入页眉、页脚

(1)根据具体情况插入若干"分节符",将长文档分为若干节。

(2)页眉和页脚是以"节"为单位制作的,各节之间,默认状态是"链接"的,这样创建的上一节的页眉、页脚会影响到下一节,因此,需要断开节与节之间的页眉和页脚链接。

(3)在不同的节中分别插入相应的页眉和页脚。

11.插入页码

页码用来表示每页在文档中的顺序。Word 2016 可以快速地给文档添加页码,并且页码会随文档内容的增删而自动更新。

单击"插入"选项卡的"页眉和页脚"组中的"页码"按钮,打开可选位置下拉列表。选择希望页码出现的位置,进一步打开此位置的预置页码格式列表,从中选择某一页码格式,页码就会以指定格式插入到指定位置。

3.5.4 任务实现

1.设置页面格式

打开"毕业论文(素材).docx"文档,设置上、下、右页边距为 2.54 cm,左页边距为 3.17 cm,装订线位置靠左,0.5 cm。

2.设置字符和段落格式

为了更便捷地设置字符和段落格式,将论文中涉及的样式全部创建出来,然后分别应用到论文格式设置中。

(1)在"样式"任务窗格中建立新样式。

1)在"毕业论文(素材).docx"文档中,按"Ctrl+End"组合键,将插入点置于文档末尾的空段。

2)在"开始"选项卡的"样式"组中单击"对话框启动器"按钮 A,打开"样式"任务窗格。

3)单击该任务窗格左下角的"新建样式"按钮,打开"根据格式化创建新样式"对话框,在"名称"框中输入样式名称"论文正文",将"后续段落样式"下拉列表框设置为"论文正文",并取消选中"自动更新"复选框,如图 3-106 所示。

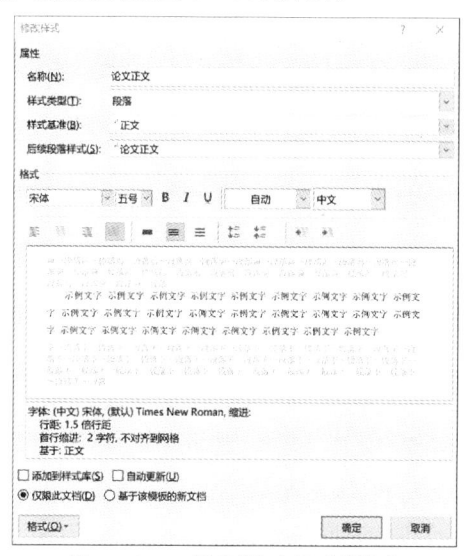

图 3-106　新建"论文正文"样式

4)单击对话框左下角的"格式"按钮,在打开的菜单中依次选择"字体"和"段落"命令,设置论文正文的格式为中文宋体五号,西文和数字为 Times New Roman 五号,首行缩进 2 字符,1.5 倍行距。注意,要在"段落"对话框的"缩进和间距"选项卡中取消选中"如果定义了文档网格,则对齐到网格"复选框。

5)使用上述方法,新建"论文一级标题""论文二级标题""论文三级标题""关键词"和"图表标题"等样式,格式分别为:

• 一级标题:设置为黑体三号,加粗,居中,段前、段后间距均为 0.5 行,行距 1.5 倍;

• 二级标题:设置为黑体四号,加粗,左对齐,段前、段后间距均为 13 磅,行距固定值 20 磅;

• 三级标题:设置为黑体小四,加粗,左对齐,段前、段后间距均为 13 磅,行距固定值 20 磅;

• 关键词部分为宋体小四、加粗,首行缩进 2 字符;

• 图表标题为宋体小四,居中。

注意:创建论文各级标题样式时,在创建新样式对话框中,将"样式基准"选择设置为"标题 1"样式、"标题 2""标题 3"等 Word 中同级别的样式,否则,无法建立目录项,如图 3-107

所示;对于"关键词"和"图表标题"等新建的样式,将"样式基准"设置为"正文"。另外,在所有创建新样式对话框中,将"后续段落样式"均设置为"论文正文"。

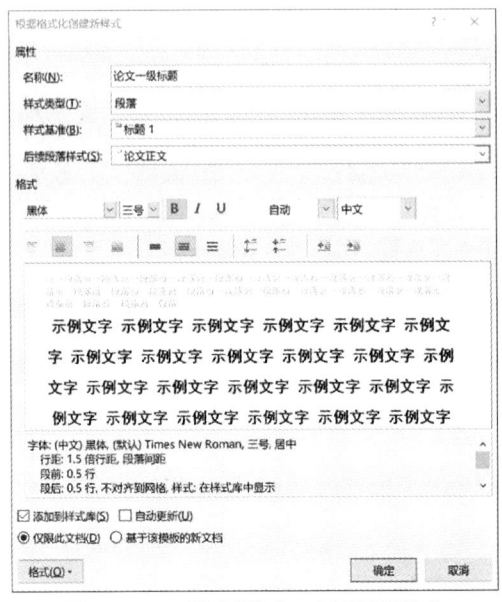

图 3-107　新建"论文一级标题"样式

(2)应用样式。

1)将插入点置于标题"摘要"中,在"样式"任务窗格中选择"论文一级标题"样式;使用同样的方法,将文字"第×章……"和"参考文献"也设置成"论文一级标题"样式。

2)将类似"1.1…"的标题均设置成"论文二级标题"样式。

3)将类似"1.2.1…"的标题均设置成"论文三级标题"样式。

4)在"文件"选项卡中选择"选项",打开"Word 选项"对话框,选择"高级"选项,选中"保持格式跟踪"复选框,单击"确定"。

5)将插入点置于"摘要"的正文中,在"开始"选项卡的"编辑"组中,单击"选择"按钮,从弹出的下拉菜单中选择"选择格式相似的文本"命令,然后单击"样式"任务窗格中的"论文正文"样式,这样所有部分(摘要、章节和参考文献)的正文全部会应用"论文正文"样式。

6)将摘要中的关键词设置为"关键词"样式。

3. 插入封面

将光标定位于"摘要"前,在"插入"选项卡的"文本"组中,单击"对象"下拉按钮,在弹出的菜单中选择"文件中的文字"命令,打开"插入文件"对话框,选择"论文封面.docx"文件,单击"插入"按钮,将封面插入页首。

4. 插入目录

(1)将光标置于"第一章 课题的提出"的前面,插入"空白页",在第 3 页插入一空白页。

(2)将光标置于第 3 页的页首,输入"目录",应用"论文一级标题"样式,按"Enter"键,在"引用"选项卡的"目录"组中,单击"目录"按钮,选择"自定义目录"命令,打开"目录"对话框。

第 3 章　文字处理软件 Word 2016

3)由于要使用自定义的三级标题样式,故单击"选项"按钮,打开"目录选项"对话框。对于"目录级别"下方文本框中的数字,除"论文一级标题""论文二级标题"和"论文三级标题"保留外,其余全部删除,如图 3-108 所示。单击"确定",返回"目录"对话框。

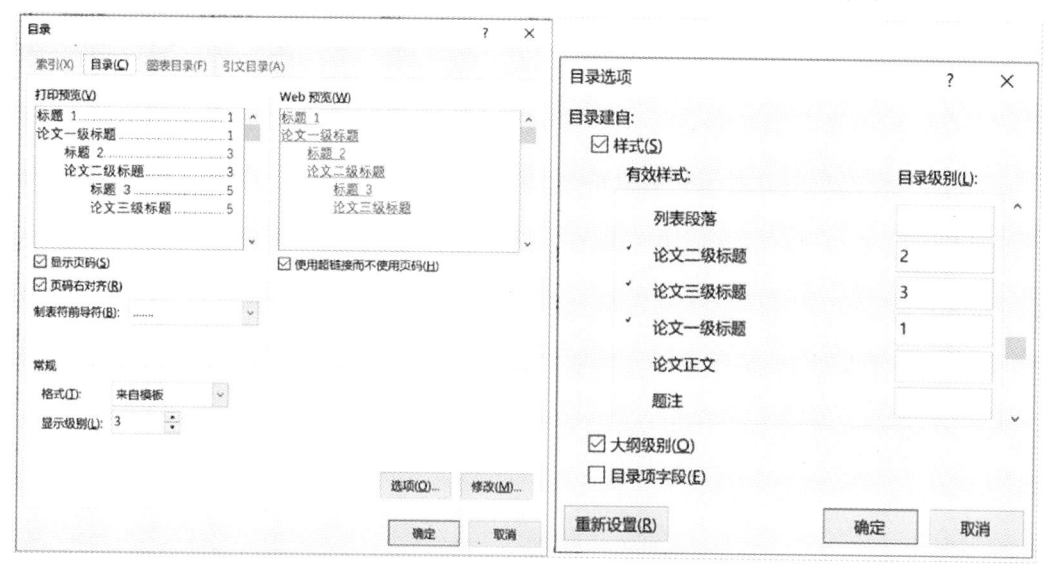

图 3-108　创建目录

4)单击"确定"。

5. 插入页眉、页脚

将论文奇数页页眉设为论文题目"降低企业成本途径分析",偶数页页眉设为"××职业技术学院毕业设计论文",封面不设页眉。

(1)将光标定位于"摘要"页中,在"插入"选项卡的"页眉和页脚"组中,单击"页眉"按钮,在弹出的下拉菜单中选择"编辑页眉"命令。此时系统自动激活"页眉和页脚"选项卡,选中"选项"组中的"首页不同"和"奇偶页不同"复选框,如图 3-109 所示。

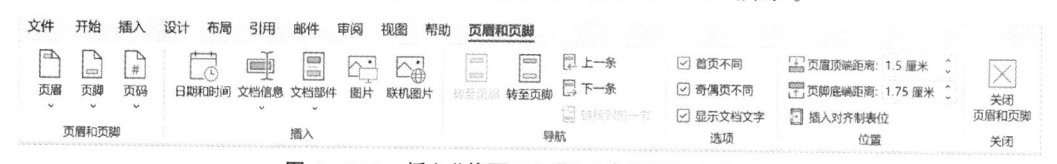

图 3-109　插入"首页不同"和"奇偶页不同"页眉

(2)在"摘要"偶数页页眉区中输入"××职业技术学院毕业设计论文",在"目录"奇数页页眉区中输入"降低企业成本途径分析",封面页眉区不输入页眉。

技巧:删除页眉后,有时在页眉区始终有一条黑色的横线,删除的方法是:在页眉区双击,选中页眉所在的段落,单击"开始"选项卡"段落"组中的"无框线"按钮。

6. 插入页码

在论文每一页的底部居中设置页码。

将光标置于"封面"页,双击页脚区,单击"页眉和页脚"选项卡"页眉和页脚"组中的"页码"按钮,在弹出的下拉菜单中选择"页面底端"的"普通数字 2",发现在封面页脚区居中插入了页码1。分别在奇数页、偶数页重复上述步骤。

所有的编辑排版操作完成后,要对目录进行更新。在论文目录区右键单击,从弹出的快捷菜单中选择"更新域"命令,打开"更新目录"对话框,选择"只更新页码",单击"确定"按钮。

按"Ctrl+S"组合键保存文档。

7.输出为 PDF 文件

论文排版完成后,为了使老师看到的效果与原来的设计完全相同,将文档保存为 PDF 格式。

在"文件"选项卡中单击"另存为"命令,选择"浏览",在弹出的"另存为"对话框中,选择文件类型为 PDF(*.pdf),单击"确定"按钮,即将论文输出为 PDF 文件。

如想加密 PDF 文档,则在选择文件类型为 PDF(*.pdf)后,单击"选项"按钮,打开"选项"对话框,如图 3-110 所示,选中"使用密码加密文档",单击"确定",弹出"加密 PDF 文档"对话框,输入密码即可。

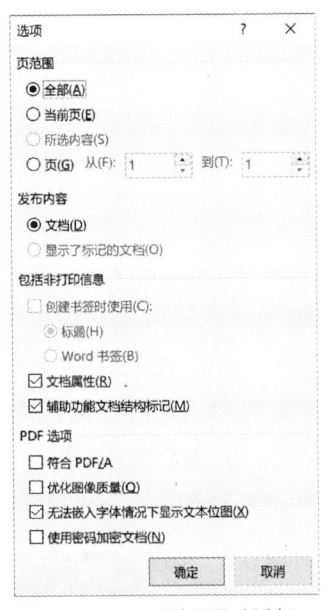

图 3-110 "选项"对话框

3.5.5 能力拓展

编辑排版后的"毕业论文"送给指导老师审阅,如果老师对于页眉、页脚的设置还不满意,那么按照老师希望的将每一章起始页的页眉都对应章节的一级标题,下一页的页眉是"XX 职业技术学院毕业设计论文";页码只对章节的内容页设置,即第一章起始页的页码是"1",一直连续排到最后一章结束页,其余页均不设页码。

老师指出,如果还用以前的方法:用分页符分页,再通过设置"首页不同"和"奇偶页不同"来制作不同部分的页眉页脚是行不通的,可以用下面的方法来改进。

（1）将论文分节。将论文分为5节，分别对应"封面""摘要""目录""论文正文"以及"参考文献"。

（2）为不同节创建不同的页眉、页脚。页眉和页脚是以"节"为单位制作的，各节之间，默认状态是"链接"的，这样创建的上一节的页眉、页脚会影响到下一节，因此，需要断开节与节之间的链接。

请做好论文排版改进。

3.6 任务5：多人协同编辑文档

3.6.1 任务描述

每当年末来临的时候，梦泰公司企划部都要做出企业年终报告。不过，在编辑中一般涉及多个部门，并且篇幅也比较长。因此，这时就需要由多个部门或者多个人来共同编写才能完成。本任务就是要实现多人协同编辑制作企业年终报告。

3.6.2 任务分析

协同工作是一个比较复杂的过程，需要掌握可以轻松搞定重复拆分、合并主控文档的技巧。分析工作情境，需要完成下列任务：

（1）文档设置：文档标题样式设置。

（2）文档快速拆分："大纲视图"切换、主控文档的拆分。

（3）多人协同编辑：文档拆分、多人协同编辑。

（4）主控文档转换为普通文档："大纲视图"切换、取消链接、主控文档保存。

3.6.3 预备知识

1. 主控文档

（1）建立主控文档与子文档。利用主控文档组织管理子文档，要先建立或打开作为主控文档的文档，然后在主控文档中建立子文档（子文档必须为标题行才建立）。

选中要创建子文档的标题，单击"大纲显示"选项卡"主控文档"组中的"显示文档"按钮，展开"主控文档"组，单击"创建"按钮。

子文档的标题周围出现一个灰色细线边框，其左上角显示一个标记，表示该标题及其下级标题和正文内容为该主控文档的子文档，如图3-111所示。

在该标题下面空白处输入子文档的内容。输入子文档内容后，单击"大纲显示"选项卡"主控文档"组中的"折叠子文档"按钮，将弹出是否保存主控文档提示框，单击"确定"按钮进行保存，插入的子文档将以超链接的形式显示在主控文档的大纲视图中。同时，系统将自动以默认文件名及默认路径(主控文档所在的文件夹)保存创建的子文档。

也可以将一个已经存在的文档作为子文档,插入到已打开的主控文档中,这样可以将这些文档合理组织起来,构成一个长文档。打开主控文档,在"大纲视图"下,将光标移到要插入子文档的位置;在"大纲显示"选项卡的"主控文档"组中,单击"展开子文档"按钮,单击"插入"按钮,弹出"插入子文档"对话框,选择子文档的位置及文件名,单击"打开"按钮,选择的文档将作为子文档插入到主控文档中。

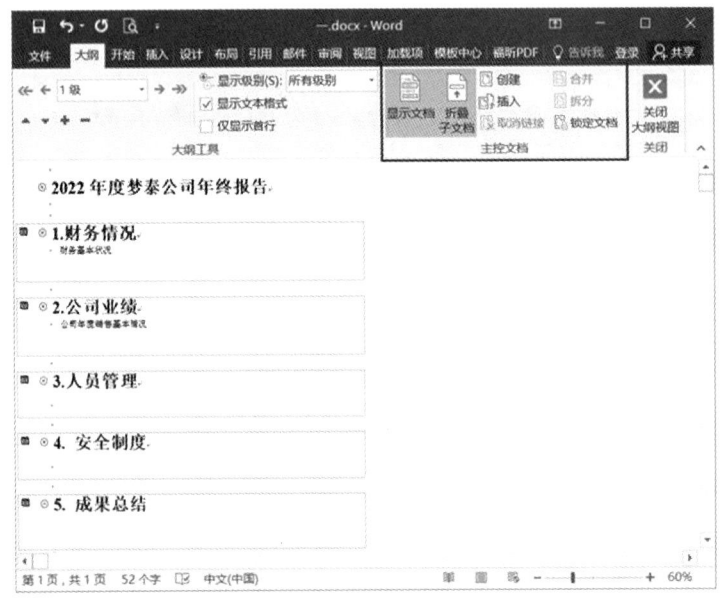

图 3-111 建立子文档

(2)打开、编辑及锁定子文档。可以在 Word 中直接打开子文档进行编辑,也可以在编辑主控文档的过程中对子文档进行编辑。

主控文档中的子文档是以超链接的形式显示的。如果要打开某个子文档,可以按住"Ctrl"键的同时单击子文档名称,子文档的内容将在 Word 新窗口中显示,可编辑和修改子文档。

在主控文档中,单击"大纲显示"选项卡的"主控文档"组中的"展开子文档"按钮,子文档内容将显示在主控文档中,可直接对子文档进行修改。修改后单击"折叠子文档"按钮,子文档将以超链接形式显示。

如果不允许在主控文档中修改子文档,可单击"主控文档"组中的"锁定文档"按钮,此时不能在主控文档中对子文档进行编辑,再次单击"锁定文档"按钮可解除锁定。

(3)合并与删除子文档。子文档与主控文档之间是一种超链接关系,可以将子文档内容合并到主控文档中;对于主控文档中的子文档,也可以删除。

在"大纲视图"下,单击"大纲显示"选项卡"主控文档"组中的"显示文档"按钮及"展开子文档"按钮,将子文档内容在主控文档中显示出来。将光标移到要合并的子文档中,单击"主控文档"组中的"取消链接"按钮,该子文档内容成为主控文档的一部分。

如要删除主控文档中的子文档,则在主控文档大纲视图下,且子文档为展开状态时,单击要删除的子文档左上角的标记按钮,将自动选择该子文档,按"Delete"键,该子文档则被删除。

在主控文档中删除子文档,只删除了与该子文档的超链接关系,该子文档仍然保留在原来位置。

2. 批注

在多人协同处理文档的过程中,很多人需要审阅同一篇文档,可能需要彼此之间对文档的部分内容的变更作一个解释,这时就可以在文档中插入"批注"信息。批注并不对文档本身进行修改,而是在文档页面的空白处添加相关的注释信息,用于表达审阅者的意见。

(1)建立批注。选定要进行批注的内容,在"审阅"选项卡的"批注"组中,单击"新建批注"按钮,将在页面右侧显示一个批注框。在批注框中输入批注,再单击批注框外的任何区域即可完成批注的建立。

(2)编辑批注。如果批注意见需要修改,单击批注框,进行修改后再单击批注框外的任何区域即可。

(3)删除批注。如果要删除文档中的某一条批注信息,则可以右键单击所要删除的批注,在弹出的快捷菜单中选择"删除批注"命令。如果要删除文档中的所有批注,则在"审阅"选项卡的"批注"组中,单击"删除"按钮,在下拉菜单中选择"删除文档中的所有批注"命令。

3. 修订

工作中,当一份报告或策划文案需要发给多人共同修改或补充意见时,会用到 Word 中的修订功能,它是多人协作编辑文档必不可少的技能。

修订用来标记对文档中所做的编辑操作。用户可以根据需求接受或拒绝每处修订,只有接受修订,文档的编辑才能生效,否则文档将保留原内容。

(1)打开/关闭文档修订功能。在"审阅"选项卡的"修订"组中,单击"修订"按钮。如果"修订"命令加亮突出显示,则打开了文档的修订功能,否则修订功能处于关闭状态。

启用文档修订功能后,作者或审阅者的每一次操作,都会被自动标记出来。用户可以在日后对修订进行确认或取消操作,防止误操作对文档带来的损害,提高了文档的安全性和严谨性。

(2)查看修订。在"审阅"选项卡的"更改"组中,单击"上一处"或"下一处"按钮,可以逐条显示修订标记。

(3)审阅修订。在查看修订的过程中,作者可以接受或拒绝审阅者的修订。

1)接受修订。在"审阅"选项卡的"更改"组中,单击"接受"按钮,在打开的下拉菜单中可以根据需要选择相应的接受修订命令。

2)拒绝修订。在"审阅"选项卡的"更改"组中,单击"拒绝"按钮,在打开的下拉菜单中可以根据需要选择相应的拒绝修订命令。

3.6.4 任务实现

1. 文档快速拆分

(1)打开梦泰公司年终报告提纲文档,按"Ctrl+A"组合键选中全文,在"开始"选项卡的"样式"列表中单击选择"标题1",把它们设置为标题1样式。选择"视图"→"大纲视图",进入大纲视图页面,如图3-112所示。

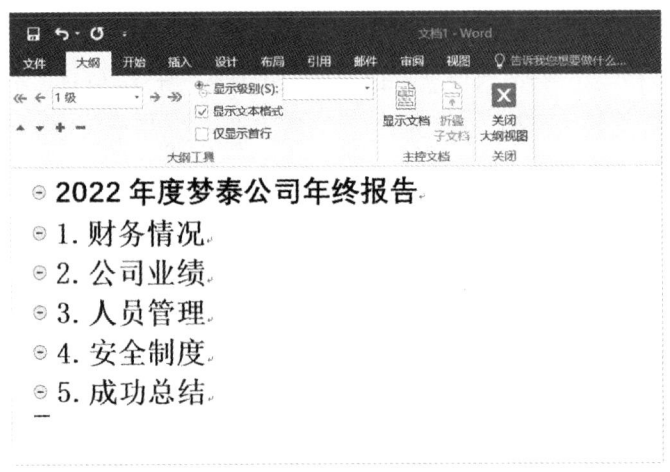

图3-112 文档大纲视图

(2)在"主控文档"区域中单击"显示文档",展开"主控文档"区域。

(3)按"Ctrl+A"组合键选中全文,单击"主控文档"区域的"创建"图标,把文档拆分成6个子文档,系统会将拆分开的6个子文档内容分别用框线围起来,如图3-113所示。

图3-113 报告主控文档拆分为多个子文档

(4)最后将文档另存为"梦泰公司年终报告.docx"保存到一个单独创建的文件夹(梦泰

公司年终报告文件夹)后关闭。

特别提示:保存时 Word 会同时在该文件夹中创建2022年度梦泰公司年终报告.doc、财务情况.doc、公司业绩.doc、人员管理.doc、安全制度.doc、成果总结.doc 共6个子文档。

打开主控文档有对应部门文档的链接,如图3-114所示。

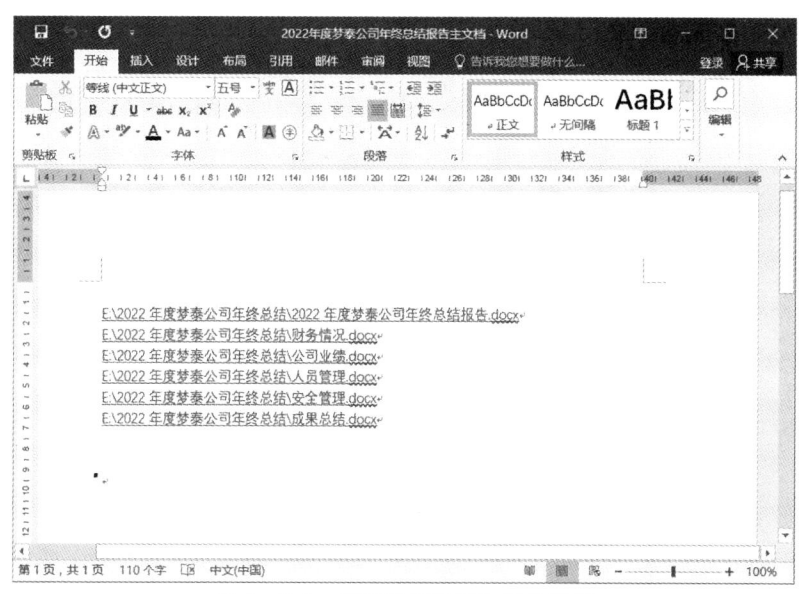

图3-114 主控文档与子文档的链接

这时先切换到大纲视图,在"大纲显示"选项卡的"主控文档"组中单击"展开子文档"按钮,才能看到各子文档内容。

2. 多人协同编辑

(1)把"梦泰公司年终报告"文件夹下的6个子文档按分工发给6个人进行编辑。

(2)各子文档编辑完成后,回到主控文档,在"大纲"选项卡中单击"展开子文档",显示各子文档内容。

特别提示:现在的主控文档已经是编辑汇总好的总结报告了,可以直接在文档中进行修改、批注等操作,修改的内容、修订记录和批注都会同时保存到对应子文档中。

(3)主控文档修改完成后先保存一下,再把"梦泰公司年终报告"文件夹下的子文档重新发回给对应的部门,大家就可以按修订、批注内容再次进行修改完善。

(4)重复此步骤直到总结报告最终完成。

注意,各部门在编辑时不能改文件名,等所有人编辑好各自的文档发回后,再把这些文档复制、粘贴到原来子文档文件夹下覆盖同名文件,即可完成汇总。

3. 主控文档转换为普通文档

考虑到主控文档打开时不会自动显示内容且必须附上所有子文档等问题,显然不宜直接上交主控文档。因此还需要把编辑好的主控文档转成一个普通文档再上交。

操作步骤:

(1)打开主控文档"梦泰公司年终报告.docx"。

（2）在大纲视图下单击"大纲"选项卡中的"展开子文档"以完整显示所有子文档内容。

（3）单击"大纲"选项卡中的"显示文档"展开"主控文档"区，选中内容，单击"取消链接"即可，如图 3-115 所示。

（4）最后另存为 Word 文档，即可得到合并后的普通文档。

注意：在此不建议直接保存，因为原来的主控文档以后还可再编辑。

图 3-115　多个子文档合并

在 Word 中单击"插入"选项卡的"对象"，选择"文件中的文字"，也可以快速合并多人分写的文档，操作还要简单得多。之所以要使用主控文档，主要在于主控文档中进行的格式设置、修改、修订等内容都能自动同步到对应子文档中，这一点在需要重复修改、拆分、合并时特别重要。

3.6.5　能力拓展

下面是北宋范仲淹的《渔家傲·秋思》，其中有多处错误，请修订，并为某些词语加上批注。

渔家傲·秋思

塞下秋来风景异，衡阳雁去无留意。四面边声连角起。千账里，长烟落日孤城闭。

浊酒一杯家万里，燕然未勒归无计。羌管悠霜满地。人不寐，将军白发征夫泪！

（1）修改错字、漏字。上面这首词里的"账"是错别字，应为"嶂"；少了个"悠"字，应为"羌管悠悠霜满地"。

（2）修改字体，将标题"渔家傲·秋思"设置成"隶书"。

（3）为"羌管"加批注"产于羌地的笛子"。

（4）保护该文档，让审阅者只可以修订该文档（提示：选择"文件"选项卡的"信息"命令，单击"保护文档"按钮，选择"限制编辑"）。

第 3 章 文字处理软件 Word 2016

课 后 习 题

一、单项选择题

1. 在 Word 中,选择一个矩形块时,应按住( )键并按下鼠标左键拖动。
   A. Ctrl B. Shift C. Alt D. Tab
2. 在 Word 中,段落对齐方式中的"分散对齐"指的是( )。
   A. 左右两端都对齐,字符少的则加大间隔,把字符分散开以使两端对齐
   B. 左右两端都要对齐,字符少的则靠左对齐
   C. 或者左对齐或者右对齐,统一就行
   D. 段落的第一行右对齐,末行左对齐
3. 关于 Word,下面说法错误的是( )。
   A. 既可以编辑文本内容,也可以编辑表格
   B. 可以利用 Word 制作网页
   C. 可在 Word 中直接将所编辑的文档通过电子邮件发送给接收者
   D. Word 不能编辑数学公式
4. 在 Word 中,将文字转换为表格时,不同单元格的内容需放入同一行时,文字间( )。
   A. 必须用逗号分隔开
   B. 必须用空格分隔开
   C. 用制表符分隔开
   D. 可以用以上任意一种符号或其他符号分隔开
5. 在编辑 Word 文档时,如果输入的新字符总是覆盖文档中插入点处的字符,原因是( )。
   A. 当前文档正处于改写的编辑方式
   B. 当前文档正处于插入的编辑方式
   C. 文档中没有字符被选择
   D. 文档中有相同的字符
6. 使用 Word 中的"矩形"或"椭圆"绘图工具按钮绘制正方形或圆形时,应按( )键的同时拖曳鼠标。
   A. Tab B. Alt C. Shift D. Ctrl
7. 在 Word 中,下列关于查找、替换功能的叙述,正确的是( )。
   A. 不可以指定查找文字的格式,但可以指定替换文字的格式
   B. 不可以指定查找文字的格式,也不可以指定替换文字的格式
   C. 可以指定查找文字的格式,但不可以指定替换文字的格式
   D. 可以指定查找文字的格式,也可以指定替换文字的格式
8. Word 的文本框可用于将文本置于文档的指定位置,但文本框中不能直接插入( )。

A. 文本内容　　　　B. 图片　　　　　C. 形状　　　　　　D. 特殊符号

9. 在 Word 2016 中编辑文档时，为了使文档更清晰，可以对页眉、页脚进行编辑，如输入时间、日期、页码、文字等，但要注意的是页眉、页脚只允许在（　　）中使用。

A. 大纲视图　　　　B. 草稿视图　　　C. 页面视图　　　　D. 以上都不对

10. 要将在其他软件中制作的图片复制到当前 Word 文档中，下列说法中正确的是（　　）。

A. 不能将其他软件中制作的图片复制到当前 Word 文档中

B. 可通过剪贴板将其他软件中制作的图片复制到当前 Word 文档中

C. 可以通过鼠标直接从其他软件中将图片移动到当前 Word 文档中

D. 不能通过"复制"和"粘贴"命令来传递图形

二、操作题

1. 打开"雷锋（素材）.docx"文件，按以下要求进行排版，排版后样张如图 3-116 所示。

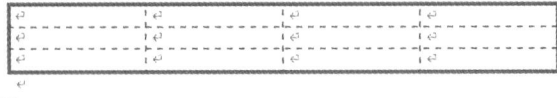

图 3-116 "雷锋"样张

（1）将标题文字设为微软雅黑、小二、加粗，为标题文字添加黄色底纹，底纹图案样式为 12.5% 的红色杂点，字符间距加宽 2 磅，字体缩放 120%，标题居中，段后间距设为 1.5 行。

（2）将正文第一段"雷锋，原名雷正兴……"设为华文楷体、蓝色，首字下沉 2 行，并将该段落分为两栏,加分隔线。

(3)为正文第二段"1949年8月,湖南解放时……"添加段落边框,外框线为3磅的红色单实线,框内文本距离外边框上下左右各3磅,行间距设为1.5倍,分散对齐。

(4)将正文第三段"1959年12月征兵开始……"设为悬挂缩进2个字符,左右分别缩进2个字符和1个字符。

(5)将文章中第三段、第四段的"雷锋"全部替换为"雷锋同志"。

(6)将纸张大小设为16开(18.4 cm×26 cm),左、右边距设为2 cm,上、下边距3 cm。

(7)添加页眉"雷锋:我愿永远做一个螺丝钉",页眉中无空行,设置为右对齐。

(8)用菜单命令在文档右下角插入页码,页脚中无空行。

(9)在正文后添加一个3行×4列的表格,表格外边框设为红色、线宽3磅;内边框设为蓝色、虚线1.5磅。

2.制作"图书订购单"。

参照图3-117,按以下要求制作、编辑、美化并计算"图书订购单"。

图书订购单

订购日期:___年___月___日　　No:				
订购人资料	□会员 □首次	会员编号	姓　名	联系电话
	姓　名		电子邮箱	
	联系电话		QQ号码	
	家庭住址	省　　市　　县/区		邮政编码:□□□□□
收货人资料	★指定其他送货地址或收货人时请填写			
	姓　名		联系电话	
	送货地址	省　市　县/区　(□家庭　□单位)		
	备　注	有特殊送货要求时请说明		
订购商品资料	书号	商品名称	单价(元)	数量	金额(元)
	W001	《Word 2010实例教程》	32	40	¥1,280.00
	E132	《Excel 2010实例教程》	35	28	¥980.00
	P203	《PowerPoint 2010实例教程》	30	33	¥990.00
	A468	《Access 2010实例教程》	26	18	¥468.00
	合计总金额:叁仟柒佰壹拾捌元整(¥3,718.00　RMB)			
付款方式	□邮政汇款　　□银行汇款　　□货到付款(只限北京地区)			
配送方式	□普通包裹　　　□送货上门(只限北京地区)			
注意事项	● 请务必详细填写,以便尽快为您服务。 ● 在收到您的订单后,我们的客户服务人员将会与您联系确认。			

图3-117　"图书订购单"样张

(1)根据订购人资料、收货人资料、订购商品资料、付款方式、配送方式等几个部分划分订购单区域。

(2) 整个表格的外边框、不同部分之间的边框以双实线来划分。

(3) 重点部分用粗体或者插入特殊符号来注明。

(4) 为表明注意事项中提及内容的重要性,用项目符号对其进行组织。

(5) 对于重点部分的单元格填充比较醒目的底色。

(6) 计算每种商品的金额以及订购的总金额。

3. 编制产品说明书。

使用"产品说明书(文字素材).docx"和提供的图片素材,参照图 3-118,编制一份产品说明书。

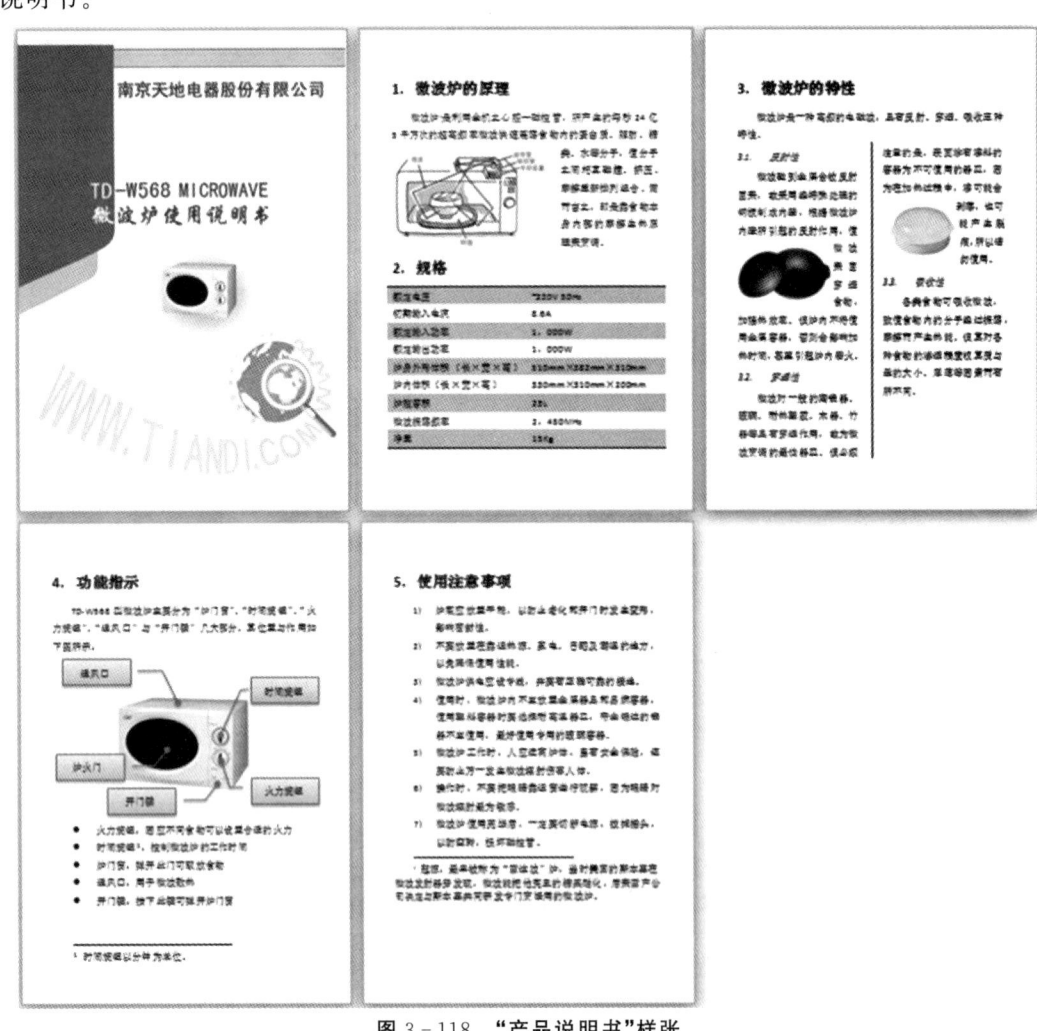

图 3-118 "产品说明书"样张

第4章 电子表格处理软件 Excel 2016

Excel 2016 是一款具有强大功能的电子表格处理软件,它是 Microsoft Office 2016 系列中的另一核心组件。可以使用 Excel 2016 中丰富的函数以及编写公式来对数据进行计算,以多种方式排序数据、分类汇总数据、透视数据,按照需要筛选数据,并以各种具有专业外观的图表来显示数据。Excel 2016 允许实时更新数据,以帮助用户分析和处理工作表中的数据。

4.1 Excel 2016 简介

Excel 2016 是一款优秀的电子表格处理软件,广泛应用于人们生活和工作中,用于制作电子表格、进行数据运算、进行数据统计及分析。Excel 2016 和 Word 2016 都是 Microsoft Office 2016 办公软件的核心组件。

4.1.1 Excel 2016 的启动与退出

Excel 2016 的启动与退出方法和 Word 2016 基本相同。

1. Excel 2016 的启动

常用的启动方法有以下三种:

(1)单击任务栏上的"开始"按钮,打开"开始"菜单,选择"所有程序"中的"Excel 2016"。
(2)双击桌面上的 Excel 2016 快捷图标。
(3)双击扩展名为.xlsx 已保存的文件,启动 Excel 2016,并打开该工作簿文件。

2. 退出 Excel 2016

常用的退出方法有以下三种:

(1)单击 Excel 2016 窗口标题栏右侧的"关闭"按钮。
(2)按 "Alt+F4"组合键。
(3)双击窗口标题栏最左侧的"控制菜单"按钮或单击此处,在弹出的控制菜单中选择"关闭"。

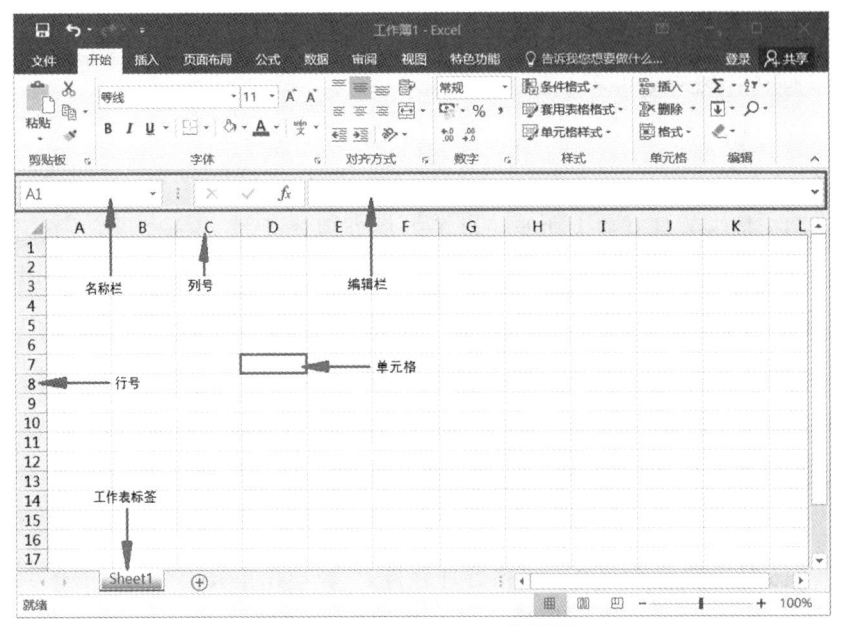

4.1.2　Excel 2016 工作界面

Excel 2016 启动后,会出现 Excel 2016 的工作窗口。Excel 2016 工作窗口的界面由快速访问工具栏、标题栏、文件选项卡、功能选项卡、功能区、编辑栏和工作表编辑区等部分组成,如图 4-1 所示。其中,快速访问工具栏、标题栏、文件选项卡、功能选项卡、功能区都和 Word 2016 基本相同。下面重点来介绍工作表编辑区和编辑栏。

图 4-1　Excel 2016 工作界面

(1)工作表编辑区。这是 Excel 编辑数据的主要场所。它包括行号与列标、单元格和工作表标签等。

行号用 1、2、3 等阿拉伯数字标识。列标用 A、B、C 等大写英文字母标识。行与列交叉形成的小方格就是单元格。一般情况下,单元格地址表示为列标加行号。例如 A 列第 1 行的单元格可表示为 A1 单元格。

工作表标签位于底部,用于显示工作表的名称。

(2)编辑栏。编辑栏用来显示和编辑当前活动单元格中的数据和公式。

编辑栏最左边是名称框,用来显示当前单元格的地址及函数名称。如果在名称框中直接输入单元格地址如 D3,按回车键表示选择 D3 单元格。

中间的 fx 是插入函数按钮,单击后将快速打开"插入函数"对话框。

当在单元格中输入内容时,编辑栏的最右边会显示相应的内容,也可在其中直接输入和编辑内容。这时,编辑栏中还将显示出取消按钮和输入按钮。取消按钮表示取消输入的内容。输入按钮表示确定并完成输入的内容。

(3)认识工作簿、工作表及单元格。

1)工作簿即 Excel 文件,是用来存储和处理数据的主要文档,也称为电子表格,Excel 2016

创建的工作簿文件默认的扩展名为.xlsx。默认情况下一个工作簿中只包含1张工作表,名字是Sheet1。可以在文件选项中设置默认工作表数目,如打开新工作簿有3张工作表。

2)工作表是一个由若干行和列组成的二维表格,是用来显示和处理数据的工作场所,它存储在工作簿中。行号用阿拉伯数字表示,共有104 8576行,列标用大写英文字母表示,共有16 384列。

3)单元格是Excel中最基本的存储数据单元,它通过对应的列标和行号进行命名和引用。单个单元格地址可表示为列标加行号。如A2。多个连续的单元格称为单元格区域,地址表示为左上角单元格、冒号、右下角单元格。如B3单元格与E5单元格之间连续的12个单元格可表示为B3:E5。

4)工作簿、工作表和单元格之间存在着包含与被包含的关系。工作簿中包含一张或多张工作表,工作表又是由若干个单元格组成的。在计算机中,工作簿以文件的形式单独存在,而工作表依附在工作簿中,单元格则依附在工作表中。

4.2 任务1:工作表和工作簿的操作

4.2.1 任务描述

为了规范公司新员工入职及试用期管理,铭正科技有限公司的新员工通过入职考核进入工作岗位,并按要求向公司提交了个人信息。办公室的小王负责人事管理,他收集了新入职的员工信息后,利用Excel 2016进行了汇总,并以"员工信息表"为名保存。

具体编制要求如下:

(1)新建一个空白工作簿,以"公司员工信息表"为名保存。

(2)如图4-2所示,在单元格中输入及导入相关的内容。

	A	B	C	D	E	F	G	H
1	公司员工信息表							
2	序号	员工编号	姓名	性别	身份证号	出生日期	总分	部门
3	1	202300101	沈永柱	男	340111200105127520	2001-5-12	459	编辑部
4	2	202300102	李小强	男	342314200011061442	2000-11-6	456	编辑部
5	3	202300103	张从雯	女	342314199910232345	1999-10-23	464	销售部
6	4	202300104	肖庆林	男	342313199912091822	1999-12-9	468	销售部
7	5	202300105	刘明	男	323315200208161334	2002-8-16	486	库房
8	6	202300106	王博文	男	321315200202182452	2002-2-18	469	库房
9	7	202300107	韩雨	女	321315200103231543	2001-3-23	481	库房
10	8	202300108	李丽	女	342316200011161257	2001-11-16	485	销售部
11	9	202300109	李忠敏	男	340111200201172313	2002-1-17	489	销售部
12	10	202300110	郭乐	女	342316200012191685	2000-12-19	476	编辑部
13								

图4-2 公司员工信息表(输入内容)

(3)把职工编号中的"001"全部替换为"002",并修改sheet1工作表的名称为"员工信息表"。

(4)设置标题A1:H1为合并居中,并设置字体:微软雅黑,字号:18,加粗。

(5)设置A2:H2背景色为:"深蓝、文字2、淡色80%",字体:黑体,字号14。

(6)调整第2行的行高,设置A列到H列的列宽为"自动调整列宽"。

(7)设置A2:H12对齐方式为:水平和垂直都居中,边框为双实线外边框,单细实线内边框。

(8)把入职(含面试)考核总分高于平均分的分数设置为黄色填充深黄色文本。

(9)冻结前2行及取消冻结。

(10)保护工作表,锁定单元格并设置保护密码为123456。

(11)保存并关闭该工作簿。

小王最终完成的员工信息表,如图4-3所示。

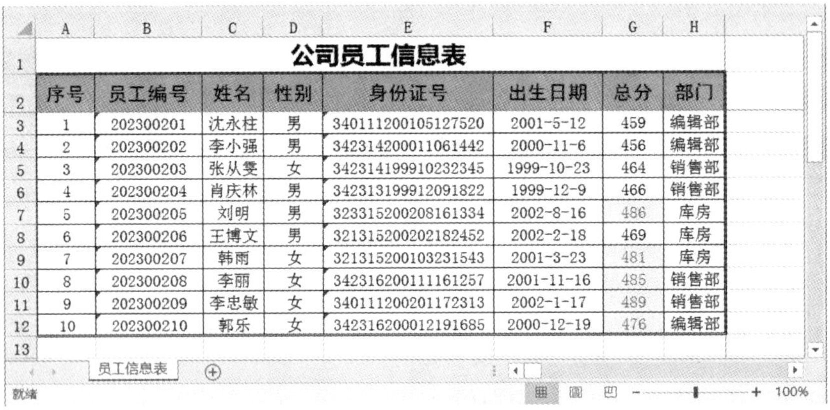

图4-3 员工信息表(完成)

4.2.2 任务分析

若要在Excel工作簿中处理数据,首先必须在工作簿的单元格中输入数据。然后,根据需要适当调整,让数据按照希望的格式显示。完成本工作任务需要做如下工作。

(1)新建一个空白工作簿并保存。

(2)在单元格中输入及导入内容,注意不同类型数据的输入、快速填充的方法及数据验证的设置。

(3)使用"查找""替换"快速完成数据的查找及更改。

(4)工作表sheet1改名。

(5)设置标题格式。

(6)调整对齐方式、边框、背景、行高和列宽等。

(7)设置条件格式,把符合条件的突出显示出来。

(8)设置冻结窗格及取消冻结。

(9)保护工作表,设置保护密码。

4.2.3 预备知识

1. 工作簿文件操作

(1)创建工作簿文件。

第4章 电子表格处理软件 Excel 2016

1)双击桌面上的 Excel 2016 快捷图标启动 Excel 2016 后,将创建名为"工作簿1"的空白工作簿文件。

2)在已经打开的 Excel 2016 窗口,选择"文件"选项卡的"新建"命令,同样可创建一个空白工作簿,也可根据需要选择某一模板创建新的工作簿文件。

3)在已经打开的 Excel 2016 窗口,创建一个空白工作簿,还可直接按"Ctrl+N"组合键,或者单击"快速访问工具栏"上的新建按钮。

(2)保存工作簿文件。对已经编辑的工作簿文件需要进行保存操作,保存时选择"文件"选项卡的"保存"命令,或者直接按"Ctrl+S"组合键,或者单击"快速访问工具栏"上的保存按钮。

若是对新建立的工作簿文件进行第一次保存,则会出现"另存为"界面,如图 4-4 所示,可单击"浏览"按钮,在打开的"另存为"列表框中选择所需的保存位置、文件名和保存类型即可,如图 4-5 所示。Excel 2016 中默认保存的工作簿文件的扩展名为.xlsx。

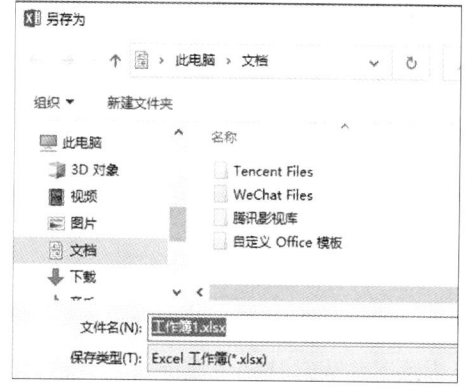

图 4-4 "另存为"界面　　图 4-5 "另存为"对话框

如果需要将编辑过的工作簿保存为新文件,可直接选择"文件"选项卡的"另存为"命令。

(3)打开工作簿。对工作簿进行查看和再次编辑时,需要打开工作簿。

1)打开工作簿所在的位置,双击工作簿,可直接将其打开。

2)在已经打开的 Excel 2016 窗口,选择"文件"选项卡的"打开"命令或者按"Ctrl+O"组合键,打开"打开"界面,其中显示了最近编辑过的工作簿和打开过的文件夹。若是打开最近使用过的工作簿,只需选择"工作簿"列表框中的相应文件即可;若是打开计算机中保存的工作簿,可单击"浏览"按钮,在打开的"打开"对话框中选择要打开的工作簿,单击"打开"按钮。

2. 工作表的相关操作

工作表是显示和分析数据的场所,工作表存储在工作簿中。用户可在工作簿中对工作表进行选定、插入、删除、重命名、移动和复制,以及设置工作表标签颜色等操作。

(1)选定工作表。选定工作表是通过工作表标签来完成的。被选定的工作表呈白底显示。

1)选定一个工作表。直接单击工作表标签。

2)选定连续的多个工作表。单击第一个,按住"Shift"键+单击最后一个。

3)选定不连续的多个工作表。单击第一个,按住"Ctrl"键+单击其他。

4)选定全部工作表。在任一工作表标签上右击,选择"选定全部工作表"。

(2)插入工作表。

1)在工作表标签区域直接单击"新工作表"按钮,如图4-6所示,可插入一张空工作表。

2)选定一张或多张连续的工作表,单击右键,选择"插入"快捷菜单,如图4-7所示,在出现的"插入"对话框中选择"工作表",单击"确定"。或者在"开始"选项卡的"单元格"组中单击"插入",选择"插入工作表"命令。即可看到插入了与选定数相同的空工作表。

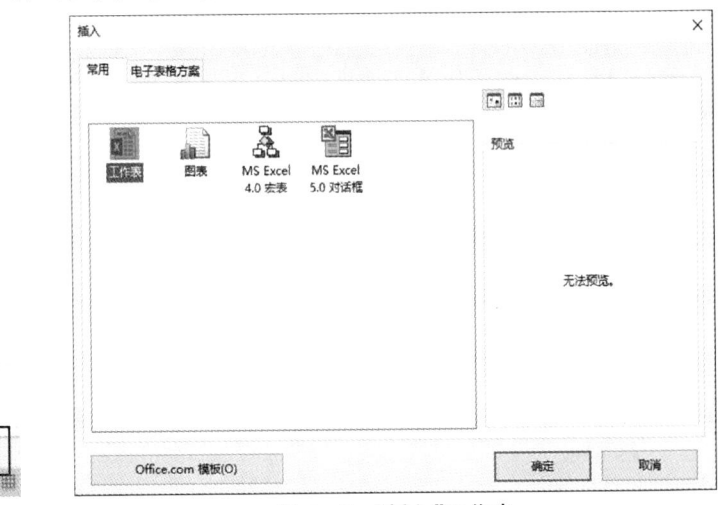

图4-6 "新工作表"按钮

图4-7 "插入"工作表

(3)删除工作表。选定要删除的工作表,然后在"开始"选项卡的"单元格"组中单击"删除",选择"删除工作表"命令;或单击右键,选择"删除"命令。

如果该工作表是空的,就会看到选定的工作表被删除,与它相邻的右侧工作表成为当前活动工作表。如果工作表中有数据,则在执行删除命令时,系统会弹出询问对话框,询问是否确定要删除,如图4-8所示。一旦删除将不能恢复,如果不想删除,需单击"取消"按钮。

图4-8 删除警告

(4)重命名工作表。

1)在工作表标签上双击工作表名,当工作表标签成反白显示时输入新的工作表名,按回车键确认。

2)在工作表标签上右键单击,在弹出的快捷菜单中选择"重命名"命令。

3)在"开始"选项卡的"单元格"组中单击"格式",选择"重命名工作表"命令。

(5)移动与复制工作表。

第4章 电子表格处理软件 Excel 2016

1)直接拖动工作表标签到需要的位置可以移动工作表,若在拖动的过程中按住"Ctrl"键,就可以复制工作表。

2)在工作表标签上右键单击,在弹出的快捷菜单中选择"移动或复制"命令。打开"移动或复制工作表"对话框,如图4-9所示,在"工作簿"下拉列表中选择移动或复制的目标工作簿,默认为当前工作簿。"下列选定工作表之前"列表框中显示了指定工作簿中包含的全部工作表,可以选择移动或复制工作表的目标位置。勾选"建立副本"复选框为复制工作表,取消勾选则为移动工作表。

3)在"开始"选项卡的"单元格"组中单击"格式",选择"移动或复制工作表"命令。

(6)设置工作表标签颜色。

1)在工作表标签上右键单击,在弹出的快捷菜单中单击"工作表标签颜色",选择需要的颜色,如图4-10所示。

2)在"开始"选项卡的"单元格"组中单击"格式",选择"工作表标签颜色"命令,选择需要的颜色。

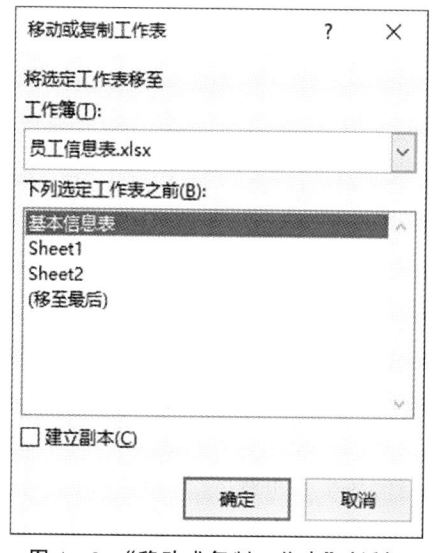

图4-9 "移动或复制工作表"对话框

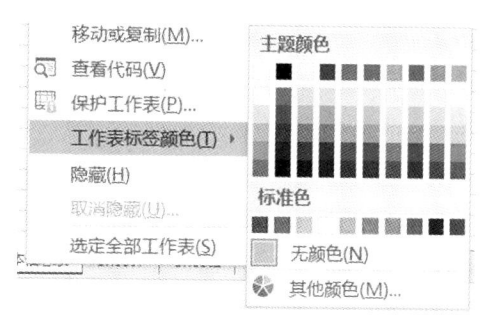

图4-10 工作表标签颜色设置

3. 单元格的相关操作

单元格是Excel中最基本的存储数据单元,用户经常需要对单元格进行选定、合并与拆分、插入、删除等操作。

(1)选定单元格。

1)选定一个单元格。在这个单元格上单击鼠标,或者在名称框中直接输入单元格地址如C4,按回车键。

2)选定某一个连续区域。单击左上角单元格,拖动鼠标到右下角单元格即可。也可以单击左上角单元格,按住"Shift"键+单击右下角单元格。

3)选定不连续的单元格或区域。单击第一个单元格或区域,按住"Ctrl"键+单击其他单元格或区域。

4)选定所有单元格。单击行号和列标左上角交叉处的按钮,或按"Ctrl+A"组合键。

5)选定整行或整列。直接单击对应的行号或者列标。

(2)合并与拆分单元格。

1)合并单元格。在编辑表格的过程中,为了使表格结构看起来更美观,有时需要对某些区域进行合并操作。

其方法:选定需要合并的多个单元格,然后在"开始"选项卡的"对齐方式"组中单击"合并后居中"按钮右侧的下拉按钮,如图4-11所示,在打开的下拉列表中选择"合并后居中""跨越合并""合并单元格"等。

2)拆分单元格。在 Excel 中不能拆分未合并的单元格。但是合并单元格后,可以再次将合并单元格拆分为单独的单元格。

方法一:首先选定已经合并的单元格,然后直接单击"合并后居中"按钮即可。

方法二:选定已经合并的单元格,在"设置单元格格式"对话框的"对齐"选项卡中撤销选中"合并单元格"复选框。

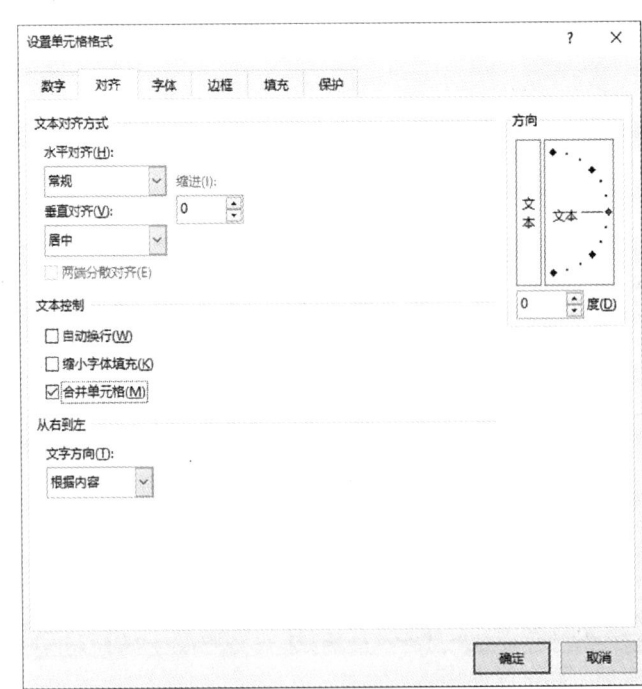

图 4-11 "合并后居中"列表

图 4-12 "合并单元格"设置

(3)插入与删除单元格。

1)插入单元格或行、列。在输入数据的过程中,有时会出现缺少单元格、行、列的情况。先选定相应单元格,在"开始"选项卡的"单元格"组中单击"插入"按钮选择相应选项,或在单元格上右击,选择"插入",如图4-13所示,在打开的"插入"对话框中进行选择,即可按要求插入单元格或行、列。

2)删除单元格或行、列。删除多余的单元格、行、列的方法类似。先选定相应单元格,在"开始"选项卡的"单元格"组中单击"删除"按钮选择相应选项,或在单元格上右击,选择"删除",如图 4-14 所示,在打开的"删除"对话框中进行选择即可。

图 4-13 "插入"单元格　　图 4-14 "删除"单元格

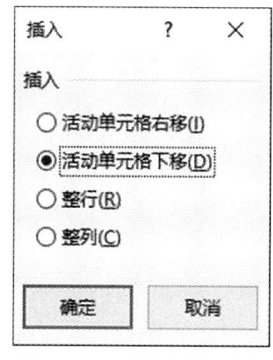

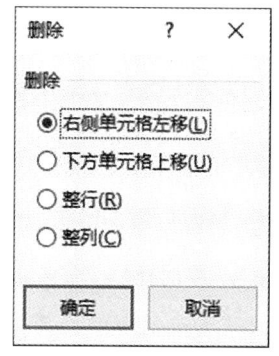

4. 数据的输入

(1)数据输入的基本方法。输入数据是制作表格的基础。当工作簿文件建好后,用户即可在其中的某一工作表中输入数据。一般有以下三种方法:

方法一:左键单击要输入数据的单元格,然后直接输入数据。

方法二:左键单击要输入数据的单元格,然后单击编辑栏,在其中输入数据。

方法三:左键双击要输入数据的单元格,将插入点定位在其中,然后输入数据。

按以上三种方法输入完成后,按"Enter"键或者单击编辑栏上的"√"按钮确认。如果要跳转到相近单元格继续输入,可以使用回车键、Tab 键或者上下左右箭头键来实现在不同单元格位置的移动。

(2)数字格式。Excel 支持各种类型数据的输入,常用的有数值型、文本型、日期型等,它们的数据输入方法也有区别。

1)数值型:常常用于各种数学计算,任何由数字组成的单元格输入项均被视为数值,由数字及符号组成,如正负号、百分号、千位分隔符、货币符号和科学计算符。一般情况下直接输入即可,例如"12300""-5"。数值型数据在单元格中默认是靠右对齐,可以参与运算。

2)文本型:说明性、解释性的数据描述称为文本型。常见的文本由英文字母、汉字及数字组成,直接输入即可,例如"计算机""21 级 5 班""China"等。文本型数据在单元格中默认是靠左对齐,不可以参与运算。

常用的输入方法有两种:一种是先输入一个英文单引号,再输入数字。另一种方法是,先在"设置单元格格式"里设置为文本型,再输入数字。像职工号、身份证号这样的数字,并不需要参与数学运算,不能作为数值型而要作为文本型处理。输入时不能直接输入。

3)日期型:例如出生日期,输入时用减号和斜杠(/)分隔日期的年月日。

注意,分数中也用到了斜杠符号(/),直接输入会自动变为日期。如果要输入分数,可以先按数字键 0,再按空格键,接着输入分数。

5. 设置数据验证

数据验证是对单元格或单元格区域输入的数据从内容到数量上的限制。对于符合条件的数据,允许输入。而对于不符合条件的数据,则禁止输入。数据验证功能可以在还没有输入数据时,预先设置,以保证输入数据的正确性。

如果已经输入数据,再设置数据验证,则不能限制已输入的不符合条件的无效数据。但是,通过"圈释无效数据"功能可以对已输入的数据中不符合条件的数据做圈释。

(1) 数据验证。选定要设置的单元格区域,在"数据"选项卡"数据工具"组中单击"数据验证",在打开的下拉列表选择"数据验证",如图 4-15 所示。打开"数据验证"对话框,在"设置"选项卡的"允许"下拉列表中选择一个选项,如图 4-16 所示。

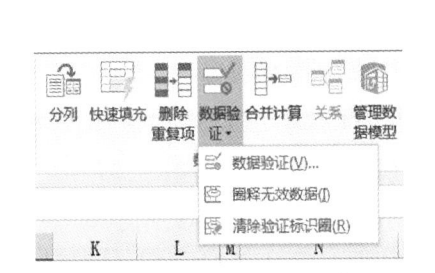

图 4-15 "数据验证"列表　　　图 4-16 设置验证条件

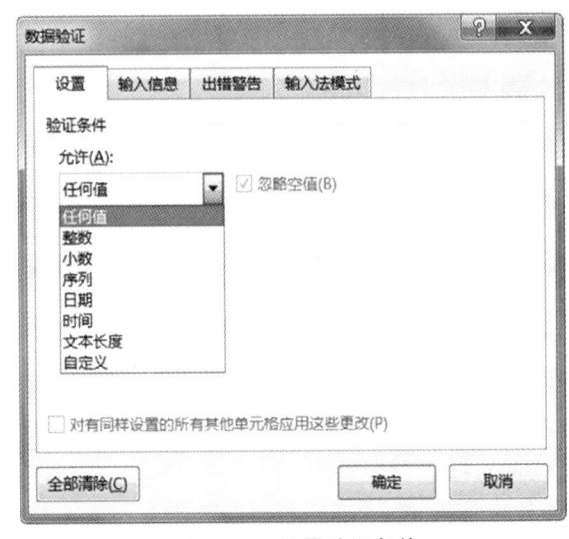

各选项含义:

"整数"——将单元格限制为仅接受特定范围内的整数。例如,仅允许使用 1～100 之间的整数。

"小数"——将单元格限制为仅接受特定范围内的小数。例如,仅允许使用大于 0 的小数。

"序列"——从下拉列表中选取数据。例如,可以将供用户选择的部门限制为会计部、薪资部、人力资源部等。

"日期"——将单元格限制为仅接受特定范围内的日期。

"时间"——将单元格限制为仅接受特定范围内的时间。

"文本长度"——限制文本长度。例如,可以将单元格中允许的文本字符数限制在 10 个以下。

第4章 电子表格处理软件 Excel 2016

"自定义"——适用于自定义公式。

选择"允许"为"整数"后,在"数据"下拉列表中再选择一个选项,例如"介于",如图4-17所示。再根据为"允许"和"数据"选择的值,设置其他必需值,例如"最小值"为1,"最大值"为100,如图4-18所示。

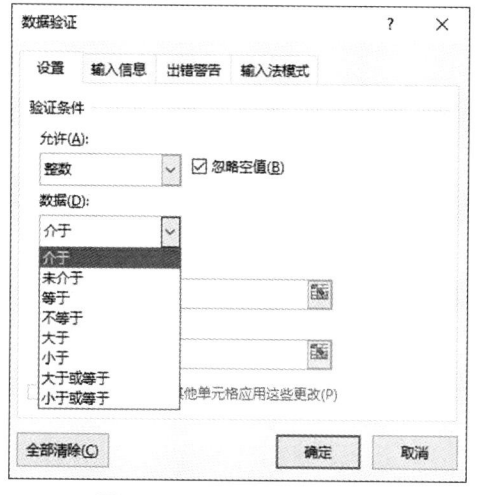

图 4-17 设置验证条件数据

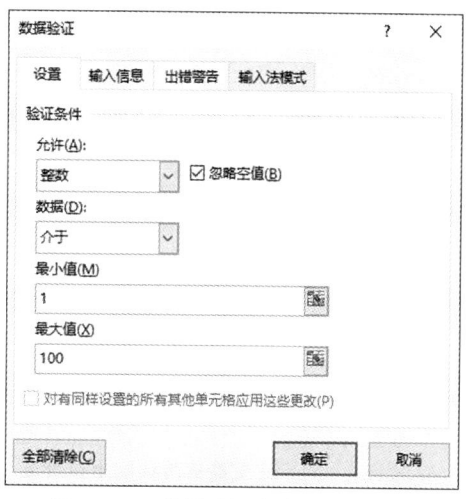

图 4-18 设置验证条件数据的取值

"设置"选项卡右边的"输入信息"选项卡、"出错警告"选项卡和"输入法模式"选项卡为可选项。

选择"输入信息"选项卡,如图4-19所示,设置"标题"为"输入整数","输入信息"为"1~100",可以自定义用户在输入数据时将看到的消息。输入消息通常用于指导用户要输入的数据满足什么条件。此类消息显示在单元格附近,效果如图4-20所示。

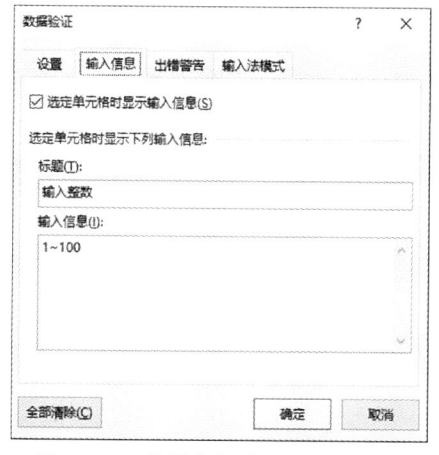

图 4-19 设置数据验证的输入信息

图 4-20 自定义输入消息效果

选择"出错警告"选项卡,如图4-21所示,设置"标题"为"出错了!","输入信息"为"不是1~100的整数!",可以自定义用户在输入出错后的错误信息提示,它仅在用户输入无效数据后才显示,效果如图4-22所示。

(2)圈释无效数据。例如,对已经输入的4个单元格设置了数据验证为"小于10的整数",现在选定这4个单元格区域,在"数据"选项卡"数据工具"组中单击"数据验证",在打开的下拉列表中选择"圈释无效数据",即可看到在不是"小于10的整数"上出现红圈。效果如图4-23所示。

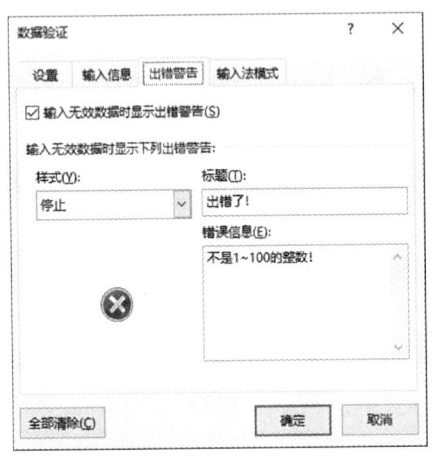

图4-21 设置数据验证的出错警告

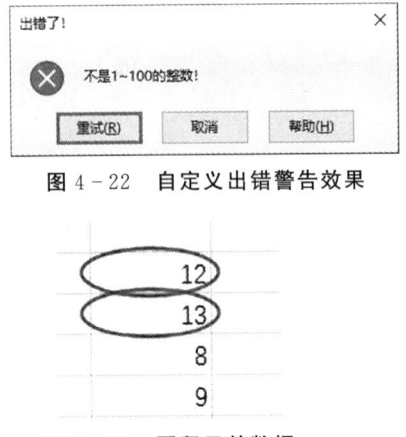

图4-22 自定义出错警告效果

图4-23 圈释无效数据

6.快速填充数据

(1)使用填充柄。如果输入多处相同的数据或是有规律的数据,可以使用填充柄来快速输入数据。填充柄是标识当前选定区域的右下角的一个黑色小方块儿。鼠标移动到填充柄上,指针会变成黑色的十字形,此时按住鼠标左键拖动鼠标就可以横向或竖向填充。

例如,在A1单元格输入"优秀",鼠标移动到A1单元格右下角的填充柄上,向下填充至A5,则A1:A5区域都为"优秀",如图4-24所示。

使用填充柄可以完成系统设置序列的自动输入,如日期、星期、月份。例如,在B2单元格输入"星期一",将鼠标移动到B2单元格右下角的填充柄上,向右填充至H2,则B2:H2区域显示星期序列,如图4-24所示。

使用填充柄还可以进行数字序列填充。在起始单元格中输入序列的初值,然后在下方或右侧的单元格中输入序列的第二个值,这两个值的差就是序列的步长。选定已输入的所有单元格,将鼠标移至所选区域右下角的填充柄,按住鼠标左键向下按列或向右水平拖动。例如,在B4单元格输入"1",在C4单元格输入"3",然后选定B4:C4,鼠标移动到右下角的填充柄上,向右填充至H4,则B4:H4区域显示如图4-24所示的序列。

图4-24 填充效果

思考:如果 A1 单元格输入"优秀 1",使用填充柄向下拖动 A1 单元格,填充区域为什么值(提示:文字不变,数字会递增;使用填充柄按住"Ctrl"再向下拖动就是复制)?

(2)使用"序列"对话框填充。对于有规律的数据,还可使用"序列"对话框来快速输入数据。

例如,在 A1 单元格输入"2",然后选定需要填充的区域 A1:A7,在"开始"选项卡的"编辑"组中单击"填充"按钮,选择"序列",打开"序列"对话框。如图 4-25 所示,在"序列产生在"中选择"列",在"类型"中选择"等比序列",在"步长值"中输入 2,单击"确定",结果如图 4-26所示。

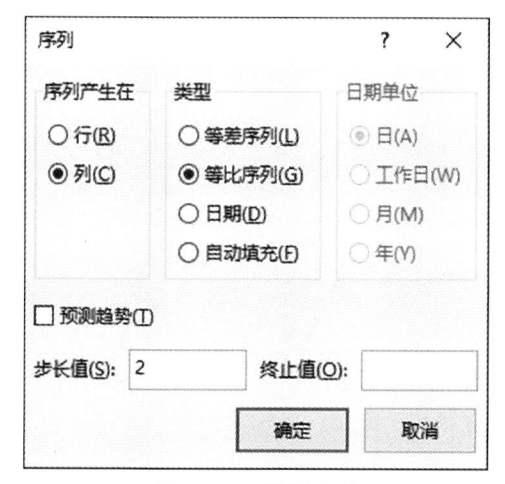

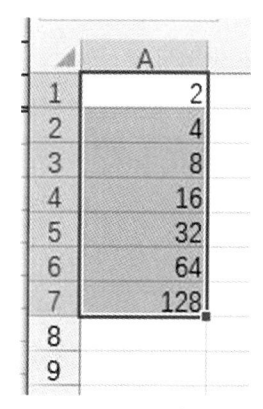

图 4-25 设置序列　　图 4-26 序列填充效果

(3)同时在多个单元格中输入相同数据。首先选定需要输入数据的单元格,可以是相邻和不相邻单元格,然后输入数据,输入完成后,直接按下"Ctrl+Enter"键。

7. 数据的导入

Excel 2016 数据的来源除了手动录入以外,还可以通过外界数据进行导入。

Excel 导入外部数据的主要好处是可以在 Excel 中定期分析此数据,而不用重复地复制数据,复制操作不仅耗时而且容易出错。导入外部数据之后,还可以自动刷新(或更新)来自原始数据源的外部数据。

导入类型常见的有导入文本类数据、导入网站类数据及导入数据库类数据。

分别通过在"数据"选项卡的"获取外部数据"组中单击"自文本"按钮、"自网站"按钮及"自其他来源"按钮进行设置导入。

8. 编辑数据

编辑单元格数据包括修改、删除、清除、移动、复制、查找和替换等。

(1)修改单元格数据。修改单元格的数据只需将原有数据删除,再向单元格中输入新的数据即可。修改的操作与在空白单元格中输入数据的操作类似。

方法一：左键单击要修改数据的单元格，然后直接输入数据，新的数据就会把原有数据替换。

方法二：左键单击要输入数据的单元格，然后单击编辑栏，在其中修改数据。

方法三：左键双击要输入数据的单元格，将插入点定位在其中，然后修改数据。

在修改完成按"Enter"键确定之前，可以按"Esc"键取消对单元格内容进行的任何编辑。

（2）删除单元格数据。删除单元格数据是指将单元格中的数据连同单元格一起删除。执行前面所述的删除单元格操作即可。

（3）清除单元格数据。清除单元格数据是指将单元格中的数据删除，相应单元格变为空白单元格而没有被删除。清除单元格数据可以采用下面三种方法。

方法一：选定单元格，按"Delete"或"Backspace"键可直接清除单元格数据。

方法二：选定单元格，单击鼠标右键，在弹出的快捷菜单中选择"清除内容"命令。

方法三：选定单元格，在"开始"选项卡的"编辑"组中单击"清除"按钮，如图4-27所示，在打开的下拉列表中选择一种清除方式即可。

（4）移动单元格数据。移动单元格数据可以采用下面两种方法。

方法一：选定需要移动的数据所在的单元格区域，在选定区域上右击，选择"剪切"命令（也可直接按"Ctrl+X"组合键），再选定目标位置，右击，根据需要选择"粘贴"命令（也可直接按"Ctrl+V"组合键）或者"插入剪切的单元格"命令。

"剪切""复制""粘贴"命令也可以在"开始"选项卡的"剪贴板"组中单击相应按钮，如图4-28所示。

方法二：使用鼠标拖动来移动数据。选定需要移动的数据所在的单元格区域，将鼠标移动到选定区域的边框上，鼠标上将出现十字形箭头，按住鼠标左键，拖动鼠标至目标单元格区域放开鼠标左键即可。

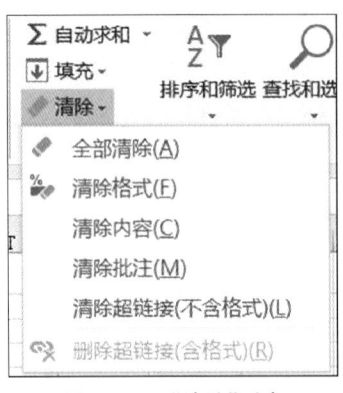

图4-27 "清除"列表　　图4-28 "开始"选项卡"剪贴板"组

（5）复制单元格数据。复制单元格数据可以采用下面三种方法。

方法一：使用复制命令。选定需要复制的数据所在的单元格区域，在选定区域上右击，选择"复制"命令(也可直接按"Ctrl+C"组合键),再选定目标位置,右击,根据需要选择"粘贴选项"中的一种方式,或者选择"插入复制的单元格"命令。

方法二:使用鼠标拖动来复制数据。使用鼠标复制数据的操作与移动数据的操作类似,选定需要复制的区域,按住"Ctrl"键,将鼠标移至选定区域的边框上,按住鼠标左键拖动至目标单元格区域即可。

方法三:选择性粘贴。如果不需要将单元格中的所有内容都复制到新的单元格,可以使用"选择性粘贴"命令。选定被复制的单元格区域,右击,选择"复制"命令,再选定目标位置,右击,在弹出的快捷菜单中选择"选择性粘贴"命令,打开如图 4-29 所示的"选择性粘贴"对话框。

在对话框中可以选择只粘贴公式、数值、格式等,选择相应的选项,单击"确定"按钮。如果在一个工作表,其数据以列表示,需要旋转为在行中重新排列,可以选中右下角的"转置"复选框,将会把数据从行转置到列,或者将数据从列转置到行。

(6)查找和替换数据。在编辑数据时,可以使用查找和替换命令对指定的字符、公式和批注等内容进行查找定位和修改,从而提高工作效率。使用查找功能可以快速找到指定的数据,使用替换功能可以将指定数据替换为另外的数据。

使用查找和替换功能可在"开始"选项卡的"编辑"组中单击"查找和选择"按钮,如图 4-30 所示,在弹出的下拉列表中选择"查找"或"替换"命令,可打开"查找和替换"对话框进行设置。

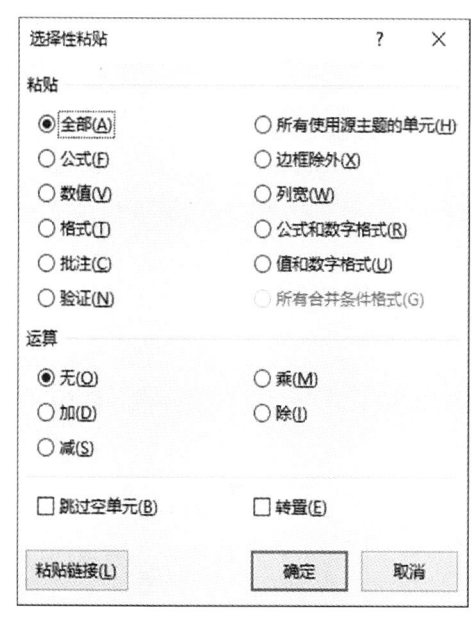

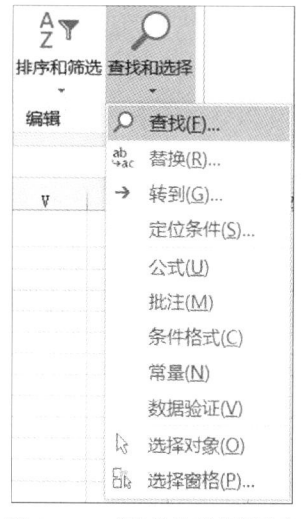

图 4-29 选择性粘贴   图 4-30 "查找和选择"列表

9. 设置格式

在输入并编辑好数据后,通常要对表格格式进行设置和调整,使工作表中的数据更加美观、清晰。

(1)设置行高和列宽。单元格的行高和列宽可以根据实际需要来调整,常用的方法有以下3种:

1)通过鼠标拖动。将鼠标指针移动到行号或者列标之间的分隔线上,鼠标指针会变成双箭头,此时按住鼠标左键拖动鼠标,将有一条灰色的实线跟随移动,这条实线移动到适当的位置后释放鼠标即可。

2)通过"开始"选项卡的"单元格"组设置。选定需要设置的单元格区域,在"开始"选项卡的"单元格"组中单击"格式"按钮,在打开的下拉菜单列表中选择"行高"或者"列宽",即可打开"行高"对话框或者"列宽"对话框,在其中输入行高值或者列宽值,单击"确定"。也可以单击"格式"按钮,在打开的下拉菜单中选择"自动调整行高"或者"自动调整列宽",如图4-31所示。

3)通过行号和列标区域设置。如图4-32所示,在第2行的行号上右击,选择"行高",打开"行高"对话框设置。类似的在列标区域上右击,选择"列宽",打开"列宽"对话框设置。

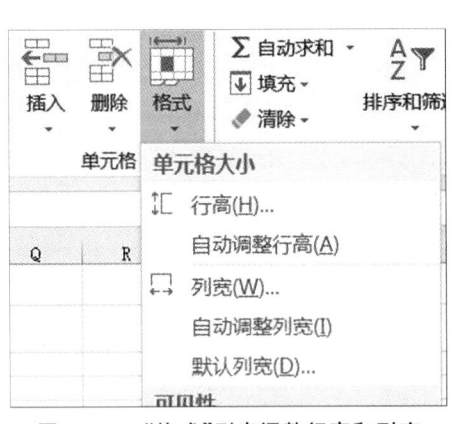

图4-31 "格式"列表调整行高和列宽　　图4-32 右击行号调整行高

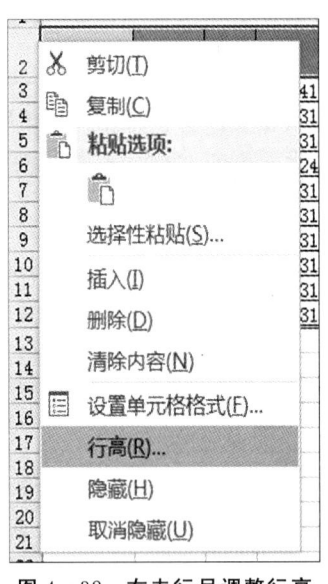

(2)设置字体格式。设置字体格式可以通过"字体"组和"设置单元格格式"对话框的"字体"选项卡两种方法来实现。

1)通过"开始"选项卡的"字体"组设置。选定需要设置的单元格区域,在"开始"选项卡的"字体"组中单击相应的命令按钮,或者在相应的下拉列表中选择所需的选项即可。

可以设置单元格中数据的字体、字形、字号、下画线和颜色等。

2)通过"设置单元格格式"对话框设置。选定要设置的单元格区域,单击鼠标右键,在弹出的快捷菜单中选择"设置单元格格式"命令,打开"设置单元格格式"对话框,单击"字体"选项卡,如图4-33所示,可以设置字体、字形、字号、下画线、颜色、特殊效果等。

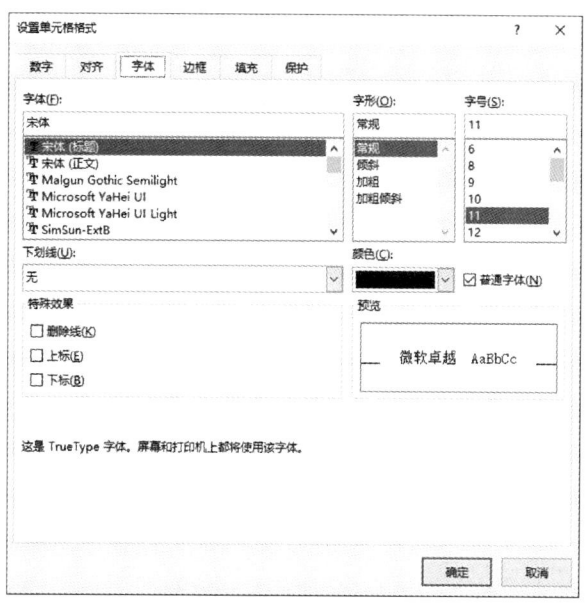

第 4 章 电子表格处理软件 Excel 2016

图 4-33 "字体"选项卡

（3）设置对齐方式。设置对齐方式可以通过"对齐方式"组和"设置单元格式"对话框的"对齐"选项卡来实现。

1）通过"开始"选项卡的"对齐方式"组设置。选定需要设置的单元格区域，在"开始"选项卡的"对齐方式"组中单击相应的命令按钮，或者在相应的下拉列表中选择所需的选项即可。可设置单元格"垂直居中""左对齐""居中""右对齐""自动换行""合并后居中"等。对齐方式组如图 4-34 所示。其中"自动换行"可以使单元格中的文本型数据自动换行，使得文本以多行显示。如果自动换行后单元格中并没有显示所有文本，需要调整行高。

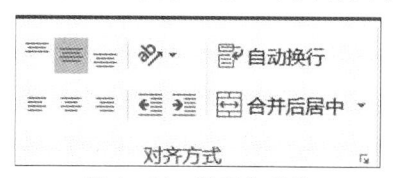

图 4-34 对齐方式组

2）通过"设置单元格格式"对话框设置。选定要设置的单元格区域，单击"开始"选项卡的"对齐方式"组右下角的"对齐设置"按钮，打开"设置单元格格式"对话框，单击"对齐"选项卡，如图 4-35 所示，可以设置单元格中数据的水平和垂直对齐方式、文字的排列方向和文本控制等。

- "水平对齐"方式：分为常规、靠左（缩进）、居中、靠右（缩进）、填充、两端对齐、跨列居中和分散对齐（缩进）。
- "垂直对齐"方式：分为靠上、居中、靠下、两端对齐和分散对齐。
- "文本控制"：分为自动换行、缩小字体填充和合并单元格式。
- "文字方向"：分为根据内容、总是从左到右和总是从右到左。
- "方向"或"度"：可以在单元格中垂直显示文本，也可以把文本旋转一定的角度。

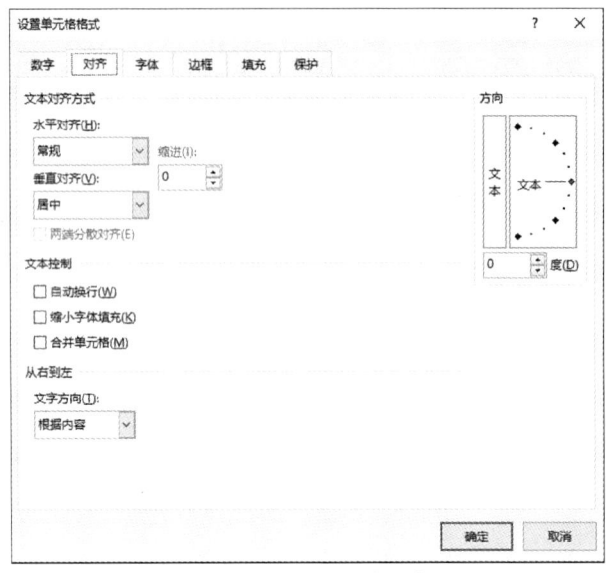

图 4-35 "对齐"选项卡

(4)设置数字格式。设置数字格式可以通过"数字"组和"设置单元格格式"对话框的"数字"选项卡来实现。

1)通过"开始"选项卡的"数字"组设置。选定需要设置的单元格区域,在"开始"选项卡的"数字"组中单击"数字格式"下拉列表框右侧的按钮,在打开的列表中可以选择一种数字格式。此外,单击"会计数字格式"按钮、"百分比样式"按钮、"千位分隔样式"按钮、"增加小数位数"按钮和"减少小数位数"按钮等,可快速将数据转换为会计数字格式、百分比、千位分隔符等格式。

2)通过"设置单元格格式"对话框设置。选定要设置的单元格区域,打开"设置单元格格式"对话框,单击"数字"选项卡,如图 4-36 所示,在其中可以设置单元格中的数据类型,如数值型、货币型、日期型等。

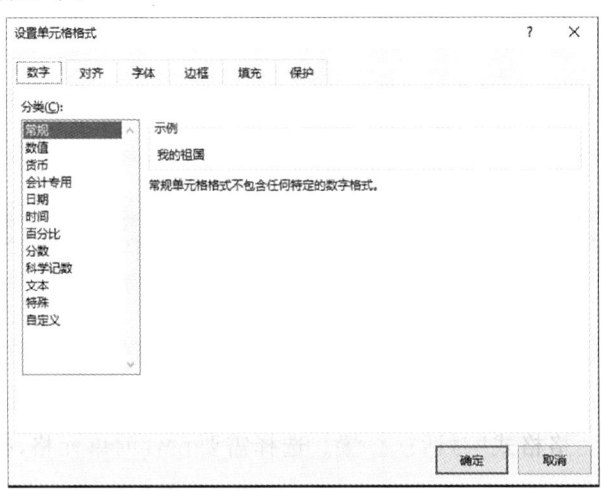

图 4-36 "数字"选项卡

(5)设置边框。Excel 2016 中的单元格默认状态下的网格线不能打印,可另外为单元格设置边框效果。单元格边框效果可通过"字体"组和"设置单元格格式"对话框的"边框"选项卡来实现。

1)通过"开始"选项卡的"字体"组设置。选定需要设置的单元格区域,在"开始"选项卡的"字体"组中单击"下框线"按钮右侧的下拉按钮,在打开的列表中可选择所需的边框线样式,如图 4-37 所示,在"绘制边框"栏的"线条颜色"和"线型"中可选择边框的线型和颜色。

2)通过"设置单元格格式"对话框设置。选定需要设置的单元格区域,打开"设置单元格格式"对话框,单击"边框"选项卡,如图 4-38 所示,在其中可设置各种粗细、样式或颜色的边框。

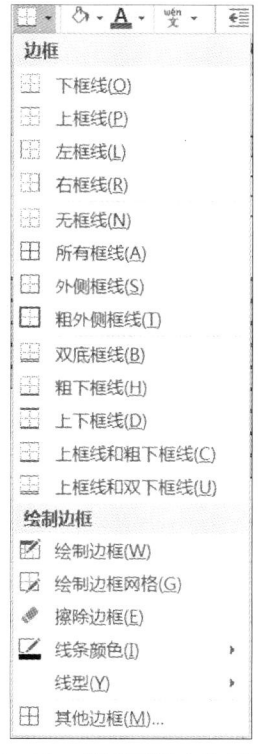

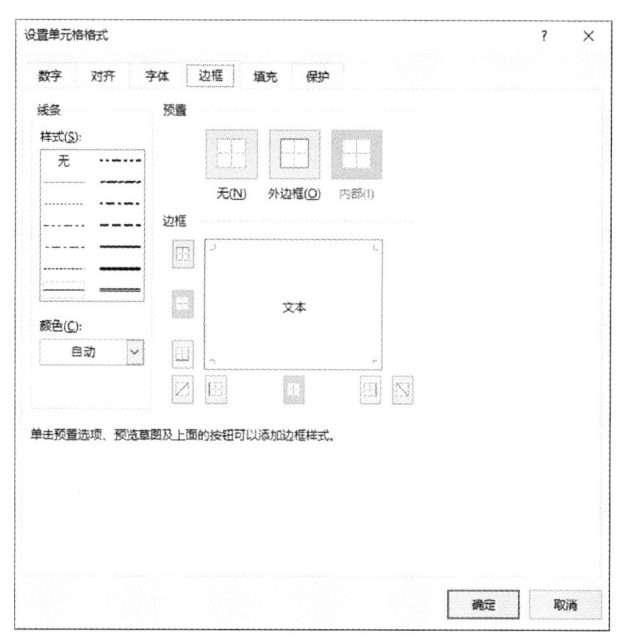

图 4-37 "字体"组中边框设置   图 4-38 "边框"选项卡

(6)设置填充颜色。需要突出显示某单元格或区域时,可设置填充颜色。设置填充颜色可通过"字体"组和"设置单元格格式"对话框的"填充"选项卡来实现。

1)通过"开始"选项卡的"字体"组设置。选定需要设置的单元格区域,在"开始"选项卡的"字体"组中单击"填充颜色"按钮右侧的下拉按钮,在打开的列表中可选择所需的填充颜色。

2)通过"设置单元格格式"对话框设置。选择需要设置的单元格,打开"设置单元格格式"对话框,单击"填充"选项卡,如图 4-39 所示,在其中可设置填充的背景色、填充效果、图案颜色和图案样式。

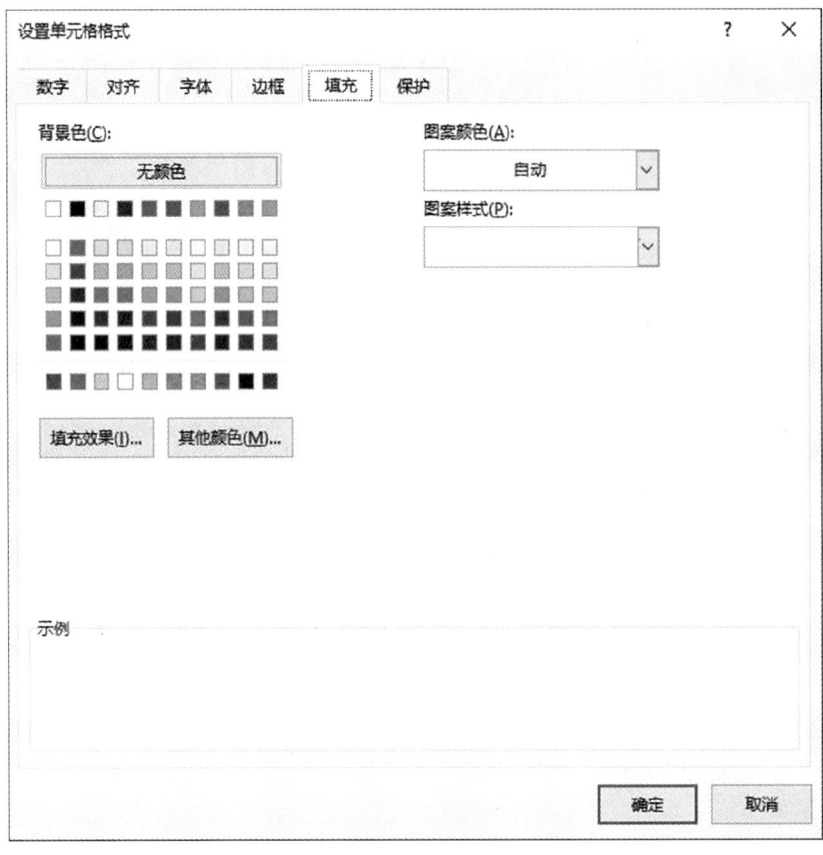

图4-39 "填充"选项卡

（7）格式的复制。

方法一：选定已设置好格式的单元格区域，右击，选择"复制"命令，再选定目标单元格或区域，右击，选择"粘贴选项"中的"格式"。

方法二：可使用格式刷来复制格式。操作方法如下：

1）选定已设置好格式的单元格或区域。

2）在"开始"选项卡的"剪贴板"组中，单击"格式刷"按钮，此时鼠标指针变成刷子形状。拖动鼠标去刷要应用此格式的单元格区域。

若需要反复多次复制同一个格式，可双击"格式刷"按钮，再依次去刷要应用此格式的单元格区域，直至复制完毕，再次单击"格式刷"按钮或按"Esc"键取消格式刷。

（8）套用表格格式。使用单元格样式和套用表格格式可以快速设置单元格和表格格式，美化表格。

1）使用单元格样式。选定需要设置的单元格区域，在"开始"选项卡的"样式"组中单击"单元格样式"按钮，如图4-40所示，在打开的列表中选择一种单元格样式即可。

2）套用表格格式。选定需要设置的单元格区域，在"开始"选项卡的"样式"组中单击"套用表格格式"按钮，如图4-41所示，在打开的列表中选择一种表格格式，打开"套用表格式"

对话框,选择数据区域,然后单击"确定"按钮即可。

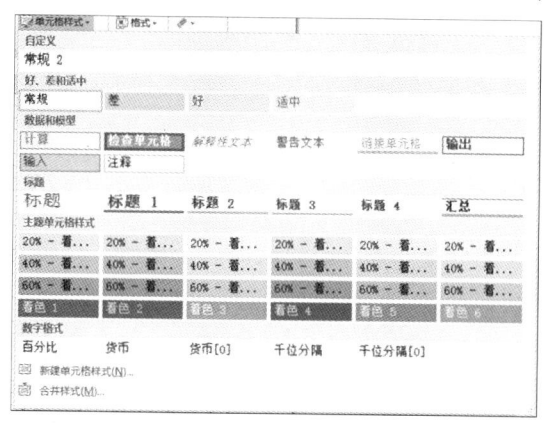

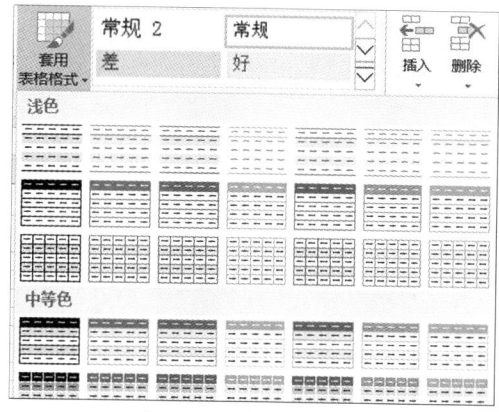

图 4-40　套用单元格样式

图 4-41　套用表格样式

10. 数据的保护

Excel 使用户能够保护自己的数据,可以阻止其他用户在没有密码的情况下打开工作簿,可以保护工作表中的数据,还可以把工作表、某行、某列隐藏起来。

(1) 保护工作簿。如果要防止其他用户查看隐藏的工作表,添加、移动、隐藏和重命名工作表等,可以使用保护工作簿来保护工作簿的结构。

在"审阅"选项卡的"更改"组中单击"保护工作簿"命令,出现"保护结构和窗口"对话框,如图 4-42 所示,在该对话框中选中"结构"复选框,表示保护工作簿的结构,工作簿中的工作表将不能进行移动、删除、插入等操作。

如果需要,用户可以选择在"密码"框中输入一个密码,这是取消保护时需要输入的密码。单击"确定"后,将打开"确认密码"对话框,如图 4-43 所示,在"重新输入密码"框中再次输入相同密码后,单击"确定"。注意,"密码"框可以不输入。如果输入了密码,请确保记下密码。

图 4-42　保护工作簿

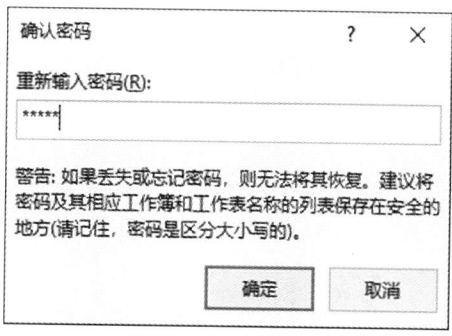

图 4-43　确认密码

当用户需要更改工作簿结构时,可以取消对工作簿的保护。操作与设置保护方法相同,单击"审阅"选项卡"更改"组中的"保护工作簿"命令即可。若设置了密码,将打开"撤销工作簿保护"对话框,如图 4-44 所示,必须输入之前设置的密码,如果密码输入不正确,将无法恢复。

· 147 ·

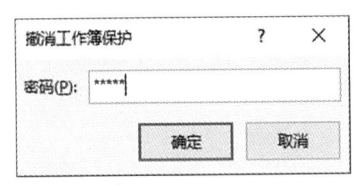

图 4-44 撤销工作簿保护

(2)保护工作表及单元格。如果要防止其他用户意外或有意更改、移动、删除工作表中的某些数据,可以设置保护工作表并锁定工作表上的某些单元格。通过设置,工作表中的特定部分不可编辑修改。

1)保护工作表。选定要保护的工作表。单击"审阅"选项卡"更改"组中的"保护工作表"按钮,出现"保护工作表"对话框,如图 4-45 所示。在"保护工作表"对话框中选择"保护工作表及锁定的单元格内容"复选框,并在"允许此工作表的所有用户进行"列表框中选择允许用户进行的操作,一般允许用户查看数据可以选定锁定单元格及选定未锁定的单元格。

与保护工作簿一样,为防止他人取消工作表的保护,可以输入密码,单击"确定"按钮,在打开的"确认密码"对话框中再次输入密码,单击"确定"按钮。

2)保护单元格。在保护工作表设置后,可以设置锁定单元格或隐藏公式。选定要锁定或者隐藏公式的单元格,在"开始"选项卡的"单元格"组中单击"格式"按钮,选择"设置单元格格式"命令,打开"设置单元格格式"对话框。如图 4-46 所示,在其中选择"保护"选项卡,进行设置,单击"确定"按钮。

图 4-45 保护工作表　　　　图 4-46 保护单元格

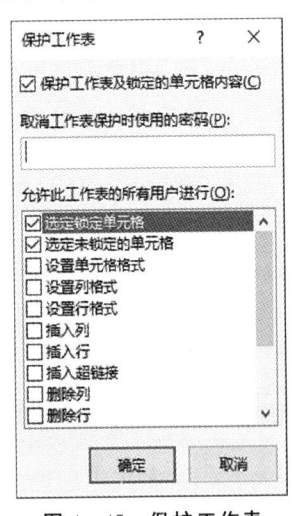

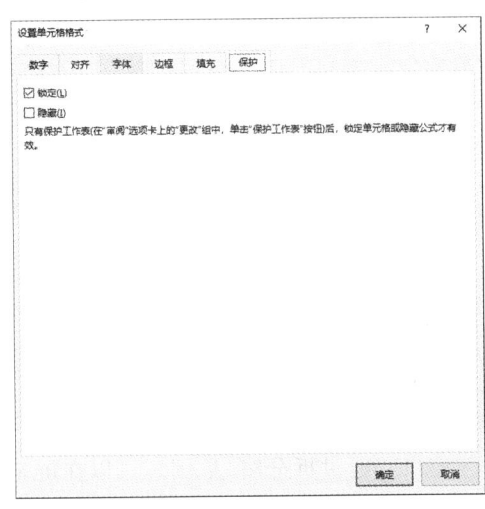

3)隐藏工作表及行、列。隐藏工作表的方法是:右键单击工作表标签,选择"隐藏"命令。或者选定工作表,在"开始"选项卡的"单元格"组中单击"格式"按钮,选择"隐藏和取消隐藏"下面的"隐藏工作表"命令,如图 4-47 所示。

取消隐藏工作表的方法同隐藏工作表类似。

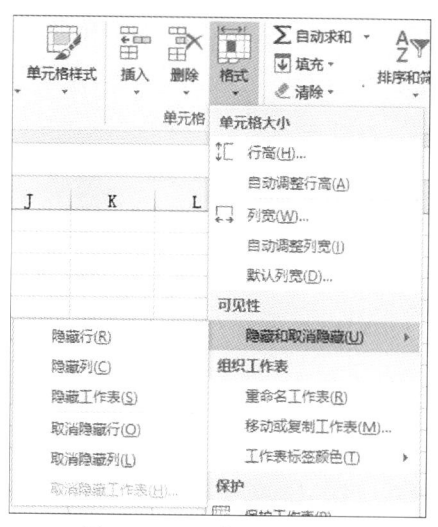

图 4-47 隐藏和取消隐藏

隐藏工作表中的行或列的方法如下：

1）在行（列）标上选定要隐藏的行（列），右击，选择"隐藏"。或者选定要隐藏的行（列），在"开始"选项卡的"单元格"组中单击"格式"按钮，选择"隐藏和取消隐藏"下面的"隐藏行"或"隐藏列"命令。

2）隐藏的行或列不能显示，但可以被引用，行或列隐藏处出现一条黑线。另外，从行（列）编号中也可以看出来。取消所有隐藏的行（列）的操作是首先选定工作表的所有区域，右键单击行（列）标，选择"取消隐藏"。或者在"开始"选项卡的"单元格"组中单击"格式"按钮，选择"隐藏和取消隐藏"下的"取消隐藏行"或"取消隐藏列"命令。

11. 窗口管理

Excel 具有多窗口操作的功能，可以在窗口中打开工作簿的副本，还可以对工作表窗口进行拆分和冻结，以满足不同的需要。

（1）新建和排列窗口。在"视图"选项卡的"窗口"组中单击"新建窗口"按钮，则在另一个窗口中打开当前工作簿的副本。

此时，在"视图"选项卡的"窗口"组中单击"全部重排"按钮，会出现"重排窗口"对话框，在该对话框中选择窗口的排列方式：平铺、水平并排、垂直并排和层叠 4 种。

（2）拆分窗口。通过拆分窗口，用户可以在屏幕上同时查看工作表中不同区域的内容。拆分窗口采用下面的操作步骤。

1）若要将窗口拆分为上、下两部分，那么先选定需要拆分的行。若要将窗口拆分为左、右两部分，那么先选定需要拆分的列。若要将窗口拆分为 4 个部分，那么先选定需要拆分的单元格。

2）在"视图"选项卡的"窗口"组中单击"拆分"按钮。窗口拆分后，利用滚动条可以在各自的窗口中分别插入不同的数据。图 4-48 所示为窗口拆分为 4 个的效果。

图 4-48　拆分窗口效果

若要取消拆分窗口,再次在"视图"选项卡的"窗口"组中单击"拆分"按钮即可。

(3)冻结窗格。工作表内容较多时,在向下或向右滚动浏览时将无法显示前几行或前几列的内容,采用冻结行或列的方法可以始终显示表的前几行或前几列的内容。

1)冻结首行。冻结首行是指滚动工作表其余部分时,保持首行可见。要冻结首行,可在"视图"选项卡的"窗口"组中单击"冻结窗格",如图 4-49 所示,在下拉列表中选择"冻结首行"命令。

2)冻结首列。冻结首列是指滚动工作表其余部分时,保持首列可见。要冻结首列,可在"视图"选项卡的"窗口"组中单击"冻结窗格",选择"冻结首列"命令。

3)冻结前 x 行、前 y 列。"冻结首行"和"冻结首列"这两个选项只能选其一。如果希望首行和首列都保持可

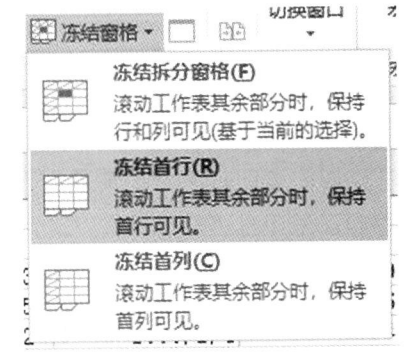

图 4-49　冻结首行

见,可使用"冻结拆分窗格"。要冻结前 x 行、前 y 列,需要先选定第 $x+1$ 行、$y+1$ 列单元格。例如,要冻结首行和首列,要先选定 B2 单元格。然后在"视图"选项卡的"窗口"组中单击"冻结窗格",选择"冻结拆分窗格"命令即可。

4)取消冻结。如果要取消上面的几种冻结方式,可在"视图"选项卡的"窗口"组中单击"冻结窗格",选择"取消冻结窗格"命令。

12. 打印

在对电子表格进行打印之前,通常需要对页面进行设置,预览打印效果。

(1)页面布局设置。在"页面布局"选项卡的"页面设置"组中,可以对页边距、纸张方向、纸张大小、打印区域、分隔符、背景和打印标题等进行设置,如图 4-50 所示。若单击"页面布局"选项卡的"页面设置"组右下角的对话框启动器,打开"页面设置"对话框,还可对页眉、页脚等进行设置。

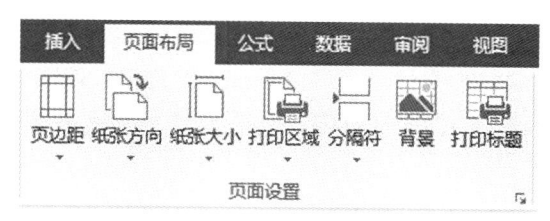

第4章 电子表格处理软件 Excel 2016

图 4-50 页面设置

（2）打印预览。打印预览有助于及时避免打印过程中的错误，提高打印质量。

选择"文件"选项卡的"打印"命令，打开"打印"界面，在该页面右侧即可预览打印效果。如果工作表中内容较多，可以单击页面下方的按钮，切换到下一页或上一页。

（3）打印。选择"文件"选项卡的"打印"命令，打开"打印"界面，在"份数"数值框中输入打印数量，在"打印机"下拉列表中选择当前可使用的打印机，并在"设置"中选择打印范围、打印方式、打印方向等，最后单击"打印"按钮即可。

4.2.4 任务实现

1. 新建并保存为"员工信息表"

具体操作步骤如下：

（1）启动 Excel 2016 后，系统将自动创建名为"工作簿1"的空白工作簿文件。

（2）选择"文件"选项卡的"保存"命令，出现"另存为"界面，单击"浏览"按钮，在打开的"另存为"列表框中选择文件保存路径，在"文件名"文本框中输入"员工信息表"，单击"保存"按钮。

2. 输入数据

在 Sheet1 工作表中按照如图 4-51 所示，输入相关数据。

	A	B	C	D	E	F	G	H
1	公司员工信息表							
2	序号	员工编号	姓名	性别	身份证号	出生日期	总分	部门
3	1	202300101	沈永柱	男	340111×××××7520	2001-5-12	459	编辑部
4	2	202300102	李小强	男	342314×××××1442	2000-11-6	456	编辑部
5	3	202300103	张从雯	女	342314×××××2345	1999-10-23	464	销售部
6	4	202300104	肖庆林	男	342313×××××1822	1999-12-9	466	销售部
7	5	202300105	刘明	男	323315×××××1334	2002-8-16	486	库房
8	6	202300106	王博文	男	321315×××××2452	2002-2-18	469	库房
9	7	202300107	韩雨	女	321315×××××1543	2001-3-23	481	库房
10	8	202300108	李丽	女	342316×××××1257	2001-11-16	485	销售部
11	9	202300109	李忠敏	女	340111×××××2313	2002-1-17	489	销售部
12	10	202300110	郭乐	女	342316×××××1685	2000-12-19	476	编辑部

图 4-51 输入数据

具体操作步骤如下：

（1）选定 A1 单元格，在其中输入标题"公司员工信息表"，然后按回车键切换到 A2 单元格,在其中输入"序号",按"Tab"键或者向右箭头键切换到 B2 单元格,在其中输入"职工编号",再使用相同的方法输入"姓名""性别""身份证号""出生日期""总分""部门"。

(2)序号的输入。选定 A3 单元格,先输入数字 1,然后移动鼠标到该单元格右下角的填充柄,这时鼠标指针变成了黑色的十字形,然后按住"Ctrl"键不放,按住鼠标左键拖动填充柄至 A12 单元格时释放鼠标,数据自动递增填充。

(3)职工编号的输入。选定 B3 单元格,先输入一个英文单引号',然后再输入 202300101。移动鼠标到该单元格右下角的填充柄,这时鼠标指针变成了黑色的十字形,然后按住鼠标左键拖动填充柄至 B12 单元格时释放鼠标(注意:职工编号是字符型数据,填充时不需要按住"Ctrl"键),如图 4-52 所示。

(4)姓名和性别的输入。直接在对应的单元格里输入中文文字即可。对可能在不同单元格输入相同数据可以采用快速输入方法,比如输入员工性别时,先选定 D3 单元格,输入"男",移动鼠标到该单元格右下角的填充柄,按住鼠标左键拖动填充柄至 D12 单元格。选定第一个应该修改为"女"的单元格 D5,按住"Ctrl"键不放,再分别单击 D9、D10、D11、D12 单元格,输入"女",然后按下"Ctrl+Enter"组合键,就可以在选定的不连续单元格中输入相同的数据"女"。

(5)身份证号的输入。选定 E3:E12 单元格区域,右击鼠标在快捷菜单中选择"设置单元格格式"命令,在弹出的对话框中选择"数字"标签,在"分类"项中选择"文本",单击"确定",如图 4-53 所示,然后依次在 E3:E8 中输入数字。

图 4-52 快速填充数据　　　　　　　图 4-53 设置为文本型

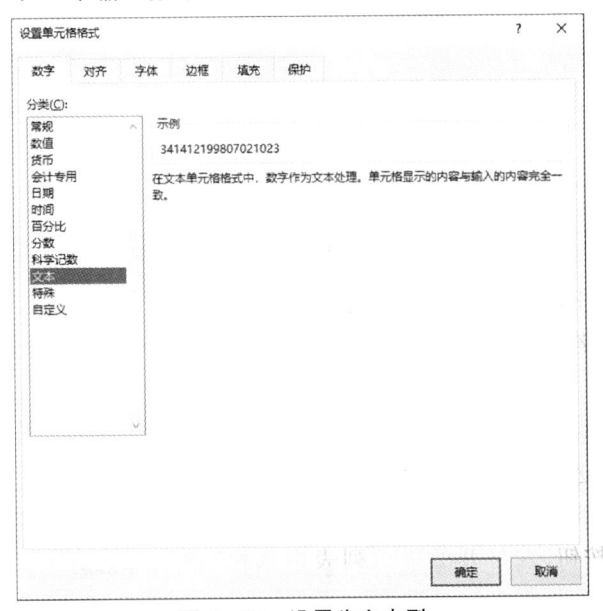

(6)出生日期的输入。在 F3:F12 中输入,日期的年月日用"-"分隔。

(7)入职时考核的总分数输入。在 G3:G12 中直接输入数字。

3.设置数据验证(数据有效性)

部门列数据的输入,要求只能输入"编辑部、销售部、库房"中的一个。可使用数据验证来限制用户输入单元格的值。

具体操作步骤如下：

(1)选定 H3:H12 单元格区域。在"数据"选项卡的"数据工具"组中单击"数据验证"按钮，打开"数据验证"对话框。

(2)在"设置"选项卡的"允许"下，选择"序列"，在"来源"文本框中输入"编辑部,销售部,库房"(注意其中间隔的是英文逗号)，如图 4-54 所示，单击"确定"。

(3)选定 H3 单元格，单击单元格右侧的下拉按钮，在打开的下拉列表中选择需要的选项，或者直接输入部门。同样方法输入 H4:H12 单元格的值。如果输入了不符合要求的数据，如"品检部"，则会出现错误警告，如图 4-55 所示。

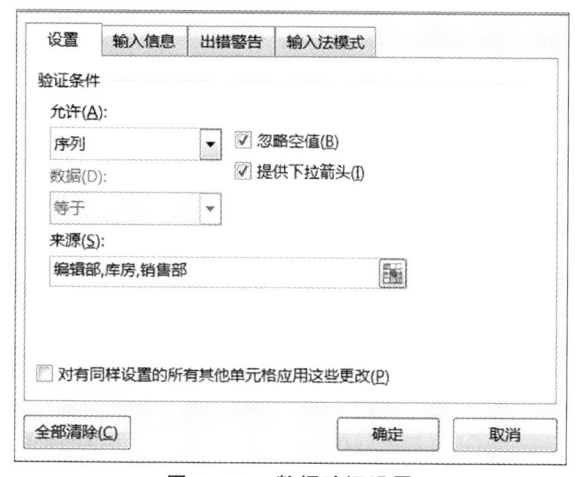

图 4-54　数据验证设置　　　　　　图 4-55　数据出错警告

4. 数据的查找与替换

在 Excel 中直接查找数据比较麻烦而且容易出错，用户可利用查找与替换功能来快速查找符合条件的数据，且能根据需要替换为所需的数据。

把职工号中的"001"全部替换为"002"。

若要将某区域中所有符合条件的数据一次性替换，而其他区域中符合条件的数据不变，需要先选定这一区域。

具体操作步骤如下：

选定 A3:A12 单元格区域，在"开始"选项卡的"编辑"组中单击"查找和选择"按钮，在打开的下拉列表中选择"替换"选项，打开"查找和替换"对话框，单击"替换"选项卡。

如图 4-56 所示，在"查找内容"下拉列表框中输入要查找的数据 001，在"替换为"下拉列表框中输入替换的内容 002，单击"全部替换"按钮。

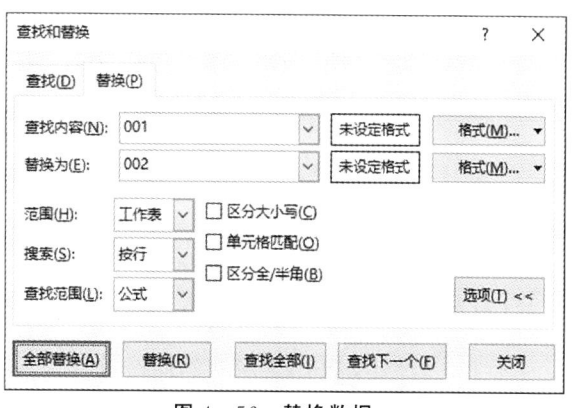

图 4-56　替换数据

5.工作表改名

为了便于直观的了解工作表的内容,可以为工作表修改一个更恰当的名称。操作步骤如下:

双击工作表标签Sheet1,或右击鼠标再选择"重命名"。当Sheet1呈反白色显示时,输入"员工信息表",按回车键确认。

6.设置单元格格式

为了使表格更加美观,通常需要进行单元格的格式设置。常用的有设置字体格式、设置数据格式、设置对齐方式、改变行高和列宽、设置边框和底纹等。

具体操作步骤如下:

(1)设置标题为合并居中,并设置字体格式。选定A1:H1,单击"开始"选项卡的"对齐方式"组中"合并后居中"按钮。再单击"开始"选项卡的"字体"组中的"字体"下拉列表,选择"微软雅黑",单击"字号"下拉列表,选择"18",单击加粗按钮。

(2)设置A2:H12单元格区域的对齐方式和边框。选定A2:H12,在"开始"选项卡的"对齐方式"组中单击"垂直居中"按钮和"居中"按钮。然后单击"对齐方式"组右下角或者"字体"组右下角的"对话框启动器"按钮,打开"设置单元格格式"对话框,单击"边框"选项卡。先选择线条样式为"双实线",再单击"外边框"按钮,即可添加双实线外边框,再选择线条样式为"单细实线",再单击"内部"按钮,即可添加单细实线内边框,如图4-57所示。

(3)设置A2:H2单元格区域背景色。选定A2:H2,在"开始"选项卡的"字体"组中单击"填充颜色"按钮旁的下拉箭头,选择"深蓝、文字2、淡色80%",如图4-58所示。

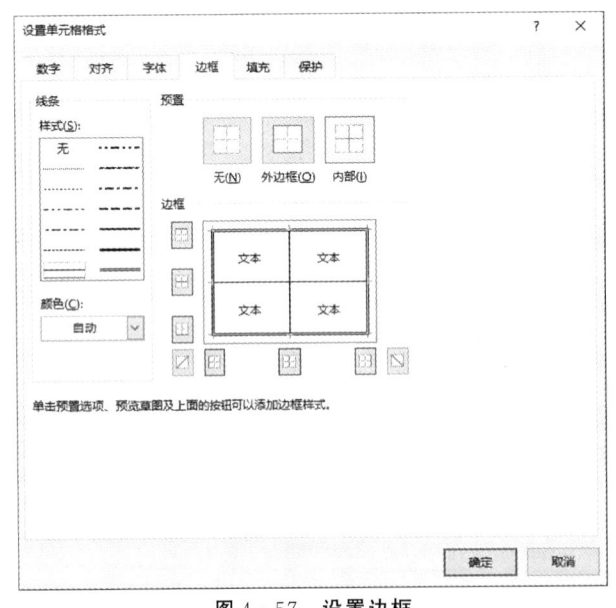

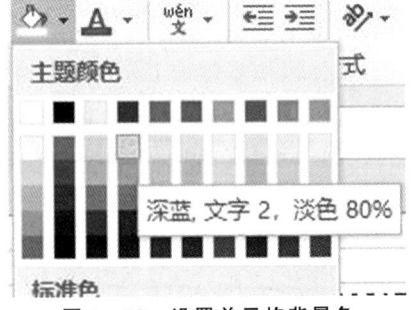

图4-57 设置边框　　　图4-58 设置单元格背景色

(4)增大第2行的行高,设置第A列到H列的列宽为自动调整列宽。将鼠标移动到行号2的下方分隔线上,向下拖动鼠标调整第2行的行高。选定A列到H列,单击"开始"选项卡"单元格"组中的"格式"按钮,在打开的下拉菜单中选择"自动调整列宽"。

(5)设置条件格式,把考核总分高于平均值的单元格用黄色填充深黄色文本。如果要把不满足或者满足条件的某些数据突出显示出来,可以设置条件格式。

具体操作步骤如下:①选定 G3:G12 单元格区域,单击"开始"选项卡"样式"组中的"条件格式"按钮,选择"项目选取规则"→"高于平均值",如图 4-59 所示。② 打开"高于平均值"对话框,如图 4-60 所示,选择设置为"深黄色文本",单击"确定"。

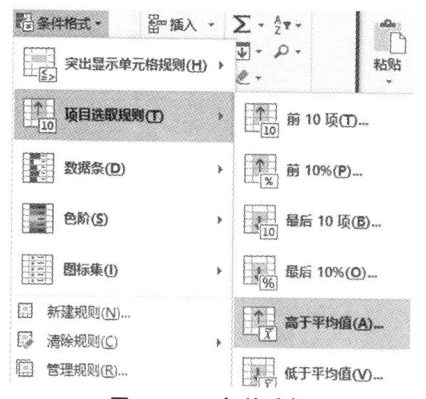

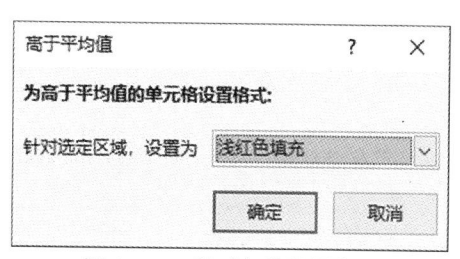

图 4-59　条件选择　　　　　　图 4-60　针对条件设置格式

7.冻结窗格和取消冻结

在浏览数据时,希望第 1 行和第 2 行始终保持显示,则需要冻结前 2 行。

具体操作步骤如下:

(1)先选定 A3 单元格,然后在"视图"选项卡的"窗口"组中单击"冻结窗格",选择"冻结拆分窗格"命令,即可。如图 4-61 所示,在第 2 行的下方显示一条分界线,拖动垂直滚动条向下,前 2 行仍然保持位置不变。

(2)在"视图"选项卡的"窗口"组中单击"冻结窗格",选择"取消冻结窗格"命令,取消上面的冻结方式。

图 4-61　冻结窗格效果

8.设置保护工作表

公司员工信息表只有人事管理可以编辑修改,其他人员打开不能修改或删除工作表中数据信息,但是可以选定阅读,查看内容。如果修改删除必须输入密码解除工作表保护。

具体操作步骤如下：在打开的工作表中，用鼠标单击任何单元格，单击"审阅"选项卡中"保护工作表"按钮，如图4-62所示。然后出现"保护工作表"对话框，如图4-63所示。在默认情况下，"允许此工作表的所有用户进行"列表框中，"选定和锁定单元格"和"选定非锁定单元格"已经勾选。再设置取消保护工作表密码"123456"，确定后再输入一次密码，并记住密码。

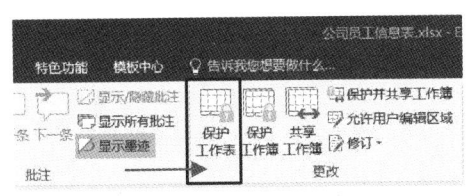

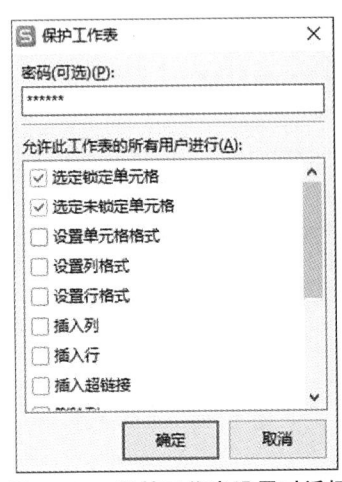

图4-62 保护工作表　　　　图4-63 保护工作表设置对话框

9. 保存并关闭该工作簿

具体操作步骤如下：选择"文件"选项卡"保存"命令或者直接按"Ctrl+S"组合键，或者单击"快速访问工具栏"上的"保存"按钮。最后，单击窗口右上角的"关闭"按钮。

4.2.5 能力拓展

全国人口普查是一次重大的国情国力调查，及时开展人口普查，既是制定和完善未来收入、消费、教育、就业、养老、医疗、社会保障等政策措施的基础，也为教育和医疗机构布局、儿童和老年人服务设施建设、工商业服务网点分布、城乡道路建设等提供决策依据。

根据全国人口普查结果的人口年龄构成情况，请按要求完成下面数据表的编制，效果如图4-64所示。

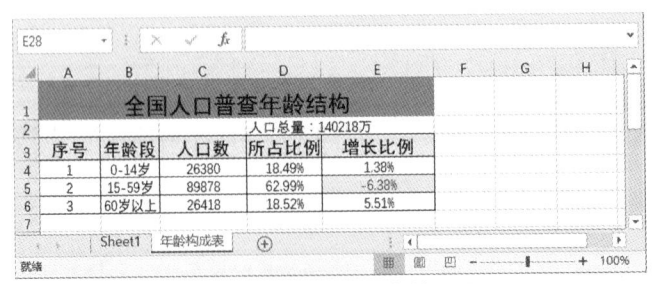

图4-64 年龄构成表效果图

具体编制要求如下：

(1) 新建一个空白工作簿，以"人口普查年龄构成表"为名保存。

(2) 把Sheet2工作表改名为"年龄构成表"，在该工作表中输入相关的内容。其中序号采用填充柄填充。

(3)设置标题 A1:E1 为合并居中,并设置字体为黑体、18 号。

(4)设置 A3:E3 字体为黑体、14 号。

(5)调整第 1 行的行高为 30,设置 A 列到 E 列的列宽为"自动调整列宽"。

(6)设置 A3:E6 对齐方式为:水平和垂直都居中,并添加单细实线边框。

(7)设置标题背景色为"橙色、个性色 2",设置 A3:E3 背景色为"金色、个性色 4、淡色 60%"。

(8)利用条件格式,把负增长(增长比例<0)的数据格式设为"绿填充色深绿色文本"。

(9)保存并关闭工作簿。

4.3 任务 2:公式和函数的使用

4.3.1 任务描述

铭正科技有限公司财务部的小陈每月负责审查各部门考勤表,根据公司制度审查员工的基本工资及奖金,依法缴纳个人所得税,为此,计算编制员工工资表,并对工资表进行相应的数据统计。

对于公司 2023 年 7 月份的员工工资发放表,具体编制要求如下:

(1)填入"满勤奖",7 月份的标准为 22 天,满勤的员工发放奖励 300 元。

(2)应发工资=基本工资+奖金/天×出勤天数+全勤奖。

(3)个人所得税起征点为 5 000 元,应发工资扣去起征点部分为需缴税部分。

个人所得税缴税规则:应发工资低于 5 000 元的不征税。应发工资在 5 000~8 000 元的,征收的税是需缴税部分×3%;应发工资在 8 000~17 000 元的征收的税是需缴税部分×10% −240……

(4)实发工资=应发工资−个人所得税。

(5)对实发工资进行排名计算。

(6)统计平均工资、超出平均工资的人数、最高工资和最低工资以及工资总计数。

原始的员工工资表如图 4-65 所示,小陈最终完成的员工工资表如图 4-66 所示。

图 4-65 员工工资表(原始)

2023年7月公司员工工资发放表

部门	姓名	职务	基本工资	奖金/天	出勤天数	交通补贴	满勤奖	应发工资	个人所得税	实发工资	工资排名
销售部	沈永柱	主管	3000	100	22	90	300	5590	17.7	5572.3	2
销售部	王春梅	职员	2800	100	22	90	300	5390	11.7	5378.3	7
销售部	张从雯	职员	2800	100	22	90	300	5390	11.7	5378.3	7
销售部	肖庆林	职员	2800	100	22	90	300	5390	11.7	5378.3	7
销售部	李东升	职员	2900	100	22	90	300	5490	14.7	5475.3	5
销售部	王胜军	职员	2900	100	21	90	0	5090	2.7	5087.3	11
库房	刘明	主管	3000	100	22	80	300	5580	17.4	5562.6	3
库房	王博文	职员	2900	100	22	80	300	5480	14.4	5465.6	6
库房	韩雨	职员	2900	100	21	80	0	5080	2.4	5077.6	12
库房	程武	职员	2900	100	21	80	0	5080	2.4	5077.6	12
库房	张建兵	职员	2800	100	20	80	0	4880	0	4880	14
编辑部	李丽	主管	3200	100	22	80	300	5780	23.4	5756.6	1
编辑部	李忠敏	职员	3000	100	21	80	0	5180	5.4	5174.6	10
编辑部	郭乐	职员	3000	100	22	80	300	5580	17.4	5562.6	3

实发工资统计	
平均工资	5344.8
超出平均工资人数	9
最高工资	5756.6
最低工资	4880
实发工资总数	74827

图 4-66 员工工资表(完成)

4.3.2 任务分析

在 Excel 2016 中计算、编制员工工资报表的根本方法是正确合理地使用公式和函数。完成本工作任务需要做以下工作：

(1)使用 IF 函数，根据出勤天数确定全勤奖。

(2)使用公式计算员工的应发工资。

(3)使用 IF 函数嵌套，按规定计算员工的个人所得税。

(4)使用公式计算员工的实发工资。

(5)使用 RANK.EQ 函数对实发工资进行排名，注意其中单元格的引用方式。

(6)使用函数统计平均工资、超过平均工资的人数、最高工资、最低工资。

操作过程中，公式的创建、函数的使用、单元格的引用方式是关键。

4.3.3 预备知识

Excel 具有强大的数据处理功能，用户经常会使用它对数据进行各种计算处理，不仅可以通过公式对数据进行常见的加减乘除运算，还可以使用函数进行特定的运算。

1. 公式的概念及运算符

(1)公式的概念。公式是指在单元格中执行计算功能的等式。公式以等号(=)开头，通过各种运算符，将常量或变量、单元格引用、函数等连接起来。其中运算符用于对公式中的元素进行一定类型的运算。

(2)运算符。运算符是 Excel 公式中的基本元素。Excel 中的运算符主要包括算术运算符、比较运算符、文本运算符和引用运算符四种。

1)算术运算符。若要进行基本的数学运算(如加法、减法、乘法或除法)、合并数字以及生成数值结果，可以使用算术运算符，见表 4-1。

表 4-1 算术运算符

运算符	含义	示例
+（加号）	加法	=1+2
-（减号）	减法	=3-2
	求反	=-3
*（星号）	乘法	=5*2
/（正斜杠）	除法	=6/3
%（百分号）	百分比	=23%
^（脱字号）	求幂	=3^4

2）比较运算符。若要比较两个值，可以使用比较运算符，结果为逻辑值 TRUE 或 FALSE，见表 4-2。

表 4-2 比较运算符

运算符	含义	示例
=（等号）	等于	=A1=B2
>（大于号）	大于	=A1>B2
<（小于号）	小于	=A1<B2
>=（大于或等于号）	大于等于	=A1>=B2
<=（小于或等于号）	小于等于	=A1<=B2
<>（不等号）	不等于	=A1<>B2

3）文本运算符。若要连接一个或多个文本字符串，可以使用文本运算符与号（&），见表 4-3。

表 4-3 文本运算符

运算符	含义	示例
&（与号）	将两个值连接(或串联)起来产生一个连续的文本值	="中"&"国"，结果为"中国"

4）引用运算符。若要对单元格区域进行合并计算，可以使用引用运算符，见表 4-4。

表 4-4 引用运算符

运算符	含义	示例
:（冒号）	区域运算符，生成一个对两个引用之间所有单元格的引用(包括这两个引用)	=SUM(A5:B8)
,（逗号）	联合运算符，将多个引用合并为一个引用	=SUM(B5:B10,D5:D10)
（空格）	交集运算符，生成一个对两个引用中共有单元格的引用	=SUM(B7:D7 C6:C8)

（3）运算符的优先级。运算符的优先级由高到低依次为：引用运算符＞算术运算符＞文本运算符＞比较运算符。如果是相同优先级的运算符，按照从左到右的顺序进行运算。如果要改变运算顺序，可以采用括号。

2. 单元格地址、名称和引用

(1)单元格地址。单元格在工作簿中的位置用地址标识,由列标加行号组成。如 A3 表示第 A 列第 3 行。

一个完整的单元格地址除了列标和行号以外,还要指定工作簿名和工作表名,其中工作簿名用方括号括起来,工作表名与列标行号之间用感叹号隔开。例如:[员工工资]Sheet1! A1 表示员工工资工作簿中的 Sheet1 工作表中的 A1 单元格。

(2)单元格名称。在 Excel 数据处理过程中,经常要对多个单元格进行相同或类似的操作,此时可以利用单元格区域或单元格的名称来简化操作。

当一个单元格或单元格区域被命名后,该名称会出现在"名称框"的下拉列表中,如果选定所需的名称,则与该名称相关联的单元格或单元格区域就会被选定。

例如,在该任务的"2021 年 7 月工资表"工作表中为员工姓名所在的单元格区域命名,具体操作步骤如下:

方法一:选定所有员工"姓名"单元格区域,在"编辑栏"左侧的"名称框"中输入名称"姓名",按"Enter"键完成命名。

方法二:在"公式"选项卡的"定义的名称"组中单击"定义名称"下拉列表中的"定义名称"命令,打开"新建名称"对话框,在"名称"文本框中输入命名的名称"姓名",在"引用位置"文本框中对要命名的单元格区域进行正确引用,单击"确定"按钮完成命名。

要删除已定义的单元格名称,可在"公式"选项卡的"定义的名称"组中单击"名称管理器"按钮,打开"名称管理器"对话框,选择名称"姓名",单击"删除"按钮即可删除已定义的单元格名称。

(3)单元格引用。单元格引用的作用是标识工作表中的一个单元格或一组单元格,以便说明要使用哪些单元格中的数据。Excel 2016 中提供了如下 3 种单元格引用。

1)相对引用。相对引用是以某个单元格的地址为基准来决定其他单元格地址的方式。在公式中如果有对单元格的相对引用,则当公式复制时,将根据复制的位置自动调整公式中引用的单元格的地址,Excel 2016 默认的单元格引用为相对引用,如 A1。

2)绝对引用。绝对引用指向使用工作表中位置固定的单元格,公式的复制不影响它所引用的单元格位置。使用绝对引用时,要在行号和列号前加"$"符号,如$A$1。

3)混合引用。混合引用是指相对引用与绝对引用混合使用,如 A$1,$A1。

使用 F4 键在不同引用方式间切换。

例如,某公式中使用的单元格引用为相对引用方式 A1:A12。选定这一引用后:

第一次按下 F4 键,则该引用变为$A$1:$A$12,即变为绝对引用,公式复制时行号和列标都保持不变。

第二次按下 F4 键,则该引用变为 A$1:A$12,即变为一种混合引用,其中行是相对引用,列是绝对引用,公式复制时只有行号会自动调整。

第三次按下 F4 键,则该引用变为 $A1:$A12,即变为另一种混合引用,其中行是绝对引用,列是相对引用,公式复制时只有列标会自动调整。

第四次按下 F4 键,则该引用重新变为 A1:A12,即变回相对引用,公式复制时行号和列标都会自动调整。

3. 公式的使用

(1)输入公式。输入公式的操作与输入文本的操作类似。可以在单元格中直接输入,也可以在编辑栏中输入。不同的是,Excel 中所有的公式输入时都必须以等号(=)开头,等号后面可以包含各种运算符、常量、变量、单元格或区域、单元格引用及函数等。

在单元格中输入公式后,按"Enter"键可在计算出公式结果的同时,选择同列的下一个单元格。按"Tab"键可在计算出公式结果的同时,选择同行的下一个单元格。按"Ctrl+Enter"组合键则在计算出公式结果后,仍保持当前单元格选择状态。

(2)编辑公式。公式输入后,如果出现错误可以对公式重新进行编辑。双击公式运算结果所在的单元格,即可重新显示输入的公式。也可以单击公式运算结果所在的单元格,然后在编辑栏中重新修改公式。对公式进行编辑修改的方法与编辑单元格数据相同,编辑完成后按回车键,Excel 会自动对新公式进行计算。

(3)复制公式。在实际工作中,常常需要向多个单元格中输入相同的公式,此时,复制公式是快速计算数据的最佳方法。对公式进行复制后,公式中的单元格引用会自动调整,这样可避免手动输入公式的麻烦,提高工作效率。复制公式时,单元格引用采用相对引用的将自动更改,而单元格引用采用绝对引用的则不会发生变化。

复制公式常用的方法如下:

1)使用复制和粘贴命令。操作方法和复制数据的操作相同。

2)通过拖动填充柄进行公式复制。即选定已添加公式的单元格,移动鼠标到该单元格右下角的填充柄,这时鼠标指针变成了黑色的十字形,然后按住鼠标左键拖动填充柄至所需位置时释放鼠标。

(4)移动公式。公式在移动的过程中结果不会发生变化。无论使用哪种类型的单元格引用,公式中的单元格引用都不会改变。移动公式的操作方法和移动数据的操作相同。

4. 函数

函数是预先编写的公式,可以对一个或多个值执行运算,并返回一个或多个值。使用函数可以简化和缩短工作表中的公式。例如,要将单元格 A1 到 A30 的 30 个数字值相加,如果输入公式(=A1+A2+A3+…+A30),非常烦琐。而使用 Excel 的求和函数也可以完成,只需要输入=SUM(A1:A30)即可。

函数的结构以函数名称开始,后面是左圆括号、参数和右圆括号。如果函数以公式的形式出现,请在函数名称前面键入等号(=)。

(1)函数参数。函数结构的括号里面是函数的参数,它用于执行计算。

大多数函数都有至少1个参数,如果有多个参数,参数之间用逗号分隔。参数必须出现在括号中,否则函数将返回错误值。参数可以是常量(直接键入的数字或文本值等)、表达式、数组、单元格引用等,参数也可以是公式或其他函数。给定的参数必须能产生有效的值。例如:=SUM(B2:D2,50)。

也有很多函数不需要参数,例如,NOW()函数可返回当前的日期和时间,而不需要添加任何参数。注意:函数名称后面的一对括号不能省略。

(2)使用函数的方法。

1)直接输入函数。用户可以直接将函数名输入到需要使用的地方,然后根据函数格式,使用括号将所需的参数放入其中,从而完成函数的输入。在输入函数时,需要遵循以下原则:

- 可以使用大写或者小写方式输入函数名,但 Excel 会将所有函数名转为大写。
- 所有函数参数都必须放在括号中。
- 使用逗号将参数分开。
- 可以将函数结果作为另一个函数的参数,这种使用方法称为函数嵌套。

2)通过"插入函数"对话框输入。Excel 提供了函数向导工具来帮助用户选择,具体的操作步骤如下:

选定需要插入函数的单元格,在"公式"选项卡的"函数库"组中单击"插入函数"按钮,或者直接单击编辑栏中的"插入函数"按钮,在弹出的"插入函数"对话框中进行函数的选择,如图4-67所示,这里选择了 SUM 函数,对话框的下方显示出该函数的语法格式及功能介绍。

在"插入函数"对话框中单击"确定"后,Excel 将启动函数向导,其中显示了 SUM 函数的名称、它的每个参数、函数和每个参数的说明、函数的当前结果以及整个公式的当前结果,如图4-68所示。

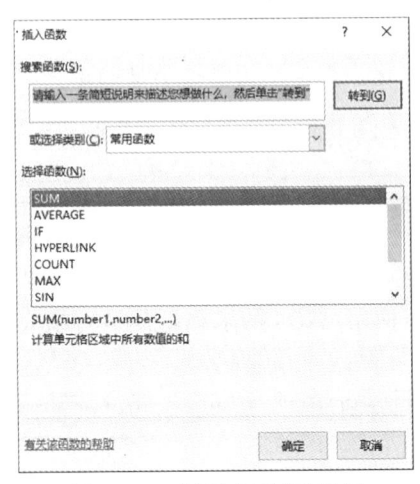

图 4-67 "插入函数"对话框　　　　图 4-68 SUM 函数向导

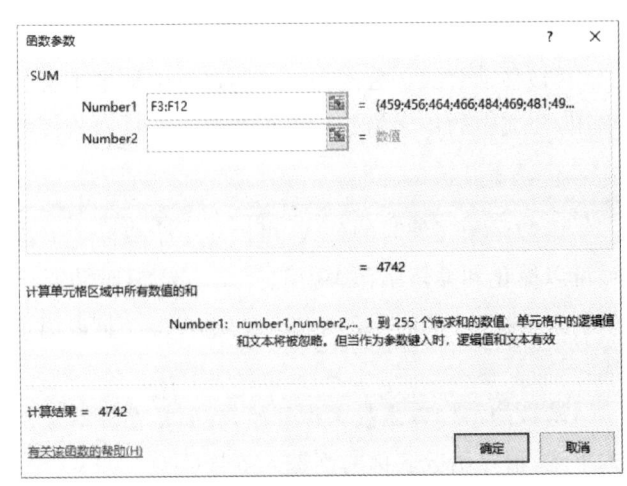

5. Excel 中常用的函数

(1) SUM 函数。

功能：求和。计算单元格区域中所有数值的和。

SUM 函数的语法格式为：SUM(Number1,[Number2],…)。

SUM 函数最多可包含 255 个参数，其中：

Number1 是必需参数，Number2…是可选参数。它们是 1～255 个待求和的数值，可以是 5 之类的数字，B6 之类的单元格引用或 B2:B8 之类的单元格区域。单元格中的逻辑值和文本将被忽略。但作为参数键入时，逻辑值和文本有效。如果有多个不连续区域求和，各参数之间用逗号间隔。

【例 4-1】 输入＝SUM(A1:D1)，将返回 A1:D1 单元格区域所有数值的和，相当于＝A1＋B1＋C1＋D1。

【例 4-2】 输入＝SUM(A1,5)，将返回 A1 单元格和数字 5 的和。

【例 4-3】 输入＝SUM(A1:A3,C1:C3,F1:F3)，将返回 A1:A3 单元格区域和 C1:C3 单元格区域以及 F1:F3 单元格区域内所有数值的和。

(2) AVERAGE 函数。

功能：求平均值。返回其参数的算术平均值；参数可以是数值或包含数值的名称、数组或引用。如果有多个不连续区域求平均值，各参数之间用逗号间隔。

AVERAGE 函数的语法格式为：AVERAGE(number1,[number2],…)。

AVERAGE 函数最多可包含 255 个参数，其中：

Number1 为必需参数，要计算平均值的第一个数字、单元格引用或单元格区域。

Number2…为可选参数，要计算平均值的其他数字、单元格引用或单元格区域。

【例 4-4】 输入＝AVERAGE(A1:D1)，将返回 A1:D1 单元格区域所有数值的算术平均值，相当于＝(A1＋B1＋C1＋D1)/4。

【例 4-5】 输入＝AVERAGE(F3:F6,100)，将返回 F3:F6 单元格区域所有数值和 100 的算术平均值，相当于＝(F3＋F4＋F5＋F6＋100)/5。

(3) MAX 函数。

功能：求最大值。返回一组数值中的最大值(忽略逻辑值及文本)。如果有多个不连续区域求最大值，各参数之间用逗号间隔。

MAX 函数的语法格式为：MAX(number1,[number2],…)。

MAX 函数最多可包含 255 个参数，其中：

Number1 是必需参数，Number2…是可选参数，是要从中查找最大值的 1～255 个数字。参数可以是数字或者是包含数字的名称、数组或引用。如果参数不包含任何数字，则 MAX 返回 0(零)。

例如，输入＝MAX(A1:D1)，将返回 A1:D1 单元格区域内的最大值。

(4) MIN 函数。

功能:求最小值。返回一组数值中的最小值(忽略逻辑值及文本)。如果有多个不连续区域求最小值,各参数之间用逗号间隔。

MIN 函数的语法格式为:MIN(number1,[number2],…)。

MIN 函数最多可包含 255 个参数,其中:

Number1 是必需参数,Number2…是可选参数,是要从中查找最小值的 1~255 个数字。参数可以是数字或者是包含数字的名称、数组或引用。如果参数不包含任何数字,则 MIN 返回 0(零)。

例如,输入=MIN(A1:D1),将返回 A1:D1 单元格区域内的最小值。

(5) IF 函数。

功能:一种常用的条件函数。根据对指定条件的计算结果(真或假),返回不同的结果。

IF 函数的语法格式为:IF(logical_test,value_if_true,[value_if_false])。

其中,logical_test 是必需参数,是任何可能被计算为 TRUE 或 FALSE 的数值或表达式。

value_if_true 是必需参数,是 logical_test 为 TRUE 时的返回值。

value_if_false 是可选参数,是当 logical_test 为 FALSE 时的返回值,如果忽略就返回 FALSE。

【例 4-6】 输入=IF(A1<100,"小于 100","不小于 100"),如果 A1 的值是 98,则返回"小于 100",如果 A1 的值是 200,则返回"不小于 100"。

【例 4-7】 输入=IF(A2>B2,A2-B2,A2+B2),如果 A2 的值是 2,B2 的值是 4,不满足 A2>B2,则返回 6。

(6) COUNT 函数。

功能:计数,计算区域中包含数字的单元格的个数。如果有多个不连续区域需要计数,各参数之间用逗号间隔。

COUNT 函数的语法格式为:COUNT(value1,[value2],…)。

COUNT 函数最多可包含 255 个参数,其中:

value1 是必需参数。要计算其中数字的个数的第一项、单元格引用或区域。

value2…是可选参数,要计算其中数字的个数的其他项、单元格引用或区域。

注意:这些参数可以包含或引用各种类型的数据,但只有数字类型的数据才被计算在内。

例如,输入=COUNT(A1:D1),将返回 A1:D1 单元格区域内是数字的单元格的个数。

(7) COUNTIF 函数。

功能:根据条件计数,计算某个区域中满足给定条件的单元格数目。

COUNTIF 函数的语法格式为:COUNTIF(range,criteria)。

其中,range 是必需参数,是要计算其中非空单元格数目的区域,可以包含数字、数组或包含数字的引用,将忽略空白和文本值。

criteria 是必需参数,是以数字、表达式或文本形式定义的条件,可以使用 3 之类的数字,,">459"之类的比较,B4之类的单元格,或"技术部"之类的文本。

【例 4-8】 输入=COUNTIF(F3:F12,"技术部"),将返回 F3:F12 单元格区域内所有是"技术部"的单元格的个数。

【例 4-9】 输入=COUNTIF(K3:K12,">60"),将返回 K3:K12 单元格区域内所有值大于 60 的单元格的个数。

(8)RANK.EQ 函数。

功能:排名,返回某数字在一列数字中相对于其他数值的大小排名;如果多个数值排名相同,则返回该组数值的最佳排名。RANK.EQ 赋予重复数相同的排位,但重复数的存在将影响后续数值的排位。例如,在按升序排序的整数列表中,如果数字 10 出现两次,且其排位为 5,则 11 的排位为 7(没有排位为 6 的数值)。

RANK.EQ 函数的语法格式为:RANK.EQ(number,ref,[order])。

其中,Number 是必需参数,是要查找排名的数字。

Ref 是必需参数,是一组数或对一个数据列表的引用,非数字值将被忽略。

Order 是可选参数,是指定排名的方式。如果为 0 或忽略,降序;非零值,升序。

例如,输入=RANK.EQ(F4,F3:F12,0),将返回 F4 单元格在 F3:F12 区域内降序排列。

6.函数的嵌套

在使用函数的公式中将函数用作参数之一称为嵌套,我们将该函数称为嵌套函数。

例如,在 IF 函数的参数中嵌套 AVERAGE 函数,使得只有在 C5:C10 区域的平均值大于 60 时,才返回 100。否则,将返回 0。

输入=IF(AVERAGE(C5:C10)>60,100,0),当将嵌套函数作为参数使用时,该嵌套函数返回的值类型必须符合参数使用的值的类型。否则,Excel 会显示 #VALUE! 错误值。

一个公式可以包含多达七级的嵌套函数。如果将一个函数(我们称此函数为 B)用作另一个函数(我们称此函数为 A)的参数,则函数 B 相当于第二级函数。上例中的 AVERAGE 函数就是第二级函数(因为它用作 IF 函数的参数)。如果在嵌套的 AVERAGE 函数中又有嵌套的函数,则为第三级函数,依次类推。

例如,使用嵌套 IF 函数,根据单元格 A2 中的成绩得出等级。依据为:

A2 的值大于等于 90,等级为优;

A2 的值小于 90 并且大于等于 80,等级为良;

A2 的值小于 80 并且大于等于 70,等级为中;

A2 的值小于 70 并且大于等于 60,等级为及格;

A2 的值小于 60,等级为不及格。

这里用到函数的多级嵌套,4 次使用 IF 函数,输入=IF(A2>=90,"优",IF(A2>=80,"良",IF(A2>=70,"中",IF(A2>=60,"及格","不及格"))))。

7.错误信息

在 Excel 中使用公式和函数的过程中,单元格内有时会出现一些错误信息,例如:♯N/A、♯VALUE!、♯DIV/O! 等,这些错误信息出现的原因有很多种。

下面介绍几种常见的错误信息及解决方法。

(1)♯♯♯♯♯。如果单元格所含的数字、日期或时间比单元格宽,就会产生错误信息♯♯♯♯♯。

解决方法:可以通过拖动列标之间的分隔线来增大列宽。

(2)♯VALUE!。当使用错误的参数或运算对象类型时,或者当公式自动更正功能不能更正公式时,就会产生错误信息♯VALUE!。比较常见的是:在需要的数据是数字或逻辑值时输入了文本,Excel 不能将文本转换为正确的数据类型。

解决方法:确认公式或函数所需的运算符或参数正确,并且公式引用的单元格中包含有效的数值。

例如:如果单元格 A1 包含的是一个数字,单元格 A2 包含的是文本,则公式=A1+A2将返回错误信息♯VALUE!。可以用 SUM 函数将这两个值相加(SUM 函数求和时会忽略文本)即=SUM(A1:A2)。

(3)♯DIV/O!。当公式除数为零时,就会产生错误信息♯DIV/O!,主要有以下两种原因。

1)输入的公式中包含明显的除数零,例如:公式=1/0。

解决方法:将零改为非零值。

2)在公式中,除数使用了指向空单元格或包含零值单元格的单元格引用(在 Excel 中如果运算对象是空白单元格,Excel 将此空值当作零值)。

解决方法:修改单元格引用,或者在用作除数的单元格中输入不为零的值。

(4)♯N/A。当函数或公式中没有可用数值时,将产生错误信息♯N/A。

解决方法:如果工作表中某些单元格暂时没有数值,在这些单元格中输入"♯N/A",公式在引用这些单元格时,将不进行数值计算,而是返回♯N/A。

(5)♯REF!。当单元格引用无效时将产生错误信息♯REF!。例如:删除了由其他公式引用的单元格,或将移动单元格粘贴到由其他公式引用的单元格中。

解决方法:恢复工作表中的单元格数据。

(6)♯NUM!。当公式或函数中某个数字有问题时,将产生错误信息♯NUM!。

1)在需要数字参数的函数中使用了不能接受的参数。

解决方法:确认函数中使用的参数类型正确无误。

2)由公式产生的数字太大或太小,Excel 不能表示。

解决方法:修改公式,使其结果在有效数字范围之内。

(7)♯NULL!。使用了不正确的区域运算符或不正确的单元格引用,当试图为两个并不相交的区域指定交叉点时将产生错误信息♯NULL!。

解决方法:如果要引用两个不相交的区域,请使用联合运算符逗号(,)。公式要对两个区域求和,请确认在引用这两个区域时,使用逗号。

4.3.4 任务实现

打开"公司员工信息表.xlsx"工作簿文件,选择其中"2023年7月员工工资发放表"工作表。

1. 使用 IF 函数计算"全勤奖"

IF 函数是一个条件函数,它的功能是:判断是否满足某个条件,如果满足返回一个值,如果不满足则返回另外一个值。

本例中,7月份的标准工作日为22天,因此全勤奖的依据是出勤天数为22天,满足条件的(全勤的)员工发放300元,不满足条件的则为0元。

具体操作步骤如下:

(1)选定 H3 单元格,单击编辑栏上的 f_x "插入函数"按钮,或在"公式"选项卡的"函数库"组中单击"插入函数"按钮,打开"插入函数"对话框。

(2)在"或选择类别"下拉列表框中选择"逻辑"选项,在"选择函数"列表框中选择"IF",单击"确定"按钮,如图 4-69 所示。

(3)在打开的"函数参数"对话框中,单击第 1 个参数 Logical_test 右侧的输入框,下方提示是任何可能被计算为 TRUE 或 FALSE 的数值或表达式,也就是判断条件,因此输入"F3=22"。再单击第 2 个参数 Value_if_true 右侧的输入框,下方提示是第 1 个参数为 TRUE 时也就是真时的返回值,因此输入"300"。再单击第 3 个参数 Value_if_false 右侧的输入框,下方提示是第 1 个参数为 FALSE 时也就是假时的返回值,因此输入"0",如图 4-70 所示。单击"确定"按钮。

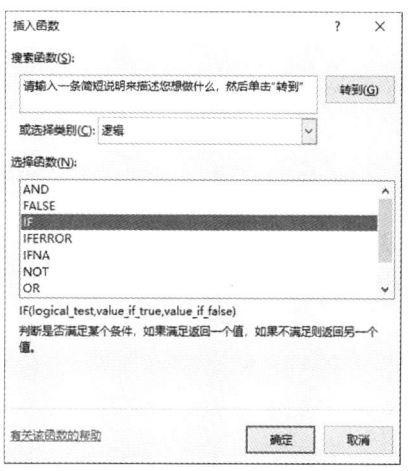

图 4-69 选择 IF 函数

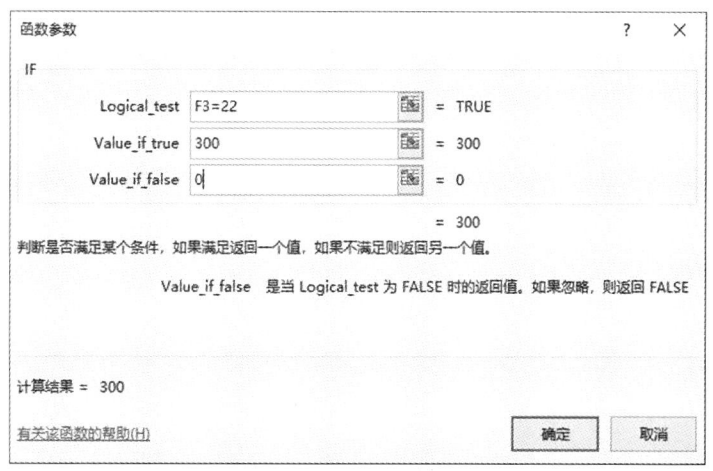

图 4-70 IF 函数参数设置

(4)在 H3 单元格内显示计算结果:300,在编辑栏显示完整的公式:=IF(F3=22,300,

0),如图4-71所示。

	A	B	C	D	E	F	G	H
1				2023年7月公司员工工资发放				
2	部门	姓名	职务	基本工资	奖金/天	出勤天数	交通补贴	满勤奖
3	销售部	沈永柱	主管	3000	100	22	90	300
4	销售部	王春梅	职员	2800	100	22	90	300
5	销售部	张从雯	职员	2800	100	22	90	300
6	销售部	肖庆林	职员	2800	100	22	90	300
7	销售部	李东升	职员	2900	100	22	90	300
8	销售部	王胜军	职员	2900	100	21	90	0

图4-71 满勤奖计算结果

(5)其他员工满勤奖的计算通过填充柄快速输入。把鼠标移动到H3单元格右下角的填充柄上,当鼠标指针为黑色十字形时,拖动鼠标至H16单元格,即可完成所有员工满勤奖的计算。

2.使用公式计算"应发工资"

在本例中,应发工资=基本工资+奖金/天×出勤天数+全勤奖+交通补贴。

具体操作步骤如下:

(1)先计算第一位员工的应发工资。

方法一:选定I3单元格,直接输入=D3+E3*F3+G3+H3,按回车键或单击编辑栏上的输入按钮√,即可看到存放公式的单元格显示出公式的计算结果5590,公式本身在编辑栏中显示。

方法二:选定I3单元格,先输入=,然后选择D3单元格,输入+,再选择E3,输入*,再选择F3,输入+,再选择G3,再选择H3,按回车键即可。

(2)再计算其他员工的应发工资。

选定I3单元格,把鼠标移动到I3单元格右下角的填充柄上,当鼠标指针为黑色十字形时,拖动鼠标至I16单元格。结果如图4-72所示。

	A	B	C	D	E	F	G	H	I
1				2023年7月公司员工工资发放表					
2	部门	姓名	职务	基本工资	奖金/天	出勤天数	交通补贴	满勤奖	应发工资
3	销售部	沈永柱	主管	3000	100	22	90	300	5590
4	销售部	王春梅	职员	2800	100	22	90	300	5390
5	销售部	张从雯	职员	2800	100	22	90	300	5390
6	销售部	肖庆林	职员	2800	100	22	90	300	5390
7	销售部	李东升	职员	2900	100	22	90	300	5490
8	销售部	王胜军	职员	2900	100	21	90	0	5090
9	库房	刘明	主管	3000	100	22	80	300	5580
10	库房	王博文	职员	2900	100	22	80	300	5480
11	库房	韩雨	职员	2900	100	21	80	0	5080
12	库房	程武	职员	2900	100	21	80	0	5080
13	库房	张建兵	职员	2800	100	20	80	0	4880
14	编辑部	李丽	主管	3200	100	22	80	300	5780
15	编辑部	李忠敏	职员	3000	100	21	80	0	5180
16	编辑部	郭乐	职员	3000	100	22	80	300	5580

图4-72 应发工资计算结果

3. 使用 IF 嵌套函数计算"个人所得税"

假设个人所得税起征点为 5 000 元,应发工资扣去起征点部分为需缴税部分。

在本例中,全体员工的应发工资使用的个人所得税缴税规则为:应发工资低于 5 000 元的不征税。应发工资在 5 000~8 000 元的,征收的税是需缴税部分×3%;应发工资在 8 000~17 000 的征收的税是需缴税部分×10% −240。

由于判断的条件不止一个,因此,需要用到 IF 函数的嵌套。

具体操作步骤如下:

(1)选定 J3 单元格,在"公式"选项卡的"函数库"组中单击"逻辑"按钮,在打开的列表中选择 IF。打开"函数参数"对话框,如图 4-73 所示。

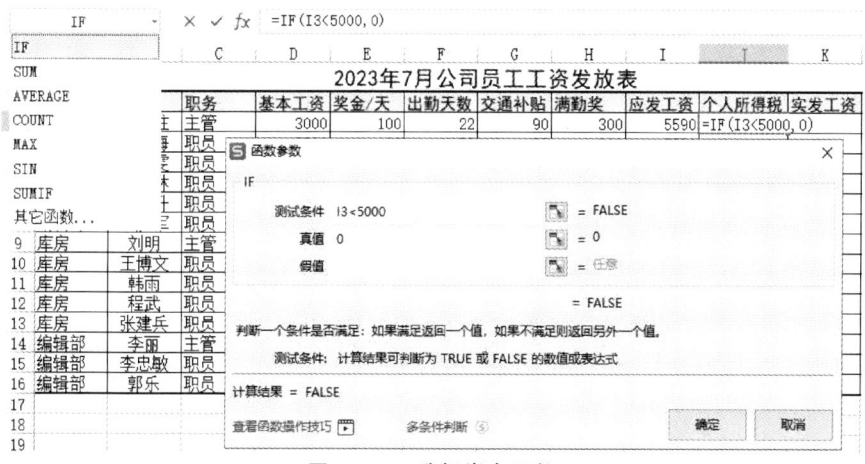

图 4-73　选择嵌套函数

(2)在第一个参数"测试条件"右侧的输入框中输入判断条件:I3<5 000,在第二个参数"真值"右侧的输入框中输入:0。

(3)单击第三个参数"假值"右侧的输入框,将鼠标光标定位到其中。然后单击名称框右侧的下拉按钮,在打开的下拉列表中选择"IF",如图 4-74 所示。

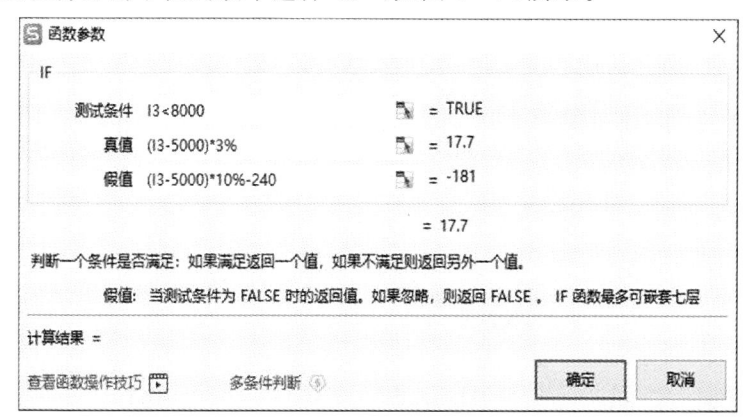

图 4-74　IF 嵌套函数参数设置

(4)在新打开的"函数参数"对话框中进行设置,如图 4-74 所示,在第一个参数"测试条件"

右侧的输入框中输入:I3<8000,在第二个参数"真值"右侧的输入框中输入:(I3－5000)*3%,在第三个参数"假值"右侧的输入框输入:(I3－5000)*10%－240。单击"确定",即可计算出第一位员工应缴纳的个人所得税,在J3单元格显示出计算结果:12,在编辑栏显示完整的公式:＝IF(I3<5000,0,IF(I3<8000,(I3－5000)*3%,(I3－5000)*10%－240))。

(5)再把鼠标移动到J3单元格右下角的填充柄上,拖动鼠标至J16单元格,完成其他员工个人所得税的计算。

4.使用公式计算"实发工资"

本例中,实发工资＝应发工资－个人所得税。

具体操作步骤如下:选定K3单元格,直接输入＝I3－J3,按回车键。再把鼠标移动到K3单元格右下角的填充柄上,拖动鼠标至K16单元格。

5.使用RANK.EQ函数计算"实发工资排名"

RANK.EQ函数用来显示某个数字在数字列表中的排位,它的功能是:返回某数值在一列数字中相对于其他数值的大小排名。

在本例中,每位员工的实发工资排名就是某人的实发工资在全体员工实发工资中的排位(按照从大到小排列)。

具体操作步骤如下:

(1)选定K3单元格,单击编辑栏上的 *fx* "插入函数"按钮,打开"插入函数"对话框。如图4-75所示,在"搜索函数"中输入RANK.EQ,单击"转到"按钮,然后在"选择函数"列表框中选择"RANK.EQ"。单击"确定",打开"函数参数"对话框。也可以直接在"或选择类别"下拉列表框中选择"全部"选项,然后在"选择函数"列表框中选择"RANK.EQ",单击"确定"按钮,打开"函数参数"对话框。

图4-75 选择RANK.EQ函数

第 4 章 电子表格处理软件 Excel 2016

（2）如图 4-76 所示，单击第 1 个参数右侧的输入框，从当前工作表中选择 K3 单元格（或者直接输入 K3）。再单击第 2 个参数的输入框，选择 K3:K16 区域，然后按下"F4"键将引用方式改为绝对引用＄K＄3:＄K＄16。继续单击第 3 个参数的输入框，根据下方提示，降序，因此忽略不输入或者输入 0。单击"确定"按钮，在 L3 单元格显示出计算结果：2，在编辑栏显示完整的公式：＝RANK(K3,＄K＄3:＄K＄16,0)。

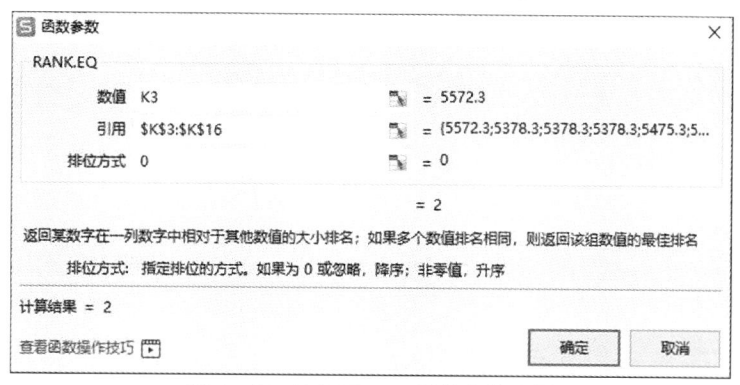

图 4-76　RANK.EQ 函数参数设置

（3）再拖动 L3 单元格右下角的填充柄至 L16 单元格。结果如图 4-77 所示，实发工资相同的排名结果也相同。

图 4-77　实发工资排名计算结果

6.使用函数统计平均工资（数值型，保留一位小数）

统计超过平均工资的人数、最高工资、最低工资、工资总计。

平均工资使用 AVERAGE 函数计算，该函数用来求平均值，功能是计算函数参数的算术平均值。

超过平均工资的人数用 COUNTIF 函数来计算，该函数用来根据条件计数，功能是计算某个区域中满足给定条件的单元格数目。

最高工资用 MAX 函数来计算，该函数用来求最大值，功能是返回一组数值中的最大值（忽略逻辑值及文本）。

最低工资用 MIN 函数来计算，该函数用来求最小值，功能是返回一组数值中的最小值（忽略逻辑值及文本）。

工资总计用 SUM 函数来计算,该函数用来求和,功能是计算单元格区域中所有数值的和。

具体操作步骤如下:

(1)选定 O12 单元格,在"开始"选项卡的"编辑"组中单击"自动求和"按钮右侧的下拉按钮,如图 4-78 所示,在打开的列表中选择"平均值",O12 单元格即出现 AVERAGE 函数,括号内是 AVERAGE 函数的参数,即求平均值的范围,默认给出的参数需要修改,有两种方法:按下鼠标左键拖动选择 K3:K16 或者直接输入 K3:K36,如图 4-79 所示。然后按回车键或单击编辑栏上的输入按钮√。

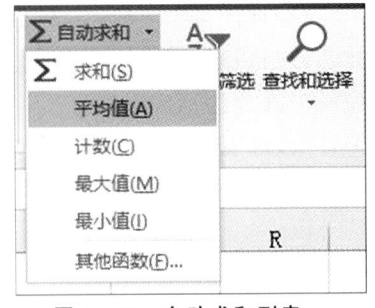

图 4-78 自动求和列表

图 4-79 修改函数参数

(2)选定 O12 单元格,单击"开始"选项卡的"数字"组右下角的对话框启动器,打开"设置单元格格式"对话框,选择"数字"标签,在分类中选择"数值",小数位数选择 1,单击"确定"按钮。

(3)选定 O13 单元格,单击编辑栏上的 fx "插入函数按钮",打开"插入函数"对话框。在"搜索函数"中输入 COUNTIF,单击"转到"按钮。然后在"选择函数"列表框中选择"COUNTIF",单击"确定",打开"函数参数"对话框。单击第 1 个参数"区域"右侧的输入框,选择 K3:K16 区域。再单击第 2 个参数"条件"右侧的输入框,输入:">"&N3,如图 4-80所示。单击"确定"按钮。

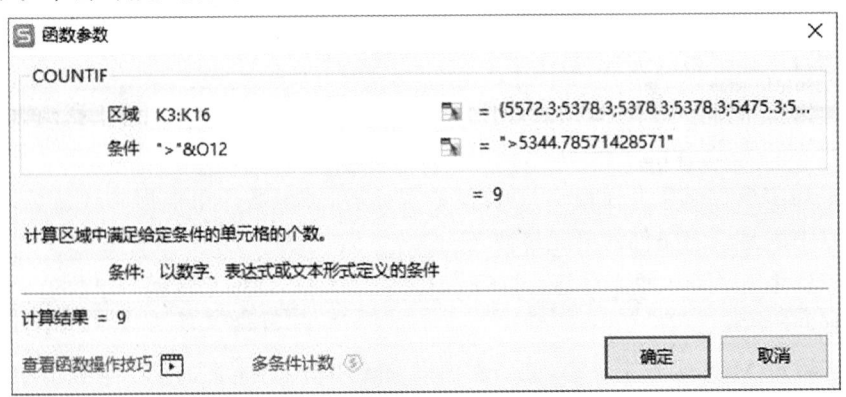

图 4-80 COUNTIF 函数参数设置

第4章 电子表格处理软件 Excel 2016

（4）选定 O14 单元格，在"开始"选项卡的"编辑"组中单击"自动求和"按钮右侧的下拉按钮，在打开的列表中选择"最大值"，O14 单元格即出现 MAX 函数，并自动选择了求最大值的范围，把参数修改为 K3:K16。按回车键或单击编辑栏上的输入按钮 √ 。

（5）选定 O15 单元格，在"开始"选项卡的"编辑"组中单击"自动求和"按钮右侧的下拉按钮，在打开的列表中选择"最小值"，O15 单元格即出现 MIN 函数，并自动选择了求最小值的范围，把参数修改为 K3:K16。按回车键或单击编辑栏上的输入按钮 √ 。

（6）选定 O16 单元格，在"开始"选项卡的"编辑"组中单击"自动求和"按钮右侧的下拉按钮，在打开的列表中选择"求和"，O16 单元格即出现 SUM 函数，并自动选择了求和的范围，把参数修改为 K3:K16。按回车键或单击编辑栏上的输入按钮 √ 。计算结果如图 4-81 所示。

实发工资统计	
平均工资	5344.8
超出平均工资人数	9
最高工资	5756.6
最低工资	4880
实发工资总数	74827

图 4-81　实发工资统计计算结果

4.3.5　能力拓展

为了检验学习情况，本学期期末考试后，需要对本班学生的考试成绩进行认真的分析。班主任汇总了各科成绩后，需要对总分、名次等进行计算处理，下面打开"XX 学期学生考试成绩分析表.xlsx"，按要求完成相关操作，效果如图 4-82 所示。

	A	B	C	D	E	F	G	H	I	J
1	2023年第一学期22级计算机应用专业学生成绩分析表									
2	学号	姓名	性别	思想道德	大学英语	高等数学	信息技术基础	总分	名次	评定等级
3	22003001	沈永柱	男	75	88	80	90	333	11	否
4	22003002	王春梅	女	78	87	82	89	336	8	否
5	22003003	张从雯	女	69	78	70	75	292	14	否
6	22003004	肖庆林	男	88	90	86	86	350	4	优秀
7	22003005	李东升	男	85	91	89	90	355	3	优秀
8	22003006	王胜军	男	缺考	92	90	90	272	13	否
9	22003007	刘明	男	76	86	84	89	335	6	否
10	22003008	王博文	男	72	75	80	88	315	9	否
11	22003009	韩雨	女	77	88	86	91	342	5	优秀
12	22003010	程武	男	80	82	89	93	344	4	优秀
13	22003011	张建兵	男	81	86	91	89	347	3	优秀
14	22003012	李丽	女	68	75	69	76	288	7	否
15	22003013	李忠敏	女	85	78	74	80	317	5	否
16	22003014	郭乐	男	82	90	80	82	334	3	否
17	22003015	王小利	女	78	86	82	84	330	3	否
18	22003016	章程	男	76	81	79	70	306	3	否
19	22003017	许文海	男	90	88	88	86	356	2	优秀
20	22003018	李小曼	女	91	93	90	88	362	1	优秀
21		参加考试人数		17	18	18	18			
22		最高分		91	93	91	93			
23		最低分		68	75	69	70			
24		平均分		79.47	85.44	82.72	85.33			

图 4-82　学生成绩统计表效果图

具体要求如下：

（1）使用公式计算总分。

（2）使用计数函数 COUNT 计算参加考试人数。

(3)使用最大值函数 MAX 计算最高分。
(4)使用最小值函数 MIN 计算最低分。
(5)使用平均值函数 AVERAGE 计算平均分。
(6)使用排名函数 RANK.EQ 计算名次。
(7)使用条件函数 IF 计算是否优秀(判断每位同学总评是否优秀,以总分是否大于等于340 分为条件,超过 340 分填入"优秀",低于 340 分填入"否")。

4.4 任务3：图表分析展示数据

4.4.1 任务描述

铭正科技有限公司销售部的经理每季度审核各部门的销售情况,为下一季度的销售方案调整做参考,为此,经理给小黄布置了制作一份各部门销售分析图表的任务。

具体编制要求如下：
(1)根据素材表格中的数据创建图表。
(2)对图表进行相应的编辑。
(3)图表的格式化设置。
(4)制作迷你图。

小黄最终完成的各部门销售分析图表如图 4-83 和图 4-84 所示。

图 4-83　部门销售分析表(迷你图)　　　　图 4-84　比例分布图效果

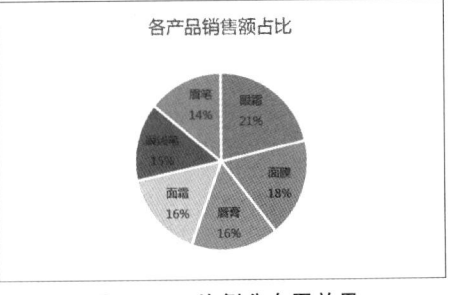

4.4.2 任务分析

在 Excel 2016 中选择需要的数据来制作图表,可以清晰、直观地表现数据之间的关系。完成本工作任务需要做如下工作：

(1)选择制作图表的数据,然后在"插入"选项卡上的"图表"组中选择合适的图表类型。
(2)"图表工具"中包括"设计"和"格式"选项卡,可以用来编辑图表。
(3)图表的格式化就是对图表元素的设置,包括数据标签的值的显示。
(4)使用"插入"选项卡中的"迷你图"组可以制作迷你图。

4.4.3 预备知识

图表是 Excel 中重要的数据分析工具,它是对数据的一种直观展示。利用工作表中的数据制作图表,可以清晰、直观地表现数据之间的关系,反映数据变化的趋势。而且当数据发生变化时,图表也会随之改变。

1. 图表的类型

在 Excel 中提供了多种图表类型,可根据实际情况选用不同的类型。创建图表时,首先要在工作表中选择制作图表的数据。然后,在"插入"选项卡的"图表"组中选择合适的图表类型来制作图表。

若要查看所有可用的图表类型,可单击"图表"组右下角的对话框启动器打开"插入图表"对话框,浏览选择图表类型。常用的图表类型有柱形图、折线图、饼图、条形图、面积图和散点图等。

(1)柱形图是最为常用的图表类型之一,常用于显示一段时间内的数据变化或比较各项数据的大小。柱形图可以直观地反映数据的变化和对比情况。

(2)折线图也是一种常用的图表类型,可用于显示随时间变化的数据以及分析数据的变化趋势。

(3)饼图以整个圆形表示所有数据,以不同的扇形表示不同的数据类型,用以直观地描述一个数据系列中各项数据的大小及其在总数据中所占的比例。

(4)条形图与柱形图类似,也是用于显示一段时间内的数据变化或比较各项数据的大小。区别在于:条形图沿水平轴(x 轴)组织数据,沿垂直轴(y 轴)组织类型,而柱形图沿水平轴(x 轴)组织类型,沿垂直轴(y 轴)组织数据。

2. 图表的构成

图表由图表区和绘图区构成。图表区指图表整个背景区域。绘图区包括数据系列、坐标轴、图表标题、数据标签和图例等部分。图表的构成如图 4-85 所示。

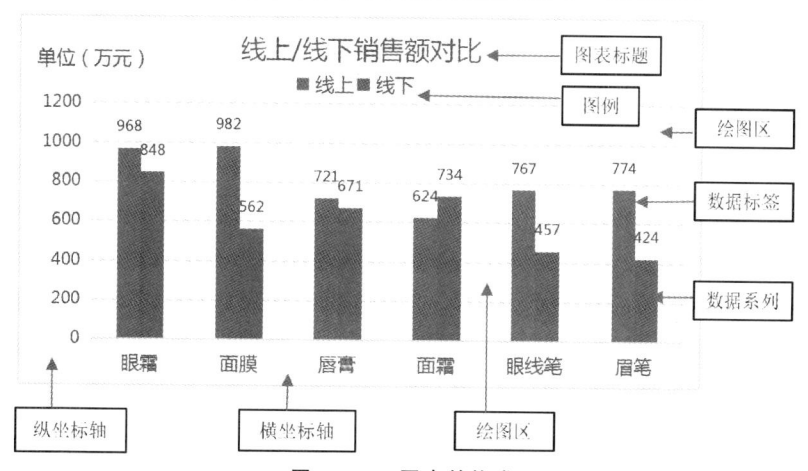

图 4-85　图表的构成

数据系列:图表中的相关数据点,代表着表格中的行、列。图表中每一个数据系列都具有不同的颜色和图案,且各个数据系列的含义将通过图例体现出来。在图表中,可以绘制一个或多个数据系列。

坐标轴:x 轴为横坐标轴(水平轴),通常表示分类;y 轴为纵坐标轴(垂直轴),通常表示数据。

图表标题:图表名称,一般自动与坐标轴或图表顶部居中对齐。

数据标签:为数据标记附加信息的标签,通常代表表格中某单元格的数据点或值。

图例:表示图表的数据系列。通常有多少数据系列,就有多少图例色块,其颜色或图案与数据系列相对应。

4.4.4 任务实现

打开"产品销售分析表.xlsx"工作簿文件,选择"Sheet1"工作表。

1. 创建图表

创建图表首先要在工作表中选择制作图表的数据。然后,在"插入"选项卡的"图表"组中选择合适的图表类型来制作图表。

本例根据产品和线上、线下、总销售额份三列数据制作二维簇状柱形图。

具体操作步骤如下:

(1)选定 A3:C8,单击"插入"选项卡的"图表"组中的"插入柱形图或条形图"按钮,在下拉菜单中进一步选择"二维柱形图"中的"簇状柱形图"。

(2)如图 4-86 所示,可以看到在当前工作表 Sheet1 中创建了一张图表。将鼠标移动到图表中某个柱形长条上即显示具体的值。在图表上单击可以选定图表,鼠标在图表的不同位置停留,会出现各个组成部分的信息。

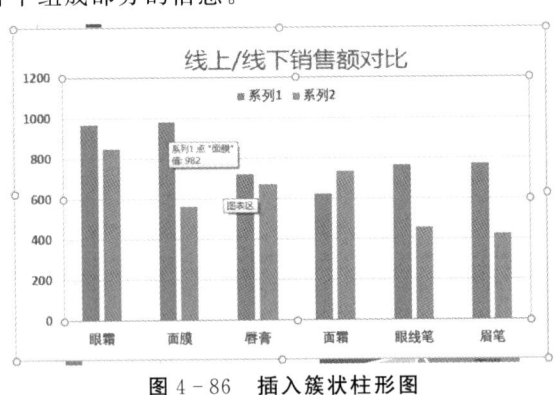

图 4-86 插入簇状柱形图

(3)选定图表按"Delete"删除键或"Backspace"退格键都可以删除图表。单击"图表区"的任意位置,拖动鼠标可将图表在本工作表中移动。鼠标指针移动到边框上的 8 个控制点上,拖动鼠标可改变图表的大小。

2. 编辑图表

单击选定图表,在功能区上方会自动增加"图表工具",包括"设计"和"格式"两个选项卡。可以用来更改图表类型、修改数据源、设置图表样式、移动图表位置及调整图表布局等。

具体操作步骤如下:

(1)修改数据源为产品名称和总销售额两列。

选定图表,在"图表工具"的"设计"选项卡的"数据"组中,单击"选择数据",弹出"选择数据源"对话框。选定 A3:A8,然后按住"Ctrl"键再选定 D3:D8,工作表中的选定区域出现闪动的虚线框,如图 4-87 所示。单击"确定",图表即自动更新,效果如图 4-88 所示。

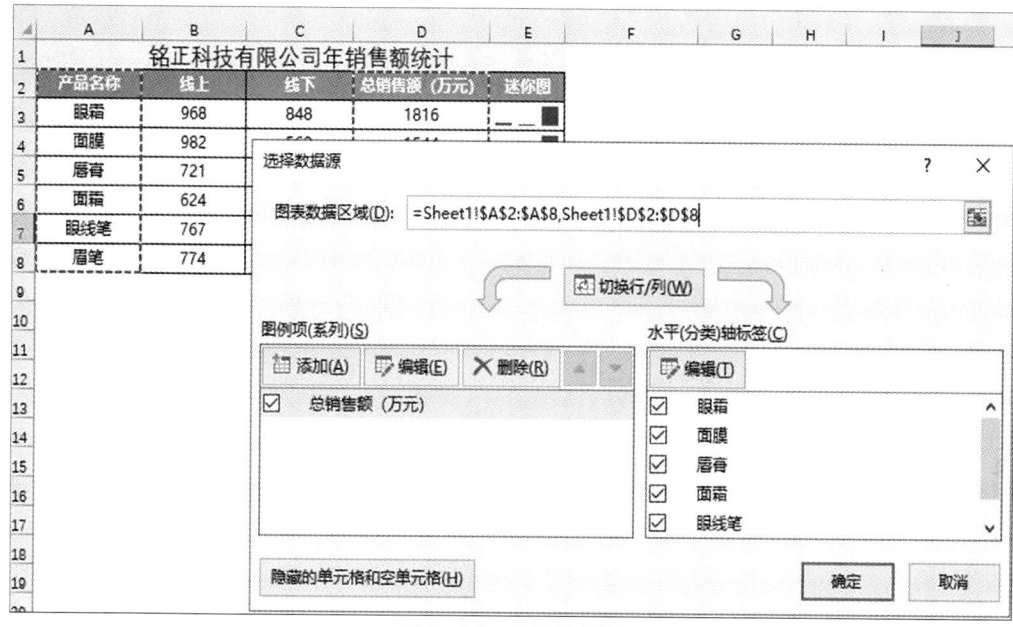

图 4-87 选择数据源

(2)更改图表类型为"饼图",并使用预定义布局和样式更改图表外观。

选定图表,在"图表工具"的"设计"选项卡的"类型"组中,单击"更改图表类型"。在"更改图表类型"对话框中,单击要使用的图表类型"饼图",如图 4-89 所示。

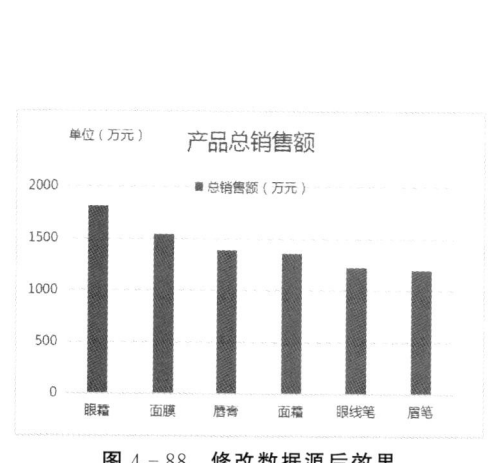

图 4-88 修改数据源后效果

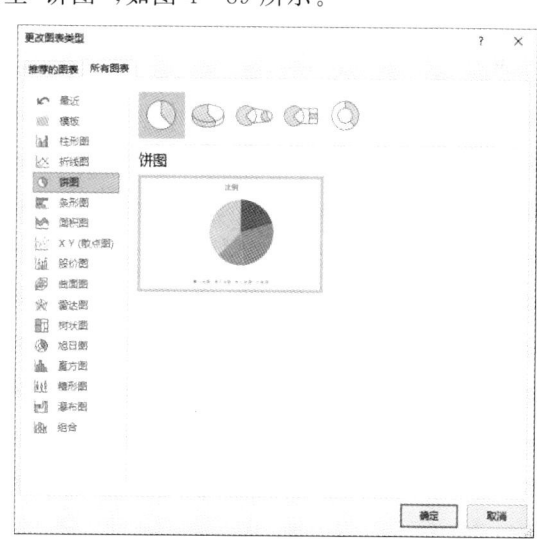

图 4-89 更改图表类型

在"设计"选项卡的"图表布局"组中单击"快速布局",选择"布局 1",在"图表样式"组中选择"样式 11",如图 4-90 所示。点击饼状图数据标签,按右键选择"设置数据标签格式…",勾选"百分比",效果如图 4-91 所示。

图 4-90 修改图表类型后效果　　　　图 4-91 设置数据标签格式

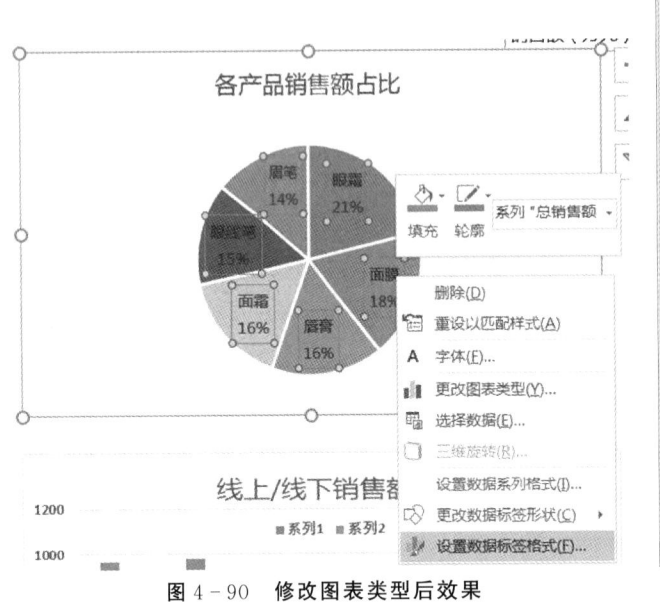

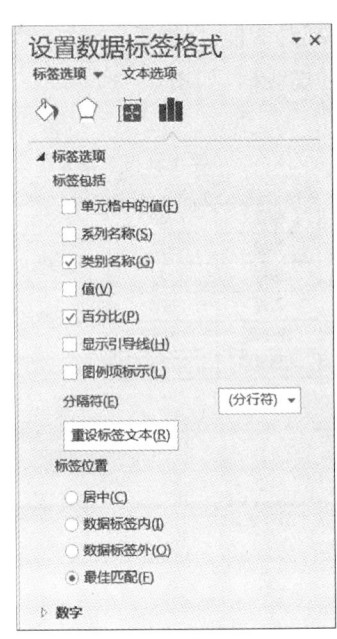

(3)移动图表到新工作表中,新工作表名为"统计图"。

选定图表,在"图表工具"的"设计"选项卡的"位置"组中,单击"移动图表",打开"移动图表"对话框,如图 4-92 所示,在其中选择放置图表的位置为"新工作表",在右边的文本框中输入"统计图"。单击"确定",即可看到新增加了一张工作表"统计图",用来放置图表。

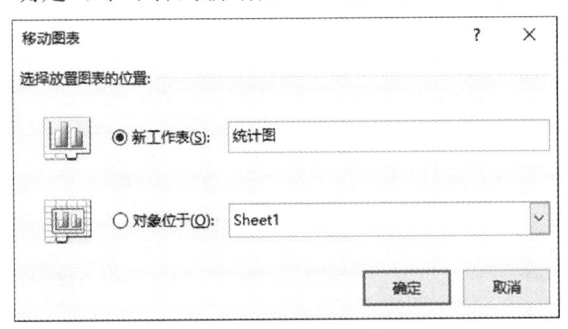

图 4-92 移动图表

(4)设置图表标题为"比例分布图",图例放在右侧显示。

选定图表,在"图表工具"的"设计"选项卡的"图表布局"组中,单击"添加图表元素",选择"图表标题"中的"图表上方",在图表标题框中修改文字为"比例分布图"。或者直接单击图表标题位置,把"比例"修改为"比例分布图"。

在"图表工具"的"设计"选项卡的"图表布局"组中,单击"添加图表元素",选择"图例"中的"右侧"。

3.图表的格式化

图表由若干图表元素组成。图表的格式化就是对图表元素的设置,分为两步:

(1)选定图表元素。选定图表,在"图表工具"的"格式"选项卡的"当前所选内容"组中,单击"图表元素"右侧按钮,在下拉列表中选择所需的图表元素。如果对图表的组成比较熟悉也可以直接单击要更改样式的图表元素。

(2)设置图表元素的格式。操作步骤如下:

1)修改图表区的格式:选定图表区,在"当前所选内容"组中单击"设置所选内容格式",如图 4-93 所示,在出现的"设置图表区格式"任务窗格中选择"边框",设置为实线、标准色蓝色,深色 25%。再在"填充"组中单击"图片或纹理填充",在"纹理"的下拉按钮上单击打开菜单,选择"信纸"。

2)修改数据标签的格式:选定数据标签,单击"开始"选项卡上的"字体"组,设置为"黑体、8号"。

3)修改图表标题的格式:选定图表标题,再单击"开始"选项卡上的"字体"组,设置标题为黑色,字体和大小为"黑体、14号"。

效果如图 4-94 所示。

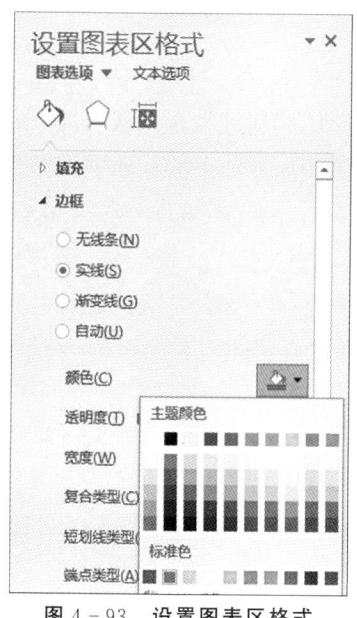

图 4-93　设置图表区格式　　　　图 4-94　图表效果图

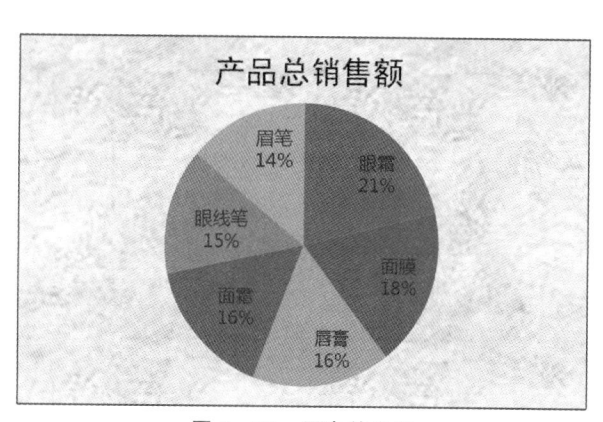

4.创建和编辑迷你图

迷你图是放在工作表单元格中的一个微型图表,可提供数据的直观显示。

创建迷你图的方法和创建图表稍有不同。操作步骤如下:

(1)单击 Sheet1 工作表,选定迷你图放置的单元格 E3。然后,在"插入"选项卡的"迷你图"组中,单击要创建的迷你图的类型:"柱形图"。打开创建迷你图对话框,如图 4-95 所示,在打开的对话框中设置"数据范围"为 B3:D3,位置范围就是刚选定的单元格,无须更改,单击"确定"。

(2)当选定 E4 单元格时,将会出现"迷你图工具",并显示"设计"选项卡。我们可以用它来修改迷你图。选定 E3 单元格,拖动右下角的填充柄至 E8 单元格,为其他列快速创建类似的迷你图,如图 4-96 所示。

(3)删除迷你图必须使用"迷你图工具"的"设计"选项卡中的"清除"按钮。

图 4-95 创建迷你图

图 4-96 迷你图效果

4.4.5 能力拓展

铭正科技有限公司是一家销售家电产品的电子商务企业,销售业务员积极努力,采取大数据分析技术与电子商务结合手段,近 5 年来销售额逐年增长,但每年增长速度不够稳定。需要进行销售市场调研和销售策略创新。请打开"2019－2023 年产品销售额及增长速度对比表.xlsx",按要求完成相关操作,效果如图 4-97 所示。

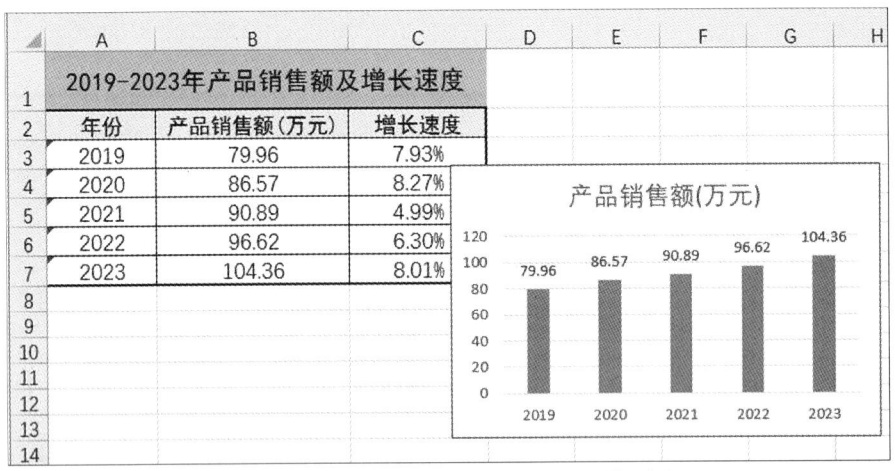

图 4-97 2019－2023 年产品销售额及增长对比图

具体要求如下:

(1)根据年份和增长速度两列数据制作"折线图"。

(2)修改图表数据源为年份和产品销售额(万元)。

(3)更改图表类型为三维簇状柱形图。

(4)在图表上方设置图表标题为"2019－2023 年产品销售额及增长对比图",添加纵坐标轴标题为"销售额(万元)",添加数据标签为"数据标签外"。

(5)为图表区添加标准色红色实线边框。

4.5 任务4:数据处理

4.5.1 任务描述

铭正科技有限公司一年一度的年度考核开始了,小吴收集了各考核数据,制作完成了年度考核表,接下来需要对考核数据进行更清楚直观的统计分析。

具体编制要求如下:
(1)对年度考核表中的数据按照不同的条件进行筛选。
(2)按需要进行排序处理。
(3)按要求创建分类汇总,查看分类汇总数据。
(4)创建数据透视表及数据透视图。

4.5.2 任务分析

Excel 2016 中不仅提供了强大的计算能力,还提供了强大的数据管理分析功能,能快速、直观地显示及查找需要的数据。完成本工作任务需要做如下工作。

(1)用自动筛选来筛选出技术部的员工信息。
(2)清除筛选和退出筛选。
(3)自定义筛选出工作表现大于 35 分的员工信息。
(4)用高级筛选来筛选出生产部中工作表现大于等于 34 分的员工信息。
(5)用高级筛选来筛选出职务是经理或者优良评定是优的员工信息。
(6)对"排序及分类汇总"工作表中的数据按照部门升序排列,部门相同的按照工作表现降序排序。
(7)使用分类汇总统计不同部门的平均值,并设置分级显示为分级 3。
(8)在"数据透视表和图"工作表中,利用数据透视表查看不同部门及不同职务的绩效总分平均值。
(9)使用上面的数据透视表创建数据透视图。

4.5.3 预备知识

Excel 2016 提供了强大的数据处理功能,用户可以按自己的需要从不同的角度去观察和分析数据。

常用的有数据筛选、排序、分类汇总、数据透视表和数据透视图等。利用这些功能,用户可以从工作表中获得有用的数据,并根据自己的需要重新整理布局数据。

1. 数据筛选

数据筛选可以很方便地将满足条件的数据挑选出来,在对数据进行分析时经常会用到。如果表格中包含大量数据,而实际只需浏览、使用其中部分数据,此时可以使用筛选功能,将不需要的行隐藏起来,仅显示符合条件的某些行。

数据筛选的方法有自动筛选、自定义筛选和高级筛选。

(1)自动筛选:根据用户设定的筛选条件,自动把表格中符合条件的数据显示出来,并且把表格中的其他数据隐藏起来。

(2)自定义筛选:建立在自动筛选的基础上,确定筛选条件后,然后在"自定义自动筛选方式"对话框中进行设置。

(3)高级筛选:根据自己设置的筛选条件对数据进行筛选,而且可以筛选出同时满足两个或两个以上条件的数据。

2. 数据排序

数据排序可以将数据按照指定的顺序规律来重新排列,把一列或多列无序的数据整理成有序的数据,为进一步处理数据做好准备,常常用于统计工作中。用户可以在一列或多列数据上对数据区域进行排序。

常用的方法有快速排序和自定义排序。

(1)快速排序:用于只对某一列进行简单排序,单击要排序列中的任意一个单元格,单击"数据"选项卡的"排序和筛选"组中的"升序"或者"降序"按钮。

(2)自定义排序:可以通过设置一个或者多个关键字对数据进行排序,对排序依据和排序选项等进行设置。在设置多个关键字排序时,将按照主要关键字先排序,排序相同的数据再按照次要关键字进行排序。

3. 分类汇总

分类汇总就是将工作表中相同类别的内容加以汇总处理的方法,可以自动对所选数据进行汇总,并插入汇总行。汇总方式灵活多样,可以求和、求平均值、计数、求最大值等,能满足用户多方面的需要。

分类汇总实际上就是分类加汇总,其操作过程首先是通过排序功能对数据进行排序分类,然后再按照这一分类进行汇总。如果没有进行排序分类,汇总的结果就没有实际意义。因此,在分类汇总之前,必须先将数据表进行排序,再进行汇总操作,且排序的条件最好是需要分类汇总的相关字段,这样汇总的结果将更加清晰。

用户根据需要可以进行分类汇总的嵌套,即在第一次分类汇总的基础上进行第二次的分类汇总。

另外,在汇总结果的窗口中还可以设置分级显示列表,方便我们显示和隐藏每个分类汇总的明细行。

4. 数据透视表和数据透视图

(1)数据透视表。数据透视表能从大量看似无关的数据中寻找背后的联系,从而将纷繁的数据转化为有价值的信息,以供研究和决策所用。

数据透视表是一种交互式的表,可以对大量数据快速汇总和建立交叉列表,从而帮助用户分析、组织数据。例如,计算平均数、计算百分比、求和与计数等。所进行的计算与数据跟数据透视表中的排列有关。

数据透视表是数据源的一种表格表现形式。数据源表格中的数据可以编辑和修改,而数据透视表中的数据是不能被编辑的。如果数据源表格中的原始数据发生更改,则可以通过更新数据透视表的方式来使之变化。

在数据透视表中,可以动态地改变数据的布局,从不同的角度查看数据,以便按照不同的方式来分析数据,也可以重新安排行号、列标等。每一次改变布局时,数据透视表会立即按照新的布局重新计算数据。

(2)数据透视图。创建数据透视图有两种方法,一种是使用数据表,另一种是使用数据透视表。

1)使用数据表创建数据透视图。使用数据表创建数据透视图的操作过程,与创建数据透视表的操作过程是类似的,只是在选定要建立的数据区域后,直接单击"插入"选项卡的"图表"组中的"数据透视图"按钮。

2)使用数据透视表创建数据透视图,根据数据透视表可以制作数据透视图。这样创建的数据透视图和数据透视表是相互联系的,即如果改变数据透视表,则数据透视图将发生相应的变化。反过来,如果改变数据透视图,则数据透视表也将发生相应变化。

4.5.4 任务实现

打开"年度考核表.xlsx"工作簿文件,在"Sheet1"工作表标签上右击,选择"移动或复制",打开"移动或复制工作表"对话框,勾选"建立副本"复选框,单击"确定"。重复以上方法,再复制一张工作表。分别修改三张工作表的名称为"筛选""排序及分类汇总""数据透视表和图"。

(1)用自动筛选来筛选出销售部的员工信息。自动筛选可快速显示指定条件的数据同时隐藏其他数据。操作步骤如下:

1)选定"筛选"工作表。单击数据区域内的任意一个单元格,单击"数据"选项卡,在"排序和筛选"组中单击"筛选"按钮,可以看到每个字段列标题的右边会出现箭头按钮。单击箭头,会显示一个筛选器选择列表,该列中的所有值都会显示在列表中。根据列中的数据类型,列表中会显示"数字筛选"或"文本筛选"。

2)单击"部门"列右边的筛选按钮,选择"销售部",如图4-98所示。单击"确定",即可看到只保留了符合条件的数据行,同时,"部门"列右边的"筛选"按钮变成 ,表示已应用筛选,效果如图4-99所示。

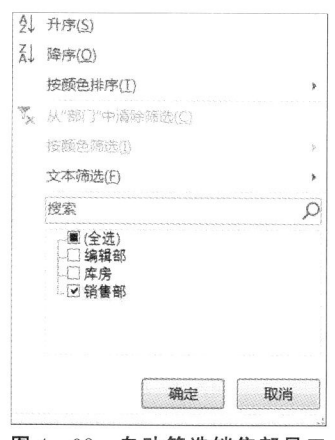

图4-98 自动筛选销售部员工   图4-99 自动筛选销售部员工效果

(2)清除筛选和退出筛选。

1)清除筛选。清除筛选可以只清除某一列,也可以清除所有列的筛选,但仍保持筛选状态。操作步骤如下:

清除对某一列的筛选。例如清除上一步"部门"列的筛选:单击已应用筛选的"部门"列的筛选按钮,选择从"部门"中清除筛选,看到数据恢复原状,筛选按钮也恢复了原状。

清除所有列的筛选。在"数据"选项卡上的"排序和筛选"组中,单击"清除"。

2)退出筛选。退出筛选可以直接退出筛选状态,恢复自动筛选前的数据显示。操作步骤如下:在"数据"选项卡上的"排序和筛选"组中,再次单击"筛选"按钮。

(3)自定义筛选出工作表现大于35分的员工信息。自定义筛选建立在自动筛选的基础上。操作步骤如下:

1)选定"筛选"工作表。先清除原有的筛选,再单击"工作表现"列的筛选按钮,在打开的列表中单击"数字筛选",选择"大于"。

2)如图4-100所示,在打开的"自定义自动筛选方式"对话框中定位到"大于"右侧的下拉列表框,输入35,单击"确定"。在"自定义自动筛选方式"对话框中,还可以同时设置多个条件。单击"与"按钮组合条件,即筛选结果必须同时满足两个或更多条件;而选择"或"按钮时只需要满足多个条件之一即可。效果如图4-101所示。

图4-100 "自定义自动筛选方式"对话框

图4-101 自定义筛选效果

(4)用高级筛选来筛选出销售部中工作表现大于等于34分的员工信息。高级筛选既可以像自动筛选那样,在原有区域显示筛选结果,也可以将筛选结果显示在其他位置。而且高级筛选能同时对多字段(多列)指定更多、更复杂的条件。高级筛选的方法需要分两步:

第一步,根据筛选要求,建立条件区域。条件区域至少应该有两行,第一行放置筛选字段名称,第二行放置具体筛选条件。筛选字段名称必须和表中的列名称完全一致。

第二步,在"数据"选项卡的"排序和筛选"组中单击"高级"按钮,打开"高级筛选"对话框,进行设置。

具体操作步骤如下:

1)选定"筛选"工作表,先退出自动筛选状态。

2)根据筛选要求,建立条件区域。单击A19单元格,输入筛选字段名称"部门",再单击正下方的A20单元格输入条件"销售部"。然后单击B19单元格,输入筛选字段名称"工作表现",再单击正下方的 B20 单元格输入条件">=34",其中大于等于号都是英文状态并且中间没有空格,如图 4-102 所示。注意:本例中两个筛选条件是"并且"的关系,要写在同一行。

3)在"数据"选项卡的"排序和筛选"组中单击"高级"按钮,打开"高级筛选"对话框,如图 4-103 所示。在"方式"选项区,如果保留默认的"在原有区域显示筛选结果",筛选结果就会和自动筛选那样在原有区域显示出来。这里我们选择方式为"将筛选结果复制到其他位置",单击列表区域的输入框,拖动鼠标设置"列表区域"为 A2:G16(自动变成绝对引用),同样的方法设置"条件区域"为 A19:B20,设置"复制到"为 A22 单元格。单击"确定",即可看到筛选结果显示在以 A22 单元格为左上角起点的区域,如图 4-104 所示。

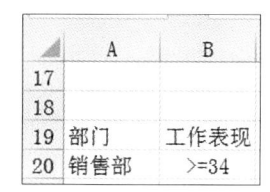

图 4-102 高级筛选 1 的条件区域

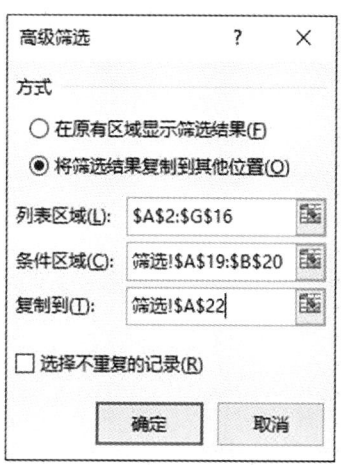

图 4-103 高级筛选 1 对话框设置

图 4-104 高级筛选 1 效果

(5)用高级筛选来筛选出职务是经理或者考核评定是优秀的员工信息。具体操作步骤如下:

1)根据筛选要求,建立条件区域。在 A29 单元格输入"职务"或者从数据表中复制列名称。在 B29 单元格输入"考核评定"。接着输入条件,本例中两个筛选条件是"或者"的关系,要写在不同的行。在 A30 单元格输入"主管",再单击 B31 单元格输入条件"优秀",如图 4-105 所示。

2)在"数据"选项卡的"排序和筛选"组中单击"高级"按钮,打开"高级筛选"对话框。如图 4-106 所示,选择方式为"将筛选结果复制到其他位置",单击列表区域的输入框,拖动鼠标设置"列表区域"为 A2:G16(自动变成绝对引用),同样的方法设置"条件区域"为 A29:B31,设置"复制到"为 A34 单元格。单击"确定",即可看到筛选结果显示在以 A34 单元格为左上角起点的区域,如图 4-107 所示。

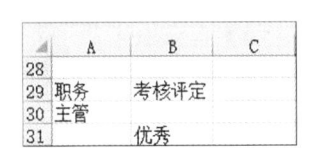

图 4-105　高级筛选 2 的条件区域　　　　图 4-106　高级筛选 2 对话框设置

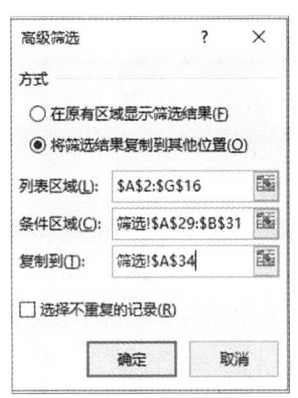

图 4-107　高级筛选 2 效果

(6)对"排序及分类汇总"工作表中的数据按照部门升序排列,部门相同的按照工作表现降序排序。排序可以将数据按照指定的顺序规律来重新排列,有助于快速直观地显示所需的数据。

大多数排序操作都是按列排序,可以对一列或多列中的数据按文本、数字以及日期和时间进行升序或降序排序。还可以按自定义序列(如销售部、库房、编辑部)或格式(包括单元格颜色、字体颜色等)进行排序。

具体操作步骤如下:

1)选定"排序及分类汇总"工作表。选定 A2:G16 单元格区域,在"开始"选项卡的"编辑"组中单击"排序和筛选"按钮,在列表中选择"自定义排序",打开"排序"对话框。

2)在"主要关键字"右侧的下拉列表中选择"部门",设置"排序依据"为默认的"数值",设置"次序"为"升序"。

3)单击"添加条件"按钮,增加了一行"次要关键字",设置"次要关键字"为"工作表现","排序依据"为"数值","次序"为"降序",如图 4-108 所示。

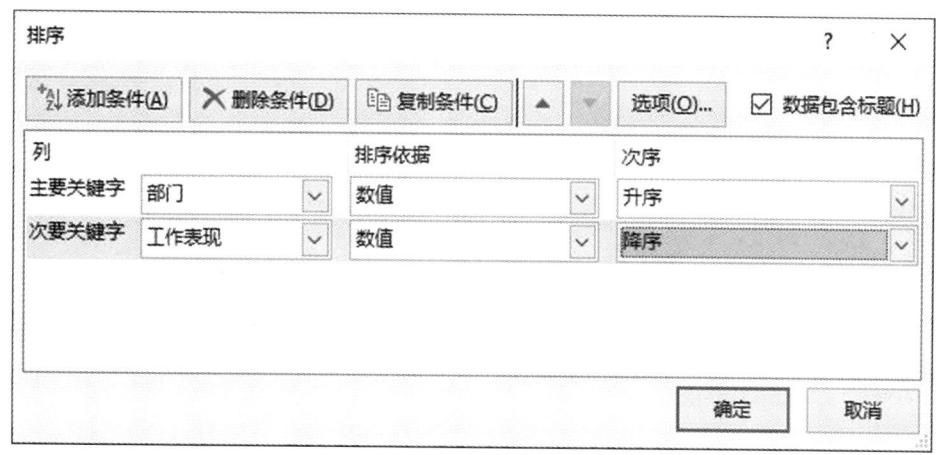

图 4-108 "排序"对话框设置

4)单击"确定"按钮,即可完成本次排序。排序效果如图 4-109 所示。

	A	B	C	D	E	F	G
1	2023年公司员工绩效考核表							
2	部门	姓名	职务	假勤考核	工作表现	绩效总分	考核评定
3	编辑部	李丽	主管	29.68	35.61	65.29	优秀
4	编辑部	郭乐	职员	29.45	34.62	64.07	良好
5	编辑部	李忠敏	职员	29.31	34.55	63.86	良好
6	库房	刘明	主管	29.75	35.42	65.17	优秀
7	库房	王博文	职员	29.12	34.68	63.8	良好
8	库房	韩雨	职员	29.16	34.56	63.72	良好
9	库房	程武	职员	29.36	33.87	63.23	良好
10	库房	张建兵	职员	29.54	33.76	63.3	良好
11	销售部	肖庆林	职员	29.48	35.68	65.16	优秀
12	销售部	沈永柱	主管	29.85	35.45	65.3	优秀
13	销售部	张从雯	职员	29.16	34.28	63.44	良好
14	销售部	王春梅	职员	29.23	34.23	63.46	良好
15	销售部	王胜军	职员	29.28	33.96	63.24	良好
16	销售部	李东升	职员	29.33	33.85	63.18	良好

图 4-109 排序效果

(7)使用分类汇总统计不同部门工作表现和绩效总分的平均值及最大值,并设置分级显示为 3 分级。

分类汇总可对工作表中的同一类数据进行求和、求平均值等统计运算。

分类汇总的第一步,必须通过排序对数据进行分类,如分成销售部、库房、编辑部三大类,分成男女两大类等。第二步,再按照分类的类别进行汇总。

具体操作步骤如下:

1)按照分类的要求"部门"进行排序,要求按自定义序列(销售部、库房、编辑部)的顺序排列。

在"排序及分类汇总"工作表中选定 A2:G16 单元格区域,单击"数据"选项卡的"排序和筛选"组中的"排序"按钮。在"排序"对话框中选择"主要关键字"为"部门","次序"下拉列表中选择"自定义序列",打开"自定义序列"对话框,如图 4-110 所示。

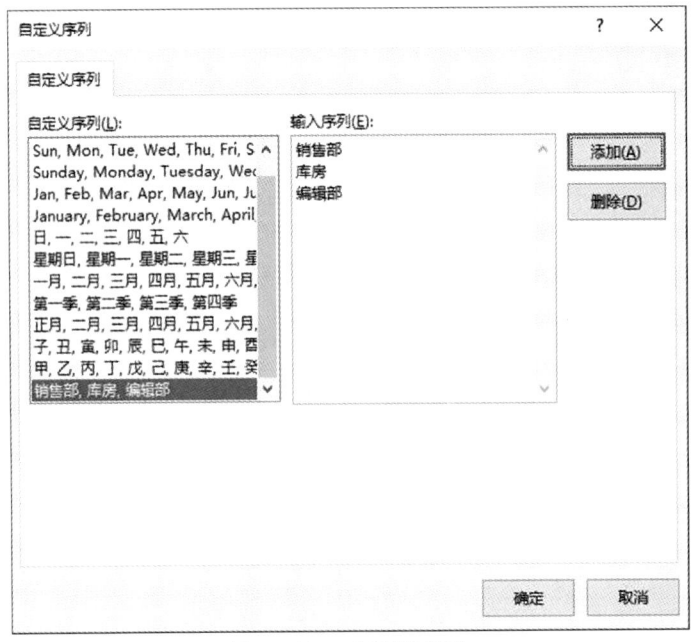

图 4-110 自定义序列

在"输入序列"下方输入"销售部",按回车键,再输入"库房",按回车键,再输入"编辑部",单击"添加"按钮,即可看到"自定义序列"最下方增加了一个新序列。

单击"确定",回到"排序"对话框,再单击"确定"按钮。即可看到,所有数据按照部门要求的顺序排列,部门相同的放在了一起,看起来分成了三大类。

2)第一次分类汇总,统计不同部门工作表现和绩效总分的平均值。

在工作表中单击任意单元格,单击"数据"选项卡的"分级显示"组中的"分类汇总"按钮,打开"分类汇总"对话框,如图 4-111 所示。

在"分类字段"下拉列表框中选择"部门",在"汇总方式"下拉列表框中选择"平均值",在"选定汇总项"列表框中选择"工作表现"和"绩效总分"。替换与显示复选框保持默认选项(即汇总结果显示在数据下方)。单击"确定"按钮,即可看到显示出了第一次汇总的结果。

3)第二次分类汇总,在上面汇总的基础上,同时显示不同部门工作表现和绩效总分的最大值。

在工作表中单击任意单元格,单击"数据"选项卡的"分级显示"组中的"分类汇总"按钮,打开"分类汇总"对话框。

在"分类字段"下拉列表框中选择"部门",在"汇总方式"下拉列表框中选择"最大值",在"选定汇总项"列表框中选择"工作表现"和"绩效总分"。取消选中的"替换当前分类汇总",如图 4-112 所示,单击"确定"按钮即可。

4)直接单击列编号左侧的数字 3,即可设置分级显示为分级 3,效果如图 4-113 所示。也可使用左侧的+和-来显示或隐藏各个分类汇总的明细数据行。

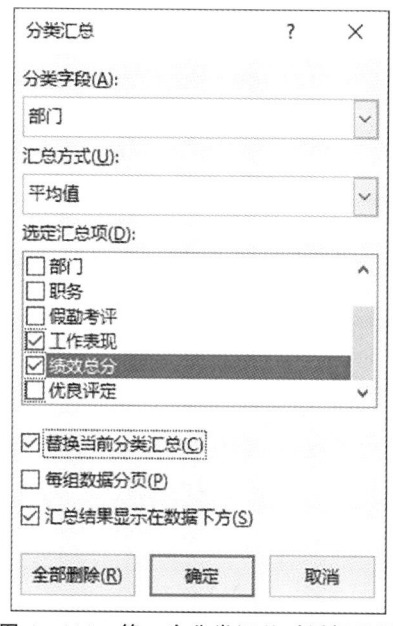

图4-111 第一次分类汇总对话框设置 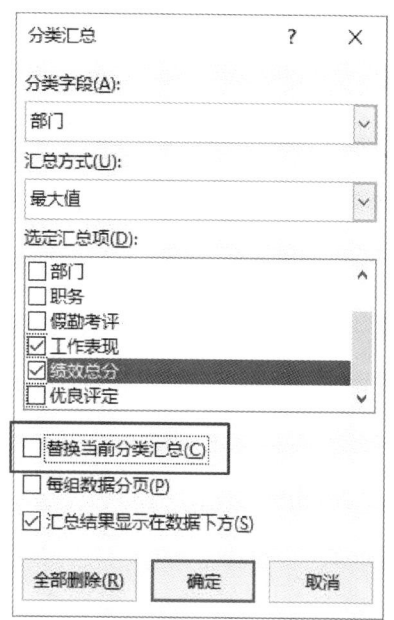　　　　图4-112 第二次分类汇总对话框设置

图4-113 分类汇总效果

(8)在"数据透视表和图"工作表中,利用数据透视表查看不同部门及不同职务的绩效总分平均值。数据透视表是一种可以快速汇总大量数据建立交叉表的交互式表格,可用于汇总、深入分析、浏览和呈现汇总数据,以及根据需要显示区域中的明细数据。

具体操作如下:

1)在"数据透视表和图"工作表中选定A2:G16单元格区域,单击"插入"选项卡的"表格"组中的"数据透视表"按钮,打开"创建数据透视表"对话框,如图4-114所示。在"选择放置数据透视图的位置"中选择"现有工作表",位置选择"J2",单击"确定",右侧出现"数据透视表字段"窗格。

2)在"数据透视表字段"窗格中,直接在字段区域中选中"部门""职务""绩效总分"前面的复选框,如图 4-115 所示,即可创建一个数据透视表。

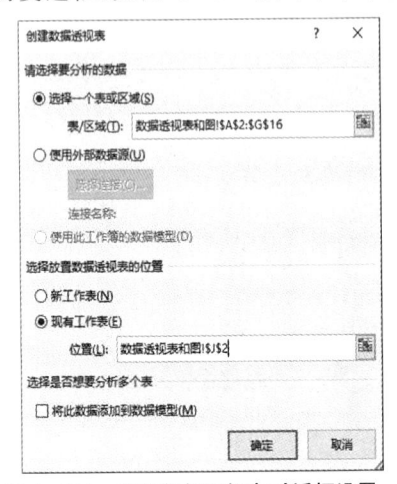

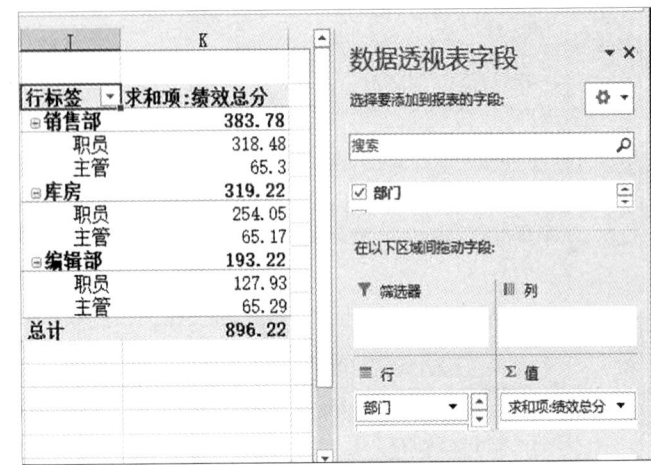

图 4-114 创建数据透视表对话框设置

图 4-115 创建数据透视表

3)在"数据透视表字段"窗格中,直接从行区域中将"职务"字段拖动到右上"列"的区域中。数据透视表的行标签和列标签也发生相应的变化,如图 4-116 所示。

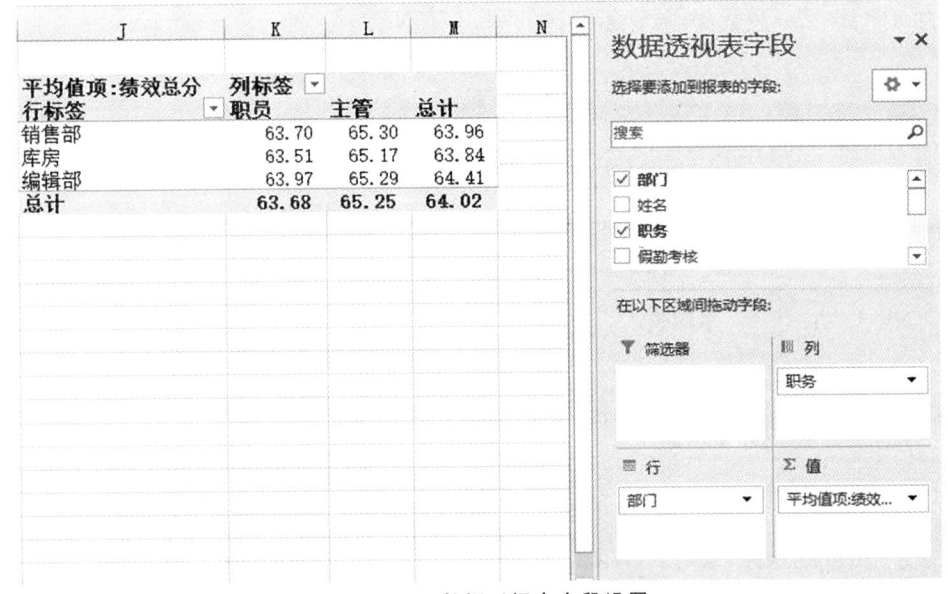

图 4-116 数据透视表字段设置

在这一步骤中,字段可拖动到 4 个区域,分别是筛选、列、行、值。它们分别控制透视表的数据范围、列分布、行分布、汇总数据及汇总方式。这 4 个区域的设置和安排直接决定了数据透视表最后的展现结果。

筛选区域作用类似于自动筛选,是所在数据透视表的条件区域,在该区域内的所有字段都将作为筛选数据区域内容的条件。列和行两个区域用于将数据纵向或者横向显示,与分类汇总选项的分类字段作用相同。值区域就是统计的数据区域,在这里可以选择统计的数据和统计方式。

4)单击"数据透视表字段"窗格右下角的"值"区域中"求和项:绩效总分",在打开的下拉列表中选择"值字段设置",打开"值字段设置"对话框。如图4-117所示,选择"计算类型"为"平均值",再单击"数字格式"按钮,如图4-118所示,在打开的"设置单元格格式"对话框中,分类设置为数值,小数位数保留2位小数,单击"确定",再单击"确定",即可看到数据透视表效果,如图4-119所示。

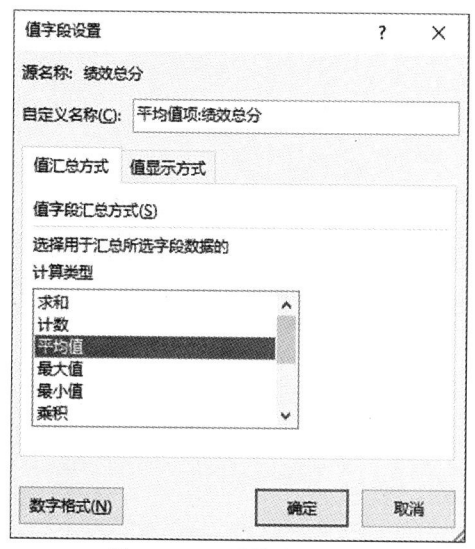

图4-117 计算类型设置　　　　　图4-118 数字格式设置

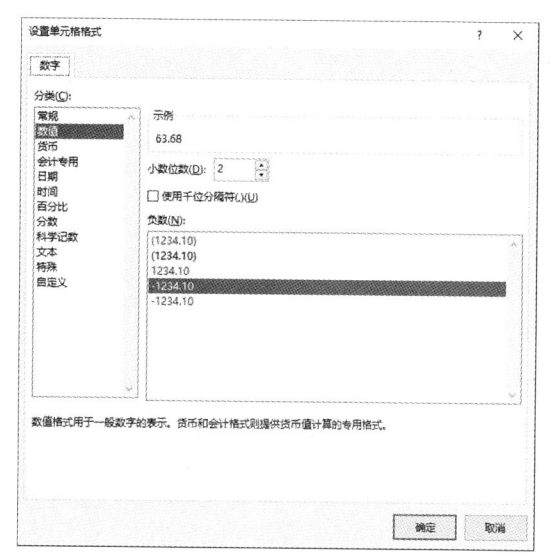

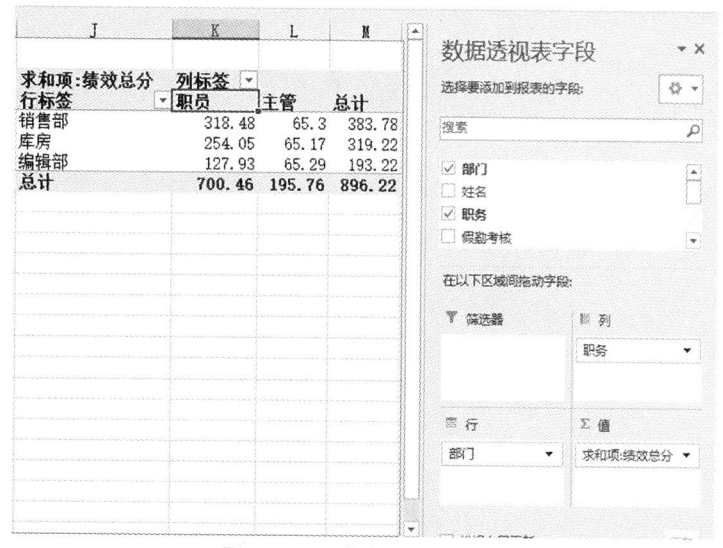

图4-119 数据透视表效果

5)对于已经建立的数据透视表,添加和删除数据透视表中的字段非常容易。单击数据透视表即J2:N7单元格区域的任意单元格,然后在右侧的"数据透视表字段"列表框的字段区域中勾选中或者去掉选中相应的复选框即可。

6)如果数据透视表数据源中的具体数据发生变化,数据透视表并不能自动随之变化,可通过下面的操作及时更新。单击数据透视表即 J2:N7 单元格区域的任意单元格,在功能区上方会自动增加"数据透视表工具",单击"分析"选项卡,在"数据"组中单击"刷新"按钮即可。

(9)使用数据透视表创建数据透视图。数据透视图通过对数据透视表中的汇总数据添加可视化效果,以图形方式来汇总数据,使得用户能轻松查看比较趋势。

根据创建的数据透视表可以制作数据透视图。具体操作步骤如下:

1)单击数据透视表即 J2:N7 单元格区域的任意单元格,选择"插入"菜单中插入图表的"数据透视图"命令完成插入"数据透视图"。也或者在"数据透视表和图"工作表中,单击数据透视表即 J2:N7 单元格区域的任意单元格,选择菜单选项中"数据透视表工具"的"分析"选项卡"工具"组,单击"数据透视图"按钮,如图 4-120 所示,弹出"插入图表"对话框,在该对话框中选择一种图表如簇状柱形图,单击"确定",建立数据透视图。

图 4-120　数据透视表工具对话框

2)选定数据透视图,单击"数据透视图工具"的"设计"选项卡,在"图表布局"组中单击"添加图表元素",选择"图表标题"中的"图表上方",在出现的图表标题框中修改文字为"绩效总分对比图"。效果如图 4-121 所示。

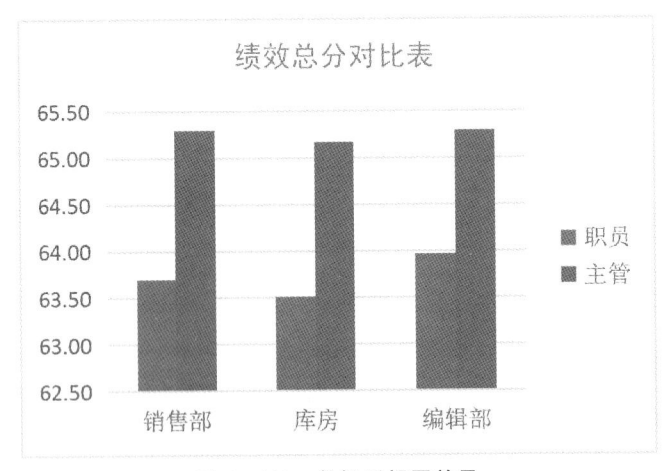

图 4-121　数据透视图效果

需要注意的,是创建数据透视图不能使用 XY 散点图、气泡图、股价图等图表类型。

4.5.5　能力拓展

为了培养大学生实践操作技能,"以赛促学、以赛促改",促进高等职业教育高质量发展,安徽省举办全省物联网应用技能大赛,学校动员相关专业学生积极报名参加。经过在校内相关专业选拔，共有 12 名同学进入省赛参加决赛，下面打开“技能大赛选拔成绩表.xlsx”，按要求完成相关数据处理。具体要求如下：

(1)把 Sheet1 复制到两张工作表，分别修改 3 张工作表的名称为“筛选”“分类汇总”“数据透视表”。

(2)在“筛选”工作表中，使用高级筛选，筛选出“作品设计”和“作品演示”成绩都大于 90 分的选手信息(要求：筛选区域为 A2:F16 的所有数据，筛选条件写在 H2:I3 区域，筛选结果复制到 A18 单元格)。效果如图 4－122 所示。

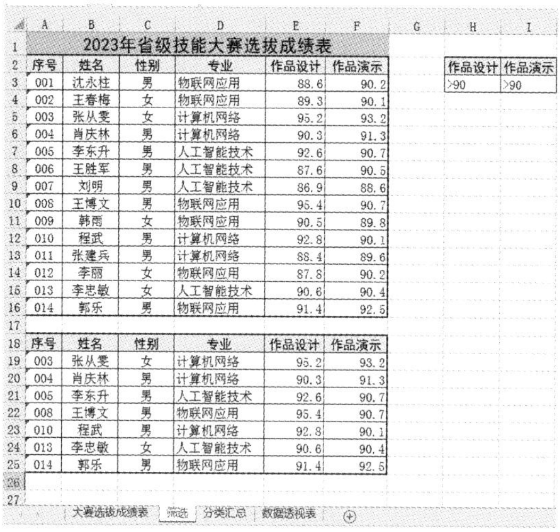

2023年省级技能大赛选拔成绩表

序号	姓名	性别	专业	作品设计	作品演示
001	沈永柱	男	物联网应用	88.6	90.2
002	王春梅	女	物联网应用	89.3	90.1
003	张从雯	女	计算机网络	95.2	93.2
004	肖庆林	男	计算机网络	90.3	91.3
005	李东升	男	人工智能技术	92.6	90.7
006	王胜军	男	人工智能技术	87.6	90.5
007	刘明	男	人工智能技术	86.9	88.6
008	王博文	男	物联网应用	95.4	90.7
009	韩雨	女	物联网应用	90.5	89.8
010	程武	男	计算机网络	92.8	90.1
011	张建兵	男	计算机网络	88.4	89.6
012	李丽	女	物联网应用	87.8	90.2
013	李忠敏	女	人工智能技术	90.6	90.4
014	郭乐	男	物联网应用	91.4	92.5

作品设计	作品演示
>90	>90

序号	姓名	性别	专业	作品设计	作品演示
003	张从雯	女	计算机网络	95.2	93.2
004	肖庆林	男	计算机网络	90.3	91.3
005	李东升	男	人工智能技术	92.6	90.7
008	王博文	男	物联网应用	95.4	90.7
010	程武	男	计算机网络	92.8	90.1
013	李忠敏	女	人工智能技术	90.6	90.4
014	郭乐	男	物联网应用	91.4	92.5

大赛选拔成绩表 | 筛选 | 分类汇总 | 数据透视表

图 4－122 大赛成绩筛选效果

(3)在“分类汇总”工作表中，对 A2:F14 的单元格区域按照“专业”进行升序排列，“专业”相同的按照“作品演示”成绩降序排列，“作品演示”成绩相同的再按照“作品设计”成绩降序排列。

(4)分类汇总统计各个专业的作品设计和作品演示成绩平均值(保留 2 位小数)，并适当调整列宽。效果如图 4－123 所示。

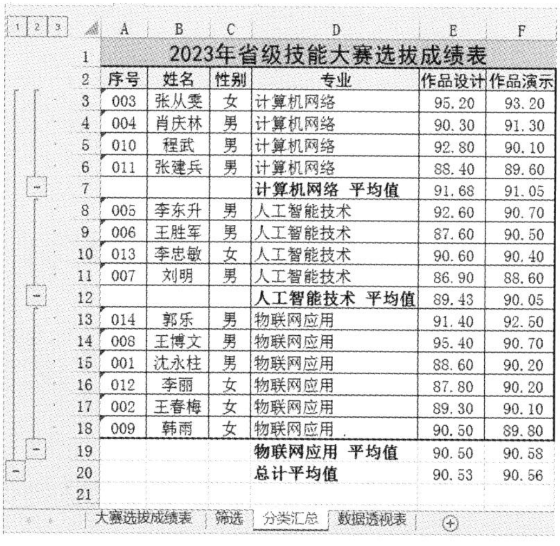

2023年省级技能大赛选拔成绩表

序号	姓名	性别	专业	作品设计	作品演示
003	张从雯	女	计算机网络	95.20	93.20
004	肖庆林	男	计算机网络	90.30	91.30
010	程武	男	计算机网络	92.80	90.10
011	张建兵	男	计算机网络	88.40	89.60
			计算机网络 平均值	91.68	91.05
005	李东升	男	人工智能技术	92.60	90.70
006	王胜军	男	人工智能技术	87.60	90.50
013	李忠敏	女	人工智能技术	90.60	90.40
007	刘明	男	人工智能技术	86.90	88.60
			人工智能技术 平均值	89.43	90.05
014	郭乐	男	物联网应用	91.40	92.50
008	王博文	男	物联网应用	95.40	90.70
001	沈永柱	男	物联网应用	88.60	90.20
012	李丽	女	物联网应用	87.80	90.20
002	王春梅	女	物联网应用	89.30	90.10
009	韩雨	女	物联网应用	90.50	89.80
			物联网应用 平均值	90.50	90.58
			总计平均值	90.53	90.56

大赛选拔成绩表 | 筛选 | 分类汇总 | 数据透视表

图 4－123 大赛成绩分类汇总效果

(5)在“数据透视表”工作表中,利用数据透视表查看不同专业男女生的作品演示成绩平均值(保留 2 位小数),位置选择 H2 单元格。同时,在 H9 单元格查看不同专业男女作品设计成绩最大值。效果如图 4－124 所示。

2023年省级技能大赛选拔成绩表					
序号	姓名	性别	专业	作品设计	作品演示
001	沈永柱	男	物联网应用	88.6	90.2
002	王春梅	女	物联网应用	89.3	90.1
003	张从雯	女	计算机网络	95.2	93.2
004	肖庆林	男	计算机网络	90.3	91.3
005	李东升	男	人工智能技术	92.6	90.7
006	王胜军	男	人工智能技术	87.6	90.5
007	刘明	男	人工智能技术	86.9	88.6
008	王博文	男	物联网应用	95.4	90.7
009	韩雨	女	物联网应用	90.5	89.8
010	程武	男	计算机网络	92.8	90.1
011	张建兵	男	计算机网络	88.4	89.6
012	李丽	女	物联网应用	87.8	90.2
013	李忠敏	女	人工智能技术	90.6	90.4
014	郭乐	男	物联网应用	91.4	92.5

平均值项:作品演示	列标签		
行标签	男	女	总计
计算机网络	90.33	93.20	91.05
人工智能技术	89.93	90.40	90.05
物联网应用	91.13	90.03	90.58
总计	**90.47**	**90.74**	**90.56**

最大值项:作品设计	列标签		
行标签	男	女	总计
计算机网络	92.8	95.2	95.2
人工智能技术	92.6	90.6	92.6
物联网应用	95.4	90.5	95.4
总计	**95.4**	**95.2**	**95.4**

大赛选拔成绩表 | 筛选 | 分类汇总 | 数据透视表

图 4－124　大赛成绩数据透视表效果

课 后 习 题

一、单项选择题

1. 在 Excel 中,当鼠标的形状变为(　　)时,就可进行自动填充操作。

A. 空心粗十字　　B. 向左下方箭头

C. 实心细十字　　D. 向右上方箭头

2. 一个 Excel 数据表记录了学生的 5 门课成绩,现要找出 5 门课都不及格的同学的数据,应使用(　　)命令最为方便。

A. 查找　　B. 排序　　C. 定位　　D. 筛选

3. 在 Excel 中,要在公式中引用某单元格的数据时,应在公式中键入该单元格的(　　)。

A. 格式　　B. 符号　　C. 数字　　D. 名称

4. 在 Excel 中,单元格地址的引用方式没有(　　)。

A. 绝对引用　　B. 间接引用　　C. 相对引用　　D. 混合引用

5. Excel 中可以选择一定的数据区域建立图表。当该图表中的数据区域的数据发生变化时,下列描述正确的是(　　)。

A. 图表保持不变

B. 图表将自动相应改变

C. 需要通过某种操作,才能使图表发生改变

D. 系统将给出错误提示

6. 在 Excel 中,函数 MIN(10,7,13,0)的返回值是(　　)。

A. 10　　B. 7　　C. 13　　D. 0

7. 在 Excel 中,需要计算排名,则应该使用函数(　　)。
A. MAX　　　　　B. IF　　　　　　C. RANK.EQ　　　D. SUM

8. 以下错误的 Excel 公式形式是(　　)。
A. ＝SUM(B3:E3)＊＄F＄3　　　　B. ＝SUM(B3:3E)＊F3
C. ＝SUM(B3:＄E3)＊F3　　　　　D. ＝SUM(B3:E3)＊F＄3

9. 在 Excel 中所建立的图表(　　)。
A. 只能插入到数据源工作表中
B. 只能插入到一个新的工作表中
C. 可以插入到数据源工作表,也可以插入到新工作表中
D. 既不能插入到数据源工作表,也不能插入到新工作表中

10. 在 Excel 中,下列关于分类汇总的叙述,错误的是(　　)。
A. 汇总方式只能是求和
B. 分类汇总的关键字段只能是一个字段
C. 分类汇总前数据必须按关键字字段排序
D. 分类汇总可以删除

二、填空题

1. Excel 2016 默认的保存文件后缀名为_____。
2. 在 Excel 2016 中,如要在某单元格中输入分数"1/2",应该输入_____。
3. 在 Excel 2016 中的 E5 单元格内输入公式"＝SUM(A＄5:D＄5)",向下拖动填充柄后,则在 E7 单元格内公式为_____,向右边拖动单元格填充柄后,则在 F5 中公式为_____。
4. 若要在 book1 工作簿中 Sheet1 工作表的 A6 单元格,应该输入_____。
5. 在单元格中输入数字组成的文本数据(比如身份证号),应该在数字前面加_____。

三、操作题

打开"销售奖金统计.xlsx",在工作表"销售奖励表"中完成下面操作。最后完成效果如图 4-125 所示。

(1)在"销售奖励表"的第一行前添加新行,然后在 A1 单元格输入:销售奖金计算,设置字体为幼圆、字号为 22,数据区域 A1:F1,合并后居中,自动调整行高。

(2)设置 A2:F2 区域单元格的填充图案颜色为:标准色－深红(RGB 颜色模式:红色 192,绿色 0,蓝色 0)、图案样式为 12.5％灰色。

(3)设置 A2:F22 区域单元格的行高为 18,列宽为 16。

(4)使用公式计算个人销售总额(＝销售数量×产品单价,销售数量和产品单价都在"销售业绩表"中)。

(5)使用 RANK.EQ 函数计算销售排名。

(6)使用 IF 函数计算奖金(计算规则为:如果销售排名在前 5 名,则为"个人销售总额×10％",否则为"个人销售总额×8％")。

(7)设置单元格区域 D3:D22 和 F3:F22 的数字格式为货币、保留 1 位小数、负数(N)选

第3项。

(8)应用高级筛选,筛选出女员工并且销售排名在前10名的数据(要求:筛选区域为A2:F22的所有数据,筛选条件写在A25:B26区域,筛选结果复制到A28单元格)。

(9)对A2:F22区域的数据按性别升序排序。

(10)使用分类汇总统计不同性别员工的奖金总和(替换与显示复选框保持默认选项),分级显示选择分级2。

(11)选择B31:B36和F31:F36区域制作三维簇状柱形图,设置图表标题为"女员工奖金"。

(12)保存关闭工作簿。

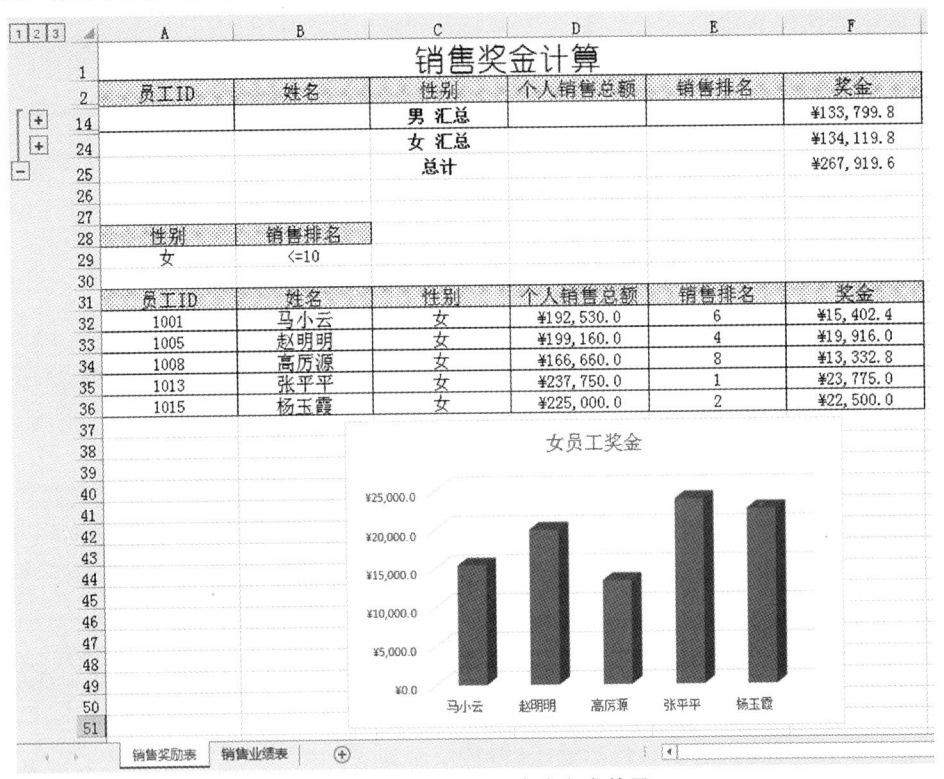

图4-125 销售奖金统计完成效果

第 5 章　演示文稿处理软件 PowerPoint 2016

PowerPoint 2016 是微软公司官方发布的办公软件,能为用户提供各种最新的幻灯片切换效果,相比以前的版本,PowerPoint 2016 对动画任务窗口进行更完善的优化,更符合用户的使用习惯。PowerPoint 2016 是针对 Windows 10 环境全新开发的通用应用,意味着它在 PC、平板、手机等各种设备上有着一致的体验,尤其针对手机、平板触摸操作进行了全方位的优化,并保留了 Ribbon 界面元素,是第一个可以真正用于手机的 Office 软件。

5.1　PowerPoint 2016 简介

PowerPoint 2016 是 Office 2016 的一个重要组件,PowerPoint 2016 主要用于制作和演示文档,使用 PowerPoint 2016 制作的演示文稿可以通过投影仪或计算机进行演示,在会议召开、产品展示和教学课件等领域中十分常用。演示文稿一般由若干张幻灯片组成,每张幻灯片中都可以放置文字、图片、多媒体、动画等内容,从而独立表达主题。用户不仅可以在投影仪或计算机上进行演示,也可以将演示文稿打印出来,制作成胶片,以便应用到更广泛的领域中。利用 PowerPoint 2016 不仅可以创建演示文稿,还可以在 Internet 上召开面对面会议、远程会议或在网络上给观众展示演示文稿。

5.1.1　PowerPoint 2016 启动和退出

1. 启动 PowerPoint 2016

PowerPoint 2016 的启动与退出操作同前面所学的 Office 2016 组件类似,可以有三种方式完成:

(1)在"开始"菜单中找到 Office 组件中 PowerPoint 2016 应用程序,打开即可启动。

(2)在桌面上找到 PowerPoint 2016 图标,双击 PowerPoint 2016 图标,即可启动 PowerPoint 2016。

(3)通过已经存在的演示文稿文件打开。

2. 退出 PowerPoint 2016

退出 PowerPoint 2016 同前面所学的 Word 2016 退出方法完全相同。

(1)单击 PowerPoint 2016 程序窗口左上角"关闭"按钮。

(2)单击"文件"菜单中"关闭"命令。

(3)使用"Alt+F4"键关闭。

5.1.2　PowerPoint 2016 的工作界面

当用户启动 PowerPoint 2016 后,单击"文件"选项卡里的"新建"命令,选择"空白演示文稿"命令,就会出现如图 5-1 所示的工作界面,PowerPoint 2016 的工作界面由标题栏、快速访问工具栏、功能区、幻灯片编辑区、状态栏、显示比例滑杆及备注窗格等组成。

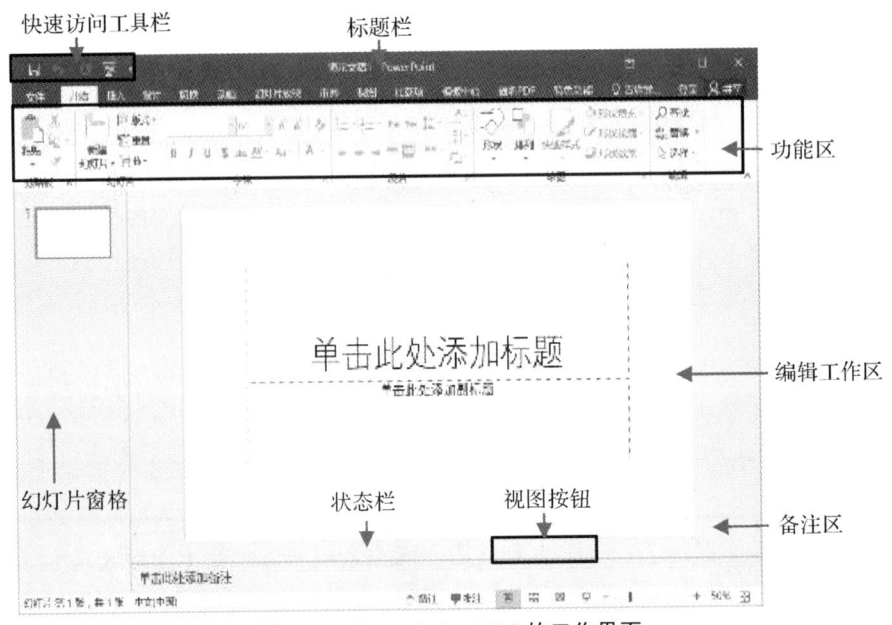

图 5-1　PowerPoint 2016 的工作界面

(1)标题栏。标题栏主要由标题和窗口控制按钮组成。标题用于显示当前编辑的演示文稿名称。

(2)快速访问工具栏。程序窗口左上角为"快速访问工具栏",用于显示常用的工具。默认情况下,快速访问工具栏中包含了"保存""撤销""恢复"和"从头开始"4 个快捷按钮,用户还可以根据需要进行添加。单击某个按钮即可实现相应的功能。

(3)功能区。PowerPoint 2016 的功能区由多个选项卡组成,每个选项卡中包含不同的工具按钮。选项卡位于标题栏下方,由"开始""插入"和"设计"等选项卡组成。单击各个选项卡名,即可切换到相应的选项卡。

(4)幻灯片编辑区。PowerPoint2016 窗口中间的白色区域为幻灯片编辑区,该部分是演示文稿的核心部分,主要用于显示和编辑当前显示的幻灯片。在默认情况下,标题幻灯片中包含一个正标题占位符,一个副标题占位符,内容幻灯片中包含一个标题占位符和一个内容占位符。

(5)幻灯片窗格。幻灯片窗格位于幻灯片编辑区的左侧,用于显示演示文稿的幻灯片数量及位置。其主要显示当前演示文稿中所有幻灯片的缩略图,单击某张幻灯片缩略图,可跳转到该幻灯片并在右侧的幻灯片编辑区中显示该幻灯片的内容。幻灯片窗格中默认显示的是"幻灯片"选项卡,它会在该窗格中以缩略图的形式显示当前演示文稿中的所有幻灯片,以便查看幻灯片的设计效果。

(6)备注窗格。备注窗格位于幻灯片编辑区的下方,通常用于为幻灯片添加注释说明,比如幻灯片的内容摘要等。将鼠标指针停放在视图窗格或备注窗格与幻灯片编辑区之间的窗格边界线上,拖动鼠标可调整窗格的大小。

(7)状态栏。状态栏位于窗口底端,用于显示当前幻灯片的页面信息。它主要由状态提示栏、"备注"按钮、"批注"按钮、视图切换按钮组、显示比例栏5部分组成,用于显示当前幻灯片的页面信息。状态栏右端为视图按钮和缩放比例按钮,用鼠标拖动状态栏右端的缩放比例滑块,可以调节幻灯片的显示比例。单击状态栏右侧的按钮,可以使幻灯片显示比例自动适应当前窗口的大小。幻灯片视图主要有5种模式,分别是:

1)普通视图。普通视图是PowerPoint 2016默认的视图模式,在普通视图模式下,可以对幻灯片的总体结构进行调整,也可以对单张幻灯片进行编辑,是编辑幻灯片最常用的视图模式。

2)幻灯片浏览视图。在该视图中可以浏览演示文稿中所有幻灯片的整体效果,并且可以对其整体结构进行调整,如调整演示文稿的背景、移动或复制幻灯片等,但是不能编辑幻灯片中的内容。

3)幻灯片放映视图。进入放映视图后,演示文稿中的幻灯片将按放映设置进行全屏放映,在放映视图中,可以浏览每张幻灯片的放映情况,测试幻灯片中插入的动画和声音效果,并可控制放映过程。

4)阅读视图。进入阅读视图后,可以在当前计算机上以窗口方式查看演示文稿放映效果,单击"上一张"按钮和"下一张"按钮可切换幻灯片。

5)备注页视图。备注页视图是将"备注"窗格以整页格式进行查看和使用,在备注页视图中可以更加方便地编辑备注内容。

5.2 任务1:幻灯片制作

5.2.1 任务描述

张强老家在安徽皖南某县的一个乡村里,国家乡村振兴战略的实施,他的家乡建设得越来越美丽,环境整治好了,产业兴旺了,农民收入明显增多,生活幸福美满。针对学校社会调查活动,现在需要张强同学制作一个幻灯片,向全系学生做一次关于"皖美乡村 我的家"主题宣讲。要求幻灯片简洁、美观、大方,采用多种媒体方式,客观立体地展示自己家乡建设成果。

5.2.2 任务分析

在PowerPoint 2016中完成一个漂亮、美观、主题鲜明的幻灯片,需要做如下工作。

(1)熟练地在幻灯片中完成各种基本操作。
(2)熟练地在幻灯片中完成艺术字的各种操作。
(3)在幻灯片中插入表格,并对表格进行符合主题的美化。
(4)SmartArt 图形的使用,并对 SmartArt 图形进行格式更改。
(5)图片、音频、视频等多种媒体的使用,并对其进行格式修改。
(6)为了达到更好的效果,更改各种效果方案。
(7)为了以后工作更有效率,完成母版的设计。
操作过程中,图表的插入、各种媒体的使用和修改以及母版的设计是关键。

5.2.3 预备知识

(1)幻灯片的基本操作。

1)新建幻灯片。对新建立的空白幻灯片,只有一张页面,要建立多张幻灯片,可以在打开的幻灯片浏览视图中,用右键快捷菜单新建幻灯片。或者在普通视图的左侧窗格中按右键新建幻灯片;也可以单击"开始"选项卡,然后在"幻灯片"组中,单击"新建幻灯片"按钮,选择新建幻灯片的版式创建自己想要的幻灯片版式,如图 5-2 所示。

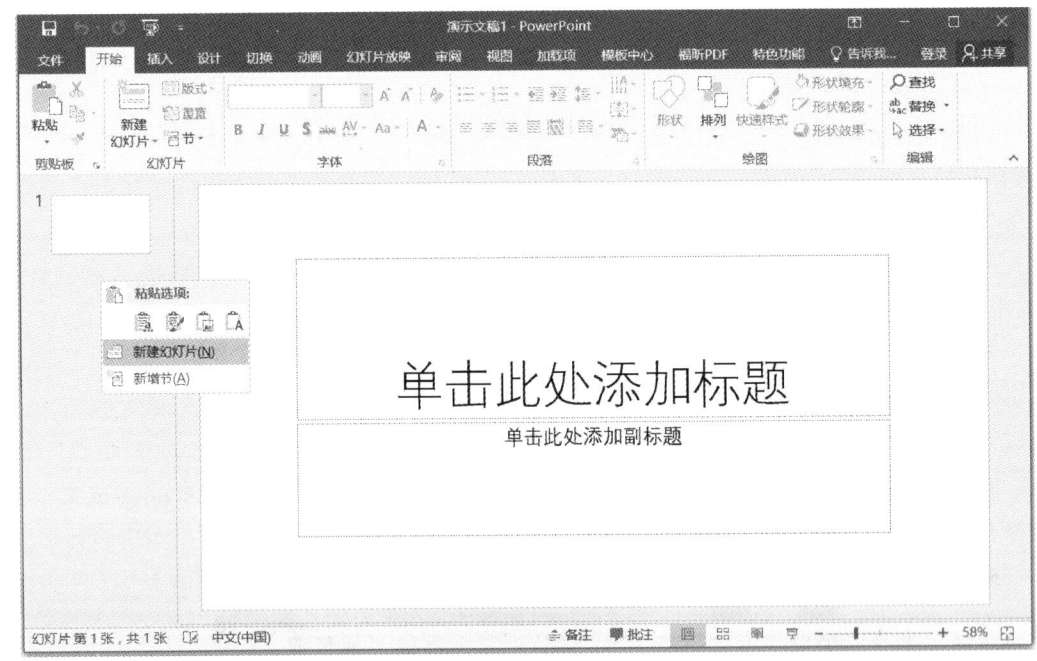

图 5-2 新建幻灯片

2)移动幻灯片。在演示文稿的编辑过程中,如果有多张幻灯片,用户可以重新调整幻灯片的次序,选中需要移动的幻灯片,然后按住鼠标左键直接拖动幻灯片到合适的位置释放鼠标,即可移动该幻灯片。也可以单击窗口下方的"幻灯片浏览"按钮,切换到幻灯片浏览视图中,选中需要移动的幻灯片,按住鼠标左键拖动到合适的位置释放鼠标即可。

3)复制幻灯片。选中需要复制的幻灯片,单击鼠标右键,在弹出的快捷菜单中,选择"复制幻灯片"命令,即可在该幻灯片之后插入一张具有相同内容和版式的幻灯片。也可以切换到"开始"选项卡,在"剪贴板"组中分别单击"复制"按钮和"粘贴"按钮,将选中的幻灯片复制到演示文稿的其他位置或其他演示文稿中。

4)删除幻灯片。对于不需要的幻灯片,用户可以将其删除,方法如同新建幻灯片。

5)隐藏幻灯片。对于制作好的演示文稿,如果用户希望其中的部分幻灯片在放映时不显示出来,可以将其隐藏。在"大纲"或"幻灯片浏览"视图窗口中选择需要隐藏的幻灯片,然后单击鼠标右键,在弹出的快捷菜单中,选择"隐藏幻灯片"命令即可,此时在幻灯片标题上会出现一条删除斜线,表示幻灯片已经被隐藏了。如果需要取消隐藏,只需要选中相应的幻灯片,再次执行上述操作即可。

(2)在幻灯片中插入文本。

1)输入文本。新建演示文稿或插入新幻灯片后,幻灯片中会包含两个或多个虚线文本框,即占位符。占位符可分为文本占位符和项目占位符两种形式,如图5-3所示,幻灯片中除了可在占位符中输入文本外,还可以在空白位置绘制文本框来添加文本。

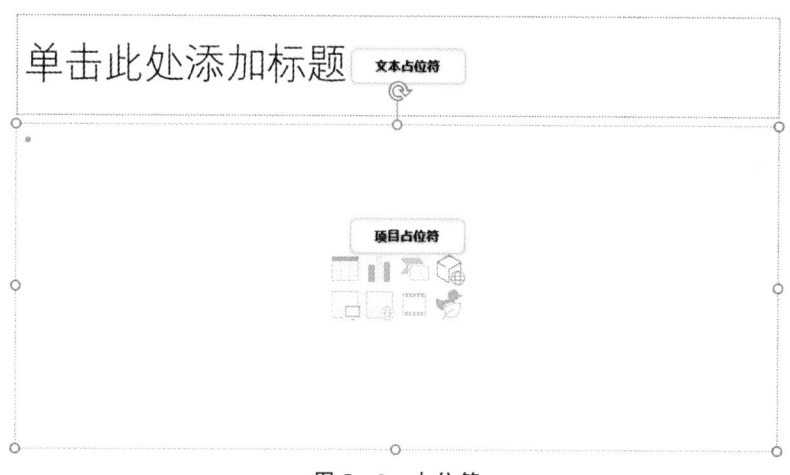

图 5-3 占位符

2)编辑文本格式。在 PowerPoint 2016 编辑幻灯片页面中选定文本或文本占位符,在"开始"选项卡中的"字体"组,可以对字体、字号、颜色等进行设置,还能通过单击"加粗""倾斜""下画线""文字阴影"等按钮为文本添加相应的效果。也可以采用选择文本或文本占位符,在"开始"选项卡中的"字体"组右下角单击"展开"按钮,如图5-4所示,在打开的"字体"对话框中也可对文本的字体、字号、颜色等效果进行设置。

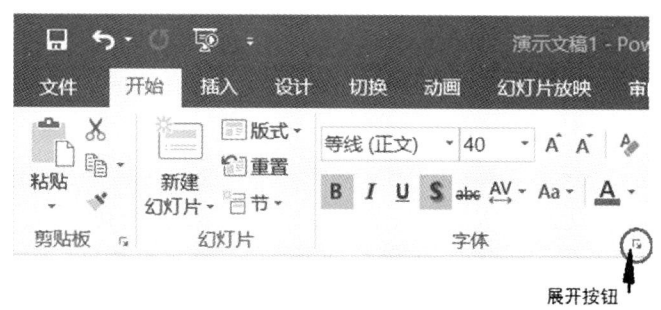

图 5-4 "开始"选项卡中的"字体"功能区右下角单击"展开"按钮

(3)插入并编辑艺术字。

1)插入艺术字。单击"插入"选项卡,在"文本"组中单击"艺术字"按钮,在打开的下拉列表中选择所需的艺术字样式选项,然后在显示的"请在此放置您的文字"提示文本框中输入艺术字文本即可。

2)编辑艺术字。在幻灯片中插入艺术字文本后,选中要编辑的艺术字,将自动激活"绘图工具形状格式"选项卡,如图5-5所示,单击"绘图工具形状格式"选项卡,在其中可以通过不同的组对插入的艺术字进行编辑。用得比较多的组包括"形状样式"组、"艺术字样式"组、"排列"组以及"大小"组。

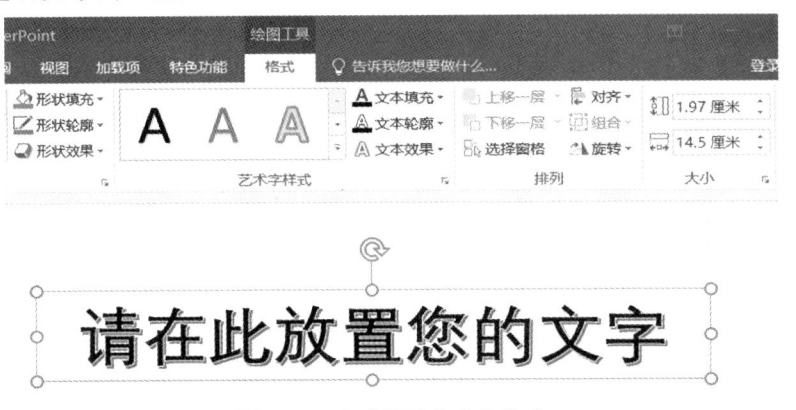

图5-5 自动激活艺术字格式

(4)制作表格。

1)插入表格。选择要插入表格的幻灯片,在"插入"选项卡里"表格"组中单击"表格"按钮,在打开的下拉列表中拖动鼠标选择表格行列数,到合适位置后单击鼠标即可插入表格。也可以通过"插入表格"对话框插入,选择要插入表格的幻灯片,在"插入"选项卡里"表格"组中单击"表格"按钮,在打开的下拉列表中选择"插入表格"选项,打开"插入表格"对话框,在其中输入表格所需的行数和列数,单击"确定"按钮完成插入,如图5-6所示。

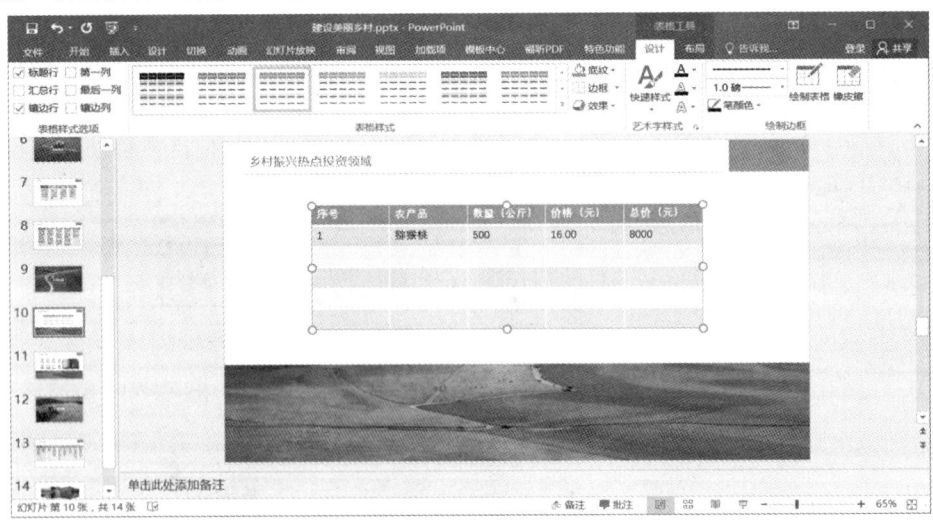

图5-6 插入表格

第5章 演示文稿处理软件 PowerPoint 2016

2)输入表格内容并编辑表格。插入表格后即可在其中输入文本和数据,并可根据需要对表格和单元格进行编辑操作。在"表格工具布局"选项卡里,可以对表格单元格的宽高等参数进行设置,也可以完成表格单元格的插入、删除、合并等表格编辑操作,如图5-7所示。

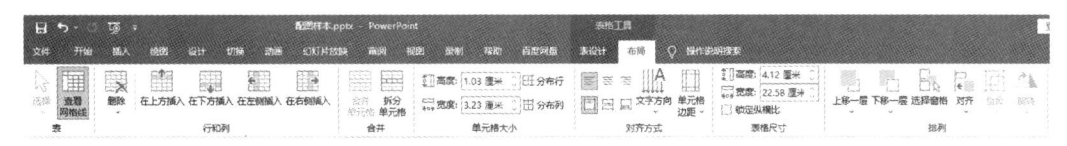

图5-7 表格内容编辑

3)美化表格。为了使表格样式与幻灯片整体风格更搭配,可以为表格添加样式,PowerPoint 提供了很多预设的表格样式供用户使用。在"表格工具表设计"选项卡里的"表格样式"组中单击右下角的下拉按钮,打开样式列表,如图5-8所示,在其中选择需要的样式即可。

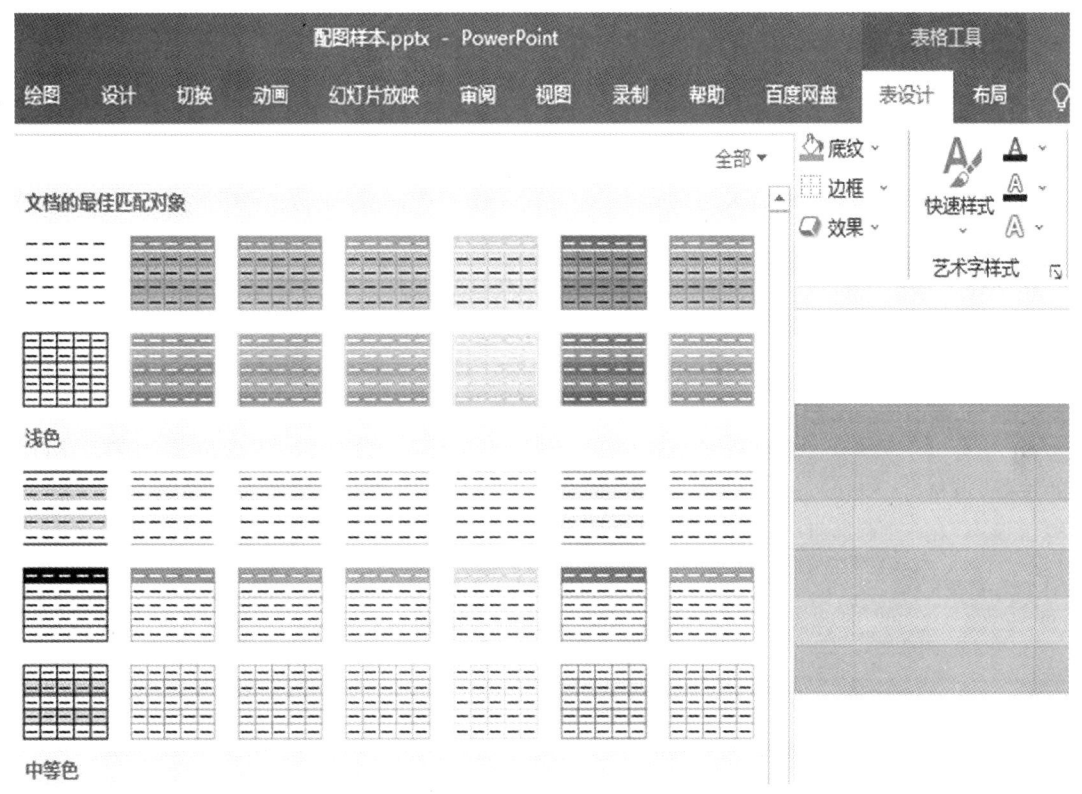

图5-8 美化表格

(5)插入 SmartArt 图形。在 PowerPoint 2016 中,利用 SmartArt 图形用户可以在演示文稿中以简便的方式创建信息的可编辑图示,完全不需要专业设计师的帮助,也可以为 SmartArt 图形、形状、艺术字和图表添加更好的视觉效果,包括三维(3D)效果、底纹、反射、辉光等。

单击"插入"选项卡,在"插图"组中,单击"SmartArt"按钮,打开"选择 SmartArt 图形"对话框,对话框中显示了 PowerPoint 2016 中的各种 SmartArt 图形,如图5-9所示。

· 203 ·

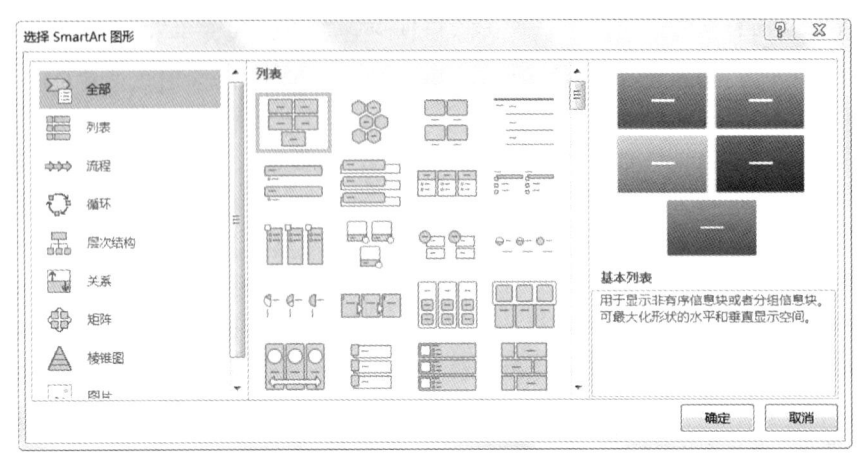

图 5-9 "选择 SmartArt 图形"对话框

(6)插入图片。

1)插入图片。选择需要插入图片的幻灯片,选择"插入"选项卡的"图像"组,单击"图片"按钮,弹出下拉菜单,出现插入图片来自"此设备"和"联机图片"两个选项,选择一项,在打开的"插入图片"对话框中选择需插入图片的保存位置,然后选择需插入的图片,单击"插入"按钮。

2)编辑图片。将图片插入幻灯片中,如果对于图片不满意,可以选中图片后,在"图片工具——图片格式"选项卡的"调整"组、"图片样式"组、"排列"组和"大小"组中,对图片边框、阴影等样式效果进行设置。

3)插入并编辑相册。PowerPoint 2016 为用户提供了批量插入图片和制作相册的功能,通过该功能可以在幻灯片中创建电子相册并对其进行设置。选择"插入"选项卡的"图像"组,单击"相册"按钮,在弹出的"相册"对话框中,选择"相册内容"的插入图片来自"文件/磁盘"选项,就可以通过选择路径确定要插入的一系列图片,如图 5-10 所示,对于多个图片的选择,可按住"Shift"键(连续的)或"Ctrl"键(不连续的)选择图片文件,选好后单击"插入"按钮返回"相册"对话框。如果需要选择其他文件夹中的图片文件可再次单击该按钮加入。

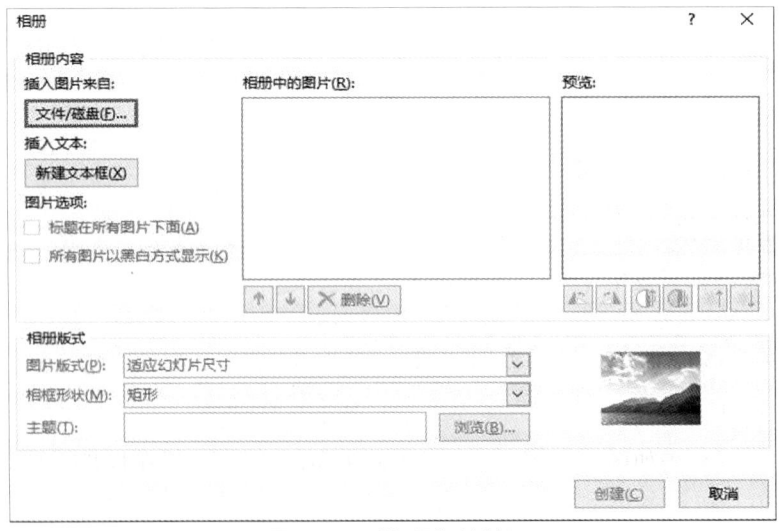

图 5-10 "相册"对话框

第 5 章　演示文稿处理软件 PowerPoint 2016

(7)插入媒体文件。为了让整个幻灯片有个好的表现效果,可以在幻灯片内插入多种媒体文件,经常用到的包括音频文件、视频文件。

1)插入音频文件。选择幻灯片,在"插入"选项卡里的"媒体"组中单击"音频"按钮,在打开的下拉列表中提供了"PC 上的音频"和"录制音频"两种插入方式,用户可根据需要进行选择。若选择"PC 上的音频"选项,将打开"插入音频"窗口,如图 5-11 所示,在其中选择需插入幻灯片中的音频文件,单击"插入"按钮,即可将该音频文件插入幻灯片中。

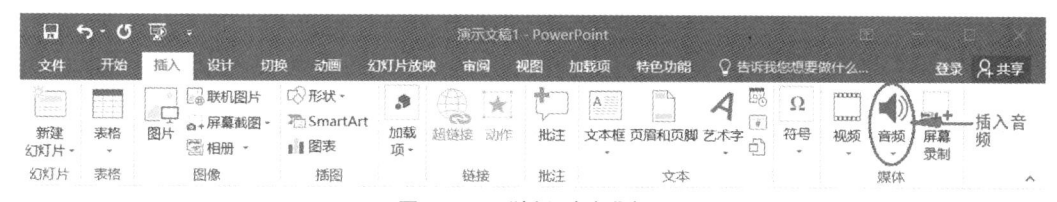

图 5-11　"插入音频"窗口

2)插入视频文件。跟音频文件一样,视频也是演示文稿中非常常见的一种多媒体元素,常用于宣传类演示文稿中。在 PowerPoint 2016 中可以插入文件中的视频和来自网站的视频。选择幻灯片,在"插入"选项卡中的"媒体"组中单击"视频"按钮,在打开的下拉列表中提供了"此设备"和"联机视频"两种插入方式,在打开的下拉列表中选择"此设备"选项,在打开的"插入视频文件"窗口中选择要插入的视频文件,单击"插入"按钮即可,如图 5-12 所示。

图 5-12　"插入视频"窗口

(8)主题和快速样式。PowerPoint 2016 提供了崭新的主题、版式和快速样式,当设置演示文稿格式时,它们可以提供广泛的选择。主题简化了专业演示文稿的创建过程,用户只需要选择所需的主题,PowerPoint 2016 便会自动执行其余的任务。单击一次鼠标,背景、文字、图标和表格都会发生变化,以反映选择的主题,确保演示文稿中的所有元素能够互补。

1)应用幻灯片主题。PowerPoint 2016 的主题样式均已经对颜色、字体和效果等进行了合理的搭配,用户只需选择一种固定的主题效果,就可以为演示文稿中各幻灯片的内容应用相同的效果,从而达到统一幻灯片风格的目的。打开"设计"选项卡,在功能区"主题"组中有主题列表,主题列表如图 5-13 所示。单击右下角的下拉按钮,在打开的下拉列表中选择一种主题即可。例如:选择"平面"主题,单击再选择一种色调创建新文稿,如图 5-13 所示。

· 205 ·

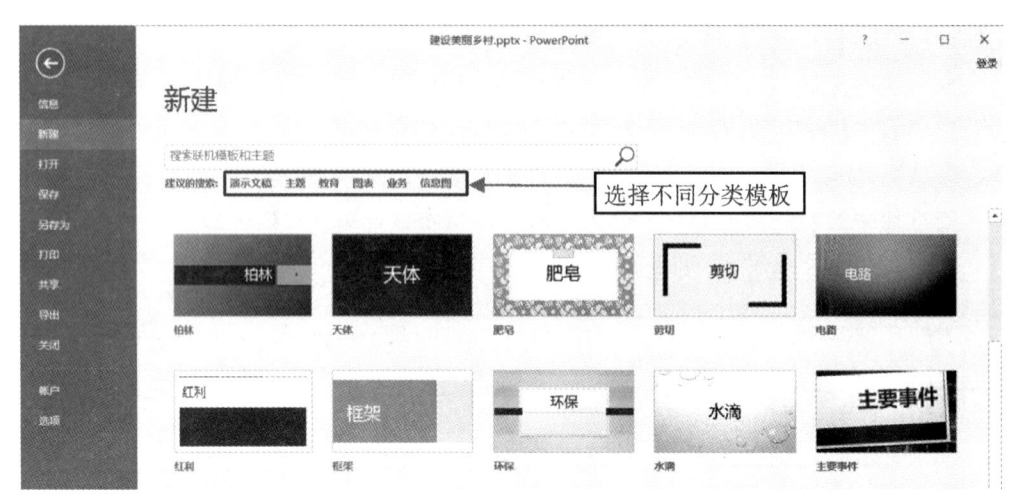

图 5-13 主题样式

2)更改主题颜色方案。PowerPoint 2016 为预设的主题样式提供了多种主题的颜色方案,用户可以直接选择所需的颜色方案,对幻灯片主题的颜色搭配效果进行调整。在"设计"选项卡里的"变体"组中单击右下角的下拉按钮,在打开的下拉列表中选择"颜色"选项,如图 5-14 所示,在打开的子列表中选择一种主题颜色,即可将颜色方案应用于所有幻灯片。

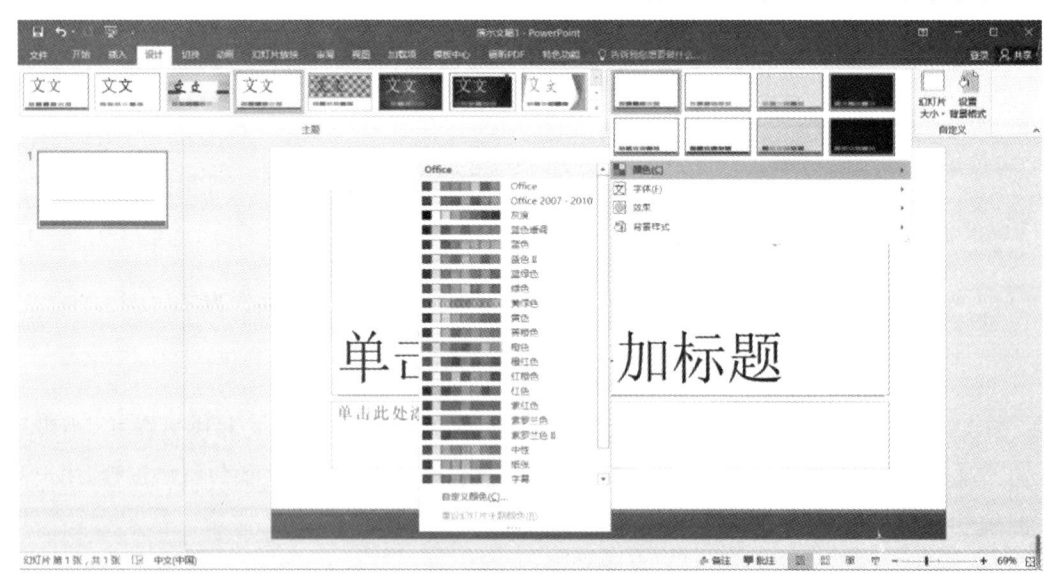

图 5-14 颜色方案

3)更改字体方案。PowerPoint 2016 为不同的主题样式提供了多种字体搭配方案。在"设计"选项卡里的"变体"组中单击右下角的下拉按钮,在打开的下拉列表中选择"字体"选项,在打开的子列表中选择一种选项,即可将字体方案应用于所有幻灯片。在打开的下拉列表中选择"自定义字体"选项,在打开的"新建主题字体"对话框中可对幻灯片中的标题和正文字体进行自定义设置,如图 5-15 所示。

第 5 章 演示文稿处理软件 PowerPoint 2016

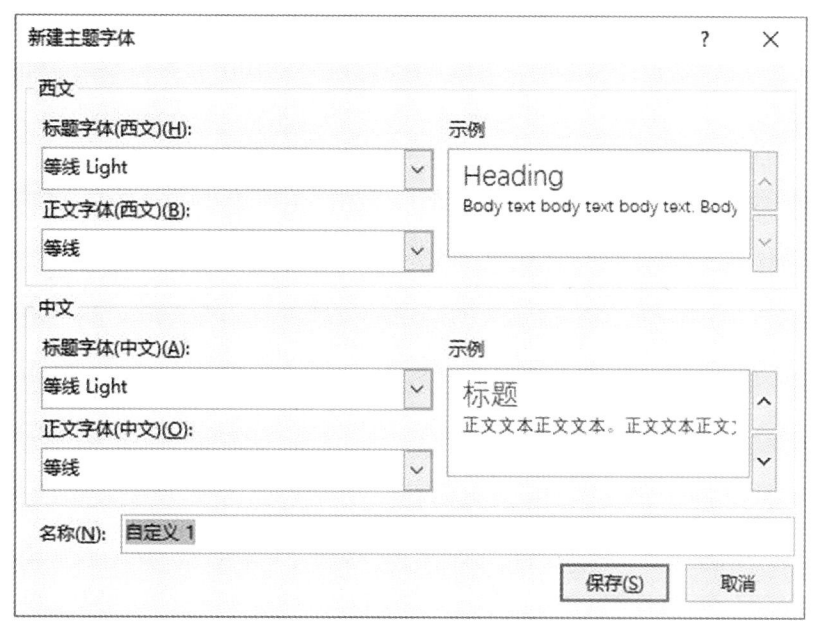

图 5-15 "新建主题字体"对话框

4）更改效果方案。在"设计"选项卡里的"变体"组中单击右下角的下拉按钮，在打开的下拉列表中选择"效果"选项，在图 5-16 打开的下拉列表中选择一种效果，可以快速更改图表、SmartArt 图形、形状、图片、表格和艺术字等幻灯片对象的外观。

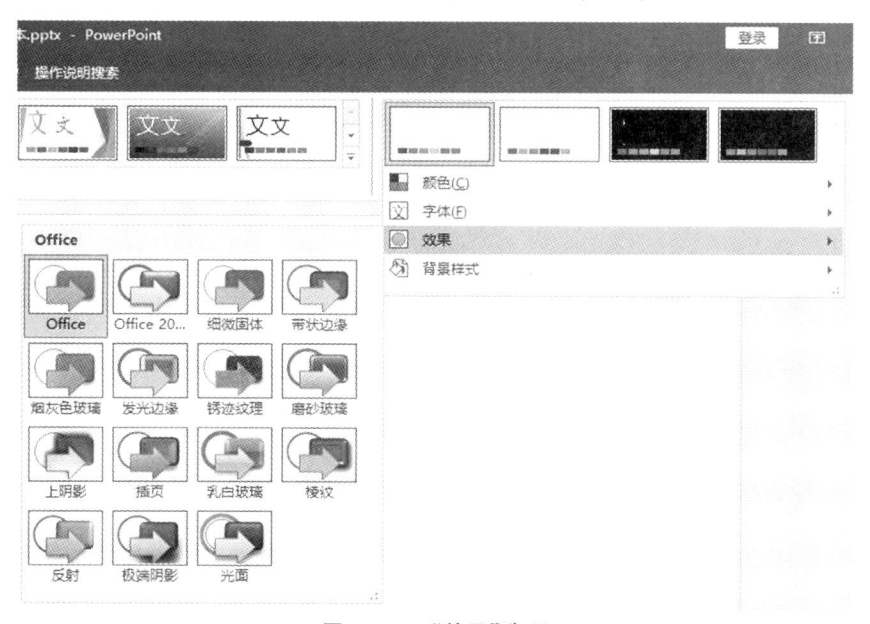

图 5-16 "效果"选项

（9）幻灯片母版。PowerPoint 2016 若要使所有的幻灯片包含相同的字体和图像（如徽标），在一个位置中做出更改，所有的幻灯片都会随之更改，就需要使用幻灯片母版，在 PowerPoint 2016 中有 3 种母版：幻灯片母版、讲义母版、备注母版。

1)幻灯片母版。幻灯片母版是存储关于模版信息的设计模版,这些模版信息包括字形、占位符大小、位置、背景设计和配色方案等,它是母版中最常用的一种版式。在"视图"选项卡里的"母版视图"组中单击"幻灯片母版"按钮,即可进入幻灯片母版视图。

幻灯片母版视图是编辑幻灯片母版样式的主要场所,在幻灯片母版视图中,左侧为"幻灯片版式选择"窗格,右侧为"幻灯片母版编辑"窗口。幻灯片母版包含标题样式和文本样式,有统一的背景颜色或图案,编辑完成关闭母版视图即可使用,如图 5-17 所示。

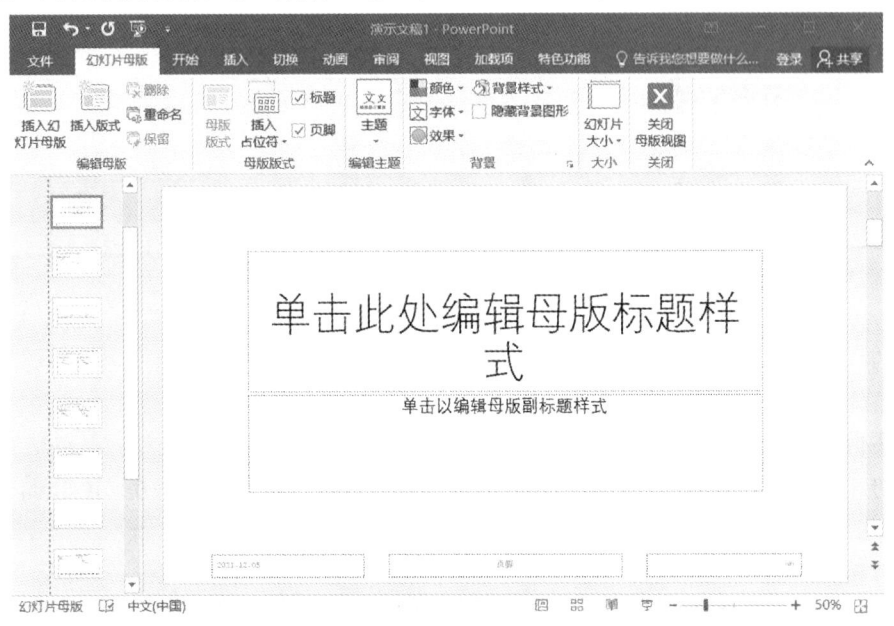

图 5-17　幻灯片母版

2)讲义母版。讲义母版用于在母版中显示讲义的安排位置,使用讲义母版可以将多张幻灯片制作在同一张幻灯片中,在"视图"选项卡里的"母版视图"组中单击"讲义母版"按钮,讲义母版是一个格式化的母版,在讲义母版视图中可查看页面上显示的多张幻灯片,也可设置页眉和页脚的内容,以及改变幻灯片的放置方向等,以方便用户进行打印。

3)备注母版。备注母版是设置备注页视图的母版,它作为演示者在演示文稿时的提示和参考,可以被单独打印出来。备注母版主要用于格式化演讲者的备注页面的演示文稿,可以向备注母版中添加图形和文字,还允许重新调整幻灯片区域的大小。在"视图"选项卡里的"母版视图"组中单击"备注母版"按钮即可调出"备注母版"。

3.2.4　任务实现

新建文件名为"建设美丽乡村.pptx"幻灯片。我们在设计演示文稿之前需要准备相关文档、图片、视频等资料,存放在磁盘上建立一个如"PPT 素材"之类的文件夹中,以备插入到设计的幻灯片中。

(1)新建空白演示文稿。

1)新建幻灯片,根据自己需要你可以选择合适的主题模板,这里选择了新建空白演示文稿。确定后,单击"文件"里的"保存",将新建的幻灯片命名为"建设美丽乡村.pptx"。

第5章 演示文稿处理软件 PowerPoint 2016

2) 在设计之前,确定幻灯片大小,在"开始"选项卡右端,点击"幻灯片大小"按钮,选择宽屏 16:9,如图 5-18 所示。

图 5-18 设置空白演示文稿大小

(2) 修改幻灯片母版。如果选择使用某幻灯片主题,选择主题后需要修改母版样式,在本任务实施中,我们没有选择相关主题,所以需要设计空白幻灯片进行母版样式。在左侧幻灯片窗格中新建幻灯片,就会出现第二张幻灯片,这里需要对第二张幻灯片母版设计,因为第一张幻灯片作为封面使用,不修改母版。在"视图"选项卡中,点击"幻灯片母版"视图后(左边幻灯片窗格中,可以看到每张幻灯片的样式,可以删除、插入母版),开始设计母版样式:

单击"插入"选项卡里的"插图"工具组里的"形状",选择矩形,在母版左上角插入一个矩形并设计填充橙色,无边框,调整大小适合即可;再绘制一条直线,颜色为绿色,粗细合适(如1磅)即可;右上角设计一个文本框,设置文字样式(字体、字号、颜色等),如图 5-19 所示。设计好后关闭母版视图,回到幻灯片设计页。

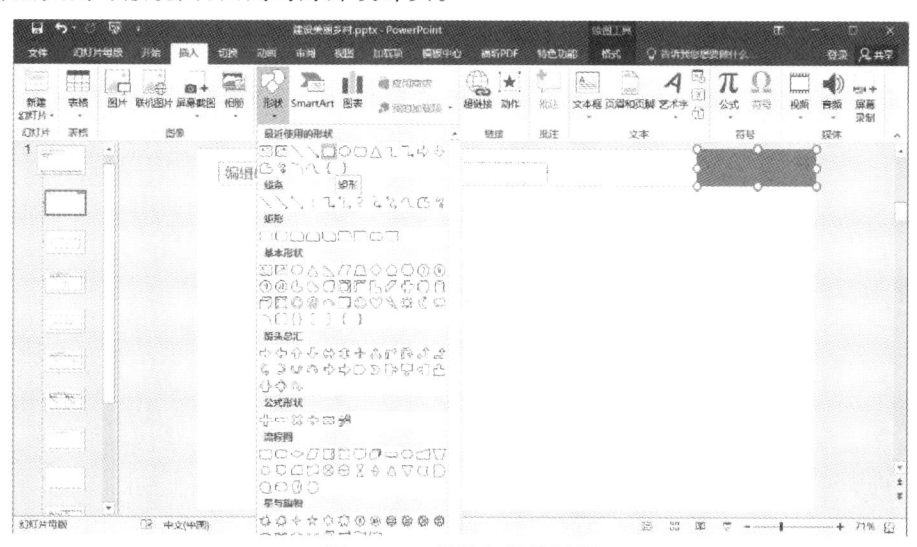

图 5-19 修改幻灯片母版

(3) 制作设计幻灯片封面和目录。

在设计演示文稿时,一般情况下都有一个首页封面和"目录"页,根据自己汇报内容自行确定样式。

1) 设计封面。在首页中插入一张图片和文字及其他信息。背景为白色基调,简洁明亮。单击"插入"选项卡里的"图像"组里的"图片",插入 4 张乡村图片素材,图片素材经过变形调整处理,并调整图片的大小以及图片层的位置。然后,在首页下方插入文本框,输入文字"皖美乡村 我的家"和"——乡村振兴专题汇报",设置蓝色斜体字样式。当然还可注明汇报人信息,如图 5-20 所示。

图 5-20 插入"图片"和文字

2) 设计目录。由于第二张幻灯片使用了母版,在这一空白页中插入"汇报内容"文本,下方设置蓝色色块文本框填充蓝色,白色英文文字采用"content"样式,选中文本框后按右键设置形状格式,改变文本框中文字的上下边距,如图 5-21 所示。

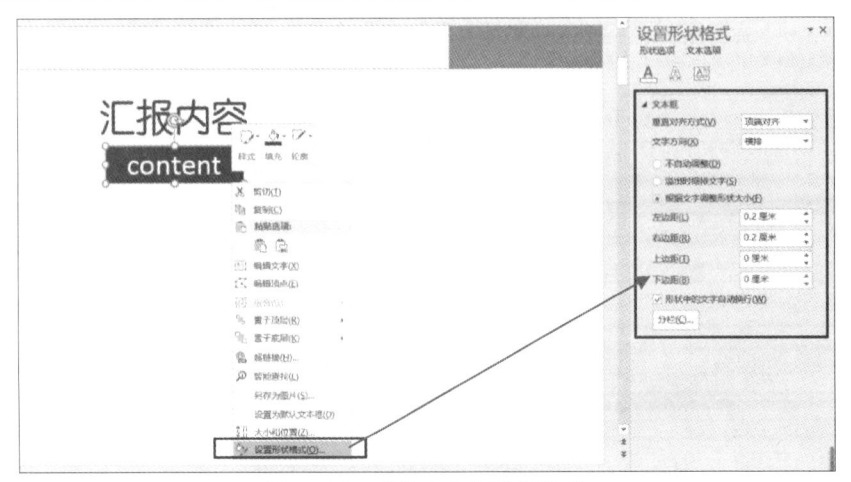

图 5-21 修改文本框形状格式

第 5 章 演示文稿处理软件 PowerPoint 2016

继续在该页面设计目录。绘制小矩形填充蓝色,无边框。绘制虚线线条直线,添加文本信息,设置好文本样式即可。插入形状、直线、文本以及底部图片,这里不再赘述,效果如图 5-22 所示。

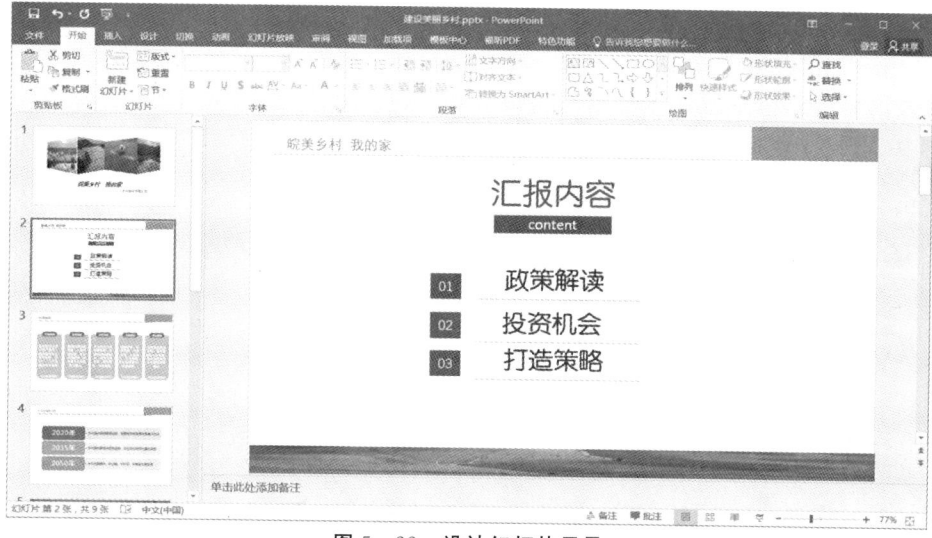

图 5-22 设计幻灯片目录

(4)设计第一版块幻灯片。

1)在"幻灯片窗格"单击右键,弹出快捷菜单,选择"新建幻灯片"。新建的幻灯片默认版式为"标题和内容"(版式就是文字、图片等元素排版样式),如果对版式满意就可以直接编辑幻灯片内容了;如果不满意,可以选中新建的幻灯片,单击右键,在弹出的快捷菜单中,选择"版式",修改幻灯片的版式,将幻灯片的版式更换为"空白"。修改完版式后,单击"插入"选项卡的"图片",将图片层次调整到最底层,然后绘制开口的矩形框(矩形上边比下边长度短一些),再插入文本框,输入文本"政策解读",设置文本字体和大小,文字为白色。作为第一版块介绍的封面,如图 5-23 所示。

图 5-23 设计第一版块封面

· 211 ·

2)接着继续新建幻灯片,设计下一张幻灯片。也可以复制上一张幻灯片,保持相同的母版样式,在新建的下一页"政策解读"版块中,介绍政策内容。单击"插入"选项卡,在"插图"组中,单击"形状"按钮,插入矩形、上下两个椭圆形状,并填充纯色效果。选择下面的椭圆形状,按右键设置其图形格式,这里设置了阴影效果,如图 5-24 所示。绘制图形后编辑图形中文字(图形上按右键"编辑文字"),输入相关标题和政策性文字。设计好一个"产业兴旺"图形元素格式后,复制图形就得到 5 个相同格式的图形,再修改文字即可。

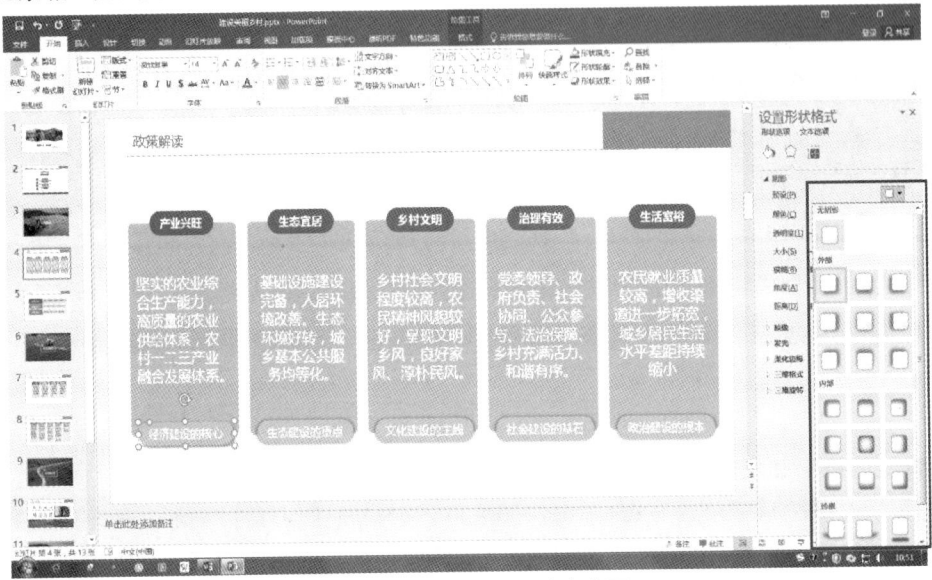

图 5-24 设计政策解读内容页

3)继续设计本版块内容,从右边幻灯片窗格中,新建下一页幻灯片,使用幻灯片母版。内容是 2020 年、2035 年、2050 年的三大阶段任务。单击"SmartArt"按钮,打开"选择 SmartArt 图形"对话框,选中"图片"中的"垂直块列表",如图 5-25 所示。

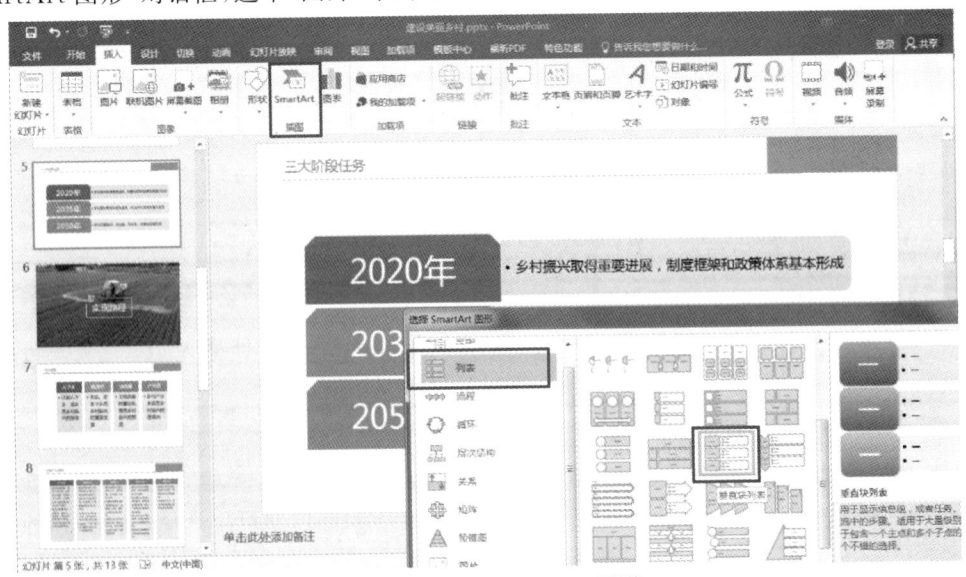

图 5-25 插入 SmartArt 图形

第5章 演示文稿处理软件 PowerPoint 2016

插入图形后也可以改变 SmartArt 图形样式,选择图形按右键"更改形状",图形形状改为去角的矩形形状。完成插入图形后,修改 SmartArt 图形各项参数,并在 SmartArt 图形上添加图片以及相应的文本内容。在幻灯片左上角做一个"三大阶段任务"的说明文字,颜色设置深灰色。

(5)设计第二版块的幻灯片。

1)在第二版块设计时,同样设计一个图片和文字页面,样式如同图 5-23 所示,文字为"02 投资机会"。

2)接着新建幻灯片,或者复制一个幻灯片,继续设计版块的幻灯片内容。在该页使用了第二页母版,可以在左上角行插入"乡村振兴热点投资领域"灰色文字。中间插入相关小图标,并加上文本说明,排列整齐。底部设计了一条农田图片,这些小图标是网络上搜索的图片或自己设计图形,保存在文件夹中以供使用,视频同样是录制的 MP4 格式文件。单击插入"视频"可以将"现代农业园.mp4"文件插入该页中,在视频工具工具组中,设计视频播放方式:"单击鼠标开始""循环播放,直到停止""播完返回开头",如图 5-26 所示。

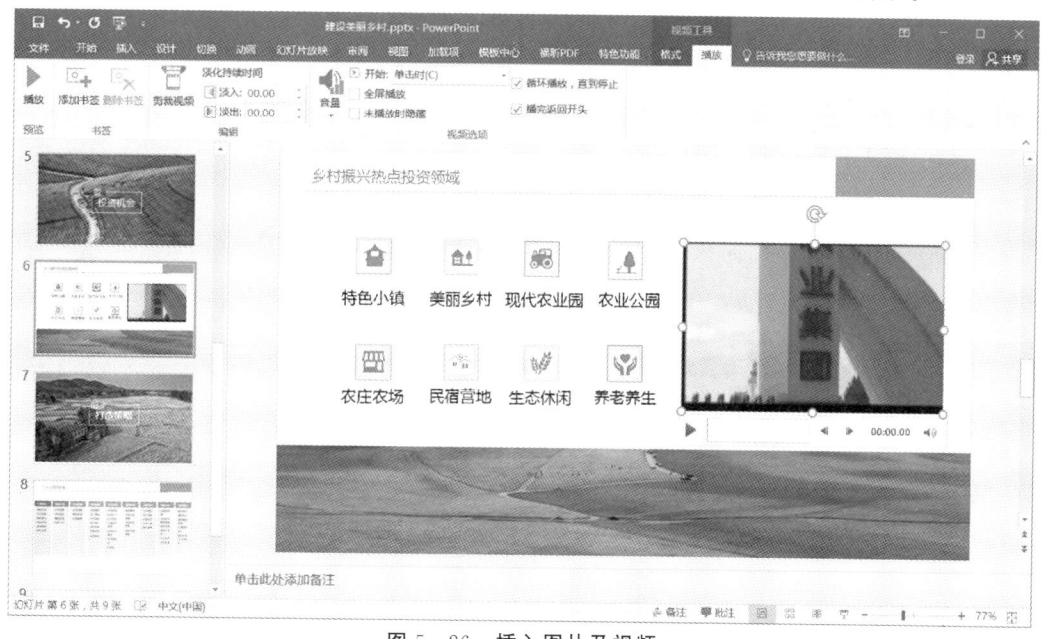

图 5-26 插入图片及视频

(6)设计第三版块的幻灯片。

1)设计该版块题为"03 打造策略",同样复制第一版块封面,更换图片和文字即可。

2)然后继续新建幻灯片。使用第二张幻灯片的母版,左上角处插入"九大业态巧妙植入"字样。然后插入 SmartArt 图形,选择"水平项目符号列表"图形,在 SmartArt 图形工具的"设计"选项卡中,选择 SmartArt 图形样式,增加项目符号到 9 个,编辑图形文字,如图 5-27所示。

说明:设计本案例时,新建幻灯片没有选择相关主题。同学们可以选择相关标题的主题作为模板,主题色调、背景、版式等都可以修改使用。最后一页幻灯片就是结束页面,可以与开始封面一致,修改为致谢文字等信息即可。为了教学演示使用,这里只设计三大版块内容,可以扩展多个版块,丰富汇报内容。所有页面设计完成后,单击"幻灯片浏览"视图,看到所有设计幻灯片,如图 5-28 所示。

图 5-27 设计 SmartArt 图形九大业态描述

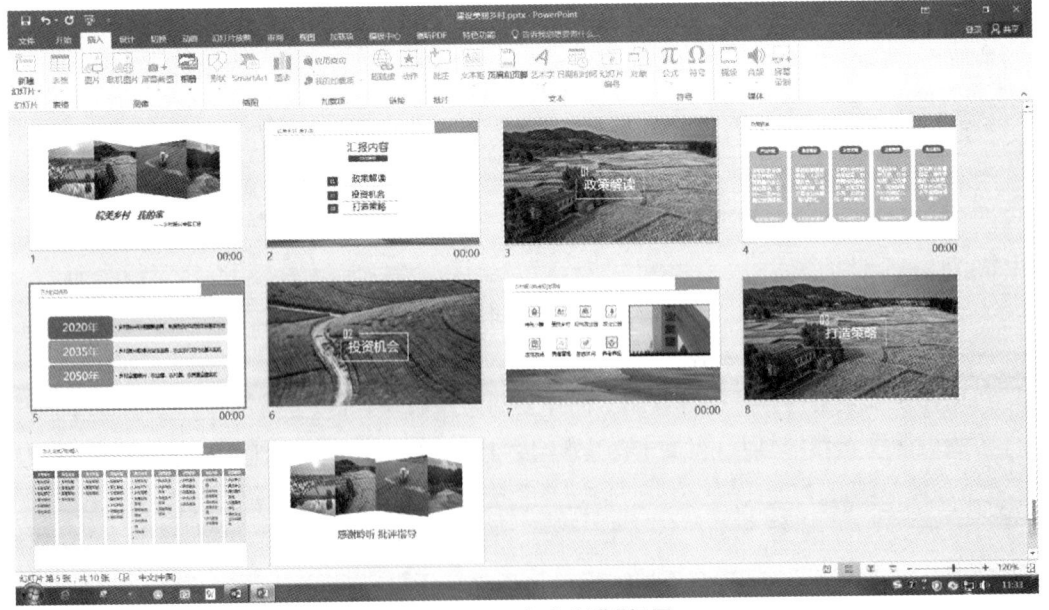

图 5-28 "幻灯片浏览"视图

5.3 任务2：幻灯片动画设置

5.3.1 任务描述

张强为了使幻灯片演示文稿显得更富有活力、更具感染力，需要为幻灯片添加动画效果，下面我们以已经设计好的"建设美好乡村.PPTX"演示文稿，即主题为"皖美乡村 我的家"宣讲幻灯片为实例添加动画。

(1) 可以使用 PowerPoint 2016 自带的动画效果。
(2) 可以使用 PowerPoint 2016 自带的幻灯片切换效果。
(3) 幻灯片的动画要符合主题要求。

5.3.2 任务分析

在 PowerPoint 2016 中加入动画设置需要做如下工作。
(1) 熟练地掌握 PowerPoint 2016 中各种添加动画基本操作。
(2) 熟练地在幻灯片效果中完成对时间线的控制。
(3) 能够清晰地设定同一张幻灯片中动画的计时开始方式。
(4) 能够根据幻灯片主题完成动画效果的设置。

5.3.3 预备知识

(1) 添加动画效果。

1) 添加单一动画。为对象添加单一动画效果是指为某个对象或多个对象快速添加进入、退出、强调或动作路径动画。

进入：反映文本或其他对象在幻灯片放映时进入放映界面的动画效果。

退出：反映文本或其他对象在幻灯片放映时退出放映界面的动画效果。

强调：反映文本或其他对象在幻灯片放映过程中需要强调的动画效果。

动作路径：指定某个对象在幻灯片放映过程中的运动轨迹。

在幻灯片编辑区中选择要设置动画的对象，然后在"动画"选项卡里的"动画"组中单击右下角下拉按钮，在打开的下拉列表中选择某一类型动画下的动画选项即可，如图5-29所示。为幻灯片对象添加动画效果后，系统将自动在幻灯片编辑窗口中对设置了动画效果的对象进行预览放映，且该对象旁会出现数字标识，如图5-30所示，数字顺序代表播放动画的顺序。用户可以根据自己的需要拖动调整，或者通过控制时间线来调整动画播放的顺序。

2) 添加组合动画。组合动画是指为同一个对象同时添加进入、退出、强调和动作路径动画4种类型中的任意动画组合，如同时添加进入和退出动画等。

选择需要添加组合动画效果的对象，然后在"动画"选项卡里的"高级动画"组中单击"添加动画"按钮，在打开的下拉列表中选择某一类型的动画后，再次单击"添加动画"按钮，继续选择其他类型的动画效果即可，添加组合动画后，该对象的左侧将同时出现多个数字标识，同样该数字标识代表播放动画顺序,如图 5-31 所示。为幻灯片中的对象添加动画效果后,还可以通过"动画"选项卡中的"动画"组、"高级动画"组、"计时"组,对添加的动画效果进行设置,使这些动画效果在播放时更具条理性,如设置动画播放参数、调整动画的播放顺序和删除动画等。

图 5-29 "动画"选项卡里的"动画"组里的动画效果

图 5-30 数字标识

第 5 章 演示文稿处理软件 PowerPoint 2016

图 5-31 添加组合动画

（2）设置幻灯片切换动画效果。幻灯片切换效果是从一张幻灯片到下一张幻灯片时设置的类似动画的效果，用户可以控制每张幻灯片切换效果的速度、还可以添加声音。切换动画可使幻灯片之间的衔接更加自然、生动。单击"切换"选项卡，在"切换到此幻灯片"组中可以选择需要的切换方式，如图 5-32 所示。在"计时"组里还可以对幻灯片切换的参数进行设置，如添加声音、换片方式等。

图 5-32 幻灯片切换

（3）添加动作按钮。通过单击动作按钮来人为控制幻灯片的播放过程。动作按钮是一个现成的按钮，可将动作按钮插入到演示文稿中，也可以为动作按钮进行超链接设置。动作按钮包含形状（如右箭头和左箭头）和通常被理解为用于转到下一张、上一张、第一张和最后一张幻灯片，以及用于播放影片或声音的符号。

选择要添加动作按钮的幻灯片，在"插入"选项卡"插图"组中单击"形状"按钮，在打开的下拉列表中的"动作按钮"栏中选择要绘制的动作按钮。此时鼠标指针将变为"十"形状，将其移至幻灯片右下角，按住鼠标左键不放并向右下角拖动绘制一个动作按钮，此时将自动打开"操作设置"对话框，根据需要单击"单击鼠标"或"鼠标悬停"选项卡，在其中可以设置单击鼠标或悬停鼠标时要执行的操作，如链接到其他幻灯片或演示文稿、运行程序等，如图 5-33所示。

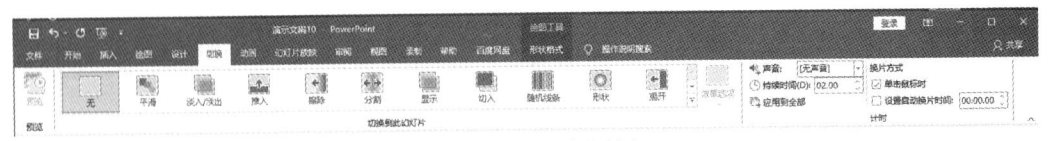

图 5-33 插入动作按钮

（4）创建超链接。超链接是指用户在其他网站或者网页之间进行链接,超链接可以将文字与图形链接到网页、图形文件、电子邮件或者其他网站上。超链接一般用于网页制作,从一个网页指向一个目标的连接关系,这个目标可以是另一个网页,也可以是相同网页上的不同位置。在 PowerPoint 2016 中,同样可以使用超链接的方法,链接到某一个对象,这个对象可以是某一张幻灯片、某一个网站、某一张图片或者音频/视频文件等。

在幻灯片编辑区中选择要添加超链接的对象,然后在"插入"选项卡的"链接"组中单击"超链接"按钮,打开"插入超链接"对话框,在左侧的"链接到"列表中提供了 4 种不同的链接方式,选择所需链接方式后,在中间列表中按实际链接要求进行设置,完成后单击"确定"按钮,即可为选择的对象添加超链接效果,如图 5-34 所示。在放映幻灯片时,单击添加链接的对象,即可快速跳转至所链接的页面或程序。

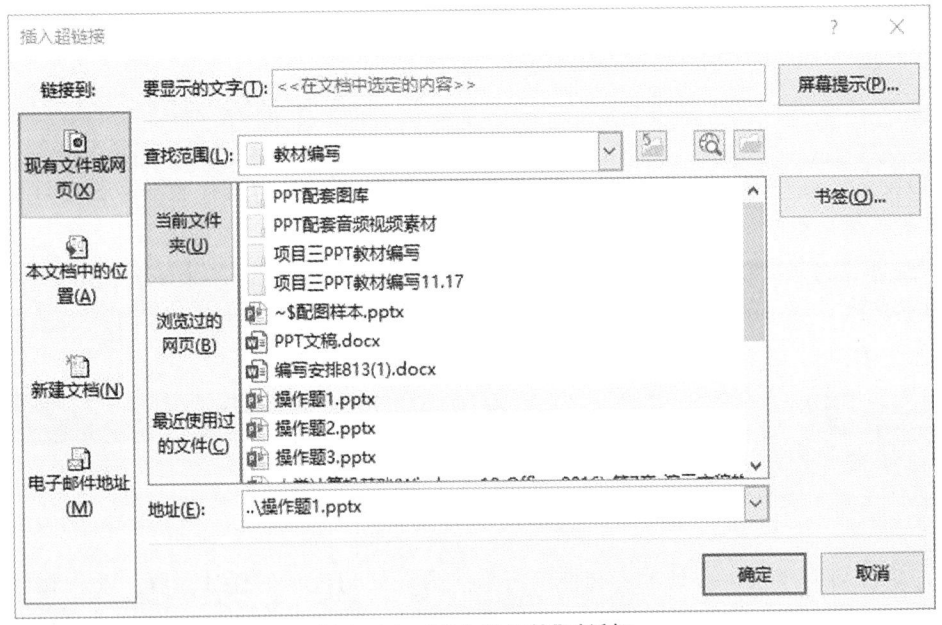

图 5-34 "插入超链接"对话框

5.3.4 任务实现

（1）为目录页图形和文字设置动画。

1）打开"建设美好乡村.pptx"演示文稿,选择第 2 张幻灯片目录,在幻灯片中,选定"01"图片,按住"Shift"键单击直线,即选中两个元素。单击"动画"选项卡里的"动画"组中的"浮出",如果不满意,单击右下角下拉箭头,在弹出的选项中,选择其他的进入效果,如图 5-35 所示。

第 5 章　演示文稿处理软件 PowerPoint 2016

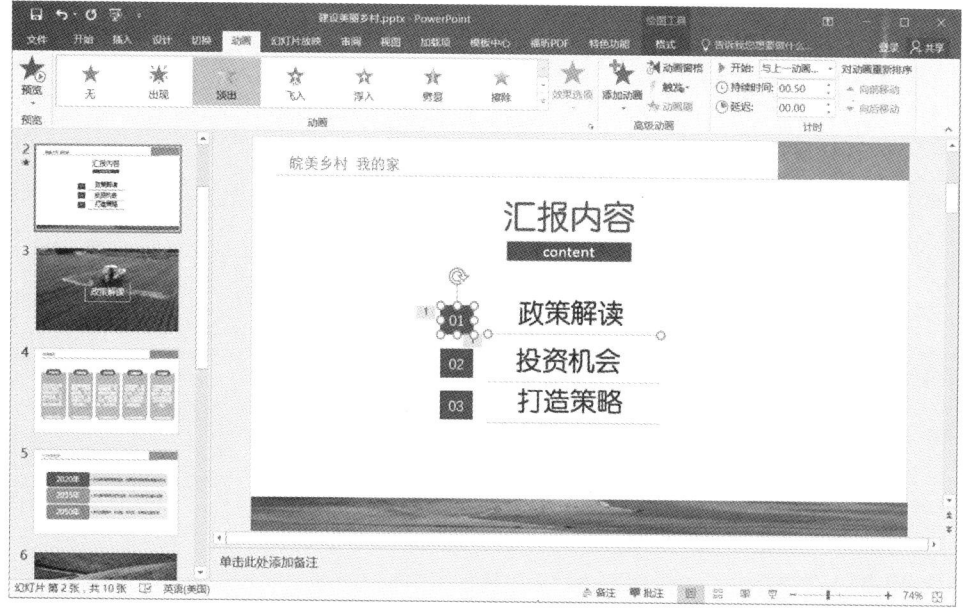

图 5-35　设置图形、字符动画

2）接着设计"政策解读"四个字进入动画。选中"政策解读"文本框，在"动画"选项卡的高级动画组中，单击"添加动画"，在进入组动画中选择"飞入"动画，再单击动画组右边的"动画效果"按钮，改变文字"自右侧"飞入的方向，如图 5-36 所示。

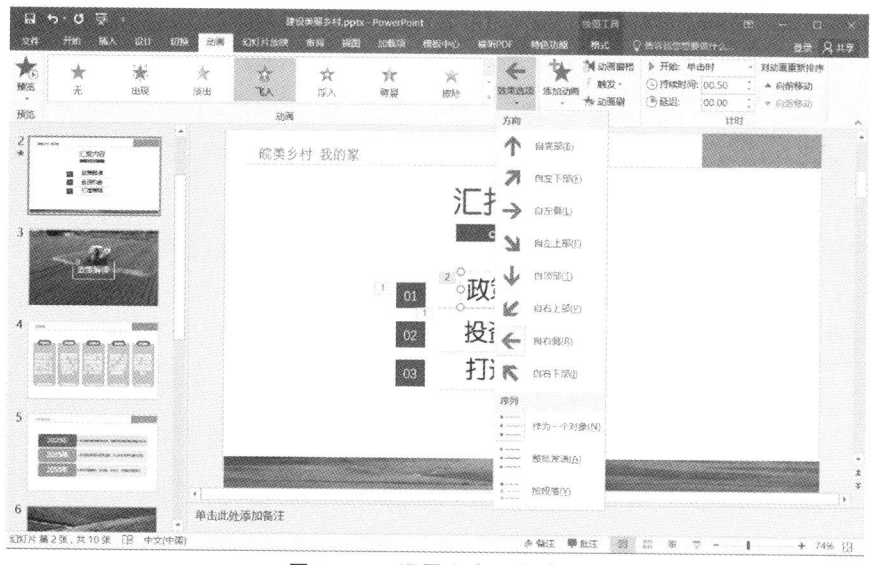

图 5-36　设置文字飞入动画

3）单击"动画"选项卡的高级动画组中"动画窗格"按钮，在屏幕的右侧出现"动画窗格"，刚才对 01 目录"政策解读"设置的动画效果，就会在文本框的左上角出现"2"，表明我们已经对此文本框设置了一个动画，在"动画窗格"中会出现一个动画效果框，如图 5-37 所示。单击右侧的下拉箭头，选择"效果选项"命令，打开"飞入"对话框，如图 5-38 所示。

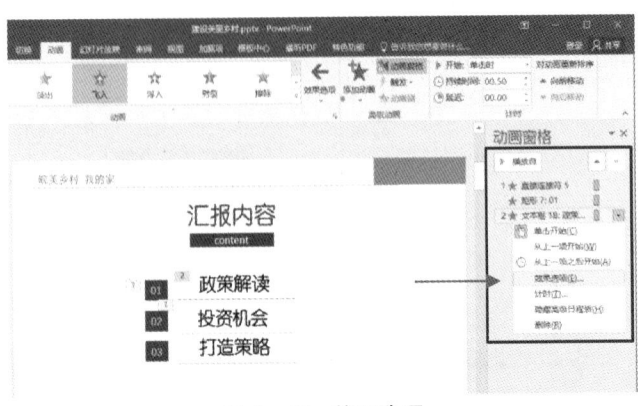

图 5-37　效果选项　　　　　　　　　　　图 5-38　"飞入"对话框

4）在对话框中，打开"计时"选项卡，在"开始"栏中选择"上一动画之后"选项（这里如果选择单击鼠标开始，那么单击鼠标才开始有动画效果）。在"期间"栏中将"非常快(0.5秒)"选项修改为"快速1秒"，单击"确定"按钮，如图5-38所示，就对目录01进行了动画设置。

5）运用高级选项组中"动画刷"（相当于Word中格式刷工具）设置"02 投资机会""03 打造策略"与"01 政策解读"相同动画效果。首先单击"01"矩形图形，单击一次选"动画刷"，再单击"02"矩形，即设置"02"矩形图与"01"矩形图相同的动画效果，同理，单击"政策解读"文本框，单击一次"动画刷"，再单击"投资机会"文本框，这样"投资机会"文本框文字动画效果和"政策解读"动画效果一样了，不必再重复设置相同的动画效果。第一行目录中矩形图、直线、文本框文字动画设计好后，使用"动画刷"工具就可以完成设置第二行、第三行目录图形和文字动画效果，如图5-39所示。

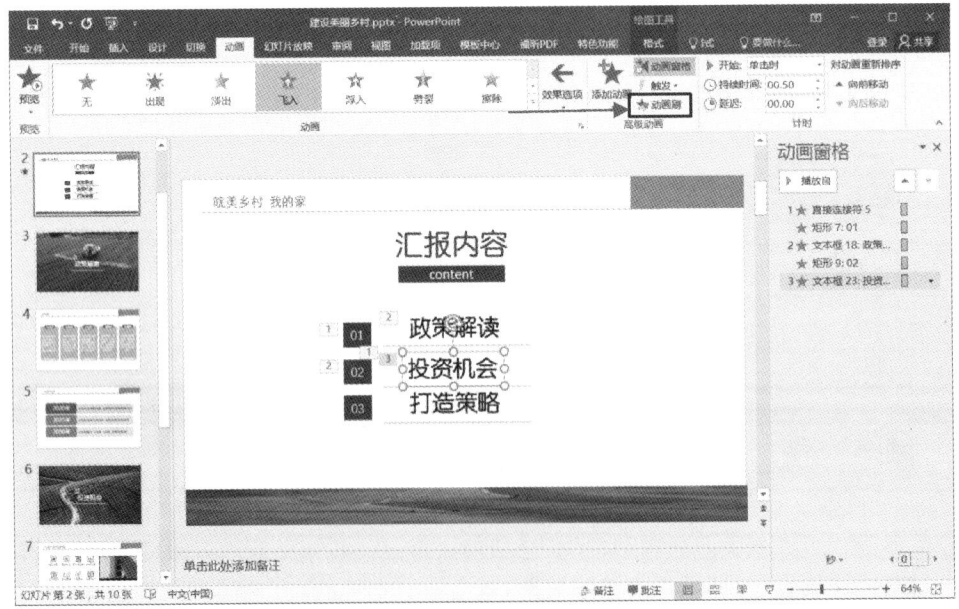

图 5-39　使用动画刷工具

6）播放幻灯片时，默认鼠标单击目录页会翻到下一页幻灯片（后面设置播放幻灯片介绍其他播放方式）。那么，单击"02 投资机会"可以进入到第二版块，打开第6张幻灯片，通过

第 5 章　演示文稿处理软件 PowerPoint 2016

设置超链接完成,不需要设置一个动画按钮。选择"投资机会"文本框,单击"插入"选项卡中"超链接"按钮,出现"插入超链接"对话框,左侧"链接到"窗口选择"本文档中的位置",右边窗口选择幻灯片标题为"幻灯片 6",单击"确定"完成设置超链接,如图 5-40 所示。

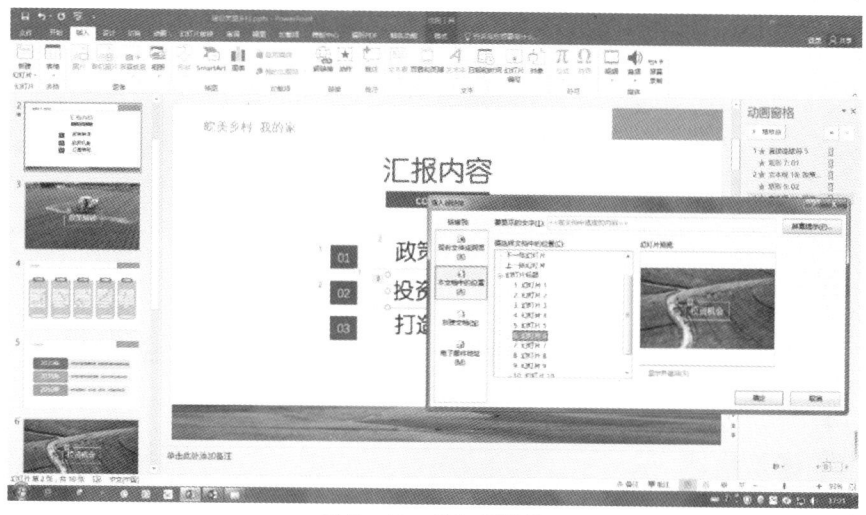

图 5-40　插入超链接

说明:自行练习其他页面中图片、图形、文字等元素的进入、退出、强调以及按照设置的运动路线运动等动画设置。参考上述方法即可,这里不再赘述。

(2) 视频播放设置。在本例中第 7 张幻灯片插入了"现代农业园.MP4"视频,需要设置其格式和播放方式。选择插入的视频,单击视频工具中"视频"选项卡(视频工具有"格式""视频"两个选项卡),设置视频开始播放为"自动(A)",勾选"循环播放,直到停止"和"播完返回开头"两项,完成设置,如图 5-41 所示。

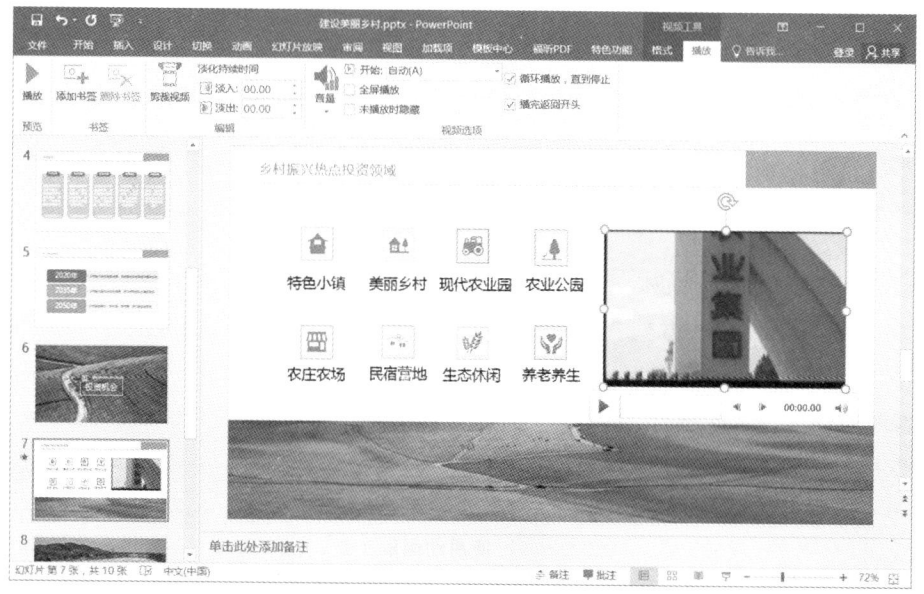

图 5-41　视频播放设置

(3)幻灯片切换方式设置。所有的幻灯片设置完成后,为了更好的效果,还需要对幻灯片切换进行设置,单击"切换"选项卡,在"切换到此幻灯片"组中可以选择"显示"的切换方式,在"计时"组里选择持续时间为"03.50",换片方式为"单击鼠标",最后点选"应用到全部",就可以实现所有幻灯片具有统一的切换方式了,如图5－42所示。

当然,我们还可以为每一张幻灯片设置不同的切换方式。

图5－42 设定幻灯片的切换方式

5.4 任务3:幻灯片的放映与导出

5.4.1 任务描述

张强设计完幻灯片演示文稿,下面就要考虑如何放映幻灯片演示文稿。需要对其进行一些设置,这些设置包括选择幻灯片的放映方式、调整幻灯片的放映顺序、设置每一张幻灯片的放映时间等,以达到更好的效果。

(1)根据演示需要挑选合适的放映方式。

(2)根据演示需要挑选合适的导出方式。

5.4.2 任务分析

在PowerPoint 2016中设定好幻灯片的放映工作。

(1)能够根据需求决定幻灯片放映的方式。

(2)能够录制幻灯片。

(3)根据不同演示场所的不同需要,能够将演示文稿采用不同格式导出,保证演示文稿具有更强的兼容性。

5.4.3 预备知识

(1)设置演示文稿放映方式。用鼠标左键单击"幻灯片放映"选项卡里的"设置"组中的"设置幻灯片放映"按钮,弹出"设置放映方式"对话框,如图5－43所示,放映类型一共有3种。

1)演讲者放映(全屏幕)。演讲者放映方式是一种传统的全屏放映方式,主要用于演讲者亲自播放演示文稿,在这种方式下,演讲者具有完全的控制权限。

2)观众自行浏览(窗口)。观众自行浏览放映方式适用于小规模演示,在放映时,演示文稿在标准窗口中进行放映,并且可以提供相应的操作命令,允许用户移动、编辑、复制和打印幻灯片。在这种方式下,用户不能通过鼠标单击的方式逐个放映幻灯片,只能使用滚动条或者方向键来切换幻灯片。

3)在展台浏览(全屏幕)。在展台浏览放映方式是全自动运行、全屏幕循环放映的一种方式,放映结束5分钟之内没有指令,则会重新开始。在这种放映方式下,演示文稿通常会自动放映,并且大多数的控制命令都不可使用。

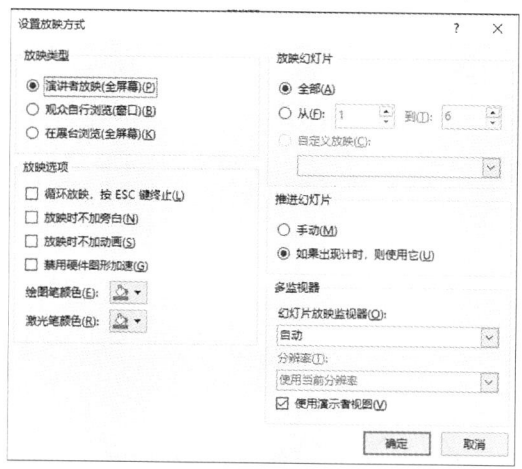

图 5-43 "设置放映方式"对话框

(2)自定义幻灯片放映。用鼠标左键单击"幻灯片放映"选项卡里的"开始放映幻灯片"组中的"自定义放映"按钮,在弹出的下拉菜单中单击"自定义放映",弹出"自定义放映"对话框,如图 5-44 所示。

自定义幻灯片放映是指选择性地放映一部分幻灯片,它可以选择将需要放映的幻灯片另存为一个名称再进行放映,这类放映主要适用于内容较多的演示文稿。

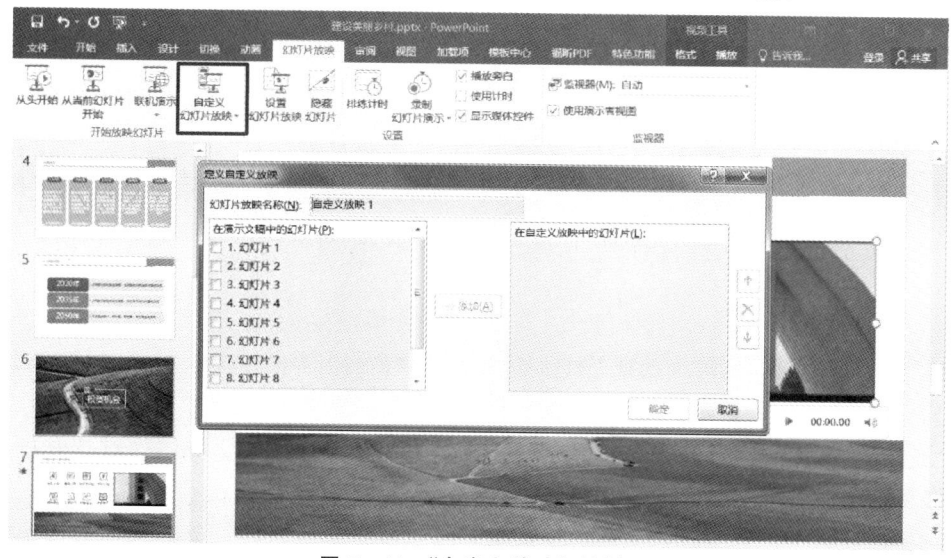

图 5-44 "自定义放映"对话框

(3)隐藏幻灯片。在"幻灯片"窗格中选择需要隐藏的幻灯片,在"幻灯片放映"选项卡的"设置"组中单击"隐藏幻灯片"按钮,即可隐藏幻灯片,再次单击该按钮便可将其重新显示。被隐藏的幻灯片上将出现 ↘ 标志。

(4)录制旁白。在"幻灯片放映"选项卡的"设置"组中单击"录制幻灯片演示"按钮,弹出的下拉菜单中包含"从当前幻灯片开始录制""从头开始录制""清除"三个选项,如图 5-45 所示。单击"从头开始录制",在其中选择要录制的内容后单击"开始录制"按钮,此时,幻灯片开始放映并开始录音。录音必须要配置麦克风。

图 5-45 录制幻灯片演示

(5)设置排练计时。在"幻灯片放映"选项卡里的"设置"组中单击"排练计时"按钮,进入放映排练状态,并在放映左上角打开"录制"工具栏,开始放映幻灯片,幻灯片在人工控制下不断进行切换,同时在"录制"工具栏中进行计时。完成后弹出提示框确认是否保留排练计时,单击"是"按钮完成排练计时操作。排练计时操作可以解放演讲者的双手,实现无点击式播放。

(6)放映幻灯片。

1)开始放映。在"幻灯片放映"选项卡"开始放映幻灯片"组中单击"从头开始"按钮或按"F5"键,将从第 1 张幻灯片开始放映。或者从"幻灯片放映"选项卡"开始放映幻灯片"组中单击"从当前幻灯片开始"按钮或按"Shift+F5"组合键,将从当前选择的幻灯片开始放映。还可以单击状态栏上的"幻灯片放映"按钮,将从当前幻灯片开始放映。

2)切换放映。在放映需要讲解和介绍的演示文稿时,如课件类、会议类演示文稿,经常需要切换到上一张或切换到下一张幻灯片,此时就需要使用幻灯片放映的切换功能。切换到上一张幻灯片:按"Page Up"键、按"←"键或按"Backspace"键。切换到下一张幻灯片:单击鼠标左键、按空格键、按"Enter"键或按"→"键。

(7)导出演示文稿。演示文稿导出有创建 PDF 或 XPS 文档、创建视频、将演示文稿打包成 CD、创建讲义和更改文件类型选项。根据需要进行导出操作,左键单击"文件"选项卡,在弹出的的下拉菜单中,选择"导出"选项。文件导出页面如图 5-46 所示。

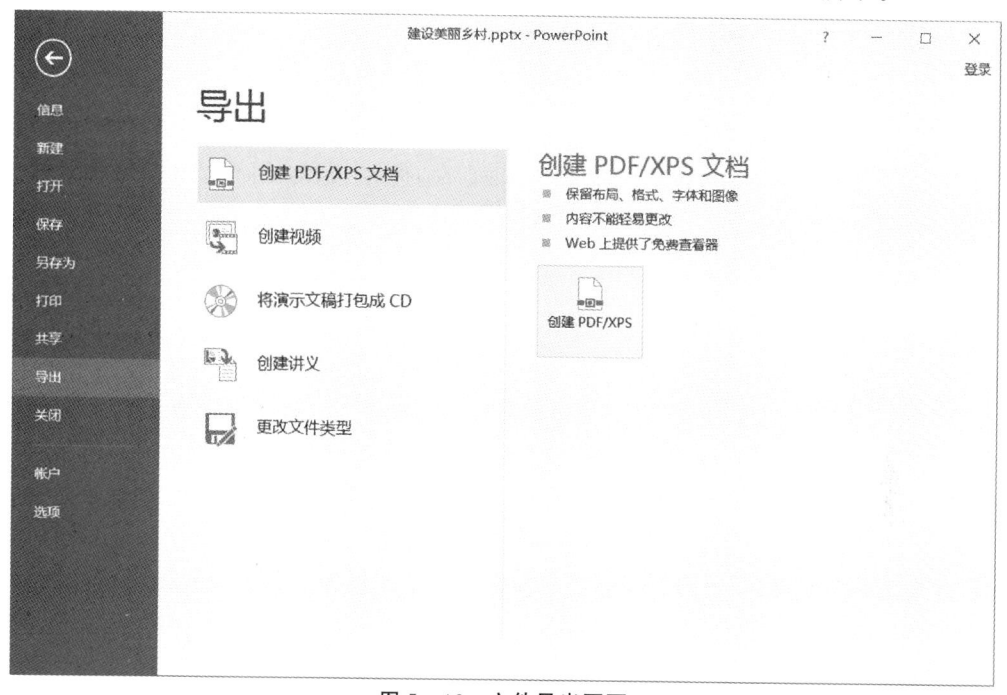

图 5-46 文件导出页面

1)创建 PDF/XPS 文档。演示文稿创建成 PDF 或 XPS 文档后,会保留演示文稿的布局、格式、字体和图像,PPT 内容不能轻易被更改,很大程度上保护了 PPT 设计者的知识产权。除此以外,WEB 上提供了免费查看器,让演示文稿具有更好的兼容性。

单击"创建 PDF/XPS 文档",然后再单击右侧的"创建 PDF/XPS",在弹出窗口中根据自己的要求选择要保存的位置、保存的文件名、保存的文件类型,单击"发布"按钮,完成 PDF/XPS 的创建。

2)创建视频。将演示文稿导出为可与他人共享的视频,演示文稿内的所有元素都保留,包括录制的旁白、计时等。

单击导出页面中"创建视频"选项,在"创建视频"标题下的第一个下拉框中,选择与完成的视频分辨率相关的视频质量。视频的质量越高,文件存储空间就越大。"创建视频"标题下的第二个下拉框指示演示文稿是否包括旁白和计时。如果没有录制计时、旁白,默认值是"不使用录制计时和旁白"。每张幻灯片的时间默认为 5 s,可以在"放映每张幻灯片秒数"框中更改计时。在此框右侧单击向上键可增加持续时间,单击向下键可减少持续时间,如图 5-47 所示。

单击"创建视频"按钮,在弹出的"另存为"窗口中,设置保存的位置、保存的文件名、保存的文件类型,在 PowerPoint 2016 里目前只支持"MPEG-4 视频"或"Windows Media 视频"两种格式,可以通过查看屏幕底部的状态栏来跟踪视频创建过程。创建视频可能需要几个小时,具体取决于视频长度和演示文稿的复杂程度。

图 5-47 创建视频

3)将演示文稿打包成CD。通过打包演示文件的方式,如果遇到需要播放幻灯片演示文稿的系统内无 PowerPoint 2016,那么我们可以提前将需要播放的演示文稿打包成CD,通过打包后文件中的播放程序轻松播放。

在"文件"选项卡的"导出"界面中,选择"将演示文稿打包成CD"选项,在打开的列表中单击"打包成CD"按钮,在其中可以选择添加多个演示文稿进行打包,同时还可以选择打包文件的存放方式,如文件夹或CD,若单击"复制到文件夹"按钮,在打开的对话框中设置好文件夹名称和存放的位置后,单击"确定"按钮即可进行打包操作,如图 5-48 所示。若单击"复制到CD",整个演示文稿将输入到CD上,用户需要配备一台具有刻录功能的光驱。

4)将演示文稿创建成讲义。在 PowerPoint 2016 中,用户可以使用"创建讲义"命令来创建 Word 文档,然后可以将其打印并分发给用户的听众。这样就可以将幻灯片备注放在 Word 文档中,而且在 Word 中可以编辑内容和设置内容格式,此演示文稿发生更改时,自动更新讲义中的幻灯片。

在"文件"选项卡的"导出"选项中,选择"创建讲义",然后单击"创建讲义"按钮。弹出如图 5-49 所示的对话框,PowerPoint 2016 演示文稿导出到 Word。

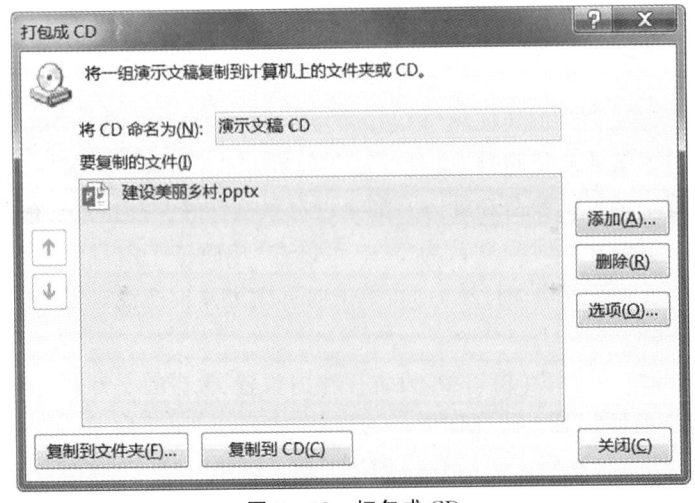

图 5-48 打包成 CD

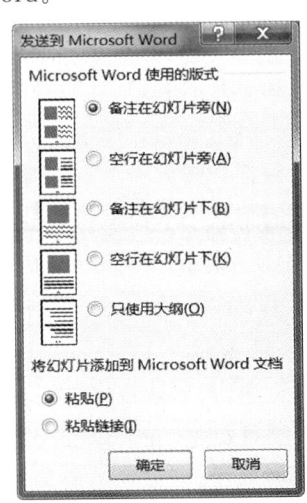

图 5-49 创建讲义对话框

5.4.4 任务实现

(1)创建讲义。在"文件"选项卡的"导出"页面使用"创建讲义"命令来创建 Word 文档，然后可以将其打印并分发给用户的听众。这样在导出对话框中选择"备注在幻灯片旁"，在 Word 文档中，纸张大小为 A4 的话，Word 中的每一页有 2 张幻灯片，右侧是备注信息，而且在这里就可以编辑内容和设置内容格式，如果演示文稿发生更改，就会自动更新讲义中的幻灯片。

默认选择粘贴，单击对话框中"确定"完成讲义创建，保存 Word 文档即可。

(2)将幻灯片打包成文件夹。打开"建设美好乡村.PPTX"演示文稿，选择"文件"选项卡的"导出"命令，在导出项内单击"将演示文稿打包成 CD"，然后再单击右边的"打包成 CD"，对话框如图 5-50 所示。

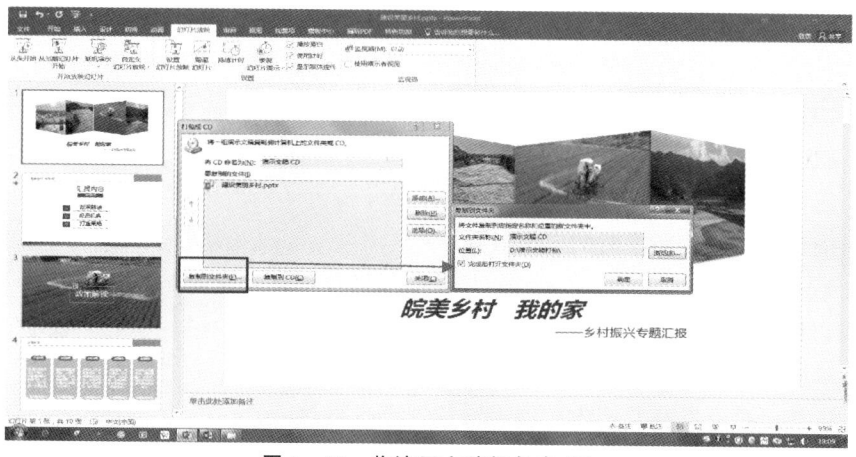

图 5-50 将演示文稿打包成 CD

对于"将 CD 命名为"里的内容可以不做任何改变，点选左下角的"复制到文件夹"，弹出"复制到文件夹"对话框，根据需要，修改文件夹名称为"乡村振兴宣讲"，单击"确定"，就会将演示文稿打包成一个文件夹，这个文件夹里包含要播放的视频文件共 4 个，如图 5-51 所示。完成演示文稿的打包，可以将演示文稿拷贝到移动存储设备中，这样就能保证演示文稿在没有安装 PowerPoint 2016 的系统上直接播放。

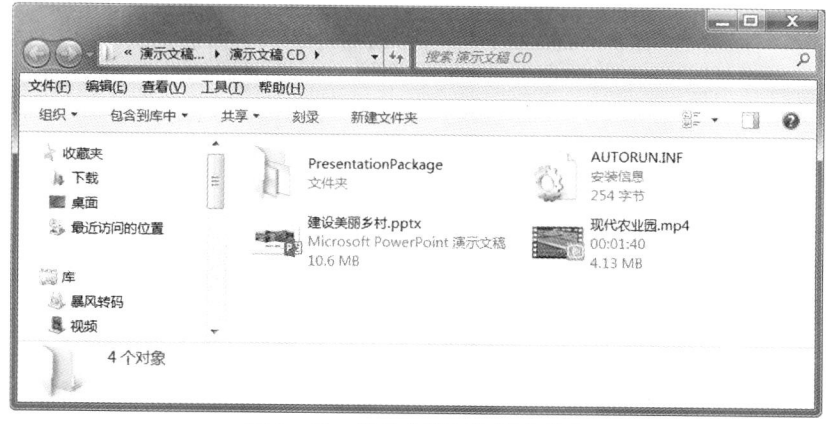

图 5-51 演示文稿打包到文件夹

课 后 习 题

一、单项选择题

1. 通过 PowerPoint 2016 幻灯片设置的超级链接对象不允许是（　　）。
   A. 下一张幻灯片　　　　　　　　B. 一个应用程序
   C. 其他的演示文稿　　　　　　　D. 幻灯片中的某一对象

2. 对演示文稿中所有幻灯片做同样的操作（如改变所有标题的颜色与字体），以下选项正确的是（　　）。
   A. 使用制作副本　　　　　　　　B. 使用母版
   C. 使用幻灯片放映　　　　　　　D. 使用超链接

3. 在 PowerPoint 2016 的"切换"选项卡中，正确的描述是（　　）。
   A. 可以设置幻灯片切换时的视觉效果和听觉效果
   B. 只能设置幻灯片切换时的听觉效果
   C. 只能设置幻灯片切换时的视觉效果
   D. 只能设置幻灯片切换时的定时效果

4. 在 PowerPoint 2016 中，下列对幻灯片的超链接叙述错误的是（　　）。
   A. 可以链接到外部文档
   B. 可以链接到某个网址
   C. 可以在链接点所在文档内部的不同位置进行链接
   D. 一个链接点可以链接两个以上的目标

5. 在 PowerPoint 2016 中，可以最方便地移动幻灯片的视图是（　　）。
   A. 幻灯片阅读　　B. 幻灯片浏览　　C. 幻灯片放映　　D. 备注页

6. 在 PowerPoint 2016 幻灯片放映时，用户可以利用指针在幻灯片上写字或画画，这些内容（　　）。
   A. 自动保留在演示文稿中　　　　B. 可以选择保留在演示文稿中
   C. 在放映中不可以选择墨迹颜色　D. 在放映中可以擦除痕迹

7. 在 PowerPoint 2016 中，幻灯片（　　）是一张特殊的幻灯片，包含已设定格式的占位符，这些占位符是为标题、主要文本和所有幻灯片中出现的背景项目而设置的。
   A. 模板　　　　　B. 母版　　　　　C. 版式　　　　　D. 样式

8. 如果希望在演示过程中终止幻灯片的演示，则随时可按的终止键是（　　）。
   A. Delete　　　　B. Ctrl+E　　　　C. Shift+C　　　　D. Esc

9. PowerPoint 2016 可将编辑文档存为多种格式文件，但不包括（　　）格式。
   A. POT　　　　　B. PPT　　　　　C. PSD　　　　　D. PPS

10. PowerPoint 2016 提供了多种不同的视图，各种视图的切换可以用窗口底部的 4 个按钮来实现。这 4 个按钮分别是（　　）。
    A. 普通视图、幻灯片查看视图、幻灯片编辑视图、幻灯片放映视图

B. 普通视图、幻灯片浏览视图、幻灯片版式视图、幻灯片放映视图

C. 普通视图、幻灯片浏览视图、阅读视图、幻灯片放映视图

D. 普通视图、幻灯片浏览视图、幻灯片编辑视图、阅读视图

二、填空题

1. PowerPoint 2016 默认的保存文件的后缀名为_____。

2. PowerPoint 2016 有_____、_____、_____、_____和_____ 5 种视图方式。

3. PowerPoint 2016 的自定义动画效果可以分为 4 类，分别是_____、_____、_____和_____。

4. 在幻灯片浏览视图中，选择连续多张幻灯片时，先选择第 1 张幻灯片，然后按住_____键，再用鼠标选择最后一张幻灯片。

5. 演示文稿母版包括幻灯片母版、_____和_____ 3 种。

三、操作题

1. 请使用 PowerPoint 2016 完成以下操作：

（1）设置整个 PowerPoint 2016 文档设计主题为水滴；

（2）设置第 1 张幻灯片的版式为标题幻灯片，添加标题内容为"清澈的爱，节约水"，设置标题文字字体字号为楷体、48 磅；

（3）为第 2 张幻灯片的内容文本框添加段落项目编号（项目编号为 1.2.3.）；

（4）设置第 3 张幻灯片的图片进入动画效果为擦除、效果选项自顶部、延迟 1 s；

（5）设置第 4 张幻灯片的内容文本框形状格式图案填充为 5%；

（6）设置所有幻灯片切换效果为显示、自动换片时间 3 s。

2. 打开课后习题文件夹中素材文件夹的"看图英语课件"演示文稿，对其母版进行设置，按照下列要求进行操作，效果如图 5-52 所示。

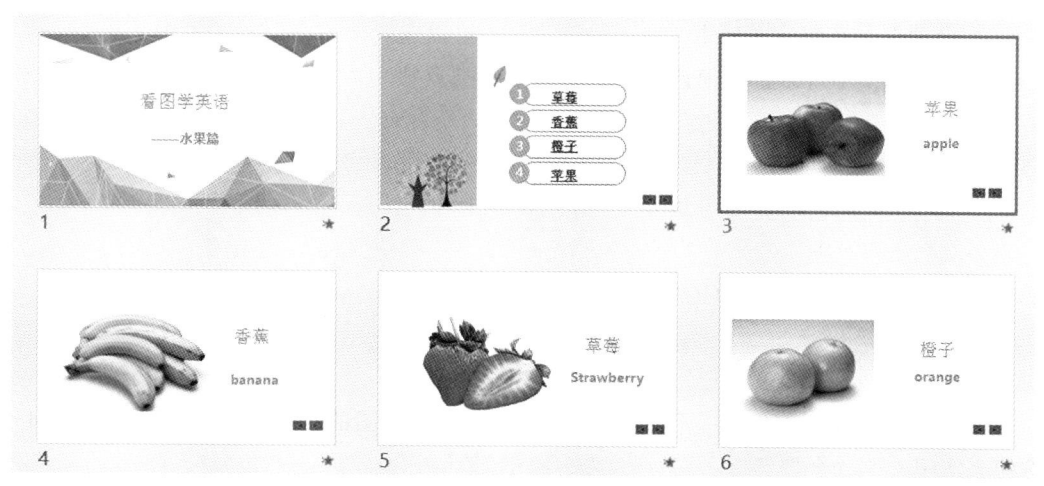

图 5-52　效果图

（1）编辑幻灯片母版，设置标题幻灯片版式的主标题文本格式为"方正大黑简体、绿色、阴影"，副标题文本格式为"微软雅黑、32号大小、加粗"，颜色为"橙色、个性6、深色25%"，并设置文字阴影（内部：左上）"。

（2）关闭幻灯片母版，在第2张幻灯片各标题上设置超链接，使其链接到对应的幻灯片。

（3）在第2张幻灯片的右下角插入"前一项""后一项"两个动作按钮，并设置填充图片色为"红色，个性色2，深色25%"样式，将动作按钮复制到制作好的3～6张幻灯片中。

（4）设置3～6张幻灯片英文文字进入动画为"飞入"，退出动画为"飞出"。设置单击鼠标播放动画，速度默认。

第6章 计算机网络基础

随着信息技术的飞速发展,计算机网络尤其是Internet的迅猛发展直接改变了人们的工作、学习和生活方式。特别是在党的二十大报告中,我国提出建设数字中国,发展数字经济,实施网络强国战略,互联网开始融入到国民生产和社会生活的方方面面。本节主要了解计算机网络的发展历史,介绍计算机网络的概念、组成、功能,计算机网络的分类和拓扑结构。

6.1 认识计算机网络

6.1.1 计算机网络的发展

1969年12月,因特网(Internet)前身阿帕网(ARPANET)开始投入运行,真正意义上的计算机网络也由此诞生。计算机网络的发展经历了一个从简单到复杂、从低级到高级的演变过程,从为解决远程计算信息的收集和处理而形成的联机系统开始,发展到以资源共享为目的而互联起来的计算机群。计算机网络的发展又促进了计算机技术和通信技术的发展,使之渗透到社会生活的各个领域。到目前为止,其发展过程大体可分为4个阶段。

1. 诞生阶段(20世纪50—60年代)

1946年,世界上第一台计算机在美国宾夕法尼亚大学诞生时,计算机技术与通信技术并没有直接的联系。20世纪60年代初,美国航空公司使用的由一台中心计算机和分布在全美范围内的2 000多个终端组成,各终端通过电话线连接到中心计算机的飞机订票系统SABRE就是这种远程联机系统的一个代表。严格地讲,此时的联机系统只是计算机网络的雏形,还不是真正意义上的计算机网络。

2. 形成阶段(20世纪60—70年代)

20世纪60年代末期,美国国防部高级研究计划署(Advanced Research Projects Agency,ARPA)提供经费给美国许多的大学和公司,以促进多台主计算机互联的网络研究,最终导致一个实验性的4节点网络开始运行并投入使用。ARPANET后来扩展到连接数百台计算机,地理范围跨越半个地球。

目前有关计算机网络的许多知识都和 ARPANET 的研究有关。ARPANET 中提出的一些概念和术语至今仍被引用。此时的计算机网络从逻辑上可划分为资源子网和通信子网,如图 6-1 所示。

资源子网由网络中的所有主机、终端、终端控制器、外设(如网络打印机、磁盘阵列等)以及各种软件资源组成,负责全网的数据处理和向网络用户(工作站或终端)提供网络资源和服务。

通信子网由各种通信设备和线路组成,承担资源子网的数据传输、转接、变换等通信处理工作。此阶段真正实现了多主机通信的计算机网络,并有效地提升了计算机之间的传输与数据处理能力,实现了多台计算机间的数据共享与互联。

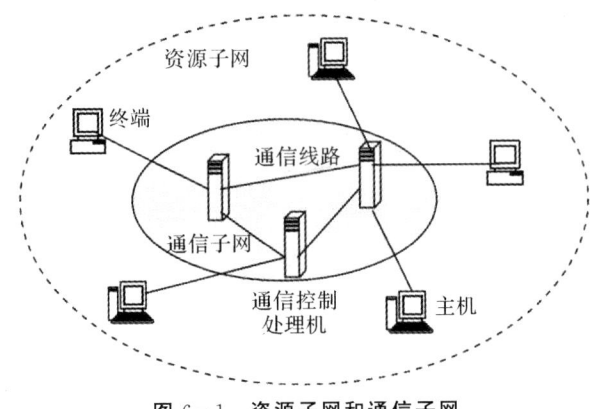

图 6-1 资源子网和通信子网

3. 互联互通阶段(20 世纪 70—80 年代)

为了使不同体系结构的计算机网络都能互联,国际标准化组织 ISO 于 1977 年提出了一个试图使各种计算机在世界范围内互联成网的标准框架,即著名的开放系统互联参考模型(Open System Interconnection/Reference Model,OSI/RM)。"开放"是指只要遵循 OSI 标准,一个系统就可以和位于世界上任何地方的、也遵循着同一标准的其他任何系统进行通信。

OSI 参考模型只给出了一个原则性的说明,它并非是一个真正的、具体的计算机网络。20 世纪 90 年代初期,虽然整套的 OSI 标准都已制定出来,但当时 Internet 在全世界的范围形成规模,网络体系结构得到广泛应用的并不是国际标准的 OSI,而是应用在 Internet 上的非国际标准的 TCP/IP 体系结构。

4. 高速发展阶段(20 世纪 90 年代至今)

随着"信息高速化发展"的提出,光纤技术、智能网络技术、多媒体技术等都得到了极大的发展,世界步入信息化社会。这个阶段,计算机网络向互联、高速、智能、全球化、综合化发展,发展成了以 Internet 为代表的计算机互联网,Internet 实现了全球范围内的电子邮件、WWW、文件传输等数据服务的普及。计算机网络的发展与应用渗入人们生活的各个方面,进入了一个多层次的发展阶段。

6.1.2 计算机网络的定义与功能

1. 计算机网络的定义

目前,一些较为权威的看法认为:所谓计算机网络,就是指独立自治、相互连接的计算机集合。自治是指每台计算机的功能是完整的,可以独立工作,其中任何一台计算机都不能干预其他计算机的工作,任何两台计算机之间没有主从关系。相互连接是指计算机之间在物理上是互联的,在逻辑上能够彼此交换信息(这涉及通信协议)。

确切地讲,计算机网络就是用通信线路将分布在不同地理位置上的具有独立工作能力的计算机连接起来,并配置相应的网络软件,以实现计算机之间的数据通信和资源共享。

2. 计算机网络主要功能

计算机网络的主要功能包括数据通信、资源共享、分布式处理以及提高系统安全可靠性等。其中数据通信是计算机网络最基本的功能,即实现不同地理位置的计算机与终端、计算机与计算机之间的数据传输;资源共享是建立计算机网络的目的,它包括网络中软件、硬件和数据资源的共享,是计算机网络最主要和最有吸引力的功能。

6.1.3 计算机网络组成

从逻辑上看,计算机网络是由通信子网和资源子网组成的。

从系统结构组成看,计算机网络主要由网络硬件系统和网络软件系统组成。其中网络硬件系统主要包括网络服务器、网络工作站、网络适配器和传输介质等;网络软件系统主要包括网络操作系统软件、网络通信协议、网络工具软件和网络应用软件等。计算机网络组成示意图如图 6-2 所示。

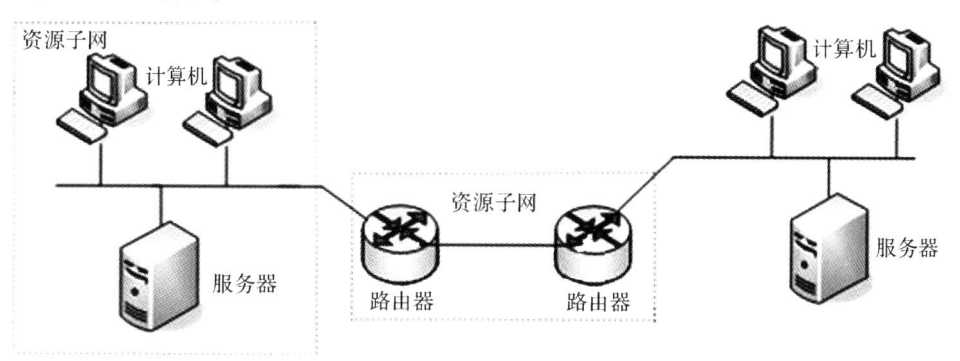

图 6-2 计算机网络组成示意图

1. 硬件及其连接设备类型

(1)服务器(Server)。服务器是运行操作系统的计算机,它持有可以通过计算机网络共享的数据。

(2)客户端(Client)。客户端是连接到网络中其他计算机的计算机,可以接收其他计算机发送的数据。

(3)网卡(Network Interface Card)。计算机网络中的每个系统或计算机都必须有一个网卡,主要作用是格式化数据、发送数据、在接收节点处接收数据。

(4)集线器(Hub)。集线器作为一个设备,将网络中的所有计算机连接到彼此。来自客户端计算机的任何请求首先由集线器接收,然后集线器通过网络传输此请求,以便正确的服务器接收并响应它。客户端计算机共享网络带宽。

(5)交换机(Switch)。交换机类似于集线器,可连接一个局域网或一台计算机。但它不是广播传入的数据请求,而是使用传入请求中的物理设备地址将请求传输到正确的服务器计算机。采用分组交换技术,客户端计算机可以独占网络带宽。

(6)路由器(Router)。路由器连接多个计算机网络,用于连接局域网和广域网,有判断网络地址和选择路径的功能。其主要工作是为经过路由器的报文寻找一条最佳路径,并将数据传输到目的站点。

(7)传输介质(Transmission Media)。传输介质将数据从一个设备传输到另一个设备所需要的传输媒体,例如双绞线、电缆、无线电波等。

2.网络软件系统

(1)网络操作系统:向网络中计算机提供服务的特殊操作系统,它增加了高效的、可靠的网络通信能力,并提供多种网络服务功能。目前主流的网络操作系统有 Windows 2000/2003/2008 Server、UNIX、LINUX 等。

(2)网络通信协议:规定了网络中计算机和通信设备之间数据传输的格式和传输方式,使它们能够进行正确、可靠的数据传输。

(3)网络通信软件:可以使用户不了解通信控制规程的情况下,控制应用程序与多个站点进行通信,并且能对大量的通信数据进行加工处理。

(4)网络应用软件:用户使用计算机网络聊天,发邮件,浏览网络中文字、图片、视频等相关信息必须使用相应的应用软件,如:电子邮箱等。

6.1.4 计算机网络的分类

计算机网络类型繁多,常见的分类方法有如下几种。

1.按网络覆盖的地理范围大小分类

按网络覆盖的地理范围大小,我们将计算机网络分为局域网(LAN)、城域网(MAN)和广域网(WAN)。

(1)局域网。局域网(Local Area Network,LAN)是指在几十米到十几千米的较小范围(如办公楼群或校园)内的计算机相互连接所构成的计算机网络。计算机局域网被广泛应用于连接校园、工厂以及机关的个人计算机或工作站,以利于个人计算机或工作站之间共享资源(如打印机)和数据通信。

(2)城域网。城域网(Metropolitan Area Network,MAN)顾名思义就是不同城市之间的网络连接,同一城市的计算机采用局域网相连,然后通过城域网和其他城市相连,这样便可以实现城与城之间的信息交互。

(3)广域网。广域网(Wide Area Network,WAN)也就是我们所说的因特网(Internet),覆盖范围为一个城市、国家或者全世界,其连接通常借用公用电信网络。

2.按网络的工作模式分类

按网络的工作模式,计算机网络分为对等(Peer To Peer,P2P)网络和客户-服务器(Client-Server)网络。

(1)对等网络。在对等网络中,各台计算机有相同的功能,无主从之分。网络中的每台计算机与其他计算机互联并拥有相同的资源,由于没有服务器,网上任意节点计算机既可以作为网络服务器为其他计算机提供资源,也可以作为工作站分享其他服务器的资源,如图6-3所示。对等网络的优势是成本较低、安装容易、可靠性高,但扩展性较差。

(2)客户-服务器网络。在客户-服务器网络中,所有的共享数据都存储在服务器中,客户机通过向服务器发出请求来获取数据,服务器为来自客户机的所有请求提供服务,如图6-4所示。网络中所有的通信都是通过服务器进行的,由于服务器比网络中的其他计算机更强大,响应时间大大提高,性能、安全性也更好,但维护成本较高。

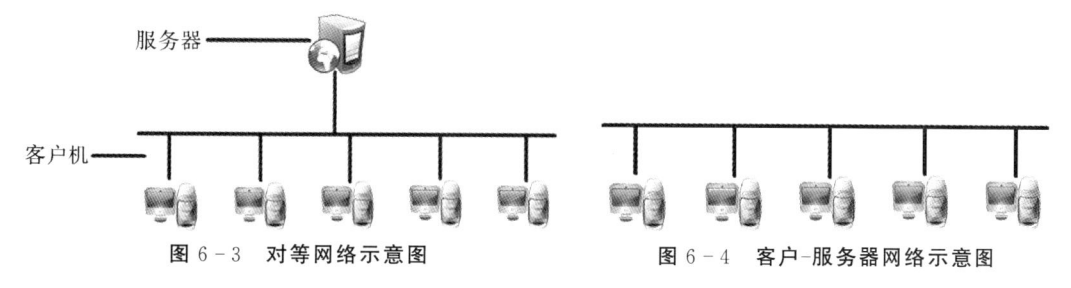

图 6-3 对等网络示意图　　　图 6-4 客户-服务器网络示意图

3.按网络传输介质分类

按网络传输介质分类,计算机网络可以分为有线网和无线网。

(1)有线网。有线传输介质指在两个通信设备之间实现的物理连接部分,能将信号从一方传输到另一方,主要有同轴电缆、双绞线和光纤。有线网则是使用这些有线传输介质连接的网络。

(2)无线网。无线传输介质指周围的自由空间,利用无线电波在自由空间的传播可以实现多种无线通信。无线网络的特点为联网费用较高、数据传输率高、安装方便、传输距离长和抗干扰性不强等。无线网包括无线电话、无线电视网、微波通信网和卫星通信网等。

6.1.5　计算机网络的拓扑结构

计算机网络拓扑结构主要是计算机、路由器、打印机、交换机等设备跟链路如光纤、线路等所构成的物理结构模式,即节点跟链路的组合。计算机网络拓扑结构根据其连线和节点的连接方式可分为以下几种类型:总线型、星形、环形、网状和树状结构。

1.总线型结构

计算机网络拓扑结构中,总线型就是一根主干线连接多个节点而形成的网络结构。在总线型网络结构中,网络信息都是通过主干线传输到各个节点的。总线型结构的特点主要在于它简单灵活、构建方便、性能优良。其主要的缺点在于总干线将对整个网络起决定作用,主干线故障将引起整个网络瘫痪。总线型的拓扑结构如图 6-5 所示。

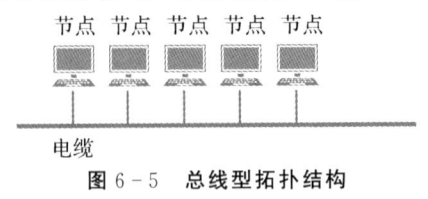

图 6-5　总线型拓扑结构

2. 星形结构

在计算机网络拓扑结构中,星形结构主要是指一个中央节点周围连接着许多节点而组成的网络结构,其中中央节点上必须安装一个集线器。所有的网络信息都是通过中央集线器(节点)进行通信的,周围的节点将信息传输给中央集线器,中央节点将所接收的信息进行处理加工从而传输给其他的节点。星形网络拓扑结构的主要特点在于建网简单、结构易构、便于管理等。而它的缺点主要表现为中央节点负担繁重,不利于扩充线路的利用效率。星形拓扑结构如图 6-6 所示。

3. 环形结构

计算机网络拓扑结构中,环形结构主要是各个节点之间进行首尾连接,一个节点连接着一个节点而形成一个环路。在环形网络拓扑结构中,网络信息的传输都是沿着一个方向进行的,是单向的,并且在每一个节点中,都需要装设一个中继器,用来收发信息和对信息的扩大读取。环形网络拓扑结构的主要特点在于它建网简单、结构易构、便于管理。而它的缺点主要表现为节点过多,传输效率不高,不便于扩充。环形的拓扑结构如图 6-7 所示。

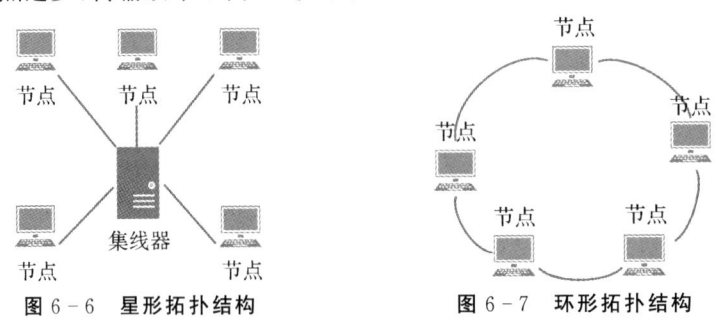

图 6-6　星形拓扑结构　　　图 6-7　环形拓扑结构

4. 网状结构

在计算机网络拓扑结构中,网状结构是最复杂的网络形式,它是指网络中任何一个节点都会连接两条或者以上线路,从而保持跟两个或者更多的节点相连。网状拓扑结构各个节点跟许多条线路连接着,其可靠性和稳定性都比较强,比较适用于广域网。同时由于其结构和联网比较复杂,构建此网络所花费的成本也是比较大的。网状拓扑结构如图 6-8 所示。

5. 树状结构

在计算机网络拓扑结构中,树状网络结构主要是指各个主机进行分层连接,其中处在越高的位置,此节点的可靠性就越强。树状网络结构其实是总线型网络结构的复杂化,如果总线型网络结构通过许多层集线器进行主机连接,从而形成了树状网络结构。

在互联网中,树状结构中的不同层次的计算机或者是节点,它们的地位是不一样的,树根部位(最高层)是主干网核心。树状结构中,所有节点中的两个节点之间都不会产生回路,所有的通路都能进行双向传输。其优点是成本较低、便于推广、灵活方便,比较适合那些分等级的主次较强的层次型的网络。树状拓扑结构如图 6-9 所示。

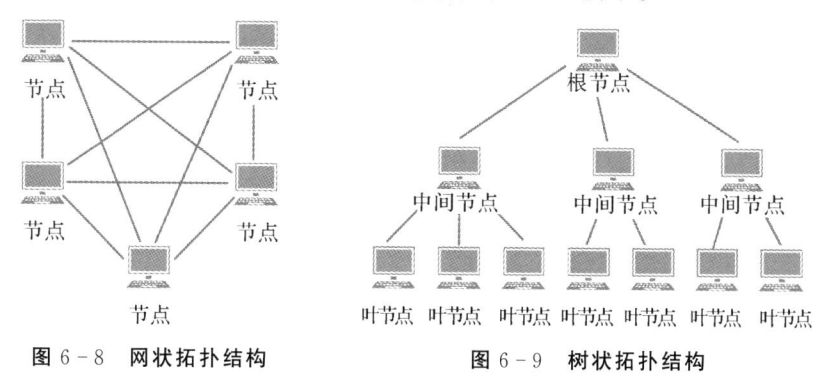

图 6-8　网状拓扑结构　　　　图 6-9　树状拓扑结构

6.2　计算机网络体系结构

网络中计算机之间进行通信非常复杂,通信双方必须遵循一系列规则或约定。这些约定或规则也称通信协议,在制订协议时采用了分层思想,形成计算机网络体系结构。本节主要介绍网络协议和国际标准化组织(ISO)的 OSI 和 TCP/IP 标准。

6.2.1　网络协议

前面学习了计算机网络的组成,计算机网络有 5 个基本组成要素,如图 6-10 所示。从图中发送端发送报文到接收端,需要双方按照一定规则进行传输数据,这种规则正是网络软件系统中的重要协议。

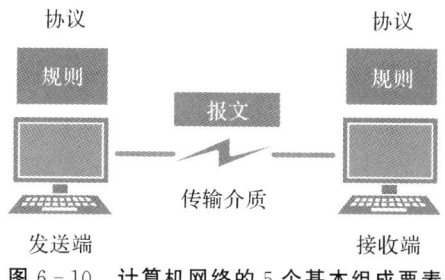

图 6-10　计算机网络的 5 个基本组成要素

报文(Message):需要通过计算机网络从一个设备传输到另一个设备的数据或信息。
发送端(Sender):拥有数据的设备,需要将数据发送到连接到网络的其他设备。
接收端(Receiver):期望从网络上其他设备获取数据的设备。
传输介质(Transmission media):为了将数据从一个设备传输到另一个设备所需要的传输媒体,例如双绞线、电缆、无线电波等。
协议(Protocol):发送端和接收端都同意的一组规则,没有协议,两个设备可以互相连接,但它们不能通信。为了在两个不同的设备之间建立可靠的通信或数据共享,我们需要一组称为协议的规则。

因此,网络协议是网络中计算机为了进行通信(交换数据)而指定的一组规则、约定或标准,包括通信双方互相交换数据或者控制信息格式、应给出的响应和完成的动作以及它们之间的时序关系。例如,http 和 https 是 Web 浏览器用于获取和向 Internet 发送数据的两种协议,类似地,smtp 协议用于连接到 Internet 的电子邮件服务。

6.2.2 网络体系结构

为了实现复杂的网络通信,在制定网络协议时引入了分层思想,协议的每一层都有相应的协议,相邻层之间也有层之间协议。计算机网络的各个层以及层之间协议的集合称为网络体系结构,典型的网络体系结构有 OSI 和 TCP/IP。

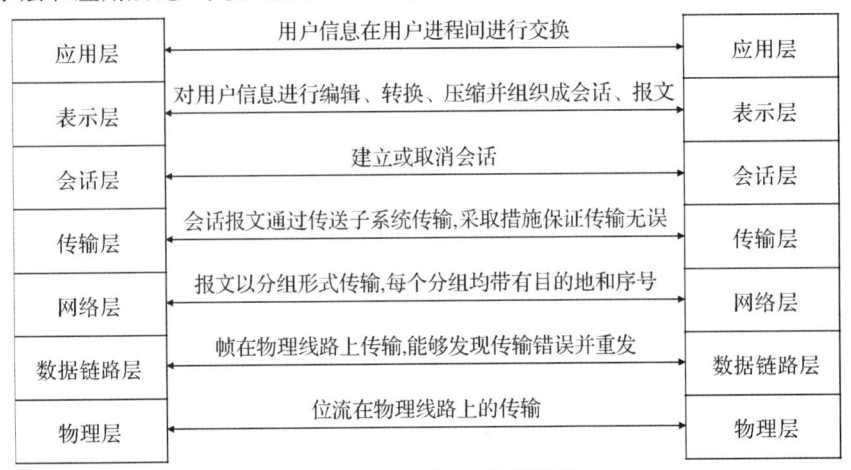

1. OSI/RM 参考模型

OSI/RM 参考模型是国际标准化组织(ISO)为网络通信制定的模型。根据网络通信的功能要求,它把通信过程分为 7 层,从低到高分别为物理层、数据链路层、网络层、传输层、会话层、表示层和应用层,参考模型如图 6-11 所示。

应用层	用户信息在用户进程间进行交换	应用层
表示层	对用户信息进行编辑、转换、压缩并组织成会话、报文	表示层
会话层	建立或取消会话	会话层
传输层	会话报文通过传送子系统传输,采取措施保证传输无误	传输层
网络层	报文以分组形式传输,每个分组均带有目的地和序号	网络层
数据链路层	帧在物理线路上传输,能够发现传输错误并重发	数据链路层
物理层	位流在物理线路上的传输	物理层

图 6-11 OSI/RM 参考模型

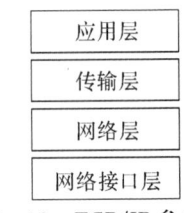

2. TCP/IP 参考模型

TCP/IP 参考模型是 Internet 使用的参考模型。它将计算机网络划分为 4 个层次,从低到高分别为网络接口层、网络层、传输层和应用层,每一层都有响应的协议,常见的应用层就有 HTTP(浏览 WWW 网页)、SMTP 协议(电子邮件协议)等,参考模型如图 6-12 所示。

应用层
传输层
网络层
网络接口层

图 6-12 TCP/IP 参考模型

3. OSI 参考模型与 TCP/IP 模型对应关系

由于 OSI 标准制定周期长、协议实现过分复杂及 OSI 的层次划分不太合理等原因,20世纪 90 年代初期,虽然整套的 OSI 标准都已制定出来,但当时 Internet 在全世界范围形成规模、网络体系结构得到广泛应用的并不是国际标准的 OSI,而是应用在 Internet 上的非国际标准的 TCP/IP 体系结构,两者对应关系如图 6-13 所示。

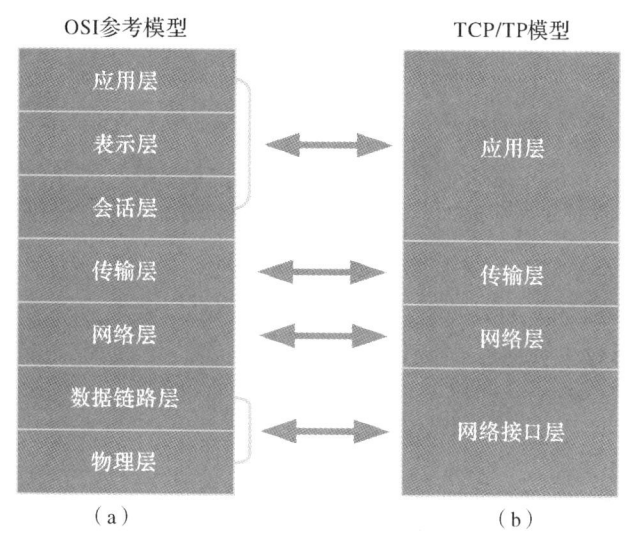

图 6-13 OSI 参考模型和 TCP/IP 模型对应关系

6.3 Internet 基础知识

计算机成功连接到 Internet 后,就可以利用 Internet 解决日常问题了,如查找和浏览所需信息,将查找到的有用资源收藏或下载,利用电子邮箱收发电子邮件。在本节中,我们将学习使用搜索引擎搜索信息、从网上下载资源、收藏网页,以及收发电子邮件的方法。

6.3.1 Internet 概述

Internet 又称因特网,由成千上万个不同类型、不同规模的计算机网络组成,是世界上规模最大的计算机网络,20 世纪 90 年代在商业领域的应用促进了 Internet 的快速发展。

1. 认识浏览器、网页和网站

(1)浏览器:用于获取和查看 Internet 信息(网页)的应用程序。目前使用较为广泛的浏览器有 Microsoft Edge 浏览器、IE(Internet Explorer)浏览器、火狐浏览器(Firefox)、谷歌浏览器(Chrome)和 360 浏览器等。

(2)网页:用户在浏览器中看到的页面,用于展示 Internet 中的信息。

(3)网站:若干网页的集合,用于为用户提供各种服务,如浏览新闻、下载资源和买卖商品等。网站包括一个主页和若干分页。主页就是访问某个网站时打开的第一个页面,是网站的门户,通过主页可以打开网站的其他网页。

网址:也可称为 URL(统一资源定位),用于标识网页在 Internet 上的位置,每一个网址对应一个网页。要访问某一网页,首先要知道它的网址。人们通常所说的网站网址是指网站的域名,其默认指向网站的主页。

2. Internet 提供的服务

(1) 网络信息服务。网络信息服务主要指信息查询与发布服务。

(2) 文件传输服务。文件传输服务是指在两台主机之间以文件为单位传输信息，从而实现资源共享的服务方式。最常用的文件传输协议是 FTP(File Transfer Protocol)。

(3) 电子邮件服务。电子邮件服务是指通过 Internet 传递的邮件。要收发电子邮件，需先申请电子邮箱。

(4) 远程登录服务。远程登录服务又称 Telnet 服务，是指用户使用 Telnet 命令，使自己的计算机暂时成为远程计算机的一个仿真终端，一旦用户成功地实现了远程登录，便可以像操作本地计算机一样操作远程计算机。

6.3.2 IP 地址

1. IP 地址

任何连接到 IP 网络的设备必须在网络中具有唯一的 IP 地址，是计算设备(如个人计算机、平板电脑和智能手机)用来标识自身并与 IP 网络中的其他设备通信的唯一地址。IP 地址类似于街道地址或电话号码，因为它用于唯一地标识一个实体。

IP 地址可以手动配置(静态 IP 地址)，也可以由 DHCP 服务器配置。IP 地址包含 4 个字节的数据。一个字节由 8 位组成(一位是一个数字，它只能是 1 或 0)，因此每个 IP 地址总共有 32 位。这是二进制格式的 IP 地址示例：10101100.00010000.11111110.00000001。为简化起见，通常使用十进制表示法来制作 IP 地址，如图 6-14 所示：172.16.254.1。

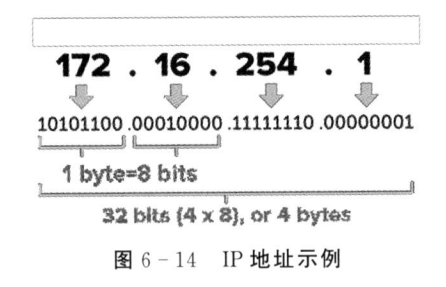

图 6-14 IP 地址示例

2. 物理地址

物理地址是每个可以连接到网络的设备的唯一地址，用来定义网络设备的位置，又称媒体访问控制(Media Access Control, MAC)地址。

MAC 地址共 48 位，前 24 位是由生产厂家向 IEEE(电气与电子工程师协会)申请的厂商地址，后 24 位由生产厂家自行拟定。通常表示为 12 个十六进制数，每 2 个十六进制数之间用冒号隔开，如：00:15:E4:2D:1A:D6 就是一个 MAC 地址。每个网络制造商必须确保所制造的每个以太网设备 MAC 地址的前三个字节相同而后三个字节不同，这样就可保证世界上每个以太网设备都具有唯一的 MAC 地址。

用户不需配置 MAC 地址，它是物理设备自带的。

3. IP 地址分类

IP 地址由网络地址和主机地址构成,用于表示该地址所属的网络及主机在本网络中所处的位置。因网络规模有所不同,为了方便网络的管理,IP 地址被分为 A、B、C、D、E 5 类,如图 6-15 所示。

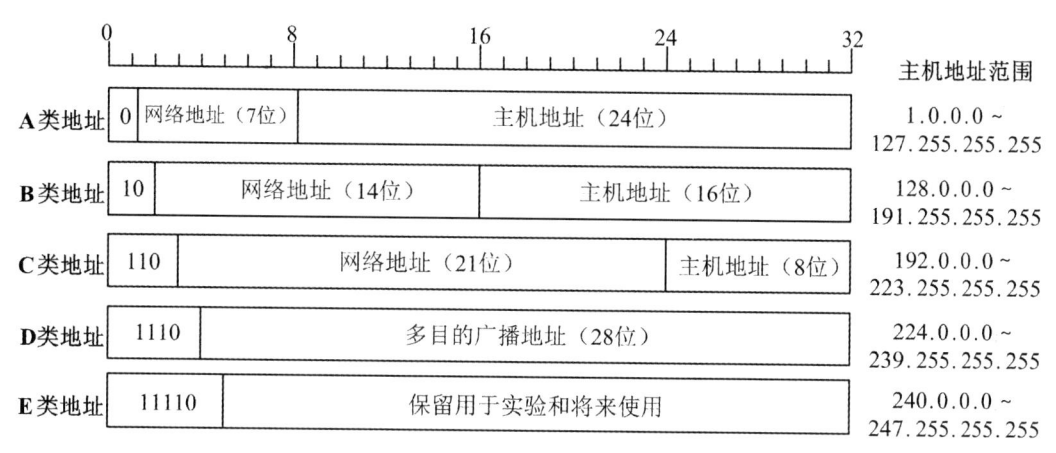

	0	8	16	24	32	主机地址范围
A类地址	0	网络地址（7位）	主机地址（24位）			1.0.0.0 ~ 127.255.255.255
B类地址	10	网络地址（14位）		主机地址（16位）		128.0.0.0 ~ 191.255.255.255
C类地址	110	网络地址（21位）			主机地址（8位）	192.0.0.0 ~ 223.255.255.255
D类地址	1110	多目的广播地址（28位）				224.0.0.0 ~ 239.255.255.255
E类地址	11110	保留用于实验和将来使用				240.0.0.0 ~ 247.255.255.255

图 6-15　IP 地址分类及构成

4. 子网掩码

子网掩码又称网络掩码、地址掩码,用来指明一个 IP 地址的哪些位标识的是主机所在的子网地址,以及哪些位标识的是主机地址。子网掩码不能单独存在,它必须结合 IP 地址一起使用。

子网掩码使用与 IP 地址相同的地址格式,即 32 位长度的二进制比特位,也可分为 4 个 8 位组并采用点分十进制来表示。在子网掩码中,网络地址都取值为"1",主机地址都取值为"0"。

5. 域名与域名解析

由于 IP 地址在使用过程中不方便记忆,人们又发明了一种与 IP 地址对应的字符来表示计算机在网络上的地址,这就是域名。Internet 上每一个网站都有自己的域名,并且域名是独一无二的。例如,百度搜索引擎的域名为"www.baidu.com"。

域名信息存放于域名服务器中,由域名服务器提供 IP 地址与域名的转换,这个转换过程称为域名解析。当用户在浏览器中输入域名后,该域名被传送给域名服务器,由域名服务器进行域名解析,即将域名转换为对应的 IP 地址,然后找到相应的服务器,打开相应的网页。

域名系统(Domain Name System,DNS)是分层次的,一般由主机名、机构名、机构类别与高层域名组成。域名从左到右构造,表示的区域范围从小到大,也就是后面的名字所表示的区域包含前面的名字所表示的区域。

互联网上的顶级域名分为两大类:一类是国家和特殊地区类;另一类是基本类。常见的互联网顶级域名见表 6-1。

表 6-1 域名分类

国家和特殊地区类		基本类	
域 类	顶级域名	域 类	顶级域名
中　国	.cn	商业机构	.com
俄罗斯	.ru	政府部门	.gov
澳大利亚	.au	美国军事部门	.mil
韩　国	.kr	非营利组织	.org
英　国	.uk	网络信息服务组织	.info
法　国	.fr	教育机构	.edu
日　本	jp	国际组织	.int
中国香港特别行政区	.hk	网络组织	.net
中国台湾地区	.tw	商　业	.biz
中国澳门特别行政区	.mo	会计、律师和医生	.pro

6.3.3 电子邮件及其应用

1. 电子邮件基础知识

电子邮件（Electronic Mail）也称为 E-mail，它是用户之间通过计算机网络收发信息的服务。目前，电子邮件是互联网上使用最广泛、最受欢迎的服务之一，为网络用户提供了一种方便、迅速而且经济的现代化通信手段。

通过 E-mail，除了基本的文字信息外，也能传递图片、视像剪辑、声音剪辑和程序等数据文件。一般来说，Internet 的 E-mail 迅速且可靠，大多信息能在数分钟内送达目的地。

（1）电子邮件服务协议。电子邮件系统需要有相应的协议支持。目前最常用的是 TCP/IP 协议族提供的两个电子邮件传输协议：POP3 协议和 SMTP 协议。

POP3（Post Office Protocol）即邮局协议，一般用于从邮件服务器中读取邮件（收信）。

SMTP（Simple Mail Transfer Protocol）即简单邮件传输协议，一般用于向邮件服务器发送邮件（发信）。

（2）电子邮件的工作过程。电子邮件的收发过程类似于普通邮局常规信件的收发。用户将电子邮件通过邮件客户程序按照 TCP/IP 和简单邮件传送协议 SMTP 的要求将信件"打包"并加注信件头后，送到本地局域网（或 ISP）的邮件服务器上，通过网络传输，最终邮件被送到对方（或 ISP）的邮件服务器上，保存于服务器上的用户电子邮箱中，以供用户查收、阅读。

（3）电子邮件地址。电子邮件系统规定电子邮件地址的格式为：用户名@电子邮件服务器地址。

例如，ahkeji_xb @ 126.com。"ahkeji_xb"代表用户信箱的账号，对于同一个邮件接收服务器来说,这个账号必须是唯一的;"@"是分隔符,读"at"音;"126.com"是用户信箱的邮件接收服务器域名。

2. 电子邮件应用

(1)申请电子邮箱。要在 Internet 中使用电子邮件服务,必须先申请注册一个自己的电子邮箱。例如,登录 126 网站申请免费电子邮箱,可在 IE 浏览器窗口的地址栏中输入:www.126.com,进入该网站。申请电子邮箱的操作方法如下:

1)打开网易邮箱主页(www.126.com),单击"注册网易邮箱"超链接。

2)打开注册电子邮箱的网页,在"邮件地址"编辑框中输入用户名(一般由英文字母和数字等组成,可任意输入,但不能与该网站的其他用户重复)。网易邮箱提供了"126.com""163.com""yeah.net"三个域名,因此可在用户名后面的下拉列表中选择邮箱域名,然后输入密码、手机号码等信息,选中"同意《服务条款》《隐私政策》和《儿童隐私政策》"复选框,如图 6-16 所示。

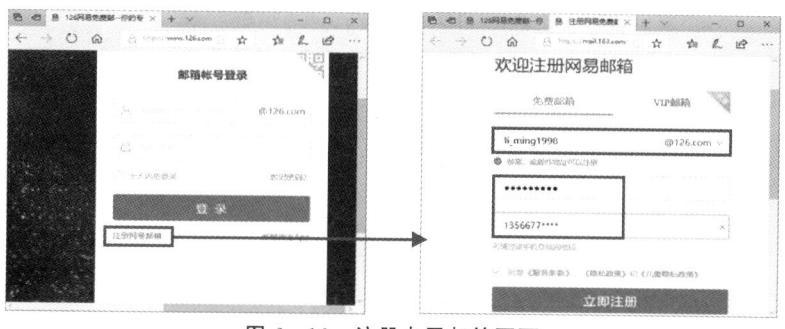

图 6-16 注册电子邮箱页面

3)单击"立即注册"按钮,自动显示如图 6-17 所示的界面,用手机微信扫一扫,或单击"手动发送"超链接,通过手机给指定账户发送验证消息。

4)手机验证通过后,显示如图 6-18 所示页面,表示电子邮箱注册成功。在页面顶部显示了用户的电子邮件地址,用户可以将它告诉别人,这样他们就可以给自己写信了。

图 6-17 手机验证   图 6-18 电子邮箱注册成功

(2)电子邮件的查看。

1)登录申请电子邮箱的网站,进入邮箱登录页面。

2)输入邮箱的用户名和密码,点击"登录",打开个人邮箱。进入个人电子邮箱,电子邮箱主界面窗口,点击左侧上方"收信",如图 6-19 所示。

图 6-19　进入个人电子邮箱收信页面

"收件箱"是默认的接收邮件文件夹,保存收到的电子邮件,若邮件带有"附件",则显示标识。

- "草稿箱"保存用户写完不发送的电子邮件。
- "已发送"保存用户已发出的电子邮件内容。
- "已删除"保存用户删除不用的邮件。

3)在"收件箱"列表中点击某个邮件,即可打开该邮件,查看该邮件的具体内容,如图6-20所示。如果有附件,可以点击下载到本地磁盘中。

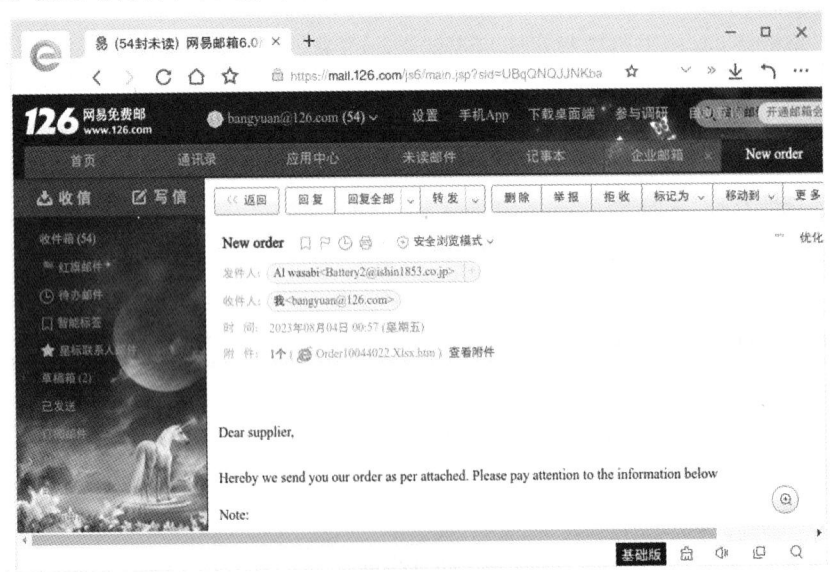

图 6-20　查看收到的一封邮件内容

(3)电子邮件的撰写与发送。在写电子邮件的过程中,经常会使用一些专用名词,具体含义如下。

1)收件人:邮件的接收者,用于输入收信人的邮箱地址。

2)主题:信件的主题,即这封信的名称。

3)抄送:用于输入同时接收该封邮件的其他人的地址。在抄送方式下,收件人能够看到发件人将该邮件抄送给的其他文件对象。

4)密件抄送:用户给收件人发出邮件的同时又将该邮件暗中发送给其他人,与抄送不同的是收件人并不知道发件人还将该邮件发送给了哪些对象。

5)附件:随同邮件一起发送的附加文件,附件可以是各种形式的单个文件。

6)正文:电子邮件的主体部分,即邮件的详细内容。

单击左侧"写信"按钮,进入写信页面,如图 6-21 所示。我们写好邮件后,就可以发送电子邮件给对方了。单击"发送",邮件如果正常发出,将提示"发送成功"的字样。

图 6-21 写信发送邮件页面

6.3.4 搜索引擎的使用

搜索引擎是专门用来查询信息的网站,这些网站可以提供全面的信息查询,搜索引擎主要包括信息搜集、信息处理和信息查询的功能。目前,常用的搜索引擎有百度、搜狗、Google、Yahoo、搜狐、360 搜索以及搜搜等。

1. 使用搜索引擎搜索信息

(1)在"开始"菜单中选择"Microsoft Edge"选项,打开 Microsoft Edge 浏览器,在地址栏中输入百度搜索引擎网址"www.baidu.com",按"Enter"键打开百度主页,如图 6-22 所示。

图 6-22 百度搜索页面

(2)在搜索框中输入与要查找的信息相关的关键词,如"中国优秀传统文化",然后单击"百度一下"按钮,即可搜索出与中国优秀传统文化相关的一些网页,如图 6-23 所示。还可以单击搜索栏下的搜索的类型,比如"图片""视频""文库"等。找到相关的网页、文章或图片等不同类型结果。

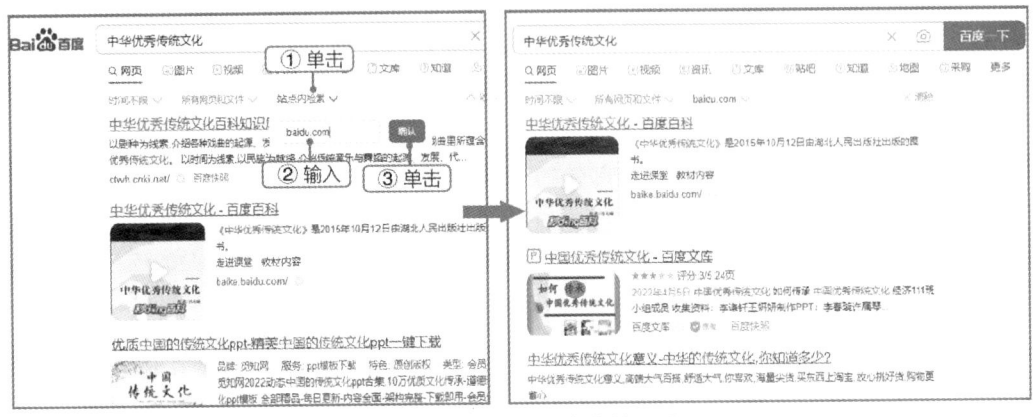

图 6-23 搜索相关内容的网页

(3)找到自己感兴趣的超链接并单击,打开相关网站的页面,该页面可能是含具体内容的网页,也可能还需要在该页面中继续单击相关超链接来查看具体内容,就单击站点内搜索链接完成后续任务。

2.从网上下载资源

(1)打开资源的下载页面。例如,要下载迅雷软件,可打开 Microsoft Edge 浏览器,然后在百度主页输入关键词"迅雷",按"Enter"键,如图 6-24 所示。

(2)单击软件的某个下载链接,然后在打开的页面中单击"立即下载"按钮(见图 6-25),打开软件下载页面。

图 6-24 搜索迅雷软件的结果 　　图 6-25 打开搜索链接进入官网下载

(3)在软件下载页面的底部会自动显示下载界面,单击"保存"按钮右侧的按钮,在展开的列表中选择"另存为"选项,如图 6-26 所示。

(4)打开"另存为"对话框,选择下载文件的保存位置,单击"保存"按钮,如图 6-27

第 6 章　计算机网络基础

所示。

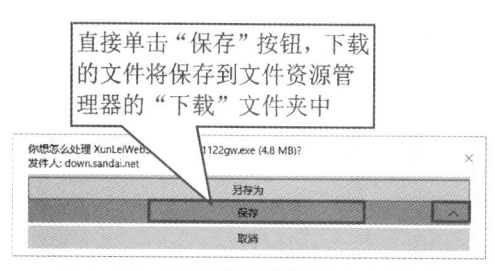

图 6-26　展开"保存"和"另存为"选项

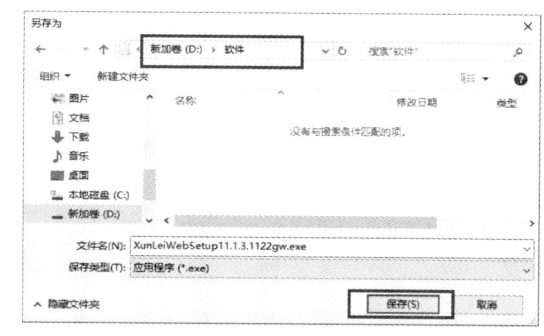

图 6-27　"另存为"对话框

(5)在网页底部显示下载进度百分比(下载时间根据文件大小和网速不同而不同)。下载完毕,在网页底部显示如图 6-28 所示的提示对话框。单击"运行"按钮可运行下载的文件;单击"打开文件夹"按钮可打开保存文件的文件夹;单击"查看下载"按钮,可打开 Microsoft Edge 浏览器的下载界面。

图 6-28　下载进度显示及查看

课 后 习 题

一、单项选择题

1. 计算机网络的主要功能是实现(　　)。
   A. 文件查询　　　　　　　　　　B. 信息传输与数据处理
   C. 数据处理　　　　　　　　　　D. 信息传输与资源共享
2. 以太网的英文名称是(　　)。
   A. Ethernet　　　B. Ether　　　C. D‐Link　　　D. Network
3. 不属于计算机网络的资源子网是(　　)。
   A. 主机　　　B. 网络操作系统　　　C. 网关　　　D. 网络数据库系统
4. 目前网络传输介质中传输速率最高的是(　　)。
   A. 双绞线　　　B. 同轴电缆　　　C. 光缆　　　D. 电话线
5. 计算机网络拓扑结构主要取决于它的(　　)。
   A. 资源子网　　　B. FDDI 网　　　C. 通信子网　　　D. 路由器
6. 局域网的硬件组成有(　　)、个人计算机、工作站或其他智能设备、网卡及电缆等。
   A. 网络服务器　　　B. 网络操作系统　　　C. 网络协议　　　D. 路由器
7. 网卡的功能不包括(　　)。
   A. 网络互联　　　　　　　　　　B. 进行电信号匹配

· 247 ·

C. 实现数据传输　　　　　　　　D. 将计算机连接到通信介质上

8. 下面 4 个 IP 地址中,正确的是(　　)。

A. 202.156.33.D　　　　　　　　B. CX.9.23.01.202

C. 122.202.345.34　　　　　　　D. 202.9.1.12

9. 域名与 IP 地址通过(　　)服务器相互转换。

A. WWW　　　　B. DNS　　　　C. E-mail　　　　D. FTP

10. 互联网上的服务都基于相应的协议,WWW 服务基于(　　)。

A. POP3　　　　B. SMTP　　　　C. HTTP　　　　D. TELNET

11. 下列关于搜索引擎的说法中,错误的是(　　)。

A. 搜索引擎是某些网站提供的用于网上信息查询的搜索工具

B. 搜索引擎也是一种程序

C. 搜索引擎也能查找网址

D. 搜索引擎所找到的信息就是网上的实时信息

12. 在 Outlook Express 中,新编写好的邮件在发出之前存放在(　　)。

A. "草稿"文件夹　　　　　　　　B. "发件箱"文件夹

C. "收件箱"文件夹　　　　　　　D. "已发送邮件"文件夹

13. 以下各项中不能作为域名的是(　　)。

A. www.sin*.com　　　　　　　　B. www,baid*.com

C. ftp.pk*.edu.cn　　　　　　　D. mail.q*.com

14. 若家中有两台计算机,如果条件允许,可以使用(　　)来建立简单的对等网,以实现资源共享和共享上网连接。

A. 网卡　　　　B. 集线器　　　　C. ADSL Modem　　　　D. 网线

15. 不属于常见局域网的标准是(　　)。

A. IEEE 802.3　　B. IEEE 802.5　　C. IEEE 801.3　　D. IEEE 802.11

二、填空题

1. 国际标准化组织提出有关计算机网络的 OSI 参考模型共分_____层。

2. 计算机网络按照覆盖范围划分,可分为_____、_____和_____。

3. 网络拓扑结构一般为_____、_____、_____和_____结构。

4. TCP/IP 协议层次从下到上分别是_____、_____、_____和_____。

5. 使用 Windows 10 来连接 Internet,应使用的协议是_____。在 Internet 网中,WWW 网页是通过_____组织起来的。

三、简答题

1. 什么是计算机网络?其主要功能是什么?

2. 简述网络拓扑结构中星形结构和网状结构的特点。

3. 什么是局域网操作系统?其主要任务是什么?

第7章 信息安全

信息时代使人们在享受信息化带来便利的同时,也面临信息安全的诸多问题。个人信息泄露、被盗,网络被攻击、网站被黑客破坏以及出现电信诈骗、网络诈骗类案件严重侵害了人民群众的财产安全和合法权益,破坏了社会诚信,影响了社会和谐稳定。没有网络安全就没有国家安全,网络信息安全已经成为全世界重点关注的问题。

7.1 信息安全简介

7.1.1 信息安全概述

信息作为一种资源,它的普遍性、共享性、增值性、可处理性和多效用性,使其对于人类具有特别重要的意义。信息安全的实质就是要保护信息系统或信息网络中的信息资源免受各种类型的威胁、干扰和破坏,即保证信息的安全性。

根据国际标准化组织的定义,信息安全性的含义主要是指信息的完整性、可用性、保密性和可靠性。信息安全是任何国家、政府、部门、行业都必须十分重视的问题,是一个不容忽视的国家安全战略。

1. 信息安全的定义

信息安全的概念随着网络与信息技术的发展而不断的发展,其含义也在动态变化。

20世纪70年代以前,信息安全的主要研究内容是计算机系统中的数据泄露控制和通信系统中的数据保密问题。然而,今天计算机网络的发展使得这个当时非常自然的定义显得并不恰当。

首先,随着黑客、特洛伊木马及病毒的攻击不断升温,人们发现除了数据的机密性保护外,数据的完整性保护以及信息系统对数据的可用性支持也非常重要。这种学术观点是从保密性、完整性和可用性的角度来衡量信息安全的。它不仅要求对数据的机密性和完整性的保护,而且还要求计算机系统在保证数据不受破坏的条件下,在给定的时间和资源内提供数据的可用性服务。可见,这种安全概念仍然局限在"数据"的层面上。

其次,不断增长的网络应用中所包含的内容远远不能用"数据"一词来概括。例如,在用户之间进行身份识别的过程中,虽然形式上是通过数据的交换实现的,但是身份识别的目的是使得验证方"确信"他正在与声称的证明者在通信。识别目的达到后,交换过程中的数据就变得不再重要了。仅仅逐包保护这些交换数据的安全是不充分的,原因是这里传递的是身份"信息"而不是身份"数据"。还可以举出很多其他例子来说明仅仅考虑数据安全是不够的,信息安全与数据安全相比有了更为广泛的含义。

事实上,信息及其系统的安全与人、应用及相关计算环境紧密相关,不同的场合对信息的安全有不同的需求。例如,电子合同的签署需要不可抵赖性,而电子货币的安全中又需要不可追踪性,这两者是截然相反的要求。又如,有人可能认为把文件放到公共目录服务器上是安全的,而另一些人则可能认为将其保存在自己的计算机上还需要口令保护才是安全的。这种人们在特定应用环境下对信息安全的要求称为安全策略。

综上分析,信息安全的定义是研究在特定的应用环境下,依据特定的安全策略,对信息及其系统实施防护、检测和恢复的科学。该定义明确了信息安全的保护对象、保护目标和方法,下面将围绕这一定义加以说明。

2. 信息安全的目标和方法

信息安全的保护对象是信息及其系统。安全目标(Security Target,ST)又由安全策略定义,信息系统的安全策略是由一些具体的安全目标组成的。不同的安全策略表现为不同的安全目标的集合。安全目标通常被描述为"允许谁用何种方式使用系统中的哪种资源",不允许谁用何种方式使用系统中的哪种资源"或事务实现中"各参与者的行为规则是什么"等。

安全目标可以分成数据安全、事务安全、系统安全(包括网络系统与计算机系统安全)三类。数据安全主要涉及数据的机密性与完整性;事务安全主要涉及身份识别、抗抵赖等多方计算安全;系统安全主要涉及身份识别、访问控制及可用性。

安全策略中的安全目标则是通过一些必要的方法、工具和过程来实现的,这些方法称为安全机制。安全机制有很多,但可以从防护、检测和恢复三个角度进行分类。防护机制包括密码技术(加密、身份识别、消息鉴别、数字签名)、访问控制技术、通信量填充、路由控制、信息隐藏技术等;检测机制则包括审计、验证技术、入侵检测、漏洞扫描等;恢复机制包括状态恢复、数据恢复等。

3. 信息安全的基本属性

常见的信息安全基本属性主要有机密性、完整性、可用性、抗抵赖性和可控性等,此外还有真实性、时效性、合规性、隐私性等。其中网络信息系统 CIA 三性指机密性、完整性和可用性。

(1)机密性(Confidentiality)。机密性指网络信息不泄露给非授权的用户、实体或程序,能够防止非授权者获取信息。例如,网络信息系统上传递口令敏感信息,若一旦攻击者通过监听手段获取到,就有可能导致网络设备失控,危及网络系统的整体安全。机密性是军事信息系统、电子政务信息系统、商业信息系统等的重点要求,一旦信息泄密,所造成的影响难以计算。

(2)完整性(Integrity)。完整性是指网络信息或系统未经授权不能进行更改的特性。例如,电子邮件在存储或传输过程中保持不被删除、修改、伪造、插入等。完整性对于金融信息系统、工业控制系统非常重要,可谓"失之毫厘,差之千里"。

(3)可用性(Availability)。可用性是指合法许可的用户能够及时获取网络信息或服务的特性。例如,网站能够给用户提供正常的网页访问服务,防止拒绝服务攻击。对于国家关键信息基础设施而言,可用性至关重要,如电力信息系统、电信信息系统等,要求保持业务连续性运行,尽可能避免中断服务。

(4)抗抵赖性。抗抵赖性是指防止网络信息系统相关用户否认其活动行为的特性。例如,通过网络审计和数字签名,可以记录和追溯访问者在网络系统中的活动。抗抵赖性也称为不可否认性(Non-Repudiation),不可否认的目的是防止参与方对其行为的否认。该安全特性常用于电子合同、数字签名、电子取证等应用中。

(5)可控性。可控性是指网络信息系统责任主体对其具有管理、支配能力的属性,能够根据授权规则对系统进行有效掌握和控制,使得管理者有效地控制系统的行为和信息的使用,符合系统运行目标。

(6)其他。除了常见的网络信息系统安全特性,还有真实性、时效性、合规性、公平性、可靠性、可生存性和隐私性等,这些安全特性适用于不同类型的网络信息系统,其要求程度有所差异。

7.1.2　计算机信息安全

1.计算机信息安全基本需求

计算机信息安全基本需求主要有网络物理环境安全、信息安全认证、访问控制、安全保密、漏洞扫描、恶意代码防护、网络信息内容安全、安全监测与预警、应急响应等,下面分别进行阐述。

(1)物理环境安全。物理环境安全是指包括环境、设备和记录介质在内的所有支持网络系统运行的硬件的总体安全,是网络系统安全、可靠、不间断运行的基本保证。物理环境安全需求主要包括环境安全、设备安全和存储介质安全。

(2)信息安全认证。信息安全认证是实现网络资源访问控制的前提和依据,是有效保护网络管理对象的重要技术方法。网络认证的作用是标识鉴别网络资源访问者身份的真实性,防止用户假冒身份访问网络资源。

(3)信息访问控制。信息访问控制是有效保护网络管理对象,使其免受威胁的关键技术方法,其目标主要有两个:①限制非法用户获取或使用网络资源;②防止合法用户滥用权限,越权访问网络资源。

在网络系统中存在各种价值的网络资源,这些网络资源一旦受到危害,都将不同程度地影响网络系统安全。通过对这些网络资源进行访问控制,可以限制其所受到的威胁,从而保障网络正常运行。例如,采用防火墙可以阻止来自外部网的不必要的访问请求,从而避免内部网受到潜在的攻击威胁。

(4)信息安全保密。在网络系统中,承载着各种各样的信息,这些信息的泄露将会造成不同程度的安全影响,特别是网络用户的个人信息和网络管理控制信息。网络安全保密的目的就是防止非授权的用户访问网上信息或网络设备。为此,重要的网络物理实体可以采用辐射干扰技术,防止电磁辐射泄露机密信息。对网络重要的核心信息和敏感数据采用加密技术保护,防止非授权查看和泄露。重要网络信息系统采用安全分区、数据防泄露技术和物理隔离技术等,确保与非可信的网络进行安全隔离,防止敏感信息泄露及外部攻击。

(5)信息安全漏洞扫描。网络系统、操作系统等存在安全漏洞,是黑客等入侵者攻击屡屡得手的重要原因。入侵者通常都是通过一些程序来探测网络系统中存在的安全漏洞,然后通过所发现的安全漏洞,采取相应技术进行攻击。因此,网络系统中需配备弱点或漏洞扫描系统,用以检测网络中是否存在安全漏洞,以便网络安全管理员根据漏洞检测报告,制定合适的漏洞管理方法。

(6)恶意代码防护。网络是病毒、蠕虫、特洛伊木马等恶意代码最好、最快的传播途径之一。恶意代码可以通过网上文件下载、电子邮件、网页、文件共享等传播方式进入个人计算机或服务器。由于恶意代码危害性极大并且传播极为迅速,网络中一旦有一台主机感染了恶意代码,则恶意代码就完全有可能在极短的时间内迅速扩散,传播到网络上的其他主机,可能造成信息泄露、文件丢失、机器死机等严重后果。因此,防范恶意代码是网络系统必不可少的安全需求。

(7)网络信息内容安全。网络信息内容安全指网络信息系统承载的信息及数据符合法律法规要求,防止不良信息及垃圾信息传播。相关网络信息内容安全技术主要有垃圾邮件过滤和IP地址/URL过滤、自然语言分析处理等。

(8)网络安全监测与预警。网络系统面临着不同级别的威胁,网络安全运行是一件复杂的工作。网络安全监测的作用在于发现综合网系统入侵活动和检查安全保护措施的有效性,以便及时报警给网络安全管理员,对入侵者采取有效措施,阻止危害扩散并调整安全策略。

(9)网络安全应急响应。网络系统所遇到的安全威胁往往难以预测,虽然采取了一些网络安全防范措施,但是由于人为或技术上的缺陷,网络信息安全事件仍然不可避免地会发生。既然网络信息安全事件不能完全消除,则必须采取一些措施来保障在出现意外的情况下,恢复网络系统的正常运转。同时,对于网络攻击行为进行电子取证,打击网络犯罪活动。

2. 网络安全等级保护

网络安全等级保护是指对国家秘密信息、法人和其他组织及公民的专有信息以及公开信息和存储、传输、处理这些信息的信息系统分等级实行安全保护,对信息系统中使用的信息安全产品实行按等级管理,对信息系统中发生的信息安全事件分等级响应、处置。

保护中的安全等级,主要是根据受侵害的客体和对客体的侵害程度来划分的。

等级保护工作可以分为 5 个阶段,分别是定级、备案、等级测评、安全整改和监督检查。其中定级的流程可以分为 5 步,分别是确定定级对象、用户初步定级、组织专家评审、行业主管部门审核和公安机关备案审核。《中华人民共和国网络安全法》已于 2017 年 6 月 1 日起实施,标志网络安全等级保护 2.0 正式启动,2019 年 5 月 10 日,网络安全等级保护制度 2.0 国家标准正式发布,标志着我国网络安全等级保护正式进入 2.0 时代。

网络安全等级保护 2.0 的特点如下:

(1)新增了针对云计算、移动互联网、物联网、工业控制系统及大数据等新技术和新应用领域的要求。

(2)采用"一个中心,三重防护"的总体技术设计思路。一个中心即安全管理中心,三重防护即安全计算环境、安全区域边界和安全通信网络。

(3)强化了密码技术和可信计算技术的使用,并且从第一级到第四级均在"安全通信网络""安全区域边界"和"安全计算环境"中增加了"可信验证"控制点。其中,一级增加了通信设备、边界设备、计算可信设备的系统引导程序、系统程序的可信验证;二级在一级的基础上增加了通信设备、边界设备、计算可信设备的重要配置参数和通信引导程序的可信验证,并增加将验证结果形成审计记录;三级在二级的基础上增加了关键执行环节进行动态可信验证,在检测到其可信性受到破坏后进行报警,并将验证结果形成审计记录送至安全管理中心;四级增加了应用程序的所有执行环节对其执行环境进行可信验证。

(4)各级技术要求修订为"安全物理环境、安全通信网络、安全区域边界、安全计算环境、安全管理中心"共五部分。各级管理要求修订为"安全管理制度、安全管理机构、安全管理人员、安全建设管理、安全运维管理"共 5 部分。

7.1.3 信息安全职业道德及相关法规

1. 信息安全与社会责任

随着全球信息化过程的不断推进,越来越多的信息将依靠计算机来处理、存储和转发,信息资源的保护又成为一个新的问题。信息安全不仅涉及传输过程,还包括网上复杂的人群可能产生的各种信息安全问题。要实现信息安全,不是仅仅依靠某个技术就能够解决的,它实际上与个体的信息伦理与责任担当等品质紧密关联。

信息社会责任是指信息社会中的个体在文化修养、道德规范和行为自律等方面应尽的责任。首先养成一定的信息安全意识和能力,其次要遵守信息社会的道德和伦理准则,不管是在现实社会,还是虚拟网络社会都要遵守法律法规,然后积极关注信息技术发展带来的机遇和挑战,对于信息技术带来的新事物、新思想用批判吸收的观念来处理,最后与他人交流中,既要维护自己的合法权益,又能积极维护他人的合法权益以及公共信息安全。

2. 信息伦理与行为规范

信息伦理指向涉及信息开发、信息传播、信息的管理和利用等方面的伦理要求、伦理准则、伦理规约,以及在此基础上形成的新型的伦理关系。信息伦理称为信息道德,是调整人与人之间以及个人和社会之间信息关系的行为规范的总和。信息伦理包含3个层面的内容,即信息道德意识、信息道德关系和信息道德活动。

(1)信息道德意识:信息伦理的第一个层次,包括与信息相关的道德观念、道德感、道德意志、道德信念和道德理想等,是信息道德行为的深层心理动因。信息道德意识集中体现在信息道德原则、规范和范畴之中。

(2)信息道德关系:信息伦理的第二层次,包括个人与个人的关系、个人与组织关系、组织与组织的关系。这种关系是建立在一定的权利和义务的基础上,并以一定信息道德规范形式表现出来,相互之间的关系是通过大家共同认同的信息道德规范和准则维系的。

(3)信息道德活动:信息伦理的第三层次,包括信息道德行为、信息道德评价、信息道德教育和信息道德修养等。信息道德行为即人们在信息交流中所采取的有意识的、经过选择的行动;根据一定的信息道德规范对人们的信息行为进行善恶判断即为信息道德评价;按一定的信息道德理想对人的品质和性格进行陶冶就是信息道德教育;信息道德修养则是人们对自己的信息意识和信息行为的自我解剖、自我改造。与信息伦理关联的行为规范指向社会信息活动中人与人之间的关系以及反映这种关系的行为准则与规范,如扬善抑恶、权利义务、契约精神等。

3.法律法规维护信息安全

《中华人民共和国治安管理处罚法》第二十五条规定:有下列行为之一的,处五日以上十日以下拘留,可以并处五百元以下罚款;情节较轻的,处5日以下拘留或者五百元以下罚款:①散布谣言,谎报险情、疫情、警情或者以其他方法故意扰乱公共秩序的;②投放虚假的爆炸性、毒害性、放射性、腐蚀性物质或者传染病病原体等危险物质扰乱公共秩序的;③扬言实施放火、爆炸、投放危险物质扰乱公共秩序的。

《网络信息内容生态治理规定》第二条规定,本规定所称网络信息内容生态治理是指政府、企业、社会、网民等主体,以培育和践行社会主义核心价值观为根本,以网络信息内容为主要治理对象,以建立健全网络综合治理体系、营造清朗的网络空间、建设良好的网络生态为目标,开展的弘扬正能量、处置违法和不良信息等相关的活动。

《互联网用户公众账号信息服务管理规定》第四条规定,公众账号信息服务平台和公众账号生产运营者应当遵守法律法规,遵循公序良俗,履行社会责任,坚持正确舆论导向、价值取向,弘扬社会主义核心价值观,生产发布向上向善的优质信息内容,发展积极健康的网络文化,维护清朗网络空间。第十三条规定,公众账号信息服务平台应当建立健全网络谣言等虚假信息预警、发现、溯源、甄别、辟谣、消除等处置机制,对制作发布虚假信息的公众账号生产运营者降低信用等级或者列入黑名单。

《互联网信息服务管理办法》第四条规定,国家倡导诚实守信、健康文明的网络行为,推动传播社会主义核心价值观、社会主义先进文化、中华优秀传统文化,促进形成积极健康、向上向善的网络文化,营造清朗网络空间。

《中华人民共和国民法典》第五章 民事权利中第一百一十一条:自然人的个人信息受法律保护。任何组织或者个人需要获取他人个人信息的,应当依法取得并确保信息安全,不得非法收集、使用、加工、传输他人个人信息,不得非法买卖、提供或者公开他人个人信息。第九百九十九条:为公共利益实施新闻报道、舆论监督等行为的,可以合理使用民事主体的姓名、名称、内像、个人信息等;使用不合理侵害民事主体人格权的,应当依法承担民事责任。

第六章 隐私权和个人信息保护中第一千零三十二条:自然人享有隐私权。任何组织或者个人不得以刺探、侵扰、泄露、公开等方式侵害他人的隐私权。隐私是自然人的私人生活安宁和不愿为他人知晓的私密空间、私密活动、私密信息。

2021年8月20日第十三届全国人民代表大会常务委员会第三十次会议通过《中华人民共和国个人信息保护法》。自然人的个人信息受法律保护,任何组织、个人不得侵害自然人的个人信息权益。

我国信息安全法律法规框架如图7-1所示。

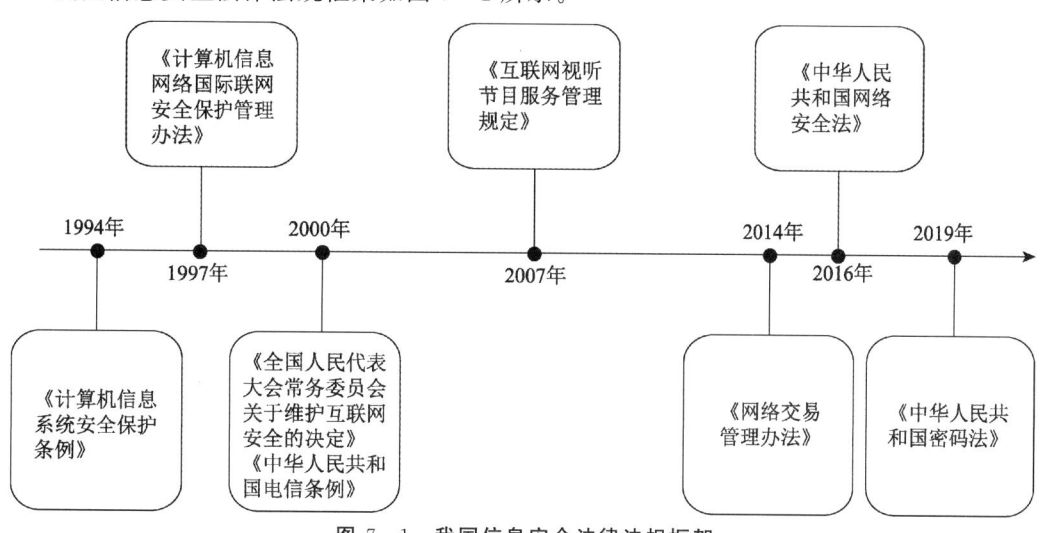

图7-1 我国信息安全法律法规框架

7.2 信息安全技术及应用

7.2.1 信息安全技术

1. 物理与环境安全技术

传统上的物理安全也称为实体安全,指包括环境、设备和记录介质在内的所有支持网络信息系统运行的硬件的总体安全,是网络信息系统安全、可靠、不间断运行的基本保证,并确保在信息进行加工处理、服务、决策支持的过程中,不致因设备、介质和环境条件受到人为和自然因素的危害,而引起信息丢失、泄露或破坏以及干扰网络服务的正常运行。广义的物理安全则指由硬件、软件、操作人员、环境组成的人、机、物融合的网络信息物理系统的安全。

（1）防火。火灾的原因主要有电线破损、电气短路、抽烟失误、蓄意放火、接线错误、外部火情蔓延到机房内以及技术上或管理上的原因等，为了避免火灾的发生或在发生火灾时使损失降到最低限度，通常采取消除火灾隐患、设置火灾报警系统、配置灭火设备和加强防火管理和操作规范等措施。

（2）防水。水灾不仅会浸泡电缆，破坏绝缘，甚至会导致计算机设备短路或损坏，通往机房地沟的墙壁和地面、天花板等应做防水渗透处理。

（3）防震。震动会对网络设备造成不同程度的损坏，特别是一些高速运转的设备。防震是保护网络设备的重要措施之一。通常设备要固定牢靠，并安装防震装置；禁止搬动在线运行的网络设备等。

（4）防盗。防盗是物理安全防护的内容。通常采取设置报警器、摄像监控、安全监控、锁定装置，划定安全区域，限制无关人员进入等。

（5）防鼠虫害。鼠虫害的安全影响主要有：①啃食电缆：造成漏电、电源短路；②筑窝、排粪：造成断线、短路，部件腐蚀，接触不良。

（6）防雷。雷击对网络设备以及网络运行有着直接的影响，雷击有时会损害网络设备，中断网络通信，因此，防雷是网络物理安全的重要内容之一，对重要网络设备安装专用防雷设施。

（7）防电磁。电磁辐射不仅会影响设备运行，而且也会引起信息的泄露。因此，电磁防护包含两个方面内容：一是防止电磁干扰网络设备的正常运行；二是防止信息通过电磁泄露。

（8）防静电。静电也会影响网络系统运转，因此重要的核心设备的静电防护至关重要。

（9）安全供电。电源直接影响网络系统的可靠运转，造成电源不可靠的因素有电压瞬变、瞬时停电和电压不足等。为了确保网络不间断运行，通常采取专用供电线路、不间断电源（UPS）或备用发电机。

2. 认证技术

（1）认证概念。认证是一个实体向另外一个实体证明其所声称的身份的过程。比如用户有银行账户和密码。认证一般由标识（Identification）和鉴别（Authentication）两部分组成。标识是用来代表实体对象（如人员、设备、数据、服务、应用）的身份标志，确保实体的唯一性和可辨识性，标识一般用名称和标识符（ID）来表示。鉴别一般是利用口令、电子签名、数字证书、令牌、生物特征、行为表现等相关数字化凭证对实体所声称的属性进行识别验证的过程。鉴别的凭证主要有所知道的秘密信息、所拥有的凭证、所具有的个体特征以及所表现的行为。

（2）认证技术方法。认证技术方法主要有口令认证技术、智能卡技术、基于生物特征认证技术、Kerberos认证技术、公钥基础设施（PKI）技术、单点登录、基于人机识别认证技术、多因素认证技术和基于行为的身份鉴别技术等多种方式。

第7章 信息安全

3.访问控制技术

(1)访问控制概念。访问控制是指对资源对象的访问者授权、控制的方法及运行机制。访问者又称为主体,可以是用户、进程、应用程序等;而资源对象又称为客体,即被访问的对象,可以是文件、应用服务、数据等;授权是访问者可以对资源对象进行访问的方式,如文件的读、写、删除、追加或电子邮件服务的接收、发送等;控制就是对访问者使用方式的监测和限制以及对是否许可用户访问资源对象做出决策,如拒绝访问、授权许可、禁止操作等。

访问控制目标有两个:一是防止非法用户进入系统;二是阻止合法用户对系统资源的非法使用,即禁止合法用户的越权访问。要实现访问控制的目标,首先要对网络用户进行有效的身份认证,然后根据不同的用户授予不同的访问权限,进而保护系统资源。

(2)访问控制过程。访问控制的目的是保护系统的资产,防止非法用户进入系统及合法用户对系统资源的非法使用。要实现访问控制管理,一般需要 5 个步骤:①明确访问控制管理的资产,例如网络系统的路由器、Web 服务等;②分析管理资产的安全需求,例如保密性要求、完整性要求、可用性要求等;③制定访问控制策略,确定访问控制规则以及用户权限分配;④实现访问控制策略,建立用户访问身份认证系统,并根据用户类型授权用户访问资产;⑤运行和维护访问控制系统,及时调整访问策略。

(3)口令安全管理。口令是当前大多数网络实施访问控制、进行身份鉴别的重要依据,因此,口令一般遵守以下原则:口令应至少在 8 个字符以上,应选用大小写字母、数字、特殊字符组合;禁止使用与账号相同的口令;更换系统默认口令,避免使用默认口令;限制账号登录次数,建议为 3 次;禁止共享账号和口令;口令文件应加密存放,并只有超级用户才能读取;禁止以明文形式在网络上传递口令;口令应有时效机制,保证经常更改,并且禁止重用口令;对所有的账号运行口令破解工具,检查是否存在弱口令或没有口令的账号。

4.防火墙技术

(1)防火墙概念。防火墙是一种保护计算机网络安全的技术性措施,所谓"防火墙",是指一种将内部网和公众访问网(如 Internet)分开的方法,它实际上是一种隔离技术。为了应对网络威胁,联网的机构或公司将自己的网络与公共的不可信任的网络进行隔离,根据网络的安全信任程度和需要保护的对象,划分若干安全区域,有公共外部网络如 Internet 和内联网如公司或组织的专用网络。在安全区域划分的基础上,通过一种网络安全设备,控制安全区域间的通信,可以隔离有害通信,进而阻断网络攻击。

防火墙由专用硬件和软件系统组成,一般安装在不同的安全区域边界处,用于网络通信安全控制,如图 7-2 所示。

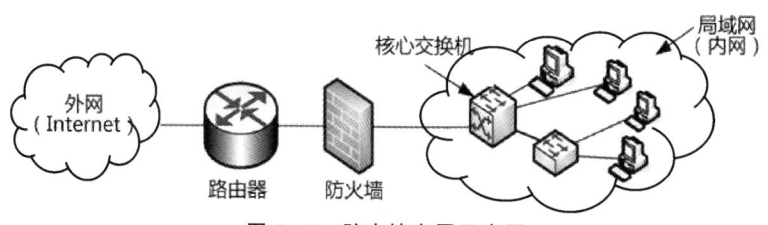

图 7-2 防火墙布置示意图

(2)防火墙工作原理。防火墙按照一定的安全规则来控制流过防火墙的网络包,能够屏蔽被保护网络内部的信息、拓扑结构和运行状况,从而起到网络安全屏障的作用。

防火墙是根据网络数据包所提供的信息实现网络通信访问控制的。如果网络通信数据包符合网络访问控制策略,就允许该网络通信数据包通过防火墙,否则不允许通过。防火墙的安全策略有两种类型,一是白名单策略:只允许符合安全规则的数据包通过防火墙,其他通信数据包禁止;二是黑名单策略:禁止与安全规则相冲突的数据包通过防火墙,其他通信包都允许。

(3)防火墙类型。按照防火墙的实现技术及保护对象,常见的防火墙类型可分为包过滤防火墙、代理防火墙、下一代防火墙、Web应用防火墙、数据库防火墙和工控防火墙。实现技术主要有包过滤、状态检测、应用服务代理、网络地址转换(NAT)、协议分析、深度包检查等。防火墙还可以划分为①软件防火墙(如个人防火墙)与硬件防火墙(都需要软件支撑);②主机防火墙(防木马病毒)与网络防火墙(防外部黑客攻击)。

(4)防火墙应用部署。

1)包过滤防火墙。这种模式采用单一的分组过滤型防火墙或状态检测型防火墙来实现。通常,防火墙功能由带有防火墙模块的路由器提供,因此也称为屏蔽路由器。

包过滤防火墙是最早使用的一种防火墙技术,安全防务策略(过滤规则)是网络管理员事先设置好的(对数据包原IP地址、目标IP地址、协议及端口设置),决定是否允许数据包通过防火墙,如图7-3所示。

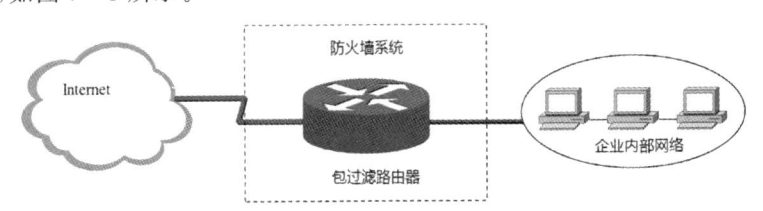

图7-3 包过滤防火墙示意图

2)双穴主机防火墙。这种模式采用单一的代理服务型防火墙来实现。防火墙由一个运行代理服务软件的主机(即堡垒主机)实现,该主机具有两个网络接口(称为双穴主机),如图7-4所示。

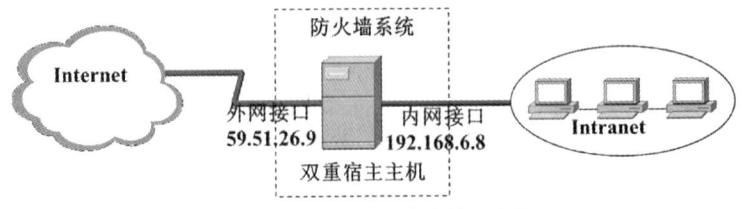

图7-4 双穴主机防火墙示意图

3)屏蔽主机防火墙。屏蔽主机防火墙一般由一个包过滤路由器和一个堡垒主机组成,一个外部包过滤路由器连接外部网络,同时一个堡垒主机安装在内部网络上。

这种模式采用双重防火墙来实现,一个是屏蔽路由器,构成内部网第一道屏障;另一个是堡垒主机,构成内部网第二道屏障,如图 7-5 所示。

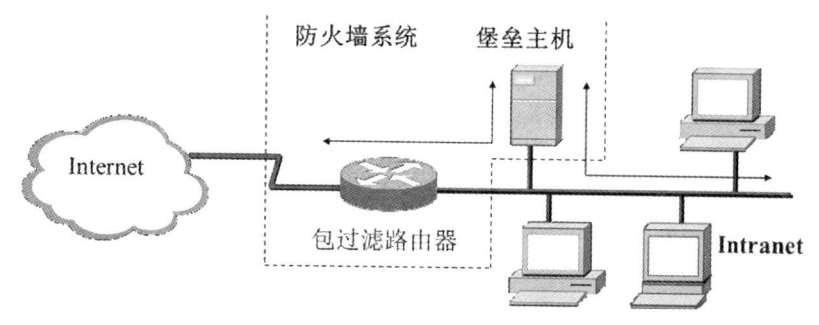

图 7-5 屏蔽主机防火墙示意图

4)屏蔽子网防火墙。屏蔽子网体系结构在本质上与屏蔽主机体系结构一样,但添加了额外的一层保护体系(周边网络)。堡垒主机位于周边网络上,周边网络和内部网络被内部路由器分开,如图 7-6 所示。

非军事区 DMZ:屏蔽子网防火墙在内部网络和外部网络之间建立一个被隔离的子网,用两台路由器将这一子网分别与内部网络和外部网络分开,两个包过滤路由器放置在子网的两端,形成的子网构成一个"非军事区"。

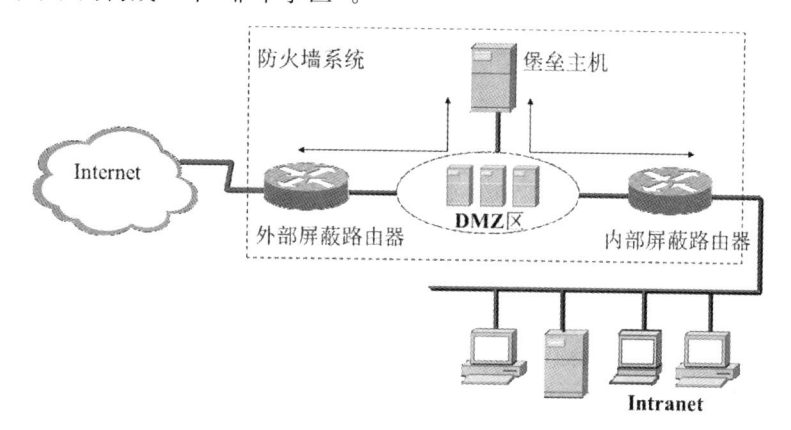

图 7-6 屏蔽子网防火墙示意图

(5)个人防火墙的概念。个人防火墙是一套安装在个人计算机上的软件系统,它能够监视计算机的通信状况,一旦发现有对计算机产生危险的通信就会报警通知管理员或立即中断网络连接,以此实现对个人计算机上重要数据的安全保护。

比如:瑞星、天网防火墙、冰盾 DDOS 防火墙、Windows 个人防火墙等。

个人防火墙的主要功能:①防止 Internet 上用户的攻击。②阻断木马及其他恶意软件的攻击。③为移动计算机提供安全保护。④与其他安全产品进行集成。

启用 Windows 10 防火墙步骤如下:

1)双击桌面上的"控制面板"图标,打开"控制面板"窗口,选择"系统和安全"选项,如图

7-7所示。

2)打开"系统和安全"窗口,选择"Windows Defender 防火墙"选项,如图 7-8 所示。

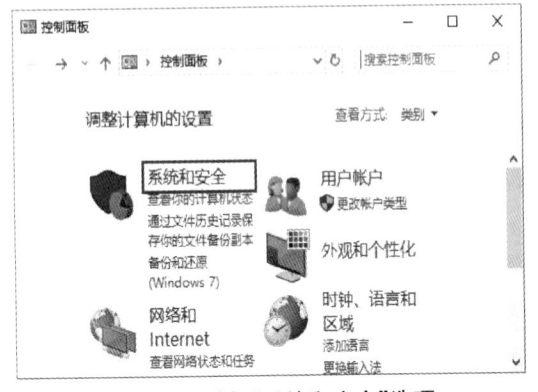

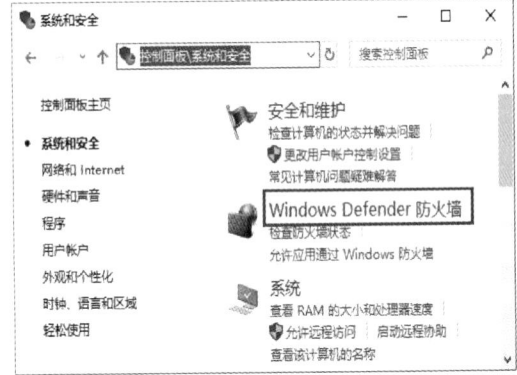

图 7-7 选择"系统和安全"选项　　　　图 7-8 选择"Windows Defender"防火墙

3)打开"Windows Defender 防火墙"窗口,从中可以看到防火墙的状态,选择左侧窗格中的"启用或关闭 Windows Defender 防火墙"选项,如图 7-9 所示。

4)打开"自定义设置"窗口,选中"启用 Windows Defender 防火墙"单选钮,单击"确定"按钮,即可启用防火墙,如图 7-10 所示。

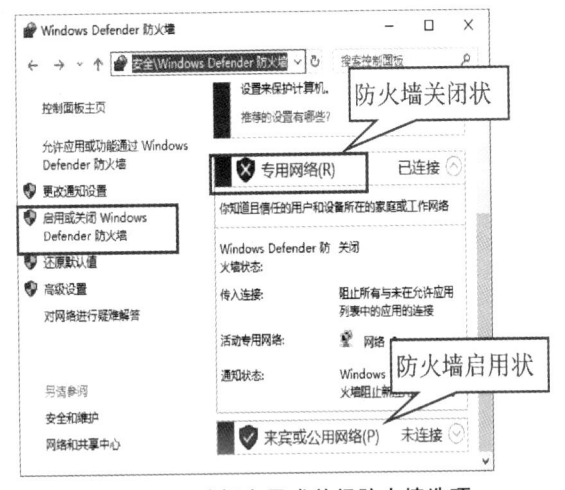

图 7-9 选择启用或关闭防火墙选项　　　　图 7-10 启用 Windows Defender 防火墙

5. VPN 技术

(1)VPN 概念。VPN(Virtual Private Network,虚拟专用网)基本技术原理是把需要经过公共网传递的报文(packet)加密处理后,再由公共网络发送到目的地。利用 VPN 技术能够在不可信任的公共网络上构建一条专用的安全通道,经过 VPN 传输的数据在公共网上具有保密性。虚拟指网络连接特性是逻辑的而不是物理的。VPN 是通过密码算法、标识鉴别安全协议等相关的技术,在公共的物理网络上通过逻辑方式构造出来的安全网络。VPN 连接示意图如图 7-11 所示。

第7章 信息安全

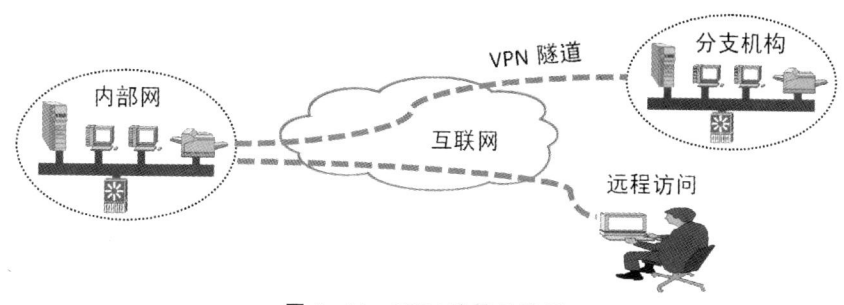

图 7-11 VPN 连接示意图

(2) VPN 安全功能。通过 VPN 技术，企业可以在远程用户、分支部门、合作伙伴之间建立一条安全通道，并能得到 VPN 提供的多种安全服务，从而实现企业网安全。VPN 主要的安全服务有以下 3 种：

1) 保密性服务(Confidentiality)：防止传输的信息被监听；

2) 完整性服务(Integrity)：防止传输的信息被修改；

3) 认证服务(Authentication)：提供用户和设备的访问认证，防止非法接入。

(3) VPN 类型和实现技术。

1) VPN 的类型：根据 VPN 的用途，VPN 可分为远程访问虚拟网(Access VPN)、企业内部虚拟网(Intranet VPN)和企业扩展虚拟网(Extranet VPN)3 种类型。

2) VPN 的实现方法：VPN 的实现技术有密码算法、密钥管理、认证访问控制、IPSec、SSL、PPTP 和 L2TP 等。VPN 的实现方法主要有以下几种。

• MPLS VPN。MPLS VPN 是一种基于 MPLS 技术的 IP VPN，是在网络路由和交换设备上应用多协议标记交换(Multi-Protocol Label Switching；MPLS)技术，简化核心路由器的路由选择方式，结合传统路由技术的标记交换实现的 IP 虚拟专用网(IP VPN)。

MPLS VPN 的优势在于将二层交换和三层路由技术结合起来，在解决 VPN、服务分类和流量工程这些 IP 网络的重大问题时具有很优异的表现。MPLS VPN 在解决企业互联、提供各种新业务方面也越来越被运营商看好，成为 IP 网络运营商提供增值业务的重要手段。

• SSL VPN。SSL VPN 是以超文本传输安全协议(Hyper Text Transfer Protocol over SecureSocket Layer，HTTPS)为基础的 VPN 技术，工作在传输层和应用层之间。SSL VPN 充分利用 SSL 协议提供的基于证书的身份认证、数据加密和消息完整性验证机制，可以为应用层之间的通信建立安全连接。SSL VPN 广泛应用于基于 Web 的远程安全接入，为用户远程访问公司内部网络提供了安全保证。

• IPSec VPN。IPSec VPN 是基于 IPSec 的 VPN 技术，电 IPScc 提供隧道安全保障。IPSec 是由 IETF 设计的端到端的确保基于 IP 通信的数据安全性的机制。它为互联网上传输的数据提供了高质量的、可互操作的、基于密码学的安全保证。

6. 入侵检测技术

(1) 入侵检测概念。入侵检测通过收集操作系统、系统程序、应用程序、网络包等信息，发现系统中违背安全策略或危及系统安全的行为。具有入侵检测功能的系统称为入侵检测系统(Intrusion Detection System, IDS)。入侵检测系统是一种对网络传输进行即时监视，在发现可疑传输时发出警报或者采取主动反应措施的网络安全设备。它与其他网络安全设备的不同之处在于，IDS 是一种积极主动的安全防护技术。

(2) 入侵检测作用。入侵检测系统的直接目的不是阻止入侵事件的发生，而是通过检测技术来发现系统中企图或已经违背安全策略的行为，其作用表现为以下几个方面：

1) 现受保护系统中的入侵行为或异常行为；
2) 检验安全保护措施的有效性；
3) 分析受保护系统所面临的威胁；
4) 有利于阻止安全事件扩大，及时报警触发网络安全应急响应；
5) 可以为网络安全策略的制定提供重要指导；
6) 报警信息可用作网络犯罪取证。

(3) 入侵检测技术类型。入侵检测系统可以按照检测、软硬件组成、安装位置等方式分类。最常用的分类方法是按照安装位置划分为基于主机的入侵检测系统、基于网络的入侵检测系统，以及分布式入侵检测系统，如图 7-12 所示。

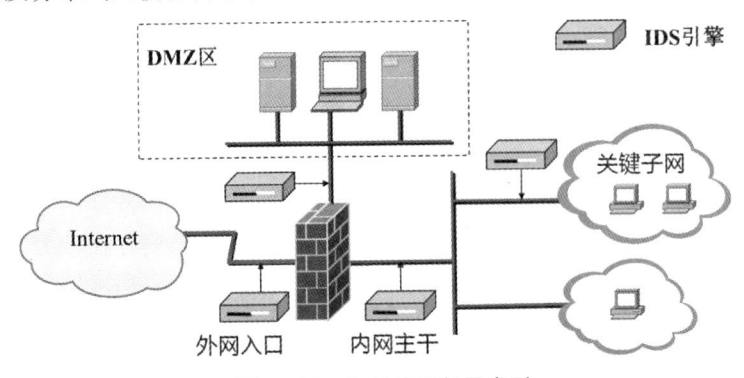

图 7-12 入侵检测部署类型

1) 基于主机的入侵检测系统(Host-based Intrusion Detection System, HIDS)。基于主机的入侵系统通常安装在被保护的主机上，对该主机的网络实时连接以及系统审计日志进行分析和检查，当发现可疑行为和安全违规事件时，系统就会向管理员报警，以便采取措施。这些受保护的主机可以是 Web 服务器、邮件服务器、DNS 服务器等关键主机设备。

基于主机的入侵检测系统具有以下优点：性能价格比高、更加精确、视野集中。

2) 基于网络的入侵检测系统(Network Intrusion Detection System, NIDS)。基于网络的入侵检测系统安装在需要保护的网段中，实时监视网段中传输的各种数据包，并对这些数据包进行分析和检测。如果发现入侵行为或可疑事件，入侵检测系统就会发出警报甚至切断网络连接。

基于网络的入侵检测系统具有以下优点:隐蔽性好、视野更宽、较少的监测器(IDS引擎)、攻击者不易转移证据、操作系统无关性、占用资源少等。

3)分布式入侵检测系统(Distributed Intrusion Detection System,DIDS)。系统的弱点或漏洞分散在网络中的各个主机上,这些弱点有可能被入侵者用来攻击网络,而仅依靠一个主机或网络的入侵检测系统很难发现入侵行为。

分布式入侵检测系统的目标是既能检测网络的入侵行为,又能检测主机的入侵行为,是基于主机的入侵检测系统与基于网络的入侵检测系统的结合。

7.2.2 信息安全技术应用

1.常用网络安全系统

(1)漏洞扫描工具。

1)网络安全漏洞扫描。网络安全漏洞扫描是一种用于检测系统中漏洞的技术,具有漏洞扫描功能的软件或设备简称为漏洞扫描器。漏洞扫描器通过远程或本地检查系统是否存在已知漏洞。漏洞扫描器一般包括用户界面、扫描引擎、漏洞扫描结果分析、漏洞信息及配置参数库等四个主要功能模块,用户界面接受并处理用户输入、定制扫描策略、开始和终止扫描操作、分析扫描结果报告,同时显示系统扫描器工作状态。扫描引擎响应处理用户界面操作指令,读取扫描策略及执行扫描任务,保存扫描结果。漏洞扫描结果分析:读取扫描结果信息,形成扫描报告。漏洞信息及配置参数库保存和管理网络安全漏洞信息,配置扫描策略,提供安全漏洞相关数据查询和管理功能。

漏洞扫描器是常用的网络安全工具,按照扫描器运行的环境及用途,漏洞扫描器主要分为以下三种:①主机漏洞扫描器,主要有 COPS、Tiger 和 MBSA 等;②网络漏洞扫描器,主要有 Nessus 和 X-scan 等;③专用漏洞扫描器,如数据库漏洞扫描器、网络设备漏洞扫描器和 Web 漏洞扫描器等。

2)网络安全漏洞扫描器。目前,各种类型的漏洞扫描器产品有许多。国际商业产品有 IBM Rational AppScan、Shadow Security Scanner 等。国内商业产品有绿盟远程安全评估系统、天融信的脆弱性扫描与管理系统、启明星辰的天镜脆弱性扫描与管理系统、安恒明鉴数据库漏洞扫描系统等。开源漏洞扫描器有 Nessus、OpenVAS、Nmap 等。

3)网络安全漏洞修补技术。漏洞修补主要由 6 个环节组成,分别是现状分析、补丁跟踪、补丁验证、补丁安装、应急处理和补丁检查。多家公司针对补丁管理提供解决方案,如微软提供 SUS(Software Update Services,软件更新服务)、北信源提供内网安全管理及补丁分发系统;360 安全卫士和腾讯电脑管家都提供漏洞修复工具。

(2)Web 应用防火墙(WAF)。WAF 是一种基础的安全保护模块,通过特征提取和分块检索技术进行特征匹配,针对 HTTP 访问的 Web 程序保护。WAF 部署在 Web 应用程序前面,在用户请求到达 Web 服务器前对用户请求进行扫描和过滤,分析并校验每个用户请求的网络包,确保每个用户请求有效且安全,对无效或有攻击行为的请求进行阻断或隔离。通过检查 HTTP 流量,可以防止源自 Web 应用程序的安全漏洞(如 SQL 注入跨站脚本 XSS、文件包含和安全配置错误)的攻击。

(3)数据库审计系统。通过数据库协议自动识别技术,自动发现网络中的数据库以及实例,结合灵活的审计策略,实现对数据库操作的全面审计。支持基于 C/S 应用系统三层架构的 Http 应用审计,可提取审计客户端 IP、应用系统的应用层账号、数据库账号等身份信息,从而将 Http 审计记录与数据库审计记录进行精确关联,以便直接追溯到应用层的原始访问者及请求信息。

系统通过数据库状态监控、SQL 注入检测、弱口令扫描等方式,及时发现威胁数据库安全的潜在因素并及时阻断,从而保证数据库安全运行。数据库审计系统一般采取旁路部署,规范数据库操作行为,满足合规审计和技术措施。

(4)入侵检测系统(IDS)。IDS 是依照一定的安全策略,对网络、系统的运行状况进行监视,尽可能发现各种攻击企图、攻击行为或者攻击结果,以保证网络系统资源的机密性、完整性和可用性。假如防火墙是一幢大楼的门锁,那么 IDS 就是这幢大楼里的监视系统。

IDS 应当挂接在所有所关注流量都必须流经的链路上。在交换式网络中的位置一般选择在尽可能靠近攻击源,通常是服务器区域的交换机上、Internet 接入路由器之后的第一台交换机上或重点保护网段的局域网交换机上。

(5)防火墙部署。主要是可实现基本包过滤策略的防火墙,有硬件处理、软件处理等,其主要功能是限制对 IP 地址和端口的访问。默认情况下关闭所有的通过型访问,只开放允许访问的策略。防火墙可以拦截底层攻击行为,但对应用层的深层攻击行为无能为力。防火墙部署位置一般为外联出口或者区域性出口位置,对内外流量进行安全隔离。

(6)入侵防御系统(IPS)。IPS 解决了 IDS 无法阻断的问题,基本上以在线模式为主,系统提供多个端口,以透明模式工作。在一些传统防火墙的新产品中也提供了类似功能,其特点是可以分析到数据包的内容,解决传统防火墙只能工作在 4 层以下的问题。IPS 也要像防病毒系统定义 N 种已知的攻击模式,并主要通过模式匹配去阻断非法访问,其致命缺点在于不能主动地学习攻击方式,对于模式库中不能识别出来的攻击,默认策略是允许访问的。

IPS 类设备常被串接在主干路上,对内外网异常流量进行监控处理。

2. 计算机病毒与防护

(1)计算机病毒的概念。计算机病毒是一组具有自我复制、传播能力的程序代码。它常依附在计算机的文件中,如可执行文件或 Word 文档等,高级的计算机有变种和进化能力。计算机病毒编制者将病毒插入正常程序或文档中,以达到破坏计算机功能、毁坏数据,从而影响计算机使用的目的。

计算机病毒传染和发作表现的症状各不相同,这取决于计算机病毒程序设计人员和感染的对象,其表现的主要症状如下:计算机屏幕显示异常、机器不能引导启动、磁盘存储容量异常减少、磁盘操作异常的读写、出现异常的声音、执行程序文件无法执行、文件长度和日期发生变化、系统死机频繁、系统不承认硬盘、中断向量表发生异常变化、内存可用空间异常变化或减少、系统运行速度性能下降、系统配置文件改变及系统参数改变。

(2)计算机病毒的基本特点。

1)隐蔽性。计算机病毒附加在正常软件或文档中,例如可执行程序、电子邮件、Word文档等,一旦用户未察觉,病毒就触发执行,潜入到受害用户的计算机中。

2)传染性。计算机病毒的传染性是指计算机病毒可以进行自我复制,并把复制的病毒附加到无病毒的程序中,或者去替换磁盘引导区的记录,使得附加了病毒的程序或者磁盘变成新的病毒源,又能进行病毒复制,重复原先的传染过程。计算机病毒与其他程序最本质的区别在于计算机病毒能传染,而其他的程序则不能。

3)潜伏性。计算机病毒感染正常的计算机之后,一般不会立即发作,而是等到触发条件满足时,才执行病毒的恶意功能,从而产生破坏作用。

4)破坏性。计算机病毒对系统的危害性程度,取决于病毒设计者的设计意图。有的仅仅是恶作剧,有的破坏系统数据。简而言之,病毒的破坏后果是不可知的。由于计算机病毒是恶意的一段程序,故凡是由常规程序操作使用的计算机资源,计算机病毒均有可能对其进行破坏。据统计,病毒发作后,造成的破坏主要有数据部分丢失、系统无法使用、浏览器配置被修改、网络无法使用、使用受限、受到远程控制及数据全部丢失等。

(3)计算机病毒常见类型。

1)引导型病毒。引导型病毒通过感染计算机系统的引导区而控制系统,病毒将真实的引导区内容修改或替换,当病毒程序执行后,才启动操作系统。因此,感染引导型病毒的计算机系统看似正常运转,而实际上病毒已在系统中隐藏,等待时机传染和发作。

2)宏病毒。所谓宏病毒就是指利用宏语言来实现的计算机病毒。宏病毒的出现改变了病毒的载体模式,以前病毒的载体主要是可执行文件,而现在文档或数据也可作为宏病毒的载体。微软规定宏代码保存在文档或数据文件的内部,这样一来就给宏病毒传播提供了方便。宏病毒的触发用户打开一个被感染的文件并让宏程序执行,宏病毒将自身复制到全局模板,然后通过全局模板把宏病毒传染到新打开的文件。

3)多态病毒。多态病毒每次感染新的对象后,通过更换加密算法,改变其存在形式。一些多态病毒具有超过二十亿种呈现形式,这就意味着反病毒软件常常难以检测到它,一般需要采用启发式分析方法来发现。多态病毒由三个主要组成部分:杂乱的病毒体、解密例程和变化引擎。在一个多态病毒中,变化引擎和病毒体都被加密。这样一来,不仅病毒体被加密过,而且病毒的解密例程也随着感染不同而变化。因此,多态病毒没有固定的特征、没有固定的加密例程,从而能逃避基于静态特征的病毒扫描器的检测。

4)隐蔽病毒。隐蔽病毒试图将自身的存在形式进行隐藏,使得操作系统和反病毒软件不能发现。隐蔽病毒使用的技术有许多,主要包括隐藏文件的日期、时间的变化、隐藏文件大小的变化和病毒加密等。

3.计算机病毒防范策略与技术

计算机病毒种类繁多,新的病毒还在不断产生,因此计算机病毒防范是一个动态的过程,应通过多种安全防护策略及技术才能有效地控制计算机病毒的破坏和传播。目前计算机病毒防范策略和技术主要如下。

(1)查找计算机病毒源。对计算机文件及磁盘引导区进行计算机病毒检测,以发现异常情况,确认计算机病毒的存在,主要方法有比较法、搜索法、特征字识别法和分析法等。

(2)阻断计算机病毒传播途径。由于计算机病毒的危害性是不可预见的,因此切断计算机病毒的传播途径是关键防护措施,具体方法如下:

1)用户具有计算机病毒防范安全意识和安全操作习惯。用户不要轻易运行未知可执行软件,特别是不要轻易打开电子邮件的附件。

2)消除计算机病毒载体。关键的计算机尽量做到专机专用;不要随便使用来历不明的存储介质,禁用不需要的计算机服务和功能,如脚本语言、光盘自启动等。

3)安全区域隔离。重要生产区域网络系统与办公网络进行安全分区,防止计算机病毒扩散传播。

(3)主动查杀计算机病毒。主动查杀计算机病毒的主要方法如下:

1)定期对计算机系统进行病毒检测。定期检查主引导区、引导扇区、中断向量表、文件属性(字节长度、文件生成时间等)、模板文件和注册表等。

2)安装防计算机病毒软件,建立多级病毒防护体系。在网关、服务器和客户机器端都要安装合适的防计算机病毒软件,同时,做到及时更新病毒库。

(4)计算机病毒应急响应和灾备。由于计算机病毒的技术不断变化以及人为因素,目前计算机病毒还是难以根治,因此,计算机病毒防护措施应做到即使计算机系统受到病毒破坏后,也能有相应的安全措施应对,尽可能避免计算机病毒造成的损害。这些应急响应技术和措施主要有以下几方面:

1)备份。备份是应对计算机病毒最有效的方法。对计算机病毒容易侵害的文件、数据和系统进行备份,如对主引导区、引导扇区、FAT表、根目录等重要数据做备份。特别是核心关键计算机系统,还应做到系统级备份。

2)数据修复技术。对遭受计算机病毒破坏的磁盘、文件等进行修复。

3)网络过滤技术。通过网络的安全配置,将遭受计算机病毒攻击的计算机或网段进行安全隔离。

4)计算机病毒应急响应预案。制定受病毒攻击的计算机及网络方面的操作规程和应急处置方案。

3. 第三方安全工具——360安全卫士使用

下面以360安全卫士为例,介绍第三方安全工具的功能,可以上网免费下载安装。360安全卫士页面如图7-13所示。

360安全卫士作为业界领先的安全杀毒产品,可精准查杀各类木马病毒,始终致力于守护用户的电脑安全。

第 7 章　信　息　安　全

图 7-13　360 安全卫士功能大全页面

(1) 全面检查电脑状况。从垃圾清理、电脑运行速度、系统异常、电脑安全风险多维度扫描电脑,快速判定电脑系统状况。一键修复电脑安全风险,定期体检可以有效保持电脑良好运行状态。

(2) 全新升级六大安全引擎。360 云查杀引擎、360 启发式引擎、QEX 脚本查杀引擎、QVMⅡ人工智能引擎、小红伞本地引擎、反勒索引擎,接入 360 安全大脑全面提升检测能力,恶意程序样本库总样本量超 200 亿,对感染病毒或木马的文件进行精准修复,完全还原感染之前的状态,使系统运行更流畅,为用户提供坚定的安全守护。

(3) 一键清理垃圾。电脑运转如飞,依托 360 安全大脑,全方位覆盖 6 类电脑垃圾,快速清理冗余垃圾、恶意插件、无效注册表等,极致提升系统性能,强力清除软件残留,节约磁盘空间。检测恶意、捆绑及不常用软件,一键卸载并清除软件残留,优化电脑使用体验。

(4) 漏洞修补。快速扫描系统和软件漏洞,一键修复免打扰,实时保护系统和软件运行安全。检测系统核心组件设置,驱动程序一键更新,及时获取系统升级信息,多重保障电脑使用体验。

(5) 多重功能,全方位加速电脑。具有 6 大加速能力,全方位管理开机启动项、运行中的软件、网络服务和系统服务、右键插件及自启动图标插件、Windows 10 应用自启动等,实时防护,提高电脑运行速度。智能算法,科学管理电脑进程,创新性使用智能算法体系,更加科学地反应电脑的实时状态,帮助用户更好管理电脑,提升系统性能。

(6) 软件管家。7 800 余款正版软件,极速一键下载安装,安全无捆绑,安装位置随心设;软件更新实时提醒,同步新版本功能,升级个性化管理,提供软件介绍、评分、评论、占用空间、使用频率等多维度软件信息；提示恶评软件、捆绑组件安装动态，智能识别，可一键卸载，拒绝残留。

课后习题

一、单项选择题

1. 网络信息安全的 CIA 三性，即（　　）、完整性和可用性。
   A. 流通性　　　　　B. 准确性　　　　　C. 机密性　　　　　D. 一致性

2. 在使用复杂度不高的口令时，容易产生弱口令的安全脆弱性，被攻击者利用，从而破解用户账户。下列设置的口令中，（　　）具有最好的口令复杂度。
   A. morrison　　　　B. Wm. $*F2m5@　　C. 27776394　　　　D. wangjing1977

3. 攻击者通过对目标主机进行端口扫描，可以直接获得（　　）。
   A. 目标主机的口令　　　　　　　　B. 给目标主机种植木马
   C. 目标主机使用了什么操作系统　　D. 目标主机开放了哪些端口服务

4. 以下不属于物理安全威胁的是（　　）。
   A. 电源故障　　　　B. 物理攻击　　　　C. 自然灾害　　　　D. 字典攻击

5. 以下不属于网络安全控制技术的是（　　）。
   A. 防火墙技术　　　　　　　　　　B. 访问控制技术
   C. 入侵检测技术　　　　　　　　　D. 差错控制技术

二、填空题

1. 网络攻击的危害行为有 4 个基本类型，分别是_____、_____、_____和_____。

2. 2017年，_____的正式实施，标志着网络安全等级保护 2.0 的正式启动。

3. 计算机病毒具有_____、_____、_____和_____ 4 个基本特点。

4. 根据网络安全漏洞的补丁状况，可将漏洞分为_____和_____。

5. VPN 主要的安全服务有以下 3 种，分别是_____、_____和_____。

三、简答题

1. 物理安全的定义是什么？
2. 口令安全管理有哪些方面的内容？
3. Windows 系统安全增强技术方法有哪些？

第8章　新一代信息技术

随着物联网、云计算、人工智能、大数据、区块链和虚拟现实等新技术在各领域应用的不断深入,人类社会正在从信息化走向数字化和智能化。本章主要对物联网、云计算、人工智能、大数据、区块链和虚拟现实技术进行简要介绍,让读者了解新一代信息技术的概念、特征、发展、结构、关键技术和典型应用场景等,使读者对新兴的信息技术有一个概要的认识。

8.1　物联网技术

8.1.1　物联网基础知识

物联网是基于互联网、传统电信网等信息承载体,让所有能够被独立寻址的普通物理对象形成互联互通的网络。物联网技术在工业、农业、环境、交通、物流、安保等基础设施领域的应用,有效地推动了这些方面的智能化发展,使得有限的资源更加合理的使用分配,从而提高了行业效率、效益。在家居、医疗健康、教育、金融与服务业、旅游业等与生活息息相关的领域的应用,从服务范围、服务方式到服务的质量等方面都有了极大的改进,大大地提高了人们的生活质量。

1. 物联网的定义

物联网(Internet of Things,IoT)即"万物相连的互联网",是互联网基础上的延伸和扩展的网络,将各种信息传感设备与网络结合起来而形成的一个巨大网络,实现在任何时间、任何地点,人、机、物的互联互通。

物联网是新一代信息技术的重要组成部分,是物与物相连的互联网。在互联网时代,连接互联网的终端无非就是电脑、智能手机,而在物联网的时代,连接互联网的终端就变成了一切可能的实物。它通过射频识别、红外感应器、全球定位系统、激光扫描器等信息传感设备,采集其声、光、热、电、力学、化学、生物、位置等各种需要的信息,通过各类可能的网络接入,按照约定的协议,把任何物品与互联网相连接,进行信息交换和通信,以实现对物品的智能化识别、定位、跟踪、监控和管理。

2.物联网的特征

(1)全面感知:利用 RFID、二维码、传感器等技术和设备随时随地获取和采集物体的信息。

(2)可靠传递:通过无线网络等各种电信网络与互联网的融合,将物体的信息实时准确地传递给用户。

(3)智能处理:利用云计算、数据挖掘、模糊识别等各种智能计算技术,对海量的数据和信息进行分析处理,进而对物体实施智能化控制。

8.1.2 物联网体系架构

物联网架构可分为 3 层,分别是感知层、网络层和应用层。物联网的层次结构如图 8-1 所示。

(1)感知层:实现对物理世界的智能识别、信息采集处理和自动控制,并通过通信模块将物理实体连接到网络层和应用层。感知层的主要作用是识别物体,采集信息。

(2)网络层:主要实现信息的传递、路由和控制。网络层可以依托公众电信网和互联网,也可以依托行业专用通信网络。网络层的主要作用是沟通感知层和应用层。

(3)应用层:将物联网技术与专业技术相互融合,利用分析处理的感知数据为用户提供丰富的特定服务,与行业需求结合,实现行业智能化。物联网的应用可分为控制型、查询型、管理型和扫描型等,可通过现有的手机、计算机等终端实现广泛的智能化应用解决方案。

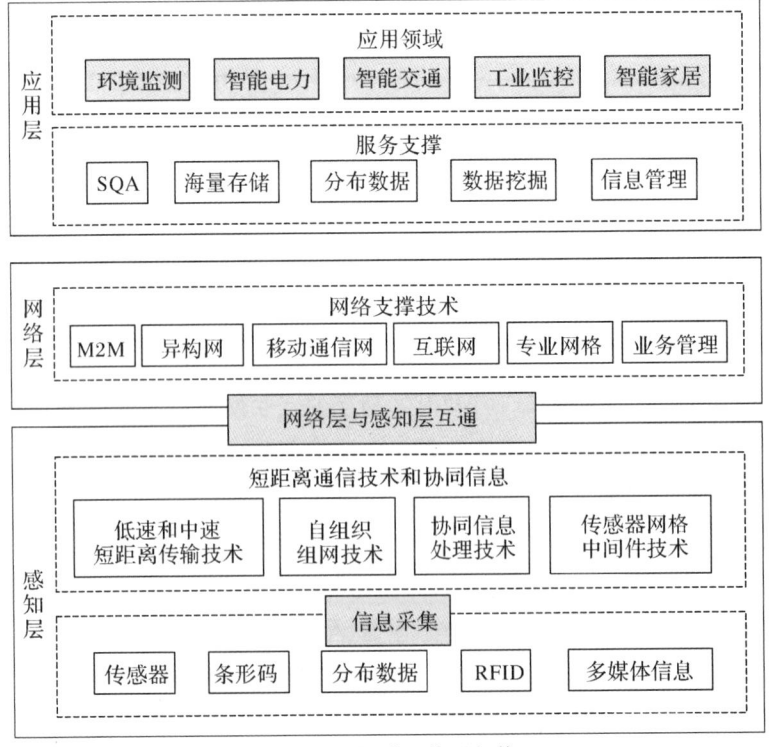

图 8-1 物联网体系架构

8.1.3 物联网关键技术及应用

1. 物联网关键技术

物联网所涉及的核心技术包括IPv6技术、云计算技术、传感技术、RFID技术、无线通信技术等。因此,从技术角度讲,物联网主要涉及的专业有计算机科学与工程、电子与电气工程、电子信息工程、通信工程、自动控制、遥感与遥测、精密仪器和电子商务等。欧盟于2009年9月发布的《欧盟物联网研究战略路线图》中列出了13类关键技术,包括标识技术、物联网体系结构技术、通信与网络技术、数据和信号处理技术、软件和算法、发现与搜索引擎技术、电源和能量存储技术等。

(1)感知层关键技术。

1)RFID技术。RFID又称无线射频识别,是一种非接触式的自动识别技术,可识别高速运动物体并可同时识别多个标签,操作快捷方便。RFID技术通过射频信号自动识别对象并获取相关数据,完成信息的采集工作,是物联网中最关键的一种技术,它为物体贴上电子标签,实现了高效灵活管理。RFID技术由标签和读写器两部分组成,每个标签具有唯一的电子编码,读写器是读取(有时还可以写入)标签信息的设备,例如ETC不停车电子收费系统、地铁卡等都是RFID技术的典型应用。

2)条形码技术。条形码是由一组规则排列的条、空及对应的字符组成的标记,"条"指对光线反射率较低的部分,"空"指对光线反射率较高的部分,这些条和空组成的数据表达一定的信息,并能够用特定的设备识读,转换成与计算机兼容的二进制和十进制信息。

条形码是一种信息的图形化表示方法,可以将信息制作成条形码,然后通过相应的扫描设备将其中的信息输入计算机中。

条形码分为一维条形码和二维条形码。一维条形码是将宽度不等的多个黑条和空按一定的编码规则排列,用以表达一组信息的图形标识符;二维条形码是在二维空间水平和竖直方向存储信息的条形码。超市条形码属于一维条形码,手机上的二维码属于二维条形码。

3)传感器技术。传感器是指能感知预定的被测指标,并按照一定规律转换成可用信号的器件和装置,通常由敏感元件和转换元件组成。

传感器是一种检测装置,能感受到被测量的信息,并能将检测到的信息按一定规律转换为电信号或其他所需形式的信息输出,以满足信息的传输、处理、存储、显示、记录和控制等要求。例如,楼道里的声控灯用到了光学传感器和声音传感器,空调的温度调节用到了温度传感器,自动门用到了红外传感器,电子秤利用力学传感器来测量物体质量,手机背光亮度的自动调节用到了手机正前方的环境光传感器。

物联网中,在传感器基础上增加了协同、计算、通信功能,构成了具有感知、计算和通信能力的传感器节点。智能化是传感器的重要特点,嵌入式智能技术是实现传感器智能化的重要手段。

4)无线传感器网络。无线传感器网络是由部署在监测区域内大量的微型传感器节点组成,通过无线通信方式形成的一个多跳的自组织网络系统。

无线传感器网络是传感器、网络通信和微电子等技术结合的产物。随机分布的大量的传感器节点以无线自组织的方式构成网络,通过节点中内置的各种类型的传感器,对网络分布区域内的各种环境对象信息进行探测、感知,并通过多跳路由的方式,将采集到的数据传输到数据处理中心,将逻辑上的信息世界和真实世界融合在一起,改变人与自然的交互方式。

(2)网络层关键技术。

1)ZigBee。ZigBee 技术是一种近距离、低复杂度、低功耗、低速率、低成本的双向无线通信技术。其名称来源于蜜蜂的八字舞,蜜蜂是靠飞翔和"嗡嗡"地抖动翅膀的"舞蹈"来传递花粉所在方位信息给同伴的,也就是说,蜜蜂依靠这样的方式构成了群体中的通信网络。

ZigBee 网络的主要特点是功耗低、成本低、时延短、网络容量大、可靠、安全,主要适用于自动控制和远程控制领域,可以嵌入各种设备。一个 ZigBee 网络由一个协调器节点、多个路由器和多个终端设备节点组成。

2)Wi-Fi。Wi-Fi 是一种无线网络通信技术,由 Wi-Fi 联盟负责运营和维护,其目的是改善基于 EEE 802.11 标准的无线网络产品之间的互通性。

IEEE 802.11 是电气电子工程师学会最初制定的一个无线局域网标准,主要用于解决办公室局域网和校园网中用户与用户终端的无线接入,业务主要限于数据存取。Wi-Fi 是一种可以将计算机、手持设备(如 PDA、手机)等终端以无线方式互相连接的技术。

Wi-Fi 具有无线电波的覆盖范围广、传输速度快、厂商进入该领域的门槛比较低等优势。

3)蓝牙。蓝牙是一种支持设备短距离通信(一般 10 m 以内)的无线电技术,能够在移动电话、掌上电脑、无线耳机、笔记本电脑、相关外设等众多设备之间进行无线信息交换。

蓝牙技术的优势是稳定、全球可用、设备范围广、易于使用、采用了通用规格。

4)卫星导航系统。卫星导航系统是利用定位卫星,在全球范围内实时进行定位、导航的系统。全球四大卫星导航系统包括美国的全球定位系统(GPS)、俄罗斯的"格洛纳斯"系统(GLONASS)、欧洲的"伽利略"系统(GSNS)和中国的"北斗"系统(BDS)。

(3)应用层关键技术。

物联网应用层关键技术主要包含云计算所涉及的关键技术,主要分为最底层的基础设施即服务(IaaS)、中间层的平台即服务(PaaS)和最顶层的软件即服务(SaaS)。

1)基础设施即服务位于最底层,该层提供的是最基本的计算和存储能力,其中,自动化和虚拟化是核心技术。

2)平台即服务位于 3 层服务的中间,该层涉及两个关键技术:基于云的软件开发、测试及运行技术和大规模分布式应用运行环境。

3)软件即服务位于最顶层,该层涉及的关键技术有 Web 中的 Mashup、应用多租户、应用虚拟化等。

2. 物联网典型应用

(1)智慧物流。智慧物流是新技术应用于物流行业的统称,指的是以物联网、大数据、人工智能等信息技术为支撑,在物流的运输、仓储、包装、装卸、配送等各个环节实现系统感知、全面分析及处理等功能。智慧物流的实现能大大地降低各行业运输的成本,提高运输效率,提升整个物流行业的智能化和自动化水平。

(2)智能交通。智能交通是物联网所有应用场景中最有前景的应用之一。利用先进的信息技术、数据传输技术以及计算机处理技术等,集成到交通运输管理体系中,使人、车和路能够紧密的配合,改善交通运输环境,保障交通安全以及提高资源利用率。行业内应用较多的前五大场景,包括智能公交车、共享单车、汽车联网、智慧停车以及智能红绿灯等。

(3)智能安防。智能安防是物联网的大应用市场,传统安防对人员的依赖性比较大,非常耗费人力,而智能安防可以通过设备实现智能判断。智能安防系统是对拍摄的图像进行传输与存储,并对其分析与处理。一个完整的智能安防系统主要包括3大部分,门禁、报警和视频监控,行业中主要以视频监控为主,可应用于家居、交通、医疗、物流、制造和零售等领域。

(4)智能家居。智能家居使用各种技术和设备,来提高人们的生活方式,使家庭变得更舒适、安全和高效。物联网应用于智能家居领域,能够对家居类产品的位置、状态、变化进行监测,分析其变化特征,同时根据人的需要,在一定的程度上进行反馈。智能家居行业发展主要分为3个阶段,单品连接、物物联动和平台集成。

(5)智能医疗。智能医疗能有效地帮助医院实现对人的智能化管理和对物的智能化管理。对人的智能化管理指的是通过传感器对人的生理状态(如心跳频率、体力消耗、血压高低等)进行捕捉,将它们记录到电子健康文件中,方便个人或医生查阅。对物的智能化管理,指的是通过RFID技术对医疗物品进行监控与管理,实现医疗设备、用品可视化。当前主要的两个应用场景分别是医疗可穿戴和数字化医院。

(6)智慧农业。智慧农业指的是利用物联网、人工智能、大数据等现代信息技术与农业进行深度融合,实现农业生产全过程的信息感知、精准管理和智能控制的一种全新的农业生产方式,可实现农业可视化诊断、远程控制以及灾害预警等功能。农业分为农业种植和畜牧养殖两个方面。农业种植分为设施种植(温室大棚)和大田种植,主要包括播种、施肥、灌溉、除草以及病虫害防治等5个部分,以传感器、摄像头和卫星等收集数据,实现数字化和智能机械化发展。当前,数字化的实现多以数据平台服务来呈现,而智能机械化以农机自动驾驶为代表。畜牧养殖主要是将新技术、新理念应用在生产中,包括繁育、饲养以及疾病防疫等。

(7)智慧建筑。物联网技术的应用,让建筑向智慧建筑方向演进。智慧建筑越来越受到人们的关注,是集感知、传输、记忆、判断和决策于一体的综合智能化解决方案。当前的智慧建筑主要体现在用电照明、消防监测以及楼宇控制等,将设备进行感知、传输并远程监控,不仅能够节约能源,同时也能减少运维的楼宇人员。而对于古建筑,也可以进行白蚁(以木材为生的一种昆虫)监测,进而达到保护古建筑的目的。

(8) 智能制造。制造领域的市场体量巨大,是物联网的一个重要应用领域,主要体现在数字化以及智能化的工厂改造上,包括工厂机械设备监控和工厂的环境监控。通过在设备上加装物联网装备,使设备厂商可以远程随时随地对设备进行监控、升级和维护等操作,更好地了解产品的使用状况,完成产品全生命周期的信息收集,指导产品设计和售后服务;而厂房的环境监控主要包括空气温湿度、烟感等情况。数字化工厂的核心特点是:产品的智能化、生产的自动化、信息流和物资流合一。

8.2 云 计 算

8.2.1 云计算概述

云计算(Cloud Computing)是一种全新的网络应用概念,其核心是以互联网为中心,为终端用户提供快速且安全的线上计算服务,资源包括服务器、虚拟桌面、软件平台、应用软件和数据存储等。借助云计算,用户可以在互联网上在线利用计算资源,而无须投入资金建设和维护计算基础设施。云计算的参考架构如图 8-2 所示。

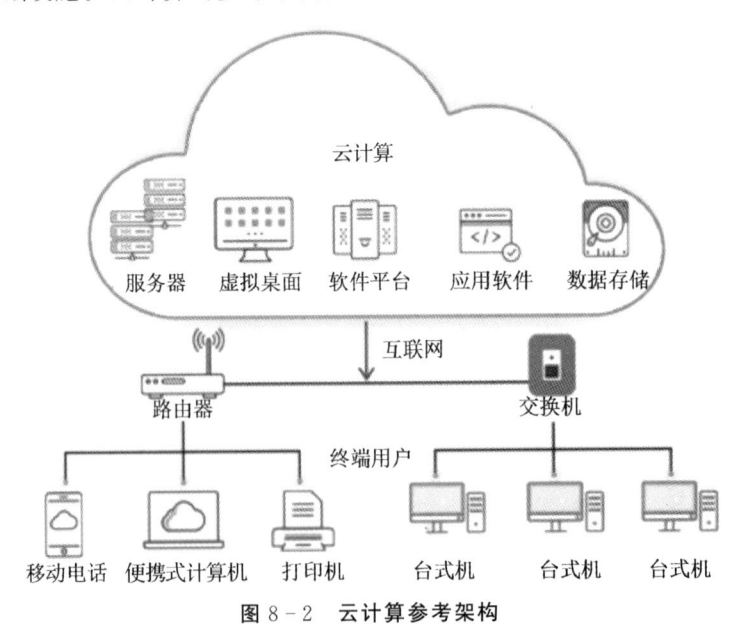

图 8-2　云计算参考架构

"云"这个概念,已经渗透进了我们生活的每一个角落。所谓"云"其实是网络、互联网的一种比喻说法。狭义云计算下,将提供资源的网络称为"云"。在用户视角,"云"中的资源可以随时获取,按需使用和付费,并且能够随时扩展。广义云计算下,将可自我维护和管理的虚拟计算资源称为"云",也称为"资源池",通常为一些大型服务器集群,包括计算服务器、储存服务器,宽带资源等。云服务提供商通过"资源池"向用户提供虚拟计算资源服务,这种服务可以是IT和软件、互联网相关的,也可是任意其他的服务。

可以看出,不管是狭义或是广义的"云",都可将所有的计算资源集中起来,由软件实现自动管理,无须人为参与,使得使用"云"服务的用户无须为烦琐的细节烦恼,能够更加专注于自身的业务,有利于创新和降低成本。

1. 云计算的定义

自2006年谷歌(Google)提出云计算概念至今,还没有举世公认标准的云计算定义,业内人士对云计算的定义各有各的认定和理解。

美国IBM的技术白皮书 *Cloud Computing* 中将云计算定义为:"云计算一词用来同时描述一个系统平台或者一种类型的应用程序。一个云计算平台按需进行动态地部署(provision)、配置(configuration)、重新配置(reconfigure)以及取消(deprovision)服务等。在云计算平台中的服务器,可以是物理服务器或者虚拟服务器。高级计算云通常包含一些其他的计算资源,例如存储区域网络(Storage Area Network,SAN)、网络设备、防火墙以及其他安全设备等。"

中国计算网将云计算定义为:"云是分布式计算(Distributed Computing)、并行计算(Parallel Computing)和网格计算(Grid Computing)的发展,或者说是这些科学概念的商业实现。"

目前,比较广泛认同的定义是由美国家标准与技术研究院(National Institute of Standards and Technology,NIST)的研究员彼特·梅尔(Peter Mell)和蒂姆·格蕾斯(Tim Grance)在2009年4月提出的云计算定义:"云计算是一种模型,它可以实现随时随地、便捷地、随需应变地从可配置计算资源共享池中获取所需的资源(例如,网络、服务器、存储、应用、服务),资源能够快速供应并释放,使管理资源的工作量和与服务提供商的交互减小到最低限度。"

在2012年3月中国国务院政府工作报告中,云计算被作为重要附录给出了一个政府官方的解释:"云计算是基于互联网的服务的增加、使用和交付模式,通常涉及通过互联网来提供动态易扩展且经常是虚拟化的资源;是传统计算机和网络技术发展融合的产物;它意味着计算能力也可作为一种商品通过互联网进行流通。"

总之,云计算是分布式计算技术的一种,其最基本的概念是通过网络将庞大的计算处理程序自动分拆成无数个较小的子程序,再交由多部服务器所组成的庞大系统经搜寻、计算分析之后将处理结果回传给用户。基于这项技术,网络服务提供者可以在数秒之内,达成处理数以千万计甚至亿计的信息,达到和"超级计算机"同样强大效能的网络服务。

2. 云计算的分类

云计算可以从服务范围和服务类型来分类,如图8-3所示。

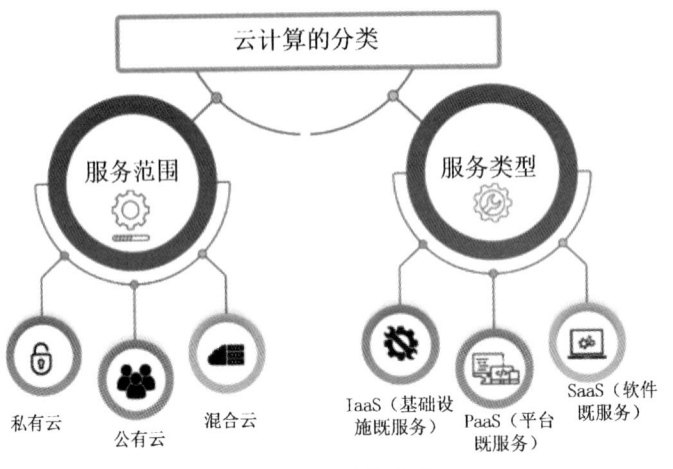

图 8-3 云计算分类

(1)按服务范围分类。按服务范围可以将云计算分为公有云、私有云和混合云三种类型。

1)公有云。公有云通常指第三方提供商为用户提供的能够使用的云,这些云部署在企业数据中心的防火墙外,由专门的云服务提供商运营,通过自己的基础架构直接向最终用户提供从应用程序、软件运行环境,到物理基础设施等各种各样的 IT 资源。其服务质量更高、资源利用率更高、成本更低、可选择性更多。虽然公有云的低廉成本吸引了大量的企业用户,但公有云数据的私密性和安全性保障问题一直是企业用户担心的问题,目前仅适用于一些无核心数据或敏感数据的应用。

2)私有云。私有云是由企业或机构等单一组织自己搭建云计算基础架构,面向内部用户或外部客户提供云计算服务。私有云可部署在企业数据中心的防火墙内,也可以将它们部署在一个安全的主机托管场所。对于私有云来说,由于整个云端都属于企业自身,这种充分掌控感更为企业用户所接受并得以推行。私有云可以充分发挥已有 IT 资源作用并且能更好的支持业务创新。尽管私有云无须担心私密性与安全性的问题,可是高昂的成本是很多企业用户,特别是中小型企业、创业型企业无法承担的。

3)混合云。混合云是公共云和私有云的混合。这些云一般由企业创建,而管理职责由企业和公共云提供商分担。混合云将私有云(本地数据中心)与公共云结合在一起,允许应用程序和数据进行交互,而无须考虑两者所在的位置。借助混合云,企业可以在处理需求增加时将其本地基础结构无缝地纵向扩展到云,而在需求减少时缩减基础结构。借助混合云,组织可以灵活地将新的云优先技术用于新的工作负载,同时将某些工作负载的业务关键应用程序和数据保留在本地。例如,某些应用程序可能由于成本高昂而无法迁移,或者由于合规性原因而无法移动。使用混合云策略,组织可以使本地工作负载和云工作负载协同工作。

混合云融合了公有云与私有云的优劣势,近几年来混合云模式得以快速发展。混合云

第8章 新一代信息技术

综合了数据安全性以及资源共享性双重方面的考虑,个性化的方案达到了省钱安全的目的,从而获得越来越多企业的青睐。

(2)按服务类型分类。按服务类型不同,云计算分为基础设施即服务(Infrastructure as a Service,IaaS)、平台即服务(Platform as a Service,PaaS)、软件即服务(Software-as-a-Service,SaaS)三种类型。

1)基础设施即服务(IaaS)。IaaS 是将物理资源(例如,存储、计算)作为服务通过网络来提供给使用者,用户可以运用这些资源进行任意软件的安装与运行。用户不参与云计算底层基础设施的管控,但可以选择操作系统、规划存储资源、管理应用程序,也可获得有限制的网络组件控制(例如防火墙)。在 IaaS 中,云平台利用硬件虚拟化技术将多种物理资源进行统一的整合调度,并通过虚拟机的方式将这些整合后的资源提供给用户使用。

IaaS 本质上是一种托管型硬件方式,用户付费使用厂商的硬件设施。例如亚马逊的 EC2、中国电信上海公司与 EMC 合作的"e 云"等。IaaS 的优点是用户只需低成本硬件,按需租用相应计算能力和存储能力,大大降低了用户在硬件上的开销。

2)平台即服务(PaaS)。PaaS 将一整套平台或软件运行环境作为一种服务来提供给用户,可帮助用户快速创建应用程序。PaaS 服务由全套工具和服务组成,可以最大限度简化开发人员的工作。PaaS 将帮助研发人员把精力聚集到应用软件的研发上面,只需点击几下鼠标、输入一些代码,不必再为基础架构和操作系统而烦恼。

对于企业来说,可以在无须花费时间和金钱的情况下来建立和维护包含服务器和数据库在内的基础架构,进而创建和部署新应用程序的运行环境,提高企业效率。PaaS 能够给企业或个人提供研发的中间件平台。Google App Engine、Salesforce 的 force.com 平台、八百客的"800App"是 PaaS 的代表产品。

3)软件即服务(SaaS)。SaaS 是一种通过网络直接提供软件服务的模式,云服务提供商需要提供软件运行环境、硬件平台以及网络的基础设施,并根据用户的请求提供软件的搭建、后续的维护等一系列服务,用户根据自身需求购买相应的软件服务即可。这样的方式避免了使用者维护底层设施和购买应用软件的必要,用户可以通过 Web 或者 App 等多种方式进行服务的访问。

对于一些只需要软件资源的组织和个人来说,这种服务模式是一种非常好的选择。以企业管理软件(Enterprise Resource Planning,ERP)来说,SaaS 模式的云计算 ERP 可以让客户根据并发用户数量、所用功能多少、数据存储容量、使用时间长短等因素的不同组合按需支付服务费用,既不用支付软件许可费用,也不需要支付采购服务器等硬件设备费用,也不需要支付购买操作系统、数据库等平台软件费用,不用承担软件项目定制、开发、实施费用,更不需要承担 IT 维护部门开支费用。目前 Google Doc、Google Apps 和 Zoho Office 均属于此类服务。

8.2.2 云计算的关键技术及应用

目前,云计算在中国主要行业应用还仅仅是"冰山一角",但随着本土化云计算技术产品、解决方案的不断成熟,云计算理念的迅速推广普及,云计算必将成为未来中国重要行业领域的主流 IT 应用模式,为重点行业用户的信息化建设与 IT 运维管理工作奠定核心基础。

1. 云计算的关键技术

云计算作为支持网络访问的服务,首先少不了网络技术的支持,如 Internet 接入和网络架构等。云计算需要实现以低成本的方式提供高可靠、高可用、规模可伸缩的个性化服务,因此还需要分布式数据存储技术、虚拟化技术、数据管理技术以及安全技术等若干关键技术支持。

(1)分布式数据存储技术。分布式数据存储就是将数据分别存储到多个数据存储服务器上。云计算系统由大量服务器组成,可同时为大量用户服务,因此云计算系统主要采用分布式存储的方式进行数据存储。同时,为确保数据的可常性,存储模式通常采用冗余存储的方式。目前,云计算系统中广泛使用的数据存储系统是 GFS 和 Hadoop 团队开发的 GFS 的开源实现 HDFS。

(2)虚拟化技术。虚拟化技术是云计算的最核心技术之一,它是将各种计算及存储资源充分整合、高效利用的关键技术。虚拟化是一个广义术语,计算机科学中的虚拟化包括设备虚拟化、平台虚拟化、软件程序虚拟化、存储虚拟化以及网络虚拟化等。虚拟化技术可以扩大硬件的容量,减少软件虚拟机相关开销,简化软件的重新配置过程,支持更广泛的操作系统。云计算的虚拟化技术不同于传统的单一虚拟化,它是包含资源、网络、应用和桌面在内的全系统虚拟化。通过虚拟化技术可以实现将所有硬件设备、软件应用和数据隔离开,打破硬件配置、软件部署和数据分布的界限,实现 IT 架构的动态化,实现资源的统一管理和调度,使应用能够动态地使用虚拟资源和物理资源,提高资源的利用率和灵活性。

(3)数据管理技术。云计算需要对分布在不同服务器上的海量的数据进行分析和处理,因此,数据管理技术必须能够高效稳定地管理大量的数据。目前应用于云计算的数据管理技术最常见的是 Google 的 BigTable 数据管理技术和 Hadoop 团队开发的开源数据管理模块 HBase。

BigTable(简称 BT)是非关系的数据库,是一个分布式的、持久化存储的多维度排序 Map。它把所有数据都作为对象来处理,形成一个巨大的表格,用来分布存储大规模结构化数据。这种特殊的结构设计,使得 BigTable 能够可靠地处理 PB 级别的数据,并且能够部署到上千台机器上。

HBase 是 Apache 的 Hadoop 项目的子项目。它是基于列而不是基于行的模式,而且是一个适合于非结构化数据存储的数据库。作为高可靠性分布式存储系统,HBase 的性能和可伸缩方面都有非常好的表现，利用 HBase 技术可在廉价服务器上搭建起大规模结构化存储集群。

2. 云计算主要应用领域

（1）医药医疗领域。医药企业与医疗单位一直是国内信息化水平较高的行业用户，在"新医改"政策推动下，医药企业与医疗单位将对自身信息化体系进行优化升级，以适应医改业务调整要求，在此影响下，以"云信息平台"为核心的信息化集中应用模式将孕育而生，逐步取代目前各系统分散为主体的应用模式，进而提高医药企业的内部信息共享能力与医疗信息公共平台的整体服务能力。

（2）制造领域。企业在不断进行产品创新、管理改进的同时，也在大力开展内部供应链优化与外部供应链整合工作，进而降低运营成本、缩短产品研发生产周期，未来云计算将在制造企业供应链信息化建设方面得到广泛应用，特别是通过对各类业务系统的有机整合，形成企业云供应链信息平台，加速企业内部"研发—采购—生产—库存—销售"信息一体化进程，进而提升制造企业竞争实力。

（3）金融与能源领域。金融、能源企业一直是国内信息化建设的"领军性"行业用户，其中，中石化、中保、农行等行业内企业信息化建设已进入"IT 资源整合集成"阶段，在此期间，需要利用"云计算"模式，搭建基于 IaaS 的物理集成平台，对各类服务器基础设施应用进行集成，形成能够高度复用与统一管理的 IT 资源池，对外提供统一硬件资源服务，同时在信息系统整合方面，需要建立基于 PaaS 的系统整合平台，实现各异构系统间的互联互通。因此，云计算模式将成为金融、能源等大型企业信息化整合的"关键武器"。

（4）电子政务领域。目前，各级政府机构正在积极开展"公共服务平台"的建设，努力打造"公共服务型政府"的形象，在此期间，需要通过云计算技术来构建高效运营的技术平台，其中包括：利用虚拟化技术建立公共平台服务器集群，利用 PaaS 技术构建公共服务系统等方面，进而实现公共服务平台内部可靠、稳定地运行，提高平台不间断服务能力。未来，云计算将助力中国各级政府机构"公共服务平台"建设。

（5）教育科研领域。未来，云计算将为高校与科研单位提供实效化的研发平台。目前，云计算应用已经在清华大学、中科院等单位得到了初步应用，并取得了很好的应用效果。在未来，云计算将在我国高校与科研领域得到广泛的应用普及，各大高校将根据自身研究领域与技术需求建立云计算平台，并对原来各下属研究所的服务器与存储资源加以有机整合，提供高效可复用的云计算平台，为科研与教学工作提供强大的计算机资源，进而大大提高研发工作效率。

（6）电信领域。在国外，Orange、O2 等大型电信企业除了向社会公众提供 ISP 网络服务外，同时也作为"云计算"服务商，向不同行业用户提供 IDC 设备租赁、SaaS 产品应用服务，通过这些电信企业创新性的产品增值服务，也强力地推动了国外公有云的快速发展、增长。因此，在未来，国内电信企业将成为云计算产业的主要受益者之一，从提供的各类付费性云服务产品中得到大量收入,实现电信企业利润增长,通过对不同国内行业用户需求分析与云产品服务研发、实施,打造自主品牌的云服务体系。

8.3 人工智能

8.3.1 人工智能概述

人工智能(Artificial Intelligence,AI)是研究、开发用于模拟、延伸和扩展人的智能的理论、方法、技术及应用系统的一门新的技术科学。人工智能是计算机科学的一个分支,它企图了解智能的实质,并生产出一种新的能以人类智能相似的方式做出反应的智能机器。该领域的研究包括机器人、语言识别、图像识别、自然语言处理和专家系统等。

1. 人工智能的定义

人工智能的概念首先在1956年的达特茅斯会议上被提出,被定义为制造智能机器的科学,尤其是指智能计算机程序。之后,不同专家学者在不同阶段从不同的方面对"人工智能"一词下过相关定义,这些定义对人们理解"人工智能"都起着作用,但截至目前,学术界关于"人工智能"仍未能产生一个能被所有人认同且精确的定义。

对于人工智能,达特茅斯会议在其发起建议中的预期设想是制造一台可以模拟学习或智能所有方面的机器,并且这些方面可以精确地被这台机器描述。我国人工智能专家李德毅院士认为,自然语言处理与理解、机器感知与模式识别、脑认知基础与知识工程这四个方面是人工智能的内涵;机器人与智能系统,即智能科学的应用技术是人工智能的外延。

中国电子技术标准化研究院给出的定义是:"人工智能是利用数字计算机或者数字计算机控制的机器模拟、延伸和扩展人的智能,感知环境、获取知识并使用知识获得最佳结果的理论、方法、技术及应用系统"。而最普遍的,是经由"科普中国"科学百科词条编写与应用工作项目审核通过的定义:"人工智能是研究、开发用于模拟、延伸和扩展人的智能的理论、方法、技术及应用系统的一门新的技术科学"。

如今,各界虽对其定义仍不完全统一,却都接受人工智能是一门与计算机发展密切相关的科学成果,是会学习的计算机程序。人工智能是指让计算机模拟人类的某些智力活动,使其具有人的感知能力,能够看、听,并自动学习知识;具有人的思维能力,能够判断、分析、推理和决策,能够自动根据外界情况来执行某些任务。图8-4为利用人工智能技术研制的机器人。

图8-4 送餐机器人

2. 人工智能的典型特征

人工智能的理想特征是能够合理化并采取最有可能实现特定目标的行动。然而,"人工智能"一词可以应用于任何表现出与人类思维相关特征的机器,例如学习和解决问题。以下是人工智能的典型特征。

(1)符号处理。在人工智能应用中,计算机处理符号不仅仅是数字或字母。人工智能应用程序应可处理代表现实世界实体或概念的字符串。符号可以按结构排列,例如列表、层次结构或网络。这些结构显示了符号如何相互关联。

(2)非算法处理。人工智能领域之外的计算机程序是编程算法。也就是说,程序完全按照指定的步骤执行,定义了问题的解决方案。基于知识的人工智能系统的行为在很大程度上取决于其使用情况。

(3)推理。推理是通过逻辑推理解决问题的能力。人工智能适用于可以推理的机器。它涉及通过逻辑演绎或归纳来解决问题。

(4)感知。感知是从视觉图像、声音和其他感官输入推断世界事物的能力。它涉及从视觉图像、声音和其他感官输入中推断出有关世界的事物。

(5)通信。沟通是理解书面和口头语言的能力。它涉及用人类语言进行交流的能力,通过自然语言处理技术理解人们的意图和情感。

(6)学习能力。人工智能程序具有学习能力。常规系统目前还未达到这个水平。

(7)不精确的知识。人工智能程序需要不精确或模糊的知识,而传统程序需要精确或特定的知识。

(8)规划。规划是设定和实现目标的能力。它涉及通过一系列行动来设定和实现目标,可以采取一系列行动来影响实现目标的进展。

(9)快速决策。人工智能在现实世界中的决策中扮演着重要角色。即使是世界上许多最具创新性的组织,如 Facebook、谷歌和亚马逊,也依赖人工智能算法作为其决策过程的一部分。人工智能能够在做出复杂决策时同时处理许多不同的因素,可以一次处理更多数据,并使用概率来建议或实施最佳可能决策。

8.3.2 人工智能的关键技术

1. 模式识别技术

模式识别(Pattern Recognition)技术是人工智能应用的基础,就好比人的智力发展离不开眼耳鼻喉等感官一样。广义上,模式识别技术可以分为以下两个方面的内容:一方面以计算机为主要的研究对象,研究重点是采用怎样的途径才能有效实现计算机的拟人化;另一方面是以生物体为主要的研究对象,这一方面的研究大多涉及认知科学的知识内容。

模式识别技术作为计算机视觉技术的基本支撑元素,其应用与发展自然离不开计算机视觉技术。一般而言,模式识别技术的应用有许多方面:有对可观实物的平面状态(图画信息、水印、二维码)、立体状态(三维信息比对)、长度距离测算等方面的识别;有语音、文字、指纹、虹膜、人脸、行为(步态)等生物特征方面的识别,也有对诸如意识、思想、评价等抽象概念方面的识别。

模式识别技术作为人工智能的基础技术，从具体问题出发，在计算机视觉、图像处理、机器人技术等方面均有广泛应用。

2. 计算机视觉技术

计算机视觉（Computer Vision）技术被认为是人工智能的重要分支，并且随着深度学习的快速发展，它已经成为人工智能领域中最重要的技术之一。计算机视觉的实现，需要先利用摄像机进行拍摄，再将得到的图像或视频通过软件进行处理和计算，继而得到预期结果，是使用计算机及相关设备对生物视觉的一种模拟，其主要任务是通过对采集的图片或视频进行处理获得对应场景的三维信息。

虽说计算机视觉任务大多是基于卷积神经网络（Convolutional Neural Network）完成的，譬如图像的分类、定位、检测等，但作为一门交叉学科，它还涉及模式识别、图像处理、投影几何、三维表现、统计推断等多个学科的关键技术。生物特征智能识别、机器人、自动驾驶、智能医疗等领域都需要借助计算机视觉技术从视觉信号中提取并处理信息，具体根据待解决问题的特征，可以将计算机视觉分为图像理解、计算成像、视频编解码、动态视觉、三维视觉五大类。

3. 机器学习技术

机器学习（Machine Learning）技术目前是人工智能研究领域的关键核心技术，近几年受到了前所未有的重视和快速发展。机器学习技术由许多算法构成，传统的软件或程序中运用的算法主要是由人工编程，目的大多是为了解决一些特定的任务；机器学习技术中的算法主要是依靠机器自主收集大量数据，并通过对这些数据自主解释分析获得新内容，即从数据中学习，并以此为依据实现机器代替人类对真实世界中的数据或事件走向做出决策或预测。

机器学习技术中的"学习"，指的是机器经数据分析处理而产生非人工编程模型的过程。目前，在机器学习技术的众多算法中，最热的当属深度学习（Deep Learning）技术。深度学习技术是基于人工神经网络模型解决特征表达的一种学习过程，近几年机器学习技术相关领域发展迅猛，深度学习技术中的一些特有的如残差网络等学习手段也相继被提出，由此，越来越多的人开始倾向于将其看作是一种单独的学习方法。

需要明确的是，深度学习技术并不是特定的某一种算法或一个模型，它是具有共同特点的一系列机器学习方法的总称，而这种特点抽象概括起来就是"深度"，阿尔法围棋（AlphaGo）就是一个机器深度学习技术的典型案例，是第一个击败人类职业围棋选手、第一个战胜围棋世界冠军的人工智能机器人，由谷歌旗下 DeepMind 公司戴密斯·哈萨比斯领衔的团队开发。

4. 自然语言处理技术

自然语言处理（Natural Language Processing）技术是以计算机为工具，处理加工人类特有的书面或口头等各种形式的自然语言的信息，研究如何让计算机读懂与利用人类语言，期望通过自然语言处理技术，计算机能够理解人类写作或说话的方式。不论是计算机科学领域还是人工智能领域，自然语言处理技术都是一个十分重要研究方向，也包含模式识别问题，具体涉及的领域主要包括信息检索、机器翻译、语义理解、自动摘要、信息抽取、情感分析、文本分类及问答系统等。

5. 语音识别技术

语音识别（Speech Recognition）技术是以语音为研究对象，其目标是将人类语音中的词汇内容转换为计算机可读的输入，例如按键、二进制编码或者字符序列。与说话人识别及说话人确认不同，后者尝试识别或确认发出语音的说话人而非其中所包含的词汇内容。语音识别技术的应用包括语音拨号、语音导航、室内设备控制、语音文档检索、简单的听写数据录入等。语音识别技术与其他自然语言处理技术如机器翻译及语音合成技术相结合，可以构建出更加复杂的应用，例如语音到语音的翻译。语音识别技术所涉及的领域包括信号处理、模式识别、概率论和信息论、发声机理和听觉机理及人工智能等。

6. 知识图谱

知识图谱（Knowledge Graph）是一个结构化的语义知识库，库中的图数据结构由节点和边组成，对物理世界中各概念间的相互关系主要运用符号形式进行描述，将知识结构编织成了不同实体以关系互联的网状。知识对于人工智能的价值在于让机器具备认知和理解能力，所以构建知识图谱的目的在于让机器对人类所在的世界形成一定的认知和理解。相比传统的数据计算和存储方式，知识图谱对关系的表达能力更强，能够很好地处理各种复杂多样的关联分析，让用户做到即时决策。利用了交互式机器学习技术的知识图谱，能有效提高系统的智能性，降低其对经验的依赖。

7. 人机交互技术

人机交互（Human Computer Interaction）技术作为人工智能领域的重要外围技术，主要研究内容是计算机与人之间双向性的信息交换：人到计算机的与计算机到人的信息交换。传统人机关系中，人对机器所做的主要是监控、编程和维护，但其实人与机器之间并非是完全的控制和监控的关系，而是相互交换信息，通过共同协作完成某一任务的关系。目前的人机交互技术，还得依靠一系列交互传感设备才能够实现双向性的信息交换，常见的一些交互传感设备有诸如鼠标、键盘、位置跟踪器、压力笔等输入设备以及头盔式显示器、打印机、音箱等输出设备。以用户体验为中心的人机交互技术不仅与虚拟现实技术、多媒体技术紧密相关，还需要大量运用人机工程学、认知心理学等学科的专业知识。

8.3.3 人工智能的典型应用领域

目前，人工智能的应用领域范围极广，主要运用在语言和图像理解、机器翻译、智能控制、人脸识别、专家系统、人机博弈等方面，其研究范畴已经涉及语言的学习与处理、知识获取、机器学习、模式识别、神经网络、遗传算法等领域，可以说，人工智能正在给人类的生产生活带来翻天覆地的变化。

1. 机器翻译

机器翻译是对自然语言进行处理的一个重要应用，通过机器的处理将源语言与目标语言进行转换。随着深度学习和神经网络方法的研究应用，机器翻译技术得到了很大的进步。当前的机器翻译模型具备较强的专业性功能，可以翻译任意长度的句子并且进行存储记忆，也做到了不仅仅是字面意思的翻译，还包括语义理解。然而，无论采用哪种方法，不可否认的是，目前机器翻译的最大困难在于译文的质量，机器翻译水平与人工翻译水平仍然相差甚远,不能相提并论。早在 20 多年前,国内著名语言学家周海中就认为要想达到翻译的"信、达、雅"机器翻译是做不到的。也可以说,机器翻译是人工智能领域中一个很难攻克的课题。在提高机译质量的困难面前,只靠机器本身根本无法做到,这有待未来科学技术的发展,尤其是人工智能在神经信息学研究上的重大突破。

2. 专家系统

专家系统包括庞大的知识库和推理机制,通过存储并且模拟特定人类专家的知识和经验,从而得出相应的规律对此领域的问题进行推断,最终给出合理答案的计算机程序系统。当前的专家系统已经应用到了多个领域当中,其中包括交通运输管理、教育类、医疗等。专家系统解决事情主要是根据人类所提供的数据库进行模拟分析,达到指定领域中的专家水平,因此在处理问题时有着高效、不受干扰等优势。

现代智慧医疗系统的发展正是人工智能与医疗科技结合发展的产物,将机器、算法和大数据三者相结合,为人类提供健康指导,成为人类抵御疾病、延长寿命的核心科技。人工智能系统可以通过机器学习阅读存储在医疗数据库、化学数据库中的数据及技术资料,发现潜在的可用于制造新药的配方,从而为制药业提供帮助;基于大数据的人工智能技术还可以为医生提供辅助诊断功能,通过判读影像、病理结果提高医生工作的效率,使医生可以为更多的病人提供服务,不仅如此,智慧医疗系统还可以根据每个人的基因序列,制订个性化的医疗方案。

但是,当前专家系统的弊端是没有一个完善的机器学习机制和信息库管理维护手段,缺乏对数据的自动获取能力以及更新,并且在市场中使用的系统太过单一,不能进行跨领域知识的处理,因此知识和技术的局限性制约了专家系统的发展。随着研究不断深入,技术人员需要尽可能地跨越其局限性,才能突破专家系统的瓶颈,为社会发展注入新活力。

3. 智能控制

智能控制不仅仅包括智能自驱动能力还包括自身内的干预及对整体运行的控制和调节,没有人为干扰的情况下进行决策,完成任务。机器人领域是智能控制技术中具有代表性的领域,机器人主要依托于智能控制中的模糊控制和神经网络控制等技术,因此在实际的应用中还会与传统控制技术相结合,从而实现高效控制机器人运动。

自动驾驶可以说是人工智能技术最大的应用场景,自从谷歌公司开启了自动驾驶汽车项目以来,这个庞大的产业已经初具雏形,在这个产业中除了人工智能技术的使用,汽车业的发展也会发生翻天覆地的变化,一个不需要司机和方向盘的汽车形态将颠覆我们普通人对于汽车的认知,具有自动驾驶功能的汽车不需要很大,相互之间通过"车联网"连接起来,不但可以

图 8-5 无人驾驶汽车

节省大量的道路空间,也提高了道路驾驶的安全性。相信在不久的将来,自动驾驶一定会走进我们普通人的生活中。无人驾驶汽车如图 8-5 所示。

第8章 新一代信息技术

8.4 大 数 据

8.4.1 大数据概述

随着云时代的来临,大数据(Big Data)也吸引了越来越多的关注。"大"只是一个相对的概念。从数据处理技术的发展来看,数据库、数据仓库、数据集市等信息管理领域的技术,也是在解决数据规模越来越大的问题。大数据概念起源于近年来互联网、云计算、移动通信和物联网的迅猛发展。无所不在的移动设备、射频识别(RFID)设备、无线传感器每分每秒都在产生数据,数以亿计用户的互联网服务时时刻刻在产生巨量的交互信息。由于数据量非常巨大、增长太快,而业务需求和竞争压力对数据处理的实时性、有效性又提出了更高要求,传统的常规技术手段根本无法应对。因此,技术人员纷纷研发和采用了一批新技术,主要包括分布式缓存、基于大规模并行处理的分布式数据库、分布式文件系统、各种非关系型的数据库(NoSQL)分布式存储方案等。

1. 大数据的定义

被誉为"数据仓库之父"的比尔·恩门(Bill Inmon)早在20世纪90年代就开始着手研究与应用大数据。而大数据的概念为人们所熟知是在2011年5月,麦肯锡(McKinsey & Company)全球研究院发布的一份报告,报告名称为《大数据:创新、竞争和生产力的下一个新领域》。

麦肯锡在其报告《大数据:创新、竞争和生产力的下一个新领域》中给出的大数据定义是:大数据指的是大小超出常规的数据库工具获取、存储、管理和分析能力的数据集。但它同时强调,并不是说一定要超过特定TB值的数据集才能算是大数据。

国际数据公司(International Data Corporation,IDC)以大数据的四大显著特征——海量的数据规模(Volume)、快速的数据流转和动态的数据体系(Velocity)、多样的数据类型(Variety)和巨大的数据价值(Value)来解释大数据。

工业和信息化部电信研究院在《大数据白皮书(2014年)》中认为,大数据是具有体量大、结构多样、时效强等特征的数据。国务院《促进大数据发展行动纲要》于2015年发布,纲要中从数据集合的主要特征、发展态势和新的知识价值能力得以展现的新信息技术和服务业态角度来定义大数据。

从以上定义可以再次看出,大数据是一个相对宽泛的概念,见仁见智。上面几个定义,无一例外地都突出了"大"字。"大"是大数据的一个重要特征,但远远不是全部。如果要对大数据有更全面和深入的理解,从大数据具有的特征考察大数据可以有更清晰的认识。

2. 大数据的典型特征

大数据是指"无法用现有的软件工具提取、存储、搜索、共享、分析和处理的海量的、复杂的数据集合"。业界通常用4个V(即Volume、Variety、Value、Velocity)来概括大数据的特征。

(1)数据体量巨大(Volume)。目前为止,历史上人类的语言数据量总和大约是5EB

（1EB=1024PB,1PB=1024TB），人类生产的印刷材料的数据量总和已经达到200PB，当前，典型个人计算机硬盘的容量为TB量级，而一些大企业的数据量已经接近EB量级。

（2）数据类型繁多（Variety）。数据类型的多样性可将数据划分为两种类型，分别是结构化数据和非结构化数据。结构化数据以文本为主，非结构化数据则类型广泛，包括音频、视频、图片、网络日志、地理位置信息等，多类型的数据对数据的处理能力要求更高。

（3）价值密度低（Value）。数据总量越大，价值密度越低。以视频为例，视频连续播放1小时，有价值的数据可能仅有几秒。如何通过强大的机器算法更高地提升数据的价值是大数据的众多难题之一。

（4）处理速度快（Velocity）。这是大数据不同于传统数据挖掘的最显著特征。IDC"数字宇宙"的报告预测，全球数据使用总和在2020年将达到35.2ZB。海量的数据下，提升处理数据的效率就显得至关重要。

8.4.2 大数据参考架构和关键技术

1. 大数据参考架构

大数据作为一种新兴技术，目前尚未形成完善、达成共识的技术标准体系。结合美国国家标准与技术研究院（NIST）和数据管理与交换技术委员会（JTC1/SC32）的研究报告，给出大数据应用系统架构的通用技术参考框架，参考架构采用构件层级结构来表达大数据系统的高层概念和通用的构件分类法，如图8-6所示。

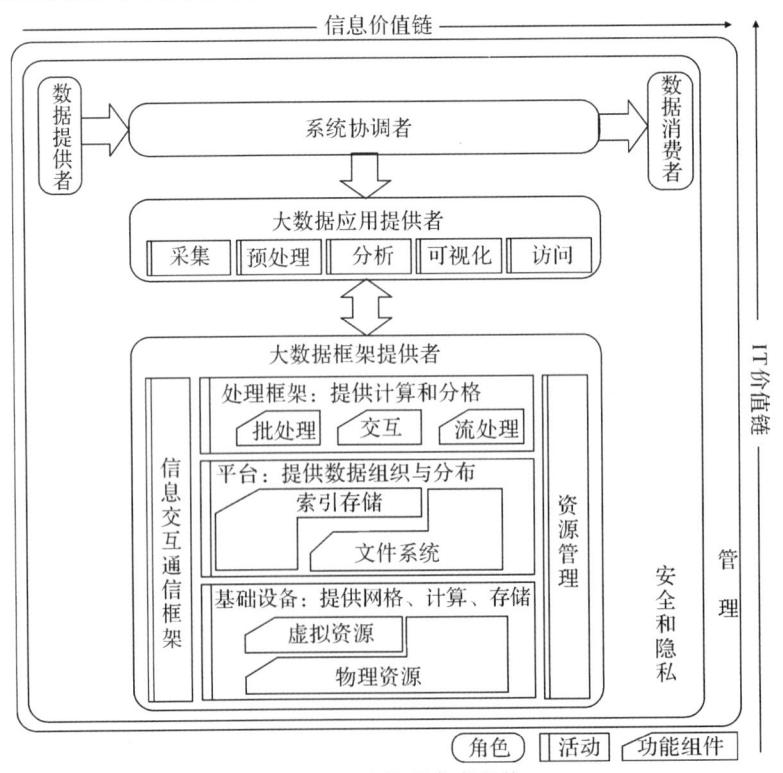

图 8-6 大数据参考架构

大数据参考架构总体上可以概括为"一个概念体系,二个价值链维度"。"一个概念体系"是指它为大数据参考架构中使用的概念提供了一个构件层级分类体系,即"角色—活动—功能组件",用于描述参考架构中的逻辑构件及其关系;"二个价值链维度"分别为"IT价值链"和"信息价值链",其中"IT价值链"反映的是大数据作为一种新兴的数据应用范式对IT技术产生的新需求所带来的价值,"信息价值链"反映的是大数据作为一种数据科学方法论对数据到知识的处理过程中所实现的信息流价值。

逻辑构件被划分为三个层级,从高到低依次为角色、活动和功能组件。最顶层级的逻辑构件是角色,包括系统协调者、数据提供者、大数据应用提供者、大数据框架提供者、数据消费者、安全和隐私、管理。第二层级的逻辑构件是每个角色执行的活动。第三层级的逻辑构件是执行每个活动需要的功能组件。

5个主要的模型构件代表在每个大数据系统中存在的不同技术角色:系统协调者、数据提供者、大数据应用提供者、大数据框架提供者和数据消费者。另外两个非常重要的模型构件是安全隐私与管理,代表能为大数据系统其他5个主要模型构件提供服务和功能的构件。这两个关键模型构件的功能极其重要,因此也被集成在任何大数据解决方案中。

参考架构可以用于多个大数据系统组成的复杂系统(如堆叠式或链式系统),这样其中一个系统的大数据使用者可以作为另外一个系统的大数据提供者。参考架构逻辑构件之间的关系用箭头表示,包括三类关系:"数据""软件"和"服务使用"。"数据"表明在系统主要构件之间流动的数据,可以是实际数值或引用地址。"软件"表明在大数据处理过程中的支撑软件工具。"服务使用"代表软件程序接口。虽然此参考架构主要用于描述大数据实时运行环境,但也可用于配置阶段。大数据系统中涉及的人工协议和人工交互没有被包含在此参考架构中。

(1)系统协调者。系统协调者角色提供系统必须满足的整体要求,包括政策、治理、架构、资源和业务需求,以及为确保系统符合这些需求而进行的监控和审计活动。系统协调者角色的扮演者包括业务领导、咨询师、数据科学家、信息架构师、软件架构师、安全和隐私架构师、网络架构师等。系统协调者的功能是配置和管理大数据架构的其他组件,来执行一个或多个工作负载。

(2)数据提供者。数据提供者角色为大数据系统提供可用的数据。数据提供者角色的扮演者包括企业、公共代理机构、研究人员和科学家、搜索引擎、Web/FTP和其他应用、网络运营商、终端用户等。在一个大数据系统中,数据提供者的活动通常包括采集数据、持久化数据、对敏感信息进行转换和清洗、创建数据源的元数据及访问策略、访问控制、通过软件的可编程接口实现推或拉式的数据访问、发布数据可用及访问方法的信息等。

(3)大数据应用提供者。大数据应用提供者在数据的生命周期中执行一系列操作,以满足系统协调者建立的系统要求及安全和隐私要求。大数据应用提供者通过把大数据框架中的一般性资源和服务能力相结合,把业务逻辑和功能封装成架构组件,构造出特定的大数据应用系统。大数据应用提供者角色的扮演者包括应用程序专家、平台专家、咨询师等。大数据应用提供者角色执行的活动包括数据的收集、预处理、分析、可视化和访问。

(4)大数据框架提供者。大数据框架提供者角色为大数据应用提供者在创建特定的大数据应用系统时提供一般资源和服务能力。大数据框架提供者的角色扮演者包括数据中心、云提供商、自建服务器集群等。大数据框架提供者执行的活动和功能包括提供基础设施(物理资源、虚拟资源)、数据平台(文件存储、索引存储)、处理框架(批处理、交互、流处理)、消息和通信框架、资源管理等。

对于基础架构而言,为了支持大数据软件框架,最直接的实现方式就是将一份计算资源和一份存储资源进行绑定,构成一个资源单位(如,服务器),以获得尽可能高的本地数据访问性能。但是,这种基础架构由于计算同存储之间紧耦合且比例固定,逐渐暴露出资源利用率低、重构时灵活性差等问题。因此,未来应通过硬件及软件各方面的技术创新,在保证本地数据访问性能的同时,实现计算与存储资源之间的松耦合,即:可以按需调配整个大数据系统中的资源比例,及时适应当前业务对计算和存储的真实需要;同时,可以对系统的计算部分进行快速切换,真正满足数据技术(DT)时代对"以数据为中心、按需投入计算"的业务要求。

(5)数据消费者。数据消费者角色接收大数据系统的输出。与数据提供者类似,数据消费者可以是终端用户或者其他应用系统。数据消费者执行的活动通常包括搜索/检索、下载、本地分析、生成报告、可视化等。数据消费者利用大数据应用提供者提供的界面或服务访问他感兴趣的信息,这些界面包括数据报表、数据检索、数据渲染等。

数据消费者角色也会通过数据访问活动与大数据应用提供者交互,执行其提供的数据分析和可视化功能。交互可以是基于需要(demand-based)的,包括交互式可视化、创建报告,或者利用大数据提供者提供的商务智能(BI)工具对数据进行钻取(drill-down)操作等。交互功能也可以是基于流处理(streaming-based)或推(push-based)机制的,这种情况下消费者只需要订阅大数据应用系统的输出即可。

(6)安全和隐私。在大数据参考架构图中,安全和隐私角色覆盖了其他五个主要角色,即系统协调者、数据提供者、大数据框架提供者及大数据应用提供者、数据消费者,表明这五个主要角色的活动都要受到安全和隐私角色的影响。安全和隐私角色处于管理角色之中,也意味着安全和隐私角色与大数据参考架构中的全部活动和功能都相互关联。在安全和隐私管理模块,通过不同的技术手段和安全措施,构筑大数据系统全方位、立体的安全防护体系,同时应提供一个合理的灾备框架,提升灾备恢复能力,实现数据的实时异地容灾功能。

(7)管理。管理角色包括两个活动组:系统管理和大数据生命周期管理。系统管理活动组包括调配、配置、软件包管理、软件管理、备份管理、能力管理、资源管理和大数据基础设施的性能管理等活动。大数据生命周期管理涵盖了大数据生命周期中所有的处理过程,其活动和功能是验证数据在生命周期的每个过程是否都能够被大数据系统正确处理。

从大数据系统要应对大数据的4V特征来看,大数据生命周期管理活动和功能还包括与系统协调者、数据提供者、大数据框架提供者、大数据应用提供者、数据消费者以及安全和隐私角色之间的交互。

2.大数据的关键技术

(1)数据采集。大数据时代,数据的来源极其广泛,数据有不同的类型和格式,同时呈现

第 8 章 新一代信息技术

爆发性增长的态势,这些特性对数据采集技术也提出了更高的要求。数据采集需要从不同的数据源实时或及时地采集不同类型的数据并发送给存储系统或数据中间件系统进行后续处理。数据采集一般可分为设备数据采集和 Web 数据爬取两类,常用的数据采集软件有 Splunk、Sqoop、Flume、Logstash Kettle 以及各种网络爬虫,如 Heritrix、Nutch 等。

(2)数据预处理。数据的质量对数据的价值大小有直接影响,低质量数据将导致低质量的分析和挖掘结果。广义的数据质量涉及许多因素,如数据的准确性、完整性、一致性、时效性、可信性与可解释性等。

大数据系统中的数据通常具有一个或多个数据源,这些数据源可以包括同构/异构的(大)数据库、文件系统、服务接口等。这些数据源中的数据来源现实世界,容易受到噪声数据、数据值缺失与数据冲突等的影响。此外,数据处理、分析、可视化过程中的算法与实现技术复杂多样,往往需要对数据的组织、数据的表达形式、数据的位置等进行一些前置处理。

数据预处理的引入,将有助于提升数据质量,并使得后继数据处理、分析、可视化过程更加容易、有效,有利于获得更好的用户体验。数据预处理形式上包括数据清理、数据集成、数据归约与数据转换等阶段。

数据清理技术包括数据不一致性检测技术、脏数据识别技术、数据过滤技术、数据修正技术、数据噪声的识别与平滑技术等。

数据集成把来自多个数据源的数据进行集成,缩短数据之间的物理距离,形成一个集中统一的(同构/异构)数据库、数据立方体、数据宽表与文件等。

数据归约技术可以在不损害挖掘结果准确性的前提下,降低数据集的规模,得到简化的数据集。归约策略与技术包括维归约技术、数值归约技术及数据抽样技术等。

经过数据转换处理后,数据被变换或统一。数据转换不仅简化处理与分析过程、提升时效性,也使得分析挖掘的模式更容易被理解。数据转换处理技术包括基于规则或元数据的转换技术、基于模型和学习的转换技术等。

(3)数据存储。分布式存储与访问是大数据存储的关键技术,它具有经济、高效、容错好等特点。分布式存储技术与数据存储介质的类型和数据的组织管理形式直接相关。目前的主要数据存储介质类型包括内存、磁盘、磁带等;主要数据组织管理形式包括按行组织、按列组织、按键值组织和按关系组织;主要数据组织管理层次包括按块级组织、文件级组织以及数据库级组织等。不同的存储介质和组织管理形式对应于不同的大数据特征和应用特点。

(4)数据处理。分布式数据处理技术一方面与分布式存储形式直接相关,另一方面也与业务数据的温度类型(冷数据、热数据)相关。目前主要的数据处理计算模型包括 MapReduce 计算模型、DAG 计算模型和 BSP 计算模型等。

(5)数据可视化。数据可视化(Data Visualization)运用计算机图形学和图像处理技术,将数据转换为图形或图像在屏幕上显示出来,并进行交互处理。它涉及计算机图形学、图像处理、计算机辅助设计、计算机视觉及人机交互等多个技术领域。数据可视化概念首先来自科学计算可视化(Visualization in Scientific Computing),科学家们不仅需要通过图形图像来分析由计算机算出的数据,而且需要了解在计算过程中数据的变化。

随着计算机技术的发展,数据可视化概念已大大扩展,它不仅包括科学计算数据的可视化,而且包括工程数据和测量数据的可视化。学术界常把这种空间数据的可视化称为体视化(Volume Visualization)技术。

近年来,随着网络技术和电子商务的发展,提出了信息可视化(Information Visualization)的要求。通过数据可视化技术,发现大量金融、通信和商业数据中隐含的规律信息,从而为决策提供依据。这已成为数据可视化技术中新的热点。清晰而有效地在大数据与用户之间传递和沟通信息是数据可视化的重要目标,数据可视化技术将数据库中每一个数据项作为单个图元元素表示,大量的数据集构成数据图像,同时将数据的各个属性值以多维数据的形式表示,可以从不同的维度观察数据,从而对数据进行更深入的观察和分析。

8.4.3 大数据的典型应用领域

大数据应用领域极其广泛,涵盖了金融保险、医药医疗、基础电信、交通管理、物流零售、文化娱乐、能源、旅游、农业、工业等。随着政府与公共事业服务意识的不断加强与转变,以及更智慧的执政与管理理念的带动,对于数据的管理与分析需求日益强化,大数据在政府/公共事业领域应用也将日趋广泛。

1. 医疗领域

除了较早前就开始利用大数据的互联网公司,医疗行业是让大数据分析最先发扬光大的传统行业之一。医疗行业拥有大量的病例、病理报告、治疗方案、药物报告等。如果这些数据可以被整理和应用将会极大地帮助医生和病人。我们面对的数目及种类众多的病菌、病毒,以及肿瘤细胞,其都处于不断进化的过程中。在发现诊断疾病时,疾病的确诊和治疗方案的确定是最困难的。在未来,借助于大数据平台我们可以收集不同病例和治疗方案,以及病人的基本特征,建立针对疾病特点的数据库。如果未来基因技术发展成熟,可以根据病人的基因序列特点进行分类,建立医疗行业的病人分类数据库。在医生诊断病人时可以参考病人的疾病特征、化验报告和检测报告,参考疾病数据库来快速帮助病人确诊,明确定位疾病。在制定治疗方案时,医生可以依据病人的基因特点,调取相似基因、年龄、人种、身体情况相同的有效治疗方案,制定出适合病人的治疗方案,帮助更多人及时进行治疗。同时这些数据也有利于医药行业开发出更加有效的药物和医疗器械。

2. 金融领域

大数据在金融行业应用范围较广,典型的案例有花旗银行利用IBM沃森电脑为财富管理客户推荐产品;美国银行利用客户点击数据集为客户提供特色服务,如有竞争的信用额度;招商银行利用客户刷卡、存取款、电子银行转账、微信评论等行为数据进行分析,每周给客户发送针对性广告信息,里面有顾客可能感兴趣的产品和优惠信息。可见,大数据在金融行业的应用可以总结为以下5个方面:

(1)精准营销:依据客户消费习惯、地理位置、消费时间进行推荐。

(2)风险管控:依据客户消费和现金流提供信用评级或融资支持,利用客户社交行为记录实施信用卡反欺诈。

（3）决策支持：利用决策树技术进行抵押贷款管理，利用数据分析报告实施产业信贷风险控制。

（4）效率提升：利用金融行业全局数据了解业务运营薄弱点，利用大数据技术加快内部数据处理速度。

（4）产品设计：利用大数据计算技术为财富客户推荐产品，利用客户行为数据设计满足客户需求的金融产品。

3．交通领域

目前，交通的大数据应用主要在两个方面，一方面可以利用大数据传感器数据来了解车辆通行密度，合理进行道路规划，包括单行线路规划。另一方面可以利用大数据来实现即时信号灯调度，提高已有线路运行能力。科学地安排信号灯是一个复杂的系统工程，必须利用大数据计算平台才能计算出一个较为合理的方案。科学的信号灯安排将会提高30%左右已有道路的通行能力。在美国，政府依据某一路段的交通事故信息来增设信号灯，降低了50%以上的交通事故率。机场的航班起降依靠大数据将会提高航班管理的效率，航空公司利用大数据可以提高上座率，降低运行成本。铁路利用大数据可以有效安排客运和货运列车，提高效率、降低成本。

4．教育领域

在课堂上，数据不仅可以帮助改善教育教学，在重大教育决策制定和教育改革方面，大数据更有用武之地。美国利用数据来诊断处在辍学危险期的学生、探索教育开支与学生学习成绩提升的关系、探索学生缺课与成绩的关系。比如美国某州公立中小学的数据分析显示，在语文成绩上，教师高考分数和学生成绩呈现显著的正相关。也就是说，教师的高考成绩与他们现在所教语文课上的学生学习成绩有很明显的关系，教师的高考成绩越好，学生的语文成绩也越好。这个关系让我们进一步探讨其背后真正的原因。其实，教师高考成绩高低某种程度上是教师的某个特点在起作用，而正是这个特点对教好学生起着至关重要的作用，教师的高考分数可以作为挑选教师的一个指标。如果有了充分的数据，便可以发掘更多的教师特征和学生成绩之间的关系，从而为挑选教师提供更好的参考。

大数据还可以帮助家长和教师甄别出孩子的学习差距和有效的学习方法。比如，美国的麦格劳-希尔教育出版集团就开发出了一种预测评估工具，帮助学生评估他们已有的知识和达标测验所需程度的差距，进而指出学生有待提高的地方。评估工具可以让教师跟踪学生学习情况，从而找到学生的学习特点和方法。有些学生适合按部就班，有些则更适合图式信息和整合信息的非线性学习。这些都可以通过大数据搜集和分析很快识别出来，从而为教育教学提供坚实的依据。在国内尤其是北京、上海、广东等城市，大数据在教育领域就已有了非常多的应用，譬如像慕课、在线课程、翻转课堂等，其中就应用了大量的大数据工具。

8.5 区 块 链

8.5.1 区块链概述

区块链(Blockchain)是一个信息技术领域的术语,是分布式数据存储、点对点传输、共识机制、加密算法等计算机技术的新型应用模式。从本质上讲,区块链是一个共享数据库,存储于其中的数据或信息,具有不可伪造、全程留痕、可以追溯、公开透明、集体维护等特征。基于这些特征,区块链技术奠定了坚实的"信任"基础,创造了可靠的"合作"机制,具有广阔的运用前景。

1. 区块链的定义

区块链有狭义和广义两种定义,从狭义上来说,区块链指一种按照时间顺序,将区块(block)以顺序相连的方式组合成的一种链式数据结构,以密码学保证数据不可篡改和不可伪造的分布式账本。比特币区块链就是这种狭义的区块链,除了狭义定义以外,区块链还有一种广义定义。广义上的区块链是指利用块链式数据结构验证存储数据,利用分布式节点生成更新数据,利用密码学保证数据安全,利用智能合约编程操作数据的全新分布式架构与计算范式。

从科技层面来看,区块链涉及数学、密码学、互联网和计算机编程等很多科学技术问题。从应用视角来看,简单来说,区块链是一个分布式的共享账本和数据库,具有去中心化、不可篡改、全程留痕、可以追溯、集体维护、公开透明等特点。这些特点保证了区块链的"诚实"与"透明",为区块链创造信任奠定基础。而区块链丰富的应用场景,基本上都基于区块链能够解决信息不对称问题,实现多个主体之间的协作信任与一致行动。

总而言之,区块链是一种技术解决方案,其工作原理是使用密码学来记录数据并生成数字签名,以验证其真实性和有效性。前后连接的数据块来形成一个主渠道,系统的所有节点,即用户账户的账,共同管理,以确保数据不会被篡改或伪造,并进行分散维修,效果很好。一般,区块链兼具分布式记账功能和数据处理功能,可追溯一个无损和修改意见,作为核心技术来解决存在的问题和部门发展中遇到的困难,并提高加工效率。

2. 区块链的典型特征

结合区块链的定义,区块链通常有四大特征:去中心化(Decentralized)、去信任(Trustless)、集体维护(Collectively Maintain)、可靠数据库(Reliable Database),并且由这四个特征引申出另外两个特征:开源(Open Source)、匿名性(Anonymity)。如果一个系统不具备这些特征,将不能视其为基于区块链技术的应用。

(1)去中心化(Decentralized):整个网络没有中心化的硬件或者管理机构,任意节点之间的权利和义务都是均等的,且任一节点的损坏或者失去都不会影响整个系统的运作。因此也可以认为区块链系统具有极好的健壮性。

(2)去信任(Trustless):参与整个系统中的每个节点之间进行数据交换是无须互相信

任的,整个系统的运作规则是公开透明的,所有的数据内容也是公开的,因此在系统指定的规则范围和时间范围内,节点之间不能也无法欺骗其他节点。

(3)集体维护(Collectively maintain):系统中的数据块由整个系统中所有具有维护功能的节点来共同维护,而这些具有维护功能的节点是任何人都可以参与的。

(4)可靠数据库(Reliable Database):整个系统将通过分数据库的形式,让每个参与节点都能获得一份完整数据库的拷贝。除非能够同时控制整个系统中超过51%的节点,否则单个节点上对数据库的修改是无效的,也无法影响其他节点上的数据内容。因此参与系统中的节点越多和计算能力越强,该系统中的数据安全性越高。

(5)开源(Open Source):由于整个系统的运作规则必须是公开透明的,所以对于程序而言,整个系统必定是开源的。

(6)匿名性(Anonymity):由于节点和节点之间是无须互相信任的,因此节点和节点之间无须公开身份,在系统中的每个参与的节点都是匿名的。

区块链科学研究所创始人梅兰妮·斯万(Melanie Swan)在其所著的《区块链:新经济蓝图及导读》一书中,按照区块链已经完成的以及将要完成的功能,将其划分成区块链1.0、2.0和3.0三个发展阶段和方向,这也成为当前业界基本认可的一种区块链划分方式。

其中,区块链1.0带给人们关于数字货币的概念及其市场影响的思考;区块链2.0更关注智能合约所体现的业务价值,合约通过在区块链上增加应用功能,拓展了区块链的适用范围和生存空间;区块链3.0则要把区块链的应用范围拓展到政府、医疗、金融、文化等各个领域,并支持广义的资产交互和登记。

目前,包括纳斯达克、纽交所、花旗银行在内的数十家金融机构都在开展区块链金融创新。而在金融业之外,区块链技术的应用范围也逐渐拓展到互联网业务、政府公开信息、电子证据、数据安全等领域,即技术和产业正从区块链2.0向3.0迈进,走向万物互联的"区块链+"时代。

但这并不意味着区块链技术不存在局限性。例如区块容量限制、确认时间长、基于工作量证明的共识机制能耗大等问题,都在某种程度上限制了它在商业上的大规模应用。此外,其数据透明性造成的隐私泄露以及法律、监管等问题,也还需要进一步的研究。

8.5.2 区块链的核心技术和架构

1. 区块链的核心技术

(1)分布式账本(Distributed Ledger)。分布式账本是一种在网络成员之间共享、复制和同步的数据库。分布式账本记录网络参与者之间的交易,比如资产或数据的交换。这种共享账本消除了调节不同账本的时间和开支。分布式账本技术本质上是一种可以在多个网络节点、多个物理地址或者多个组织构成的网络中进行数据分享、同步和复制的去中心化数据存储技术。相较于传统的分布式存储系统,分布式账本技术主要具备两种不同的特征。

1)分布式账本技术去中心化的数据维护策略。面对互联网数据的爆炸性增长,由单一中心组织构建数据管理系统的方式正受到更多的挑战,服务方不得不持续追加投资构建大型数据中心,不仅带来了计算、网络、存储等各种庞大资源池效率的问题,不断推升的系统规模和复杂度也带来了愈加严峻的可靠性问题。分布式账本技术去中心化的数据维护策略可以有效减少系统臃肿的负担。

2)分布式账本中任何一方的节点都各自拥有独立的、完整的一份数据存储。各节点之间彼此互不干涉、权限等同,通过相互之间的周期性或事件驱动的共识达成数据存储的最终一致性。

经过几十年的发展,传统业务体系中的高度中心化数据管理系统在数据可信、网络安全方面的短板已经日益受到人们的关注。普通用户无法确定自己的数据是否被服务商窃取或篡改,在受到黑客攻击或产生安全泄露时更加显得无能为力,为了应对这些问题,人们不断增加额外的管理机制或技术,这种情况进一步推高了传统业务系统的维护成本、降低了商业行为的运行效率。分布式账本技术可以在根本上大幅改善这一现象,由于各个节点均各自维护了一套完整的数据副本,任意单一节点或少数集群对数据的修改,均无法对全局大多数副本造成影响。换句话说,无论是服务提供商在无授权情况下的蓄意修改,还是网络黑客的恶意攻击,均需要同时影响到分布式账本集群中的大部分节点,才能实现对已有数据的篡改,否则系统中的剩余节点将很快发现并追溯到系统中的恶意行为,这显然大大提升了业务系统中数据的可信度和安全保证。

这两种特有的系统特征,使得分布式账本技术成为一种非常底层的、对现有业务系统具有强大颠覆性的革命性创新。

(2)共识机制。区块链是一个历史可追溯、不可篡改,解决多方互信问题的分布式(去中心化)系统。分布式系统必然面临着一致性问题,而解决一致性问题的过程我们称之为共识。区块链每一个信息节点能够彼此之间交叉确认,形成共识,确保所有参与方的信息值完全一致。即保证每个节点的账本是统一的,这构成了信任、协作的基础。

分布式系统的共识达成需要依赖可靠的共识算法,共识算法通常解决的是分布式系统中由哪个节点发起提案,以及其他节点如何就这个提案达成一致的问题,常见共识算法有以下4点:

1)PoW(Proof of Work):工作量证明。
2)PoS(Proof of Stake):股权证明。
3)DPoS(Delegated Proof of Stake):授权股权证。
4)PBFT(Practical Byzantine Fault Tolerance):实用拜占庭容错算法。

根据传统分布式系统与区块链系统间的区别,将共识算法分为可信节点间的共识算法与不可信节点间的共识算法。根据应用场景的不同,不可信节点间共识算法又分为以PoW和PoS等算法为代表的适用于公链的共识算法和以PBFT及其变种算法为代表的适用于联盟链或私有链的共识算法。

无论是PoW算法还是PoS算法,其核心思想都是通过经济激励来鼓励节点对系统的贡献和付出,通过经济惩罚来阻止节点作恶。公链系统为了鼓励更多节点参与共识,通常会发放代币(token)给对系统运行有贡献的节点。而联盟链或者私链与公链的不同之处在于,联盟链或者私链的参与节点通常希望从链上获得可信数据,这相对于通过记账来获取激励而言有意义得多,所以他们更有义务和责任去维护系统的稳定运行,并且通常参与节点数较少,PBFT及其变种算法恰好适用于联盟链或者私链的应用场景。

(3)智能合约(Smart Contract)。智能合约是一种旨在以信息化方式传播、验证或执行合同的计算机协议。它允许在不需要第三方的情况下,执行可追溯、不可逆转和安全的交易。智能合约包含有关交易的所有信息,只有在满足要求后才会执行结果操作。智能合约和传统纸质合约的区别在于智能合约是由计算机生成并执行的。因此,代码本身解释了参与方的相关权利和义务。

随着区块链技术的出现与成熟,智能合约作为区块链及未来互联网合约的重要研究方向,得以快速发展。基于区块链的智能合约包括事件处理和保存的机制,以及一个完备的状态机,用于接受和处理各种智能合约,数据的状态处理在合约中完成。事件信息传入智能合约后,触发智能合约进行状态机判断。如果自动状态机中某个或某几个动作的触发条件满足,则由状态机根据预设信息选择合约动作的自动执行。因此,智能合约作为一种计算机技术,不仅能够有效地对信息进行处理,而且能够保证合约双方在不必引入第三方权威机构的条件下,强制履行合约,避免了违约行为的出现。

区块链为智能合约提供了可信执行环境,智能合约为区块链扩展了应用。业内人士将以中本聪的比特币为代表的虚拟货币时代称为区块链1.0,将以太坊为代表的智能合约称为区块链2.0,智能合约已经成了区块链的核心技术之一。

总的来说,区块链是一个数据传输的应用模型,密码学、分布式账本、共识机制以及智能合约,它们在区块链中分别起到了数据安全、数据存储、数据处理以及数据应用的作用,它们共同构建了区块链的基础,奠定了区块链蓬勃发展的基础。

(4)密码学。密码学是信息安全的基础。区块链中用到了很多密码学的方法,主要用于加密、密钥传输、身份验证等,保证数据传输的安全性和数据的隐私性,主要包括哈希算法、对称加密、非对称加密、数字签名、数字证书、同态加密及零知识证明等。

1)完整性(防篡改)。区块链采用密码学哈希算法技术,保证区块链账本的完整性不被破坏。哈希(散列)算法能将二进制数据映射为一串较短的字符串,并具有输入敏感特性,一旦输入的二进制数据发生微小的篡改,经过哈希运算得到的字符串将发生非常大的变化。此外,优秀哈希算法还具有冲突避免特性,输入不同的二进制数据,得到的哈希结果字符串是不同的。一旦整个区块链某些区块被篡改,都无法得到与篡改前相同的哈希值,从而保证区块链被篡改时,能够被迅速识别,最终保证区块链的完整性(防篡改)。

2)机密性。加解密技术从技术构成上分为两大类:一类是对称加密,另一类是非对称加密。对称加密的加解密密钥相同;而非对称加密的加解密密钥不同,一个被称为公钥,一个被称为私钥。公钥加密的数据,只有对应的私钥可以解开,反之亦然。区块链尤其是联盟链,在全网传输过程中,都需要TLS(Transport Layer Security,加密通信技术),来保证传输数据的安全性。而TLS正是非对称加密技术和对称加密技术的完美组合。

3)身份认证。单纯的TLS仅能保证数据传输过程的机密性和完整性,但无法保障通信对端可信(中间人攻击)。因此,需要引入数字证书机制,验证通信对端的身份,进而保证对端公钥的正确性。数字证书一般由权威机构进行签发,通信的一方持有权威机构和认证中心(Certification Authority)的公钥,用来验证通信对端证书是否被自己信任(即证书是否由自己颁发),并根据证书内容确认对端身份。在确认对端身份的情况下,取出对端证书中的公钥,完成非对称加密过程。

此外,区块链中还应用了现代密码学最新的研究成果,包括同态加密、零知识证明等,在区块链分布式账本公开的情况下,最大限度地提高隐私保护能力。这方面的技术,还在不断发展完善中。

总而言之,区块链安全是一个系统工程,系统配置及用户权限、组件安全性、用户界面、网络入侵检测和防攻击能力等,都会影响最终区块链系统的安全性和可靠性。区块链系统在实际构建过程中,应当在满足用户要求的前提下,在安全性、系统构建成本以及易用性等维度,取得一个合理的平衡。

2. 常用的区块链基础架构

目前,区块链还没有统一的架构。一般来说,常用的区块链参考基础架构由数据层、网络层、共识层、激励层、合约层和应用层组成,如图8-7所示。

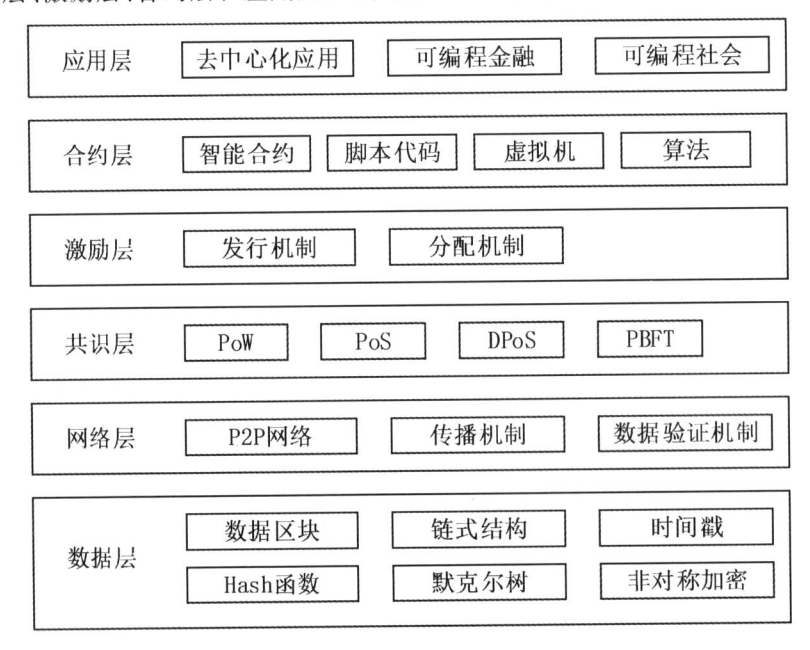

应用层	去中心化应用	可编程金融	可编程社会
合约层	智能合约	脚本代码	虚拟机	算法
激励层	发行机制	分配机制
共识层	PoW	PoS	DPoS	PBFT
网络层	P2P网络	传播机制	数据验证机制
数据层	数据区块	链式结构	时间戳
	Hash函数	默克尔树	非对称加密

图8-7 区块链参考基础架构

(1)数据层。数据层是区块链参考层级架构的最底层。数据层常用来存储数据,对于区块链来说,这些数据是不可篡改的、分布式的数据,即"分布式账本"。

(2)网络层。区块链中的网络本质上是一个点对点网络,点对点意味着不需要一个中间环节或者中心化服务器来控制整个系统,网络中的所有资源和服务都是分配在区块链中各个节点上,信息的传输也是在两个节点之间进行。

(3)共识层。简单来说,区块链的共识就是所有人要依据一个大家一致同意的规则来维护区块链系统这个总账本。这类似于更新数据的规则。让高度分散的节点在去中心化的区块链网络中高效达成共识,是区块链的核心技术之一,也是区块链社区的治理机制。

(4)激励层。激励层的主要任务是鼓励全网节点参与区块链上的数据记录与维护工作。

同比特币中的挖矿机制一样,挖矿时间越多,可能获得的比特币就越多。挖矿机制其实可以理解成激励机制。你为区块链系统做了多少贡献,就可以得到多少奖励。

(5)合约层。合约层主要包括各种脚本代码、算法机制和智能合约,是区块链可编程的基础。

(6)应用层。应用层指区块链的各种应用场景和系统,即常说的"区块链+"。

8.5.3 区块链技术的典型应用领域

区块链技术主要在知识管理、金融科技、保险、智能物流、医疗健康领域都具有典型的应用场景。

1. 金融科技领域

金融领域最典型、使用最广泛的区块链是比特币的诞生,比特币已经成为区块链的第一个应用场景。作为一个分布式信息系统,区块链中的每个节点都是独立并相互关联的。每个节点在发送信息的同时,也充当接收方,接收和读取外部信息。每个节点能够准确、完全地同步其全部的数据,这显然对于金融产业有着极高的匹配性。与基于公共渠道的比特币不同,英国央行(Bank of England)在2016年宣布,将创建一种基于私人渠道的数字货币,名为"RScoin"。该系统由伦敦大学学院的研究人员开发,是很多数字货币的雏形。系统同以往的数字货币有一定的差异,主要通过设立模型来实现。并且,采用分布式记账,对于交易能够较快处理,解决了网络伸缩性问题,以及无法进行外币交易的大容量和高流量问题。

作为世界上第一种合法数字货币的原型,RScoin并不是特别完美,但它的出现为学术研究区块链在金融技术领域的应用提供了一个很好的参考。国内银行推出的首个防伪区块链平台,也是为了提高工作效率,降低人为操作可能发生的错误,或者假发票给各方带来的损失。采用区块链防伪,可以为用户提供防伪业务,提高银行业务效率,透明度也得到提高。

2. 智能物流领域

智能物流领域也应用区块链的解决信任和公开的矛盾性问题,如物流信息的透明安全、企业效率与成本之间的平衡以及货运路线和时间表的最佳选择。例如,海上物流追踪应用区块链技术后,可以追踪物流、解决供应链问题,监控集装箱装运,提高发货效率,提高资源利用率,提高信息透明度,在高度安全的贸易伙伴间分享信息。该系统的实践不断证明了该系统的价值,涉及许多国家的贸易商、部委和物流公司。在欧盟区块链研究所和荷兰海关的一个项目中,有关的美国政府部门、马士基航运(Maersk Line)、施耐德电气(Schneider Electric)也参与了试验。结果表明,区块链系统对于货物管理、花卉物流、水果运送等都具有较强的可行性。

3. 医疗卫生领域

虽然医疗健康领域的技术发展越来越迅速,但是患者健康数据的安全、互信仍然存在问题,从而导致医疗资源的浪费、医疗工作效率较低,因而,采用区块链技术,打通医疗数据互信壁垒,增强安全性具有很重要的意义。并且,将药品采用区块链技术进行溯源,也能保障患者的用药安全。因此,区块链技术可以推动医疗保健领域的重大发展和变革。

2017年8月,阿里巴巴集团与部分开源区块链先进技术合作,与常州医学会合作,开发合适的医疗方案。块链应用程序解决方案允许在本地卫生机构和医疗环境中有价值的信息之间安全和受控地传输有价值和安全的数据连接。例如,采用区块链的医疗电子处方,能够实现医生在线诊断患者,在线开具处方,保障处方真实性并不被篡改,也可以避免重复用药,提高用药安全。另外药品供应链的所有环节都将参与药品信息的流通,从而优化药品的可追溯性。在区块链系统中,假药的销售很难实现,从而保证了患者药物的安全性。

4. 保险领域

尽管全球保险业发展迅速,但是还是存在结算速度达不到要求、支付的程序纷繁复杂、在保险消费中存在不透明现象等。因而,越来越多的保险公司开始投入更多的资金,试图通过技术手段解决这些问题。而区块链技术在保险领域的应用,迅速地突破了传统保险业务管理的瓶颈。在块链保险业务系统中,各个保险企业和经纪人,可以创建区块链节点,得到共识的保险信息上链受到保护。从而,想改变链上的保险数据变得极为困难。并且,基于区块链安全可追溯优势,吸引了越来越多的金融机构、保险公司甚至航空巨头的目光,纷纷将区块链技术同传统业务融合,来管理航班、保险业务、金融业务等。

5. 知识管理领域

知识管理和知识创新是当下企业非常重要的工作,采用区块链技术,甚至是主权区块链技术,明晰知识资产权限,构建供应链知识管理云平台,建设联盟知识资产,来解决企业在数据资产建设、知识挖掘、知识发现、知识创新、知识流转内化层面的难题,为企业之间以及企业和消费者解决"知识共享信任"问题。以此提升产品信誉度、企业知识创新能力、技术创新水平,增强广大消费者对企业信任度,同时保护企业知识利益,实现知识价值,为企业发展起到护航作用,夯实企业知识管理基础。

知识管理工作保障的是企业的根本利益,因而知识管理工作,例如版权、知识产权保护也是政府重要工作之一,会直接影响政府在民众中的公信力。区块链技术具有实时对账以及不可篡改的时间戳功能,它可以为知识管理提供有力的技术工具,为供应链企业之间的价值链协同服务提供坚实保障。

8.6 虚拟现实技术

8.6.1 虚拟现实基础知识

1. 虚拟现实定义

虚拟现实(Virtual Reality,VR)是指利用计算机技术模拟出一个逼真的三维空间虚拟世界,使用户完全沉浸其中,并能与其进行自然交互,就像在真实世界中一样。例如,VR游戏可让用户完全沉浸在游戏中,犹如身临其境,如图8-8所示。

增强现实(Augmented Reality,AR)技术,是一种实时地计算摄影机影像的位置及角度并加上相应图像的技术。这种技术可以通过全息投影,在镜片的显示屏幕中把虚拟世界叠

第 8 章　新一代信息技术

加在现实世界,操作者可以通过设备进行互动,如图 8-9 所示。

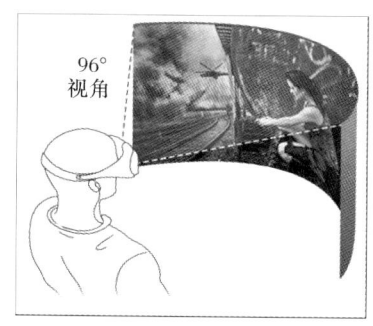

图 8-8　VR 呈现效果　　　　　　图 8-9　AR 呈现效果

2. 虚拟现实系统的种类

分类的依据不同,虚拟现实的种类也就不同。从目前的发展来看,最常见的虚拟现实分类标准是按照其功能高低来进行划分。虚拟现实按其功能高低大体可分为四类:桌面级虚拟现实系统(Desktop VR)、沉浸式虚拟现实系统(Immersion VR)、分布式虚拟现实系统(Distributed VR)及增强现实性虚拟现实系统。

(1)桌面级虚拟现实系统。桌面级虚拟现实系统是利用个人计算机和低级工作站实现仿真,计算机的屏幕作为参与者或用户观察虚拟环境的一个窗口,各种外部设备一般用来驾驭该虚拟环境,并且用于操纵在虚拟场景中的各种物体。由于桌面级虚拟现实系统可以通过桌上机型实现,所以成本较低,功能也比较单一,主要用于计算机辅助设计 CAD、计算机辅助制造 CAM、建筑设计及桌面游戏等领域。

(2)沉浸式虚拟现实系统。沉浸式虚拟现实系统采用头盔显示,以数据手套和头部跟踪器为交互装置,把参与者或用户的视觉、听觉和其他感觉封闭起来,使参与者暂时与真实环境相隔离,而真正成为虚拟现实系统内部的一个参与者,并可以利用各种交互设备操作和驾驭虚拟环境,给参与者一种充分投入的感觉。沉浸式虚拟现实能让人有身临其境的真实感觉,因此常常用于各种培训演示及高级游戏等领域。但是由于沉浸式虚拟现实需要用到头盔、数据手套、跟踪器等高技术设备,因此它的价格比较昂贵,所需要的软件、硬件体系结构也比桌面级虚拟现实系统更加灵活。

(3)分布式虚拟现实系统。分布式虚拟现实系统是指在网络环境下,充分利用分布于各地的资源,协同开发各种虚拟现实。分布式虚拟现实是沉浸式虚拟现实的发展,它把分布于不同地方的沉浸式虚拟现实系统通过网络连接起来,共同实现某种用途,它使不同的参与者联结在一起,同时参与一个虚拟空间,共同体验虚拟经历,使用户协同工作达到一个更高的境界。目前,分布式虚拟现实主要基于两种网络平台,一类是基于 Internet 的虚拟现实;另一类是基于专用网的虚拟现实。

(4)增强现实性虚拟现实系统。增强现实性虚拟现实系统又称为混合虚拟现实系统,它是把真实环境和虚拟环境结合起来的一种系统,既可减少构成复杂真实环境的开销,因为部分真实环境由虚拟环境代替;又可对实际物体进行操作,因为部分系统就是真实环境,从而真正达到了亦真亦幻的境界。

另外，还有一些其他的分类方法，如根据虚拟现实生成的方式，可将其分为基于几何模型的图形构造虚拟现实和基于实景图像的虚拟现实系统；根据虚拟现实生成器的性能和组成可将其分为4类：基于PC的虚拟现实系统、基于工作站的虚拟现实系统、高度平行的虚拟现实系统、分布式虚拟现实系统；根据交互界面的不同可将其分为5类：世界之窗、视频映射、沉浸式系统、遥控系统及混合系统。

8.6.2　虚拟现实关键技术和设备

1. 虚拟现实的关键技术

(1) 动态环境建模技术。虚拟环境的建立是虚拟现实技术的核心内容。动态环境建模技术的目的是获取实际环境的三维数据，并根据应用的需要，利用获取的三维数据建立相应的虚拟环境模型。三维数据的获取可以采用CAD技术（有规则的环境），而更多的环境则需要采用非接触式的视觉建模技术，两者的有机结合可以有效地提高数据获取的效率。建模包括几何建模、物理建模和运动建模。

(2) 实时三维图形生成技术。三维图形的生成技术已经较为成熟，其关键是如何实现实时生成。为了达到实时的目的，至少要保证图形的刷新率不低于15帧/s，最好是高于30帧/s。在不降低图形的质量和复杂程度的前提下，如何提高刷新频率将是该技术的研究内容。

(3) 立体显示和传感器技术。虚拟现实的交互能力依赖于立体显示和传感器技术的发展。现有的设备还远不能满足系统的需要，例如，头盔过重，数据手套有延迟大、分辨率低、作用范围小、使用不便等缺点；另外，力觉和触觉传感装置的研究也有待进一步深入，虚拟现实设备的跟踪精度和跟踪范围也有待提高，因此有必要开发新的三维显示技术。

(4) 应用系统开发技术。虚拟现实应用的关键是寻找合适的场合和对象，即如何发挥想象力和创造力。选择适当的应用对象可以大幅度地提高生产效率、减轻劳动强度、提高产品开发质量。为了达到这一目的，必须研究虚拟现实的开发工具。例如，虚拟现实系统开发平台、分布式虚拟现实技术等。

(5) 系统集成技术。由于虚拟现实中包括大量的感知信息和模型，所以系统的集成技术起着至关重要的作用。集成技术包括信息的同步技术、模型的标定技术、数据转换技术、数据管理模型、识别和合成技术等。

2. 虚拟现实技术的特征

G. Burdea在《虚拟现实系统和它的应用》一文中，用三个"I"（Immersion、Interaction、Imagination）来说明虚拟现实的特征，即沉浸、交互、感知，三者缺一不可。

(1) 沉浸性(Immersion)。沉浸性是指用户作为主角存在于虚拟环境中的真实程度。使用者戴上头盔显示器和数据手套等交互设备，便可将自己置身于虚拟环境中，成为虚拟环境中的一员。使用者与虚拟环境中的各种对象的相互作用，就如同在现实世界中的一样。使用者在虚拟环境中，一切感觉都是那么逼真，有一种身临其境的感觉。

(2) 交互性(Interaction)。交互性是指用户对模拟环境内物体的可操作程度和从环境得到反馈的自然程度。虚拟现实系统中的人机交互是一种近乎自然的交互,使用者不仅可以利用电脑键盘、鼠标进行交互,而且能够通过特殊头盔、数据手套等传感设备进行交互。计算机能根据使用者的头、手、眼、语言及身体的运动,来调整系统呈现的图像及声音。使用者通过自身的语言、身体运动或动作等自然技能,就能对虚拟环境中的对象进行考察或操作。

(3)感知性(Imagination)。由于虚拟现实系统中装有视、听、触、动觉的传感及反应装置,所以,使用者在虚拟环境中通过人机交互,可获得视觉、听觉、触觉、动觉等多种感知,从而达到身临其境的感受。研究和开发 VR 是为了扩展人类的认知与感知能力,建立和谐的人机环境。VR 技术是人与技术完善的结合,它是计算机图形学和人-机交互技术发展之产物,人在整个系统中占有十分重要的地位。利用 VR 技术的手段,使我们对所研究的对象和环境获得"身临其境"的感受,从而提高人类认知的广度与深度,拓宽人类认识客观世界的"认识空间"和"方法空间",最终达到更本质地反映客观世界的实质。

3. 虚拟现实关键设备

消费级沉浸式虚拟现实(VR)设备分为输出设备和输入设备,目前输出设备是主要产品,由 3 种沉浸式 VR 头戴设备组成。输出设备:头戴显示器、3D 立体显示器、3D 立体眼镜、洞穴式立体显示系统,如图 8-10、图 8-11 所示。输入设备:游戏手柄/摇杆、3D 数据手套、位置追踪器、眼动仪、动作捕捉器(数据衣)等。

(1)外接式头戴显示器:外接个人电脑、智能手机、游戏机等设备作为计算与存储设备,具备独立屏幕,产品结构复杂,技术含量最高。代表产品:Oculus Rift、Three Glasses。

(2)一体式头戴显示器:自带屏幕、计算与存储设备,无须外接设备,可以独立运行,此类产品较少。代表产品:Bossnel 头戴式影院。

(3)头戴手机盒子:又称眼镜盒子,将手机放入盒子,起到屏幕和计算与存储设备的作用。其产品结构简单、成本低廉,国内大部分产品属于此类。代表产品:Cardboard、暴风魔镜。

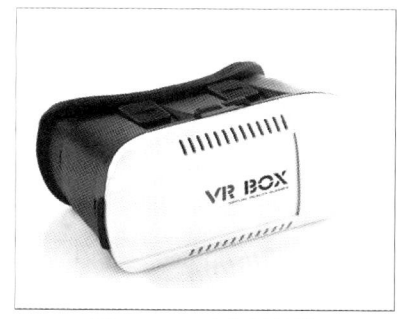

图 8-10 头盔显示器

图 8-11 头盔显示应用

8.6.3 虚拟现实技术的应用

虚拟现实技术随着计算机技术、传感与测量技术、图形理论学、仿真技术和微电子技术等的飞速发展而发展。典型的应用有虚拟现实地图的应用、在军事现代化中的应用、在 GIS

中的应用和在其他方面的应用。

1. 虚拟现实地图的应用

虚拟现实技术在地图学中一个主要应用是制作虚拟现实地图。涉及以下技术：

(1)利用 VR 强大的三维场景构建技术,构造三维地形模型,制作各种地物,真实地再现自然景观。利用其他的环境编辑器对环境进行渲染。

(2)利用 VR 技术多感通道编辑器对以视觉为主的感觉进行仿真,使用户能以真实的感觉"进入"地图。

(3)利用数据手套、头盔显示器等交互工具从分析应用工具箱中提供应用工具,模拟人在现实环境中进行工作,如距离量算、面积计算等。

2. 在军事现代化中的应用

怎样进行无人战争是当今的发展趋势。要进行无人战争的前提是要熟悉敌方的各种情况以及能灵活指挥,通过虚拟现实技术就能实现此目的。利用 VR 技术的强大三维场景模型,就可使指挥官亲临前线,掌握敌人的尽可能的情况。在现在的导弹发射中,就是利用虚拟现实技术,使人在屏幕上跟踪其运动轨迹,动态调整其运动方向,使其顺利到达其目标。美国的太空演习战中也就是利用 VR 技术。VR 技术在军事中的应用随着高科技的发展会越来越重要,其发挥的威力也会更大。

3. 在 GIS 中的应用

在 GIS 中利用 VR 技术的三维场景模型和多感通道编辑器来对三维地物进行视觉的仿真,使人亲临地物之中,具有逼真的感觉。在利用 VR 技术中,地理空间数据库的支持特别重要。地理数据库以地形数据为主,包括地形、水下、居民点、交通线、地物的三维数据等,是生成空间定位地形图像的基础。与之相配合的是地面影像数据库,这是根据已定位的航空照片与卫星照片数字化而成,是构成地形三维图像的重要数据来源。

4. 在其他方面的应用

VR 技术在图像处理、电影业、文艺方面、医疗、娱乐、机器视觉等都有很大的作用。目前,VR 技术主要应用于仿真演示、仿真实验、模拟训练、模拟演练、仿真设计、艺术与娱乐等方向,如教学仿真演示与实验、军事模拟训练与演习等,如图 8-12、图 8-13 所示。

图 8-12　教学仿真实验演示　　　　图 8-13　模拟训练和演习

第8章 新一代信息技术

课后习题

一、单项选择题

1. 云计算是对（　　）技术的发展与运用。
   A. 并行计算　　　　　　　　B. 网格计算
   C. 分布式计算　　　　　　　D. 前三个选项都是

2. （　　）与 SaaS 不同的,这种"云"计算形式把开发环境或者运行平台也作为一种服务给用户提供。
   A. 软件即服务　　　　　　　B. 基于平台服务
   C. 基于 WEB 服务　　　　　 D. 基于管理服务

3. 云计算作为中国移动蓝海战略的一个重要部分,于 2007 年由移动研究院组织力量,联合中科院计算所,着手起步了一个叫作（　　）的项目。
   A. "国家云"　　B. "大云"　　C. "蓝云"　　D. "蓝天"

4. 以下说法错误的是（　　）。
   A. 云计算平台可以灵活地提供各种功能
   B. 云计算平台需要管理人员手动扩展
   C. 云计算平台能够根据需求快速调整资源
   D. 用户可以在任何时间获取任意数量的功能

5. 以下说法正确的是（　　）。
   A. 人工智能英文缩写为 IA
   B. 谷歌公司"AlphaGo"击败人类的围棋冠军是人工智能技术的一个完美表现
   C. 人工智能属于自然科学、社会科学、技术科学交叉学科
   D. 人工智能在计算机上实现时绝大多数采用传统的编程技术

6. 人工智能的目的是让机器能够（　　）,以实现某些脑力劳动的机械化。
   A. 具有完全的智能　　　　　B. 和人脑一样考虑问题
   C. 完全代替人　　　　　　　D. 模拟、延伸和扩展人的智能

7. 模式识别的一般过程包括对待识别事物采集样本、数字化样本信息、提取数字特征、学习和识别,其核心是（　　）。
   A. 采集样本和数字化信息　　B. 数字化样本信息和提取数字特征
   C. 提取数字特征和学习　　　D. 学习和识别

8. 以下不是大数据的特征的是（　　）。
   A. 价值密度低　　　　　　　B. 数据类型繁多
   C. 访问时间短　　　　　　　D. 处理速度快

9. 当前大数据技术的基础是由（　　）首先提出的。
   A. 微软　　　　　　　　　　B. 百度
   C. 谷歌　　　　　　　　　　D. 阿里巴巴

10.区块链在数据共享方面的特点,下列描述不正确的是(　　)。
A.不可篡改　　　　　　　　　B.去中心化
C.透明　　　　　　　　　　　D.访问控制权

二、填空题

1.根据 NIST 的定义,云计算需包含以下 5 个基本特征,分别是_____、宽带接入、资源池化、快速弹缩和_____。

2.按服务范围来分,可以将云计算分为公有云、_____和_____3 种类型。

3.按服务类型来分,可以将云计算分为基础设施即服务、_____、_____3 种类型。

4.大数据有大容量、_____、_____、高价值的特性。

5.大数据的关键技术包括数据采集、数据预处理、_____、数据处理和_____。

6."人工智能"一词,目前有文献可考证的最早纪录出自 1956 年的_____。

7.人工智能的应用领域范围极广,典型的应用领域包括_____、_____和智能控制。

8.区块链通常有四大特征:去中心化、_____、集体维护、_____。

9.区块链的四大核心技术包括_____、共识机制、_____和密码学。

10.一般来说,常用的区块链基础架构由数据层、_____、共识层、_____、合约层和应用层组成。

三、简答题

1.简述云计算的概念。

2.什么是人工智能?列举 5 个人工智能主要研究领域的中英文名称。

3.人工智能的一般研究目标是什么?

4.什么是大数据?大数据的典型特征都有哪些?

5.什么是区块链?

参 考 文 献

[1] 徐辉,王松林,黄永生.信息技术:基础模块[M].合肥:安徽科学技术出版社,2022.
[2] 周守东,蔡传军.信息技术:拓展模块[M].合肥:安徽科学技术出版社,2022.
[3] 眭碧霞.信息技术基础[M].2版.北京:高等教育出版社,2021.
[4] 眭碧霞.计算机应用基础任务化教程:Windows 10+Office 2016[M].4版.北京:高等教育出版社,2021.
[5] 方风波,钱亮,杨利.信息技术基础:微课版[M].北京:中国铁道出版社,2021.
[6] 刘万辉,刘升贵.信息技术基础案例教程:Windows 10+Office 2016[M].3版.北京:高等教育出版社,2021.
[7] 赵骥,高峰,刘志友.Excel 2016应用大全[M].北京:清华大学出版社,2016.
[8] 刘宏,张丽.大学信息技术应用[M].西安:西北大学出版社,2019.
[9] 张志红,史丽.信息技术基础[M].北京:中国人民大学出版社,2023.
[10] 徐茂智,邹维.信息安全概论[M].2版.北京:人民邮电出版社,2020.